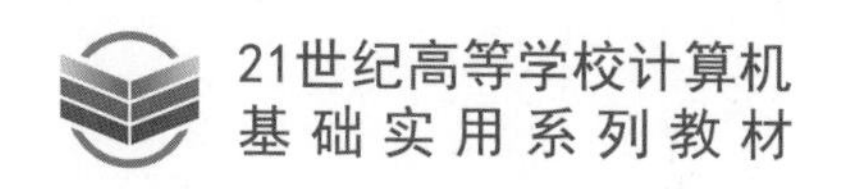

办公软件与多媒体高级应用教学案例

◎ 叶苗群 编著

清华大学出版社
北京

内容简介

本书通过精选实际应用案例进行知识点的技术剖析和操作详解，为想在短时间内学习并掌握各种办公软件与多媒体技术应用的读者量身打造。本书实用性强，理论知识与实践操作结合紧密，案例循序渐进、由易到难，具有层次性和针对性，各案例中任务要求的设置都体现出各章节的主要知识点，帮助读者将所学知识尽快应用到实际工作中。

本书共分为两部分：第一部分为办公软件高级应用，包含Word高级应用、Excel高级应用、PowerPoint高级应用；第二部分为多媒体技术应用，包含多媒体技术基础、图像编辑与处理、动画设计与制作、音频编辑与处理、视频编辑与特效合成。

本书可作为高等院校"办公软件高级应用""多媒体应用""计算机应用高级教程"等课程的教材，也可作为其他技术人员的自学参考书。

本书有《办公软件与多媒体高级应用实践案例》作为配套实践教材。

图书在版编目(CIP)数据

办公软件与多媒体高级应用教学案例/叶苗群编著. —北京：清华大学出版社，2023.8
21世纪高等学校计算机基础实用系列教材
ISBN 978-7-302-64193-3

Ⅰ. ①办… Ⅱ. ①叶… Ⅲ. ①办公自动化－应用软件－高等学校－教材 Ⅳ. ①TP317.1

中国国家版本馆CIP数据核字(2023)第128907号

责任编辑：闫红梅 张爱华
封面设计：刘 建
责任校对：申晓焕
责任印制：宋 林

出版发行：清华大学出版社
网 址：http://www.tup.com.cn，http://www.wqbook.com
地 址：北京清华大学学研大厦A座 **邮 编**：100084
社 总 机：010-83470000 **邮 购**：010-62786544
投稿与读者服务：010-62776969，c-service@tup.tsinghua.edu.cn
质量反馈：010-62772015，zhiliang@tup.tsinghua.edu.cn
课件下载：http://www.tup.com.cn，010-83470236
印 装 者：三河市君旺印务有限公司
经 销：全国新华书店
开 本：185mm×260mm **印 张**：21 **字 数**：514千字
版 次：2023年8月第1版 **印 次**：2023年8月第1次印刷
印 数：1～1500
定 价：59.00元

产品编号：102283-01

前 言

Office系列软件是目前流行的办公自动化软件,在社会各行各业中的应用非常广泛,提高Office系列软件的高级应用能力成为各类办公人员的迫切需求。随着多媒体技术的发展,多媒体技术的应用也已渗入人们日常生活的各个领域,如图像处理、动画设计、视频编辑、视频合成等。

本书以案例及实际应用为主线,把办公软件高级应用与多媒体软件高级应用有机融合,结合日常办公软件典型的实用案例进行讲解,举一反三,遵循“计算机以用为本”的理念,既有助于学生迅速提升办公软件高级应用水平,智慧学习、高效办公,也有助于学生充分发挥主观能动性,以创意赋能实践应用。本书适合作为大学计算机基础课程的拓展和延续,旨在帮助学生进一步提高和扩展计算机理论知识和高级应用实践能力。

本书借鉴CDIO[Conceive(构思)、Design(设计)、Implement(实现)和Operate(运作)]的相关理念,采用“做中学”“学中做”的教学方法,注重理论与实践相结合,以练为主线,尽量通过一些具体的可操作的案例来说明或示范,也给出了具体的教学方法,使学生在“做中学”,教师在“做中教”。秉持以学生为主、教师为辅的教学方式,让学生在体验中轻松掌握技术应用,而非教师“满堂灌”的强行灌输方式。

本书共分为两部分,第一部分为办公软件高级应用,包含前3章内容。第1章为Word高级应用,以22个教学案例为基础,介绍使用Word 2019软件制作长文档与特殊文档的方法和技巧。第2章为Excel高级应用,以23个教学案例为基础,介绍使用Excel 2019软件对数据进行管理与分析的方法和技巧。第3章为PowerPoint高级应用,以5个教学案例为基础,介绍使用PowerPoint 2019软件制作演示文稿的方法和技巧。第二部分为多媒体技术应用,包含后几章内容。第4章为多媒体技术基础,介绍多媒体技术的基本概念等。第5章为图像编辑与处理,以23个教学案例为基础,介绍使用Photoshop 2020软件进行图像编辑与处理的方法和技巧。第6章为动画设计与制作,以17个教学案例为基础,介绍Animate 2020软件动画设计与制作的方法和技巧。第7章为音频编辑与处理,以1个教学案例为基础,介绍使用Audition 2020软件进行音频编辑与处理的方法和技巧。第8章为视频编辑与特效合成,以6个教学案例为基础,介绍使用Premiere 2020软件进行视频编辑的方法和技巧;以10个教学案例为基础,介绍使用After Effects 2020软件进行影视特效合成的方法和技巧。

通过本书的学习,读者能运用Office办公软件编辑各种文档,掌握文本编辑与美化的基本方法与高级应用技巧;能使用Photoshop软件进行平面设计,并根据任务需要进行处理与修改,掌握图像制作的基本方法与高级应用技巧;能运用Animate软件绘制矢量图形、制作二维动画,并能运用动画制作方法与技巧进行简单动画作品的创作;能使用Audition

声音编辑软件，根据任务需要进行音频裁剪、合成等后期编辑；能运用 Premiere 软件编辑视频，制作特技效果和字幕，合成和发布主题视频作品等；能运用 After Effects 软件进行视频特效制作及有机融合 Adobe 其他作品等。

这里感谢有关专家、教师长期以来对本书的关心、支持与帮助。本书获得了宁波大学信息科学与工程学院计算机科学与技术专业资助。

由于编者水平有限，虽经反复修改，但书中仍难免存在疏漏之处，恳请专家和广大读者批评指正。

编　者

2023 年 6 月

目　录

第一部分　办公软件高级应用

第二部分 多媒体技术应用

第一部分
办公软件高级应用

办公自动化(Office Automation,OA)是指将计算机技术、通信技术、信息技术和软件科学等先进技术及设备运用于各类办公人员的各种办公活动中,从而实现办公活动的科学化、自动化,尽可能充分利用信息资源,最大限度地提高工作质量、工作效率,辅助决策和改善工作环境。

随着计算机技术的发展,OA 系统从最初的汉字输入、文字处理、排版编辑、查询检索等应用软件逐渐发展成为现代化的网络办公系统。通过联网将单项办公业务系统连成一个办公系统,再通过远程网络将多个系统连成更大范围的 OA 系统。OA 系统可分为组织机构、办公制度、办公人员、办公环境、办公信息和办公活动的技术手段 6 个基本要素。各部分有机结合、相互作用,构成有效的 OA 系统。

办公软件是针对办公环境设计的软件,将向智能化、集成化、网络化的方向发展,是可以进行文字处理、表格制作、幻灯片制作、简单数据库处理等方面工作的软件。目前,在所有办公软件中,最为常用的办公软件即为微软公司的 Office 办公软件。

Microsoft Office 是微软公司开发的办公软件套装,常用组件有 Word、Excel、PowerPoint 等。Microsoft Office 版本主要有 Office 97、Office 2000、Office XP、Office 2003、Office 2007、Office 2010、Office 2013、Office 2016、Office 2019 等。Office 2019 是目前最常用的办公软件,本书以 Office 2019 讲解 Word、Excel、PowerPoint 高级应用。

Word 是 Office 中的字处理程序,主要用来进行文本的编辑、排版、打印等工作。Excel 是 Office 中的电子表格处理程序,主要用来进行烦琐计算任务的预算、财务、数据汇总、图表、透视表和透视图等的制作。PowerPoint 是 Office 中的演示文稿程序,可用于创建动感、美观的幻灯片、投影片和演示文稿等。

第 1 章　Word 高级应用

1.1　视　　图

1.1.1　教学案例：主控文档应用

【要求】 创建主控文档 main. docx，按序创建子文档 Sub1. docx、Sub2. docx 和 Sub3. docx。

(1) Sub1. docx 中第一行内容为 Sub^{1}，第二行内容为文档创建的日期(使用域，格式不限)。

(2) Sub2. docx 中第一行内容为 Sub$_{2}$，第二行内容为→。

(3) Sub3. docx 中第一行内容为“办公软件高级应用”，将该文字设置为书签(名为 mark)；第二行为空白行；在第三行插入书签 mark 标记的文本。

(4) 以上所有样式均为正文。

【操作步骤】

(1) 在 D 盘 word 文件夹下新建文档 main. docx，切换到大纲视图，输入文本 Sub1，按 Enter 键后输入 Sub2，再按 Enter 键后输入 Sub3，此时文本都默认为大纲 1 级，如图 1-1 所示。

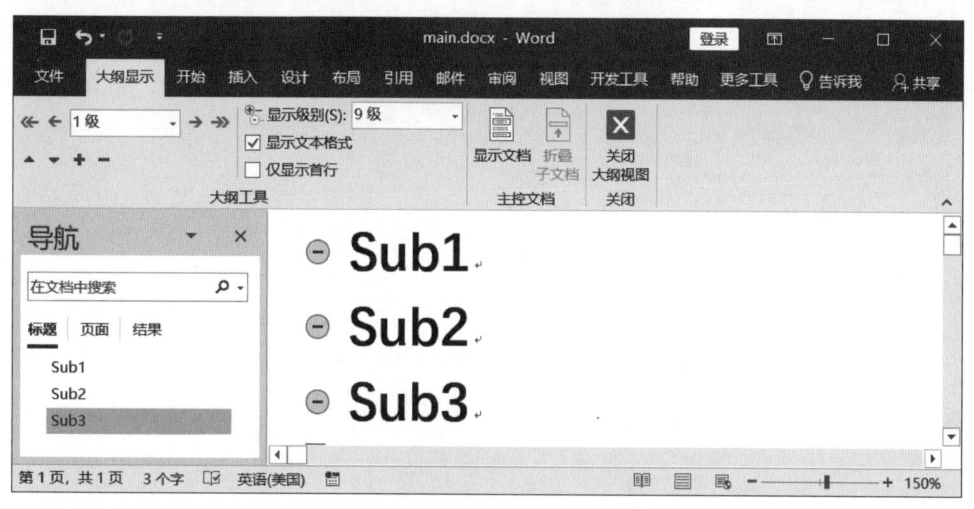

图 1-1　创建主控文档

(2) 选中所有文本，选择“大纲显示”选项卡上“主控文档”组的“显示文档”；单击“主控文档”组中新出现的“创建”选项，此时主控文档 main. docx 效果如图 1-2 所示。

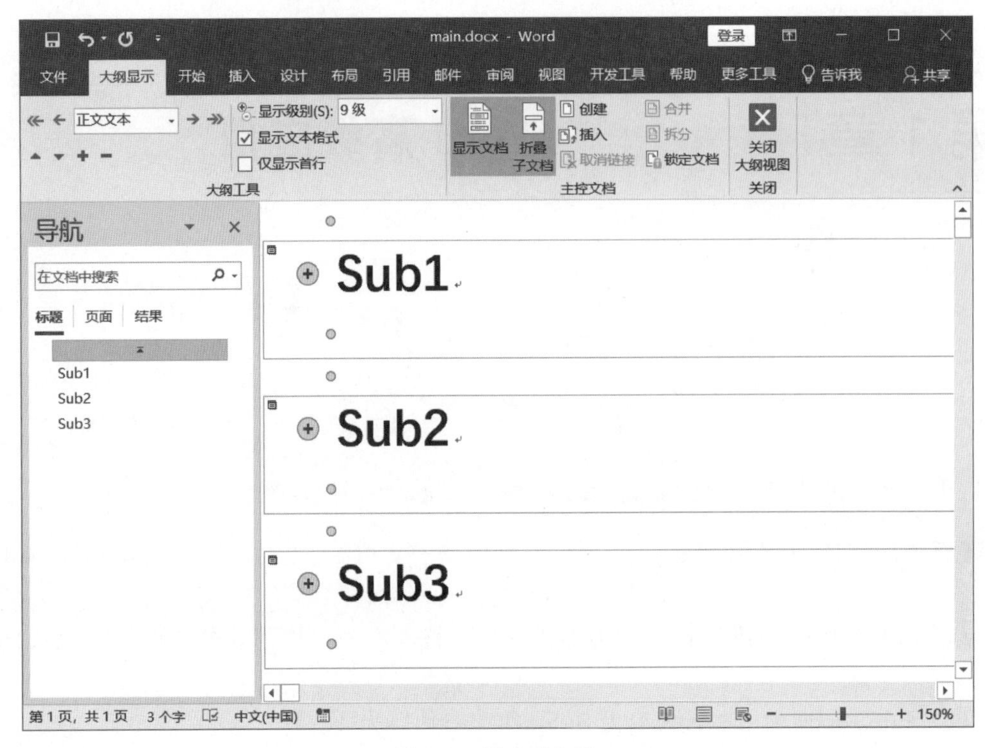

图 1-2　创建子文档

(3) 单击“主控文档”组的“折叠子文档”选项，保存 main. docx 文档，此时主控文档 main. docx 效果如图 1-3 所示。此时系统在 D 盘 word 文件夹中创建好了三个子文档。

图 1-3　折叠子文档

(4) 分别打开 D 盘 word 文件夹中三个文件 Sub1. docx、Sub2. docx 和 Sub3. docx，按案例要求修改其内容。其中，Sub1. docx 中第二行，文档创建的日期使用域操作：选择“插入”选项卡上“文本”组的“文档部件”命令来插入域，域类别使用“日期和时间”，域名使用

CreateDate。其中 Sub3.docx 中第一行，选中文本后再插入书签；第三行插入书签 mark 标记的文本使用交叉引用完成。

（5）在 main.docx 文档中，单击“主控文档”组的“展开子文档”选项，此时主控文档 main.docx 效果如图 1-4 所示。

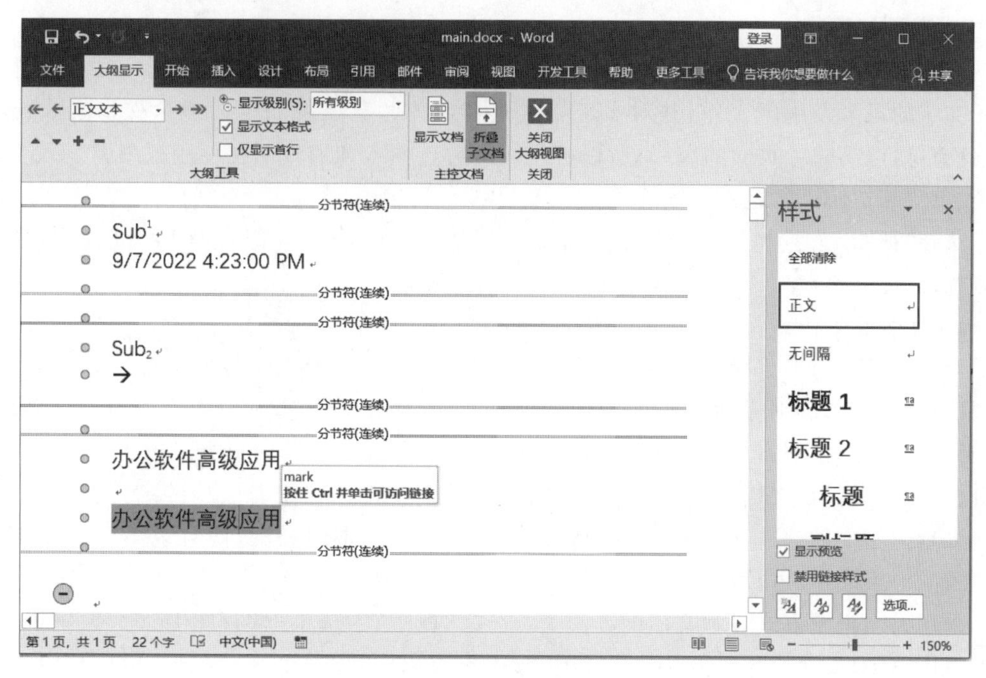

图 1-4　展开子文档

1.1.2　知识点

Word 是一套“所见即所得”的文字处理软件，用户从屏幕上所看到的文档效果，就和最终打印出来的效果完全一样，因而深受广大用户的青睐。为了满足用户在不同情况下编辑、查看文档效果的需要，Word 向用户提供了多种不同的页面视图方式（如页面视图、Web 版式视图、草稿视图、大纲视图、阅读视图等），它们各具特色，各有千秋，分别使用于不同的情况。

1. 页面视图

页面视图方式即直接按照用户设置的页面大小进行显示，此时的显示效果与打印效果完全一致，用户可从中看到各种对象（包括文字、页眉、页脚、水印和图形图片等元素）在页面中的实际打印位置，这对于编辑页眉和页脚、调整页边距，以及处理边框、图形对象及分栏等都是很有用的。

切换到页面视图的方法是选择“视图”选项卡上“视图”组的“页面视图”，或按 Alt+Ctrl+P 组合键。

该视图中，按 Ctrl 键同时滚动鼠标可放大或缩小显示比例，如果放大超过一定显示比例，文档有些内容将不直接在窗口显示，可通过移动水平滚动条显示其他内容。

2. Web 版式视图

Web 版式视图方式是一种按照窗口大小进行折行显示的视图方式，这样就避免了 Word 窗口比文字宽度要窄，用户必须左右移动鼠标指针才能看到整排文字的尴尬局面，并且 Web 版式视图方式显示字体较大，方便了用户的联机阅读。Web 版式视图方式的排版效果与打印结果并不一致，Web 页预览显示了文档在 Web 浏览器中的外观。

切换到该视图的方法是选择“视图”选项卡上“视图”组的“Web 版式视图”。

该视图中，按 Ctrl 键同时滚动鼠标可折行显示文档内容。

3. 草稿视图

草稿视图显示速度相对较快，因而非常适合文字的录入阶段。用户可在该视图方式下进行文字的录入及编辑工作，并对文字格式进行编排。草稿视图可以显示文本格式、分页符、分节符，但简化了页面的布局，所以可便捷地进行输入和编辑。在草稿视图中，不显示页边距、页眉和页脚、背景、图形图片等。

选择“视图”选项卡上“视图”组的“草稿”，或按 Alt＋Ctrl＋N 组合键均可切换到草稿视图方式。

4. 大纲视图

对于一个具有多重标题的文档而言，用户往往需要按照文档中标题的层次来查看文档（如只查看前 2 个级别标题），大纲视图方式则正好可解决这一问题。大纲视图能够显示文档的结构。大纲视图方式是按照文档中标题的层次来显示文档，用户可以折叠文档，只查看部分标题，或者扩展文档，查看整个文档的内容，从而使得用户查看文档的结构变得十分容易。大纲视图中的缩进和符号并不影响文档在普通视图中的外观，而且也不会打印出来。大纲视图中不显示页边距、页眉和页脚、图片和背景等。

采用大纲视图方式显示文档的办法为：选择“视图”卡选项上“视图”组的“大纲视图”，或按 Alt＋Ctrl＋O 组合键。在大纲视图中，不仅可以查看文档的结构，也可以通过拖动标题来移动、复制和重新组织文本，还可以将正文或标题“提升”到更高的级别或“降低”到更低的级别。要在大纲中提升、降低大纲级别，可以使用大纲视图中“大纲工具”栏上的各个按钮。如图 1-5(a)所示，大纲视图中折叠显示了前面的几个视图，单击行首加号可以展开显示折叠的内容。图 1-5(b)所示表示只显示前 2 个级别标题。

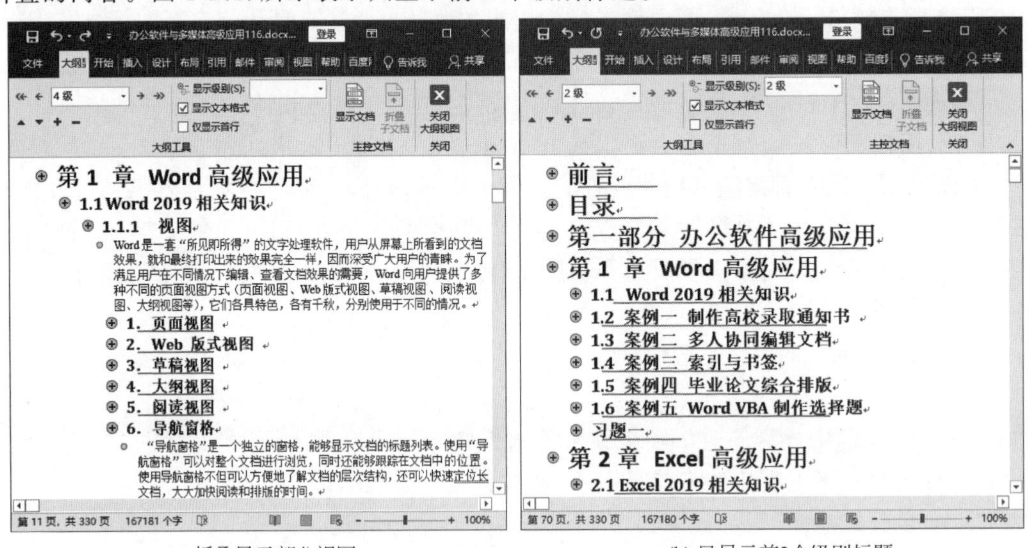

(a) 折叠显示部分视图　　(b) 只显示前2个级别标题

图 1-5　大纲视图

在大纲视图中，“主控文档”组包括主控文档和子文档的设置按钮。默认情况下，“主控文档”组中只有“显示文档”和“折叠子文档”，更多按钮需要单击“显示文档”才会出现。

主控文档是一组单独文件的容器，可创建并管理多个子文档。主控文档有助于使较长文档(如有很多部分的报告或多章节的书)的组织和维护更为简单易行。如图 1-6 所示，“VBNET 程序设计.docx”文档就是一个主控文档，该文件链接管理了 8 个文档(第 1 章 入门.docx、第 2 章 语言基础.docx……)，可以使用大纲视图中“主控文档”组上的“展开子文档”按钮，其显示后可以修改子文档信息。主控文档也可以转换为普通文档。

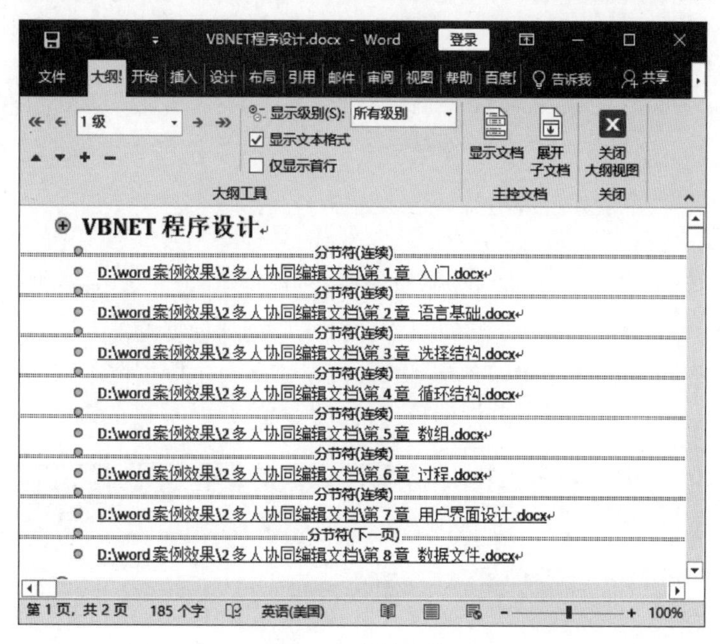

图 1-6　主控文档

5. 阅读视图

阅读视图是 Word 的一种视图显示方式，阅读视图以图书的分栏样式显示 Word 文档，“文件”菜单、功能区等窗口元素被隐藏起来。在阅读视图中，用户可以单击“工具”按钮选择各种阅读工具。

切换到该视图的方法是选择“视图”选项卡上“视图”组的“阅读视图”。按 Ctrl 键同时滚动鼠标可折行显示文档内容，如图 1-7 所示。

6. “导航”窗格

“导航”窗格是一个独立的窗格，能够显示文档的标题列表，可与其他视图结合使用。使用“导航”窗格可以对整个文档进行浏览，同时还能够跟踪在文档中的位置。使用导航窗格不但可以方便地了解文档的层次结构，还可以快速定位长文档，大大加快阅读和排版的时间。

单击“导航”窗格中的标题后，Word 就会跳转到文档中的相应标题，并将其显示在窗口的顶部，同时在“导航”窗格中突出显示该标题。在“导航”窗格显示时，可看到两类格式的标题，即内置标题样式(标题 1 到标题 9)或大纲级别段落格式(级别 1 到级别 9)。

打开“导航”窗格的方法是选中“视图”选项卡上“显示”组的“导航”窗格复选框。“导航”窗格将在一个单独的窗格中显示文档标题，可在整个文档中快速漫游并追踪特定位置。在“导航”窗格中，可只显示所需标题。例如，要看到文档结构的高级别标题，可折叠(即隐藏)

图 1-7　阅读视图

低级标题。在需要看详细内容时，又可显示低级标题。如果要折叠某一标题下的低级标题，则单击标题旁的符号 ◢ 。如果要显示某一标题下的低级标题（每次一个级别），则单击标题旁的符号 ▷ 。当然也可以使用右击“导航”窗格，在弹出的快捷菜单中选择所需要显示的标题级别，如图 1-8 所示，左框为“导航”窗格，右框为页面视图。

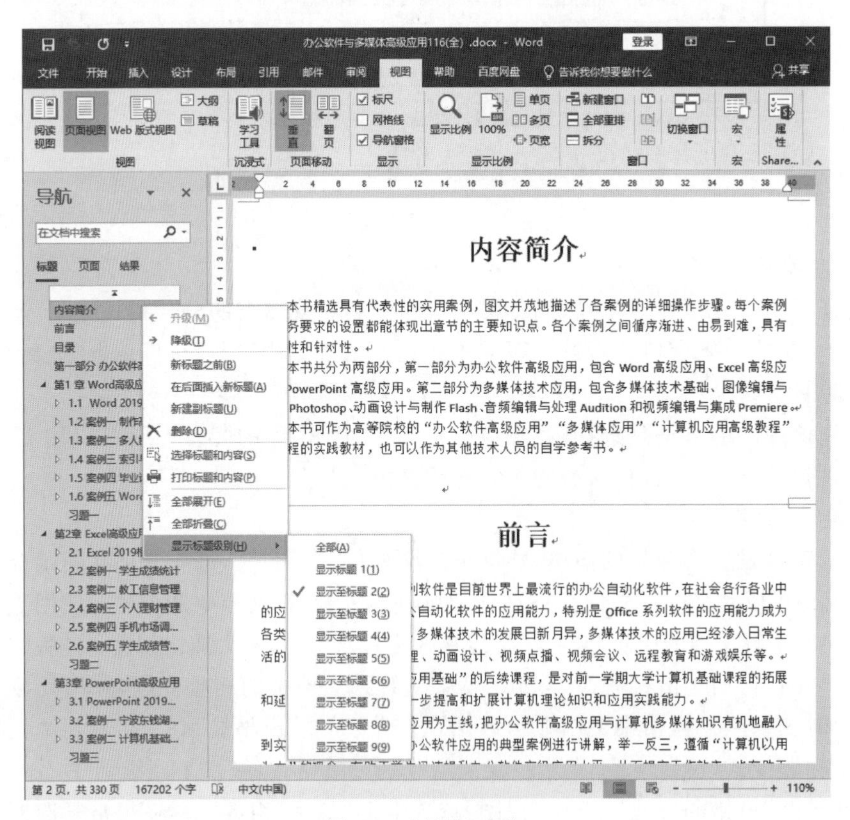

图 1-8　“导航”窗格

如果要调整“导航”窗格的大小，先将鼠标指针指向窗格右边，当指针变为双向空心箭头形状时，向左或向右拖动即可。如果标题太长，超出“导航”窗格宽度，不必调整窗格大小，只需将指针在标题上稍作停留，即可看到整个标题。

“导航”窗格的文件导航功能有标题导航、页面导航、关键字导航。标题导航很实用，但是事先必须设置好文档的各级标题级别才能使用；页面导航比较便捷，但精确度不高，只能定位到相关页面；关键字导航比较精确，可以在结果中显示具体位置。

1.2 页面设置

1.2.1 教学案例：宣传海报排版

【要求】 针对素材“宣传海报.docx”进行排版，要求如下：

- 调整文档版面，要求页面高度为35厘米，页面宽度为27厘米，页边距(上、下)为5厘米，页边距(左、右)为3厘米。
- 在“主办：校学工处”位置后另起一页，并设置第2页的页面纸张大小为A4篇幅，纸张方向设置为“横向”，页边距为“普通”。

【操作步骤】

(1) 打开素材“宣传海报.docx”文件，选择“布局”|“页面设置”|“纸张大小”|“其他纸张大小”，打开“页面设置”对话框，将“纸张大小”设置为“自定义大小”，宽度为27厘米，高度为35厘米。

(2) 在“页面设置”对话框中，选择“页边距”选项卡，将页边距(上、下)设置为5厘米，页边距(左、右)设置为3厘米，出现“部分边距位于页面的可打印区域之外……”提示框，单击“忽略”按钮。

(3) 将鼠标指针定位到“‘智慧讲堂’就业讲座之大学生人生规划 活动细则”位置前，选择“布局”|“分隔符”|“下一页”。

(4) 将“纸张大小”设置为“A4”，将“纸张方向”设置为“横向”。选择“布局”|“页边距”|“常规”。

(5) 选择“视图”|“多页”，效果如图1-9所示。

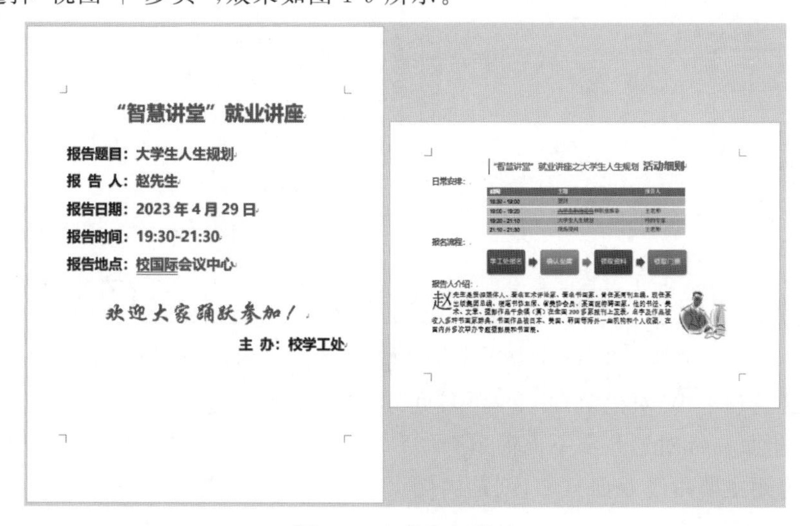

图1-9 宣传海报效果

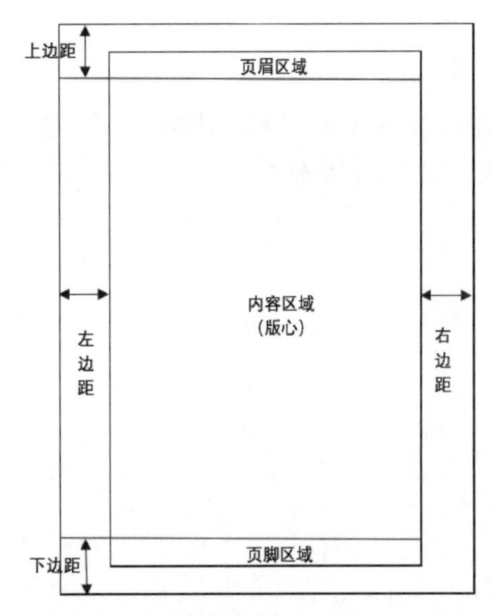

图 1-10　页面设置中的各组成部分的分布图

1.2.2　知识点

一篇完整的文档在加文本前，最好先在布局中对页面进行设置。文档的页面设置就是设置页面的页边距、纸张大小、纸张方向以及页眉、页脚距边界的位置等。页边距是页面四周的留白，页眉、页脚距边界的位置则是页眉文字上方和页脚文字下方的空白区域。页面设置中的各组成部分的分布图如图 1-10 所示，版心就是文字等内容所占的位置区域，上边距即页边距(上)，下边距即页边距(下)，左边距即页边距(左)，右边距即页边距(右)。

页面设置可以设置纸张大小、页边距、装订线、纸张方向、页眉和页脚距边界位置、每页的行数、每行的字数等。“页眉设置”对话框中，主要有“页边距”选项卡和“版式”选项卡如图 1-11 所示。

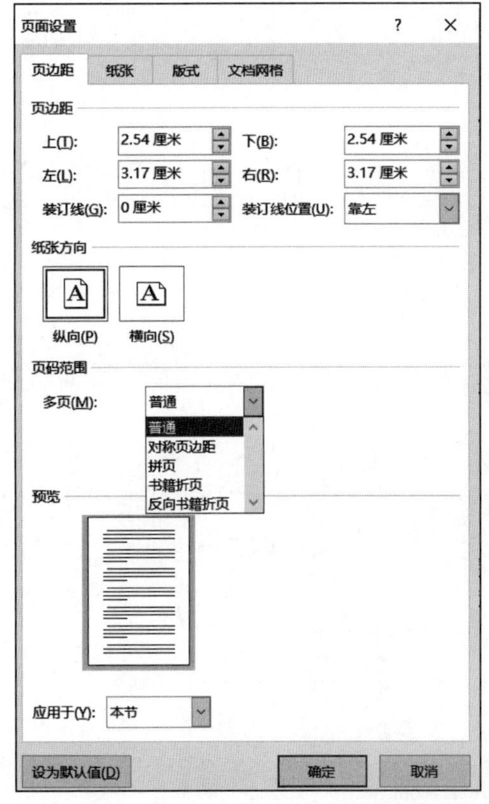

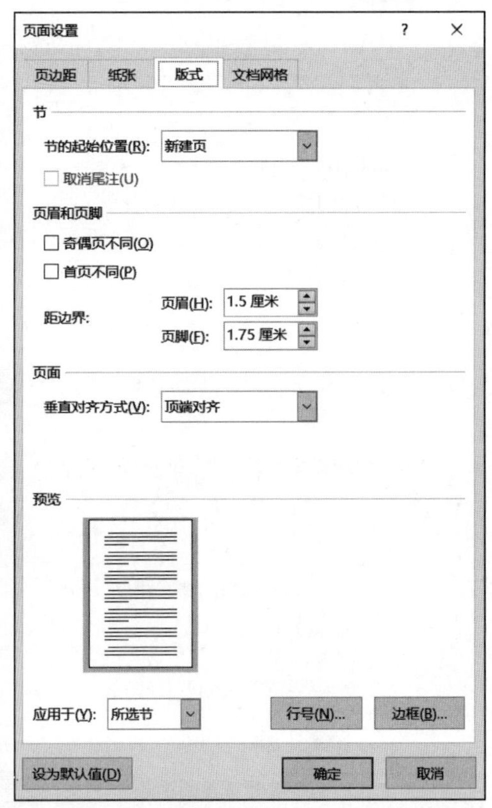

图 1-11　页眉设置中的“页边距”选项卡和“版式”选项卡

“页边距”选项卡中“页码范围”下的“多页”选项主要有普通、对称页边距、拼页、书籍折页、反向书籍折页。针对这几项下面简单介绍一下。

对称页边距主要用于双面打印，就是内侧页的左边页边距与右侧页的右边页边距相同，而内侧页的右边页边距与右侧页的左边页边距相同。

拼页就是两页的内容拼在一起打印，主要用于想要打印按照小幅面内容排版，但是又用大幅面纸张打印时。譬如页面排版是 B4 幅面，而纸张是 A4 幅面，想要将两页的内容打印在同一页上，但是又不想用分栏的功能来破坏排版内容，在打印时选择“拼页”就可以实现了。又如打印试卷时，可以在 A3 纸上打印两张 A4 幅面的内容。

书籍折页是用来打印请柬之类的开合式文档的，打印结果可以这样想象：就是打印的内容分布在日字的正反四个框中，日字中间的一字横线是折叠线。打印效果为：纸张正面的左边为第二页，右边为第三页；反面的左边为第四页，右边为第一页。纸张从左向右对折之后，页码顺序正好是一、二、三、四(正常书籍开口是向右的，即从右向左翻页)。

反向书籍折页与书籍折页基本相似，唯一不同的是它是反向折页的。反向书籍折页可用于创建从右向左折页的小册子，如使用竖排方式编辑的小册子。打印效果为：纸张正面的左边为第三页，右边为第二页；反面的左边为第一页，右边为第四页。从右向左折叠之后，页码顺序正好是一、二、三、四(即反向从左向右翻页，古装书籍的装订方式)。

1.3 多级列表

1.3.1 教学案例：长文档编辑排版

【要求】 对“浙江旅游(一).docx”长文档进行编辑排版：

(1) 章名使用样式“标题 1”，并居中；编号格式为：第 X 章，其中 X 为自动排序。

(2) 小节名使用样式“标题 2”，左对齐；编号格式为：多级符号，X.Y.。其中 X 为章数字序号，Y 为节数字序号(如 1.1.)。

【操作步骤】

(1) 打开素材“浙江旅游(一).docx”，选中“视图”选项卡下“显示”组的“导航窗格”复选框，使文档左边显示导航窗格。

(2) 选择“开始”选项卡上“样式”组的“样式”启动器，打开“样式”窗格，拖动该窗格标题到 Word 窗口最右边，使其固定显示在右侧，选中“显示预览”复选框。

(3) 将鼠标指针定位在文档中的“第一章……”一行，单击“开始”选项卡上“段落”组的“多级列表”下拉按钮，在弹出的下拉菜单中选择“定义新的多级列表”，打开“定义新多级列表”对话框，单击左下角的“更多”按钮，“更多”按钮变成“更少”按钮，并出现“起始编号”等详细信息。

(4) 在“单击要修改的级别”列表框中选择“1”；在“输入编号的格式”文本框中，在原来“1”的前后加上“第”和“章”(注意，不要删除原来有底纹的文字 1，此时显示第 1 章)；在“将级别链接到样式”下拉列表框中选择“标题 1”；在“编号之后”下拉列表框中选择“空格”，如图 1-12 所示，此时不要单击“确定”按钮。

(5) 在“单击要修改的级别”列表框中选择“2”；在“输入编号的格式”文本框中，在原来“1.1”的后面加上“.”；在“将级别链接到样式”下拉列表框中选择“标题 2”；在“要在库中显示的级别”下拉列表框中选择“级别 2”；在“编号之后”下拉列表框中选择“空格”，如图 1-13 所示。

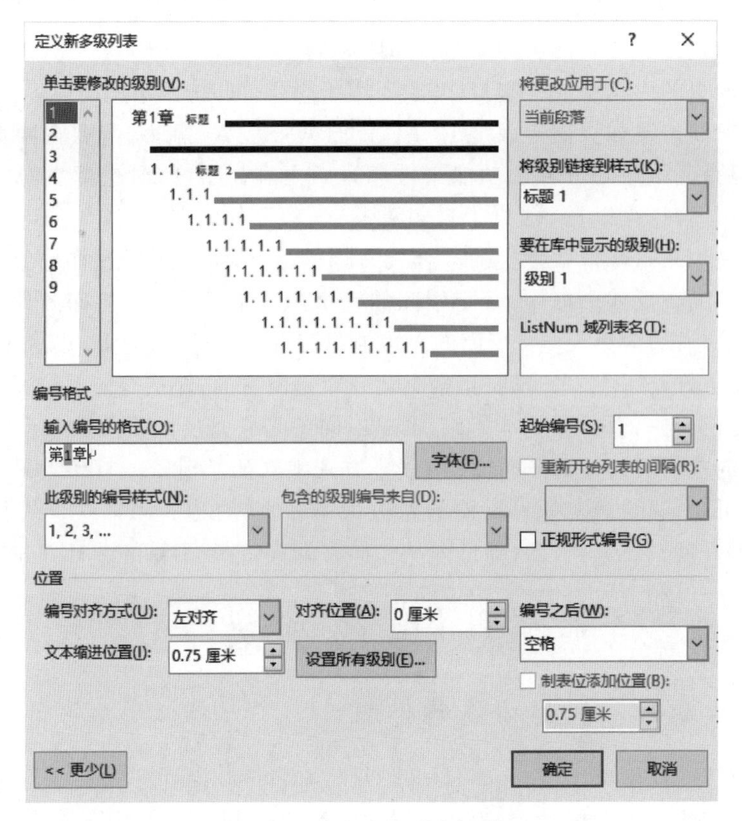

图 1-12　定义多级列表级别 1

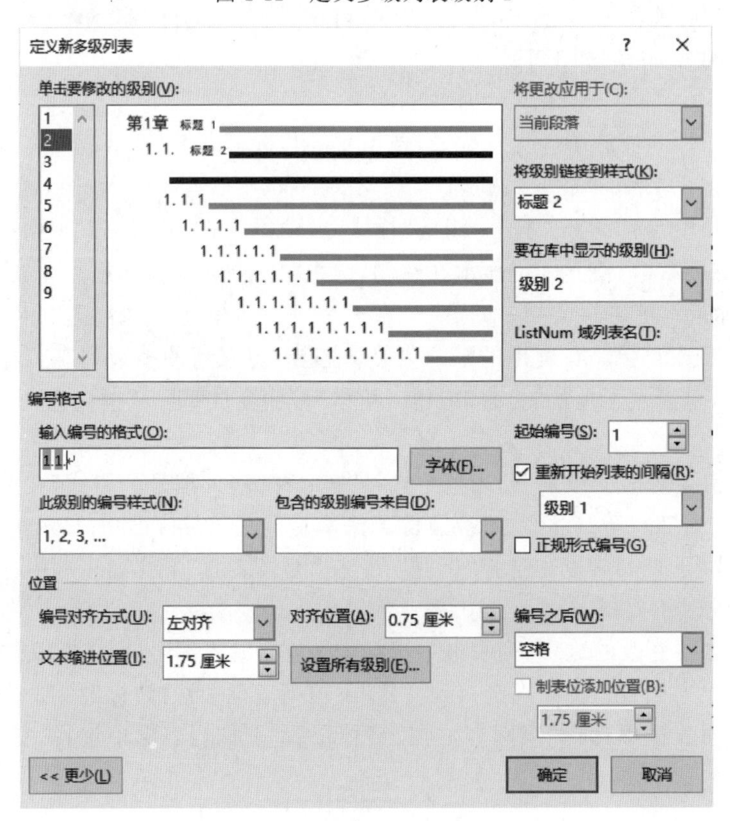

图 1-13　定义多级列表级别 2

(6) 单击“确定”按钮,“样式”窗格中发现标题 1 样式名称变成了“第 1 章 标题 1”,同时增加了“1.1. 标题 2”样式。

(7) 正文中,原来文字“第一章 浙江旅游概述”变成了“1.1. 浙江旅游概述”,将鼠标指针定位在该行,单击样式名称“第 1 章 标题 1”。

(8) 单击“开始”选项卡上“段落”组的“居中”按钮 ,“样式”窗格中增加了“第 1 章 标题 1+居中”样式。

(9) 双击“开始”选项卡上“剪贴板”组的“格式刷”按钮 格式刷,滚动鼠标找到并单击“第二章 浙江主要自然旅游资源”行,将其设置成“第 1 章 标题 1+居中”样式,此时该行文字变成了“第 2 章 第二章 浙江主要自然旅游资源”。其中“第 2 章”为产生的标题 1 章自动编号(单击它有底纹),千万不要删除它;“第二章”为原文正文文字,需要删除。

(10) 鼠标指针为刷子状态下,继续单击第三章、第四章等行,将其设置成“第 1 章 标题 1+居中”样式。单击“格式刷”按钮,使格式刷不起作用。删除标题 1 章自动编号后面的多余文字“第二章”“第三章”“第四章”。

(11) 将鼠标指针定位在文档中的“1.1 浙江来由及历史”一行,单击样式名称“1.1. 标题 2”,双击“格式刷”按钮,滚动鼠标找到并单击“1.2”“1.3”“2.1”等如 X.Y 同级别的行,将其设置成标题 2 样式。删除标题 2 节自动编号后面的重复文字。此时“导航”窗格、“样式”窗格及文档显示效果如图 1-14 所示。

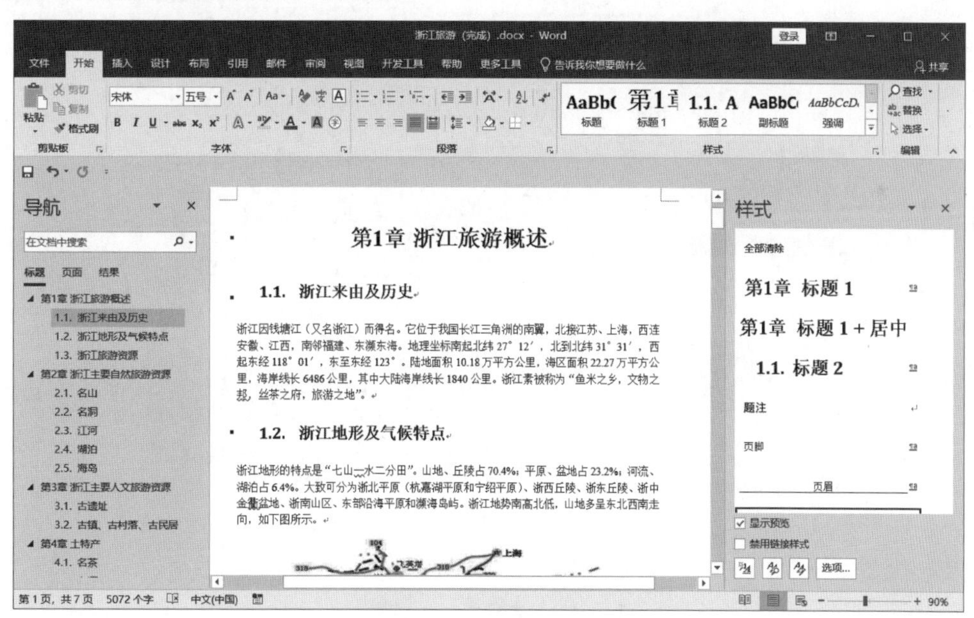

图 1-14 “导航”窗格、“样式”窗格及文档显示效果

1.3.2 知识点

为了使文档内容更具层次感和条理性,经常需要使用多级列表。例如,一篇包含多个章节的书稿,可能需要通过应用多级列表来处理各个章节,通常都会将文档分为章、节、小节等多个层次,并为每一层次编号,使用 Word 的多级列表功能自动为各级标题编号,免去人工编号的麻烦,也避免了出错。多级列表编号与文档的大纲级别、内置标题样式相结合时,将

会快速生成分级别的章节编号。应用多级列表编辑排版长文档的最大优势在于,调整章节顺序、级别时,编号能够自动更新。

多级列表是 Word 提供的实现多级编号的功能,但又与编号功能不同,多级列表可以实现不同级别之间的嵌套。如本书中 1 级标题、2 级标题、3 级标题等之间的嵌套,“第 1 章”“第 2 章”“第 3 章”等属于 1 级标题,“2.1”“3.2”等属于 2 级标题,“1.2.1”“2.3.2”属于 3 级标题。

设置多级列表时可将标题样式与大纲级别链接,链接后可对文档中的章、节进行自动编号,可以实现自动为图形、表格、公式或其他项目添加包含章节的题注、目录编号及内容;在页眉中还可以通过插入域的方法来自动插入文档标题编号及标题内容。

使用多级列表一般操作步骤:选中任意一段标题,然后选择“开始”|“段落”|“多级列表”|“定义新的多级列表”,打开“定义新多级列表”对话框,单击“更多”按钮后,如图 1-15 所示,先选择要设置的级别,再将级别链接到对应的标题样式,如标题 1、标题 2、标题 3 等,然后设置编号格式。

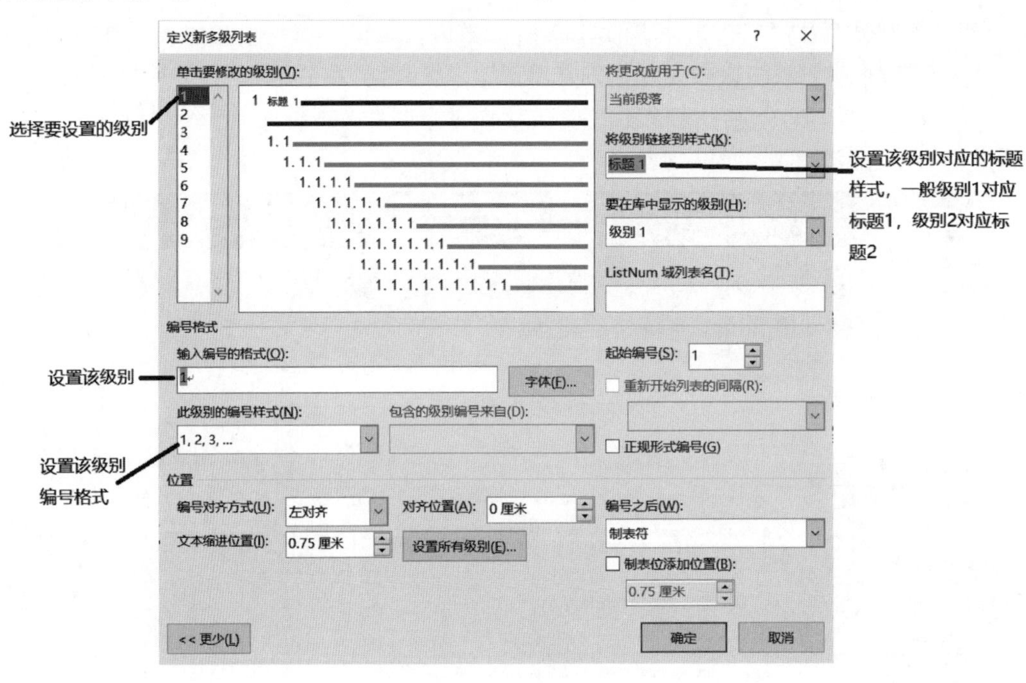

图 1-15　多级列表

1.4　样　　式

1.4.1　教学案例:各类型样式应用

【要求】 在“国际货币基金组织.docx”文档中,完成如下操作。

(1) 创建各种类型的样式。

① 字符样式“红隶书 28”:中文字体为“隶书”,字体颜色为红色,字号为 28。

② 链接段落和字符样式“绿琥珀悬挂缩进 2 字符”:中文字体为“华文琥珀”,字体颜色

为绿色，段落格式为悬挂缩进 2 字符。

③ 段落样式“蓝首行缩进 2 字符 1.2 倍行距”：字体颜色为蓝色，段落格式首行缩进 2 字符，行距为 1.2 倍行距。

(2) 将样式应用于不同段落或文字。

① 第一段“国际货币基金组织”文字使用样式“红隶书 28”。

② 第三段使用样式“蓝首行缩进 2 字符 1.2 倍行距”。

③ 第五段使用样式“绿琥珀悬挂缩进 2 字符”；第六段文字“是通过一个常设机构来促进国际”使用样式“绿琥珀悬挂缩进 2 字符”。

【操作步骤】

(1) 打开“国际货币基金组织.docx”文档，鼠标指针不要选中任何文本，选择“开始”选项卡上“样式”组的“样式”启动器，打开“样式”窗格，单击左下角的“新建样式”按钮，打开“根据格式化创建新样式”对话框。

(2) 根据案例要求设置合适的名称、样式类型，再单击左下角的“格式”按钮设置不同的字体、段落等格式后，如图 1-16 所示，创建“红隶书 28”字符样式，最后单击“确定”按钮即可。用同样方法创建“段落”和“链接段落和字符”样式。

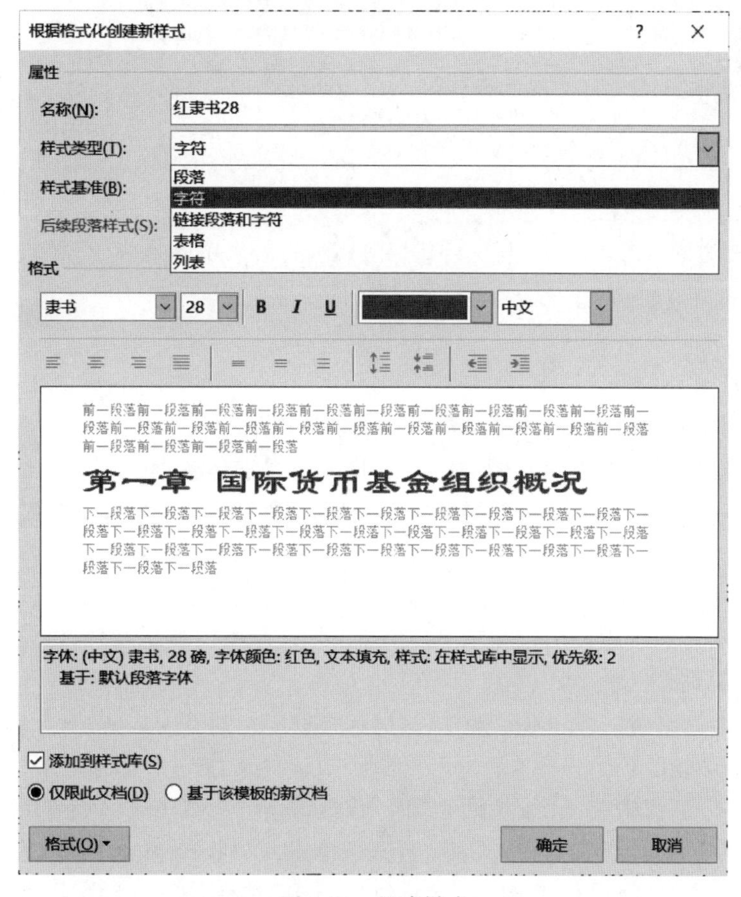

图 1-16　新建样式

(3) 选中第一段“国际货币基金组织”文字，再单击“样式”窗格中的“红隶书 28”样式；

将鼠标指针放在第三段，再单击“样式”窗格中的“蓝首行缩进 2 字符 1.2 倍行距”样式。

（4）将鼠标指针放在第五段，再单击“样式”窗格中的“绿琥珀悬挂缩进 2 字符”样式，观察有悬挂缩进效果，此时等同于段落样式；选中第六段文字“是通过一个常设机构来促进国际”使用样式“绿琥珀悬挂缩进 2 字符”，完成效果如图 1-17 所示，观察第六段并没有悬挂缩进效果，此时等同于字符样式。

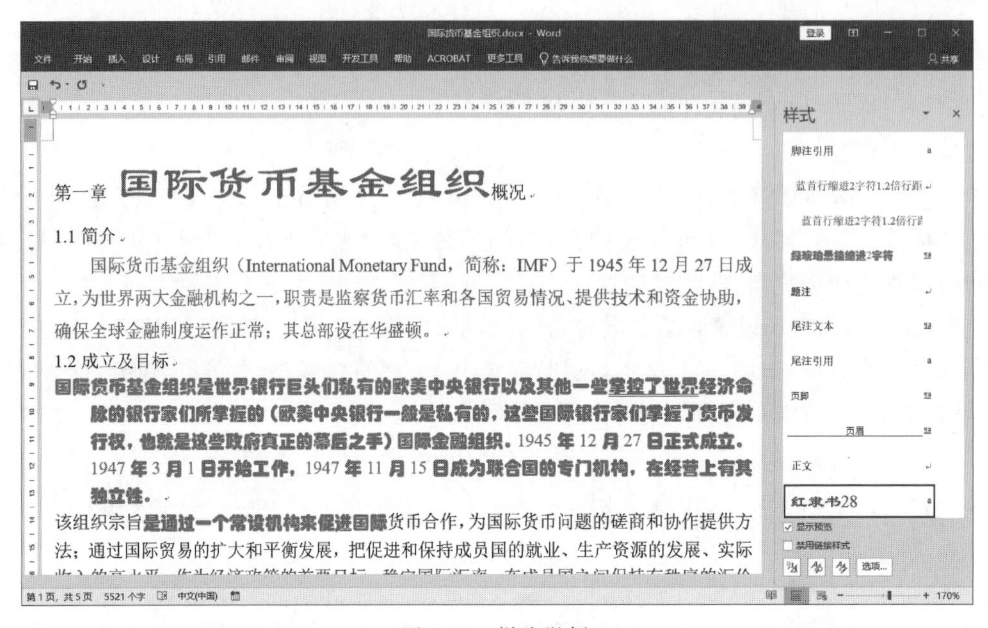

图 1-17　样式举例

（5）观察右边的“样式”窗格，其中样式名后带 a 符号表示的是“字符样式”，带 ↵ 符号表示的是段落样式，带 ¶a 符号表示的是链接段落和字符样式。

1.4.2　教学案例：长文档样式应用

【要求】 对“浙江旅游(二).docx”素材完成以下排版。

（1）新建样式，样式名为“长文档样式”；其中中文字体为“楷体”，西文字体为 Times New Roman，字号为“小四”；首行缩进 2 字符，段前间距为 0.5 行，段后间距为 0.5 行，行距为 1.1 倍；其余格式默认。

（2）将该样式应用到正文中无编号的文字。注意，不包括章名、小节名、表文字、表和图的题注(表上面一行和图下面一行文字)。

【操作步骤】

（1）打开“浙江旅游(二).docx”素材，将鼠标指针定位到普通正文“浙江因钱塘江(又名浙江)而得名”段落上。

（2）单击“样式”窗格左下角的“新建样式”按钮，打开“根据格式化创建新样式”对话框，在“名称”文本框中输入“长文档样式”，在“样式类型”下拉列表框中选择“段落”。

（3）单击“根据格式化创建新样式”对话框左下角的“格式”按钮，在弹出的下拉菜单中选择“字体”，打开“字体”对话框，中文字体设置为“楷体”，西文字体设置为 Times New Roman，字号设置为“小四”，单击“确定”按钮返回。

(4) 单击“根据格式化创建新样式”对话框左下角的“格式”按钮，在弹出的下拉菜单中选择“段落”，打开“段落”对话框，首行缩进设置为 2 字符，段前间距设置为 0.5 行，段后间距设置为 0.5 行，行距设置为多行行距 1.1 倍，单击“确定”按钮返回。

(5) 单击“确定”按钮。“样式”窗格中增加了“长文档样式”样式。双击“格式刷”按钮，单击正文中各个无编号的文字段落，完成样式应用。

1.4.3 知识点

在编排一篇长文档时，需要对许多的文字和段落进行相同的排版工作，如果只是利用字体和段落格式编排功能，很费时间，让人厌烦，更重要的是，很难使文档格式一直保持一致。高级 Word 排版提倡的是用样式对全文中的格式进行规范管理。应用样式可以快速完成对文字、图、表、脚注、题注、尾注、目录、书签、页眉、页脚等多种页面元素的统一设置和调整。

1. 什么是样式

那么，什么是样式呢？样式是应用于文档中的文本、表格和列表的一套格式特征，它是一组已经命名的字符和段落格式。它规定了文档中标题、题注以及正文等各个文本元素的格式。用户可以将一种样式应用于某个段落，或者段落中选定的字符上。使用样式定义文档中的各级标题，如标题 1、标题 2、标题 3……标题 9，就可以智能化地制作出文档的标题目录。

使用样式能减少许多重复的操作，在短时间内排出高质量的文档。用户要一次改变使用某个样式的所有文字的格式时，只需修改该样式即可。如，标题 2 样式最初为“四号、宋体、两端对齐、加粗”，如果用户希望标题 2 样式为“三号、隶书、居中、常规”，此时不必重新修改已经应用标题 2 的每一个实例，只需改变标题 2 样式的属性就可以了。

2. 样式的类型

Word 本身自带了许多样式，称为内置样式。要列出 Word 的所有内置样式可使用方法：单击“样式”窗格右下角的“选项”按钮，打开“样式窗格选项”对话框，将“选择要显示的样式”设置为“所有样式”。

但有时候这些样式不能满足用户的全部要求，这时可以创建新的样式，称为自定义样式。内置样式和自定义样式在使用和修改时没有任何区别。但是用户可以删除自定义样式，却不能删除内置样式。

用户可以创建或应用下列类型的样式。

(1) 段落样式。

段落样式是指由样式名称来标识的一套字符格式和段落格式。段落样式控制段落外观的所有方面，如文本对齐、制表位、边框、行间距和段落格式等，也可以包括字符格式。鼠标指针位于段落任意位置中，或者选中任意文本或整个段落时，此时应用段落样式，会将其段落格式和字符格式同时作用于该段落。

(2) 字符样式。

字符样式是指由样式名称来标识的字符格式的组合，它提供字符的字体、字号、字符间距和特殊效果等。字符样式一般应用于段落内选定文字的外观，如文字的字体、字号、加粗及倾斜格式。字符样式仅作用于段落中选定的字符。

（3）链接段落和字符样式。

链接段落和字符样式有时表现为段落样式，有时表现为字符样式。

当将鼠标指针位于段落中时，链接段落和字符样式对整个段落有效，此时等同于段落样式。当只选定段落中的部分文字时，其只对选定的文字有效，此时等同于字符样式。

（4）表格样式：可为表格的边框、阴影、对齐方式和字体提供一致的外观。

（5）列表样式：可为列表应用相似的对齐方式、编号或项目符号字符以及字体。

3．应用样式

如果要在文档中应用样式，可以选中相应文字，或者，把鼠标指针放置在要使用样式的段落中任意位置，如果要应用多个段落，可以用鼠标选中多个段落，然后按照下面的办法可进行应用样式的操作。

（1）打开“样式”窗格，在打开的下拉列表框中选择一种样式名，所选择段落就会应用该样式而重排文字和段落的版式。

（2）使用组合键来应用其相应样式：按 Ctrl＋Alt＋1 组合键，应用标题 1；按 Ctrl＋Alt＋2 组合键，应用标题 2；按 Ctrl＋Alt＋3 组合键，应用标题 3，此处的数字“1”“2”“3”只能按主键盘区上的数字键才有效，不能使用辅助键区中的数字键。标题 4 及之后标题没有组合键。

（3）使用格式刷：鼠标指针先放置在已经使用某样式的段落或文本，双击“格式刷”按钮，再拖动选择要使用该样式的段落或文本。

一般来说，没有选中任何文字时或者包含有某个段落结束符的多段文字被选择时应用样式，表现为段落样式类型。字符样式类型只对选中的文字起作用。

4．样式集

样式集就是样式的集合，这个非常容易理解，就是将不同的样式结合起来，把设置好的一大堆样式打包。

在“设计”|“文档格式”中有许多内置的样式集，如图 1-18 所示，单击即可应用于当前文档中，在“样式”窗格中可以查看并应用各样式。选用其中一个样式集后，可以修改部分样式之后，再选择“另存为新样式集”，保存为新的样式集。

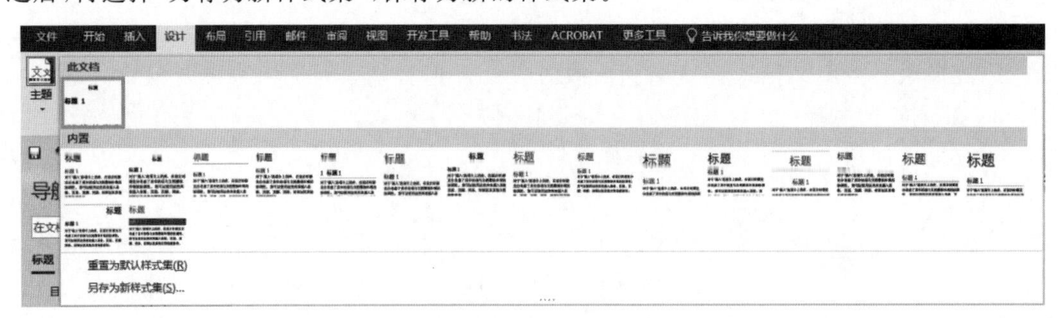

图 1-18　样式集

当前文档中如果自己新建了一个或多个样式，需要保存起来为其他文档所用，可以右击“文档格式”组中“此文档的样式集”，在弹出的快捷菜单中选择“保存”，即可打开“另存为新样式集”对话框将当前文档的所有样式进行保存。

5．主题

主题是由样式集、主题颜色、主题字体、效果等等组成。需要注意的是，因为样式集只是针对文本对象，如要修改页面边框，在样式集中是无法完成的。所以，主题包含的内容比样式集多，可以设置的东西更多。

应用主题可以更改整个文档的总体设计，包括颜色、字体、效果等。选择“设计”|“主题”，如图1-19所示，出现很多微软提供的文档格式，单击某个主题，就会对整篇文章应用该主题。

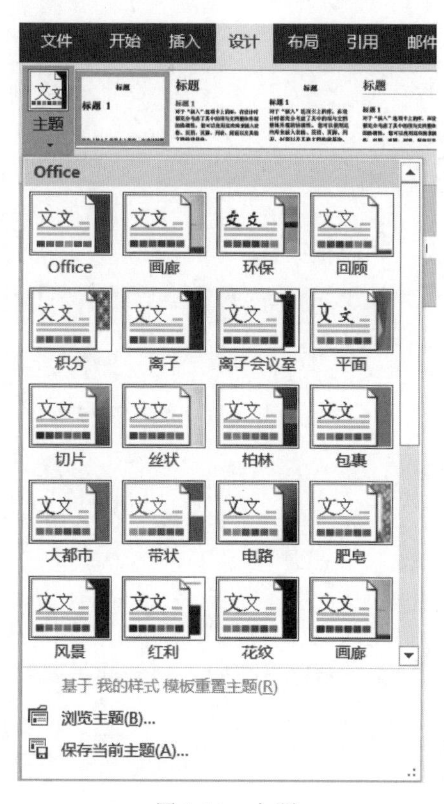

图1-19　主题

如果对于自带的主题不满意，可以通过自定义颜色、自定义字体、段落间距和效果等来自定义主题，然后保存为Office主题文件。该主题可以跨软件使用，可以在Excel、PPT中应用主题；编辑PPT和Word文档时，可以使用同一个主题，这样显得更加专业。

1.5　模　　板

1.5.1　教学案例：毕业论文模板制作

【要求】　利用“文档属性控件”创建一个“毕业论文模板.dotx”模板文件，以方便撰写毕业论文的学生套用。

(1) 论文题目部分采用自定义样式“主题标题”，黑体，一号，居中。

(2) 论文正文部分采用定义样式“论文正文”，楷体，小四，首行缩进2字符，1.5倍行距。

(3) “章”标题使用标题1样式且居中，编号格式为“第X章”，其中X为自动排序序号。

(4) “节”标题使用标题2样式，编号格式为“X.Y”，其中X为自动排序序号，Y为节自动排序数字(例如1.1)。

(5) 共5章,每章2节,最后插入参考文献(样式同"章"标题,但不要章编号)。

【操作步骤】

(1) 在Word中创建一个空白文档,选择"文件"|"另存为",打开"另存为"对话框,保存类型选择"Word模板(*.dotx)",选择保存模板文件的位置,文件名命名为"毕业论文模板.dotx",如图1-20所示,单击"保存"按钮。

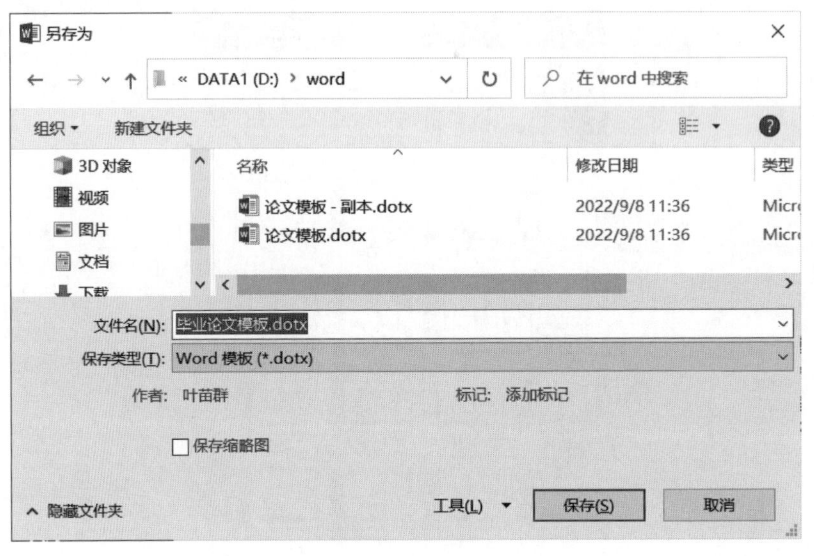

图1-20 模板保存

(2) 打开"样式"窗格,新建样式"主题标题",黑体,一号,居中。

(3) 在"样式"窗格中单击"全部清除"按钮后,再新建样式"论文正文",楷体,小四,首行缩进2字符,1.5倍行距。

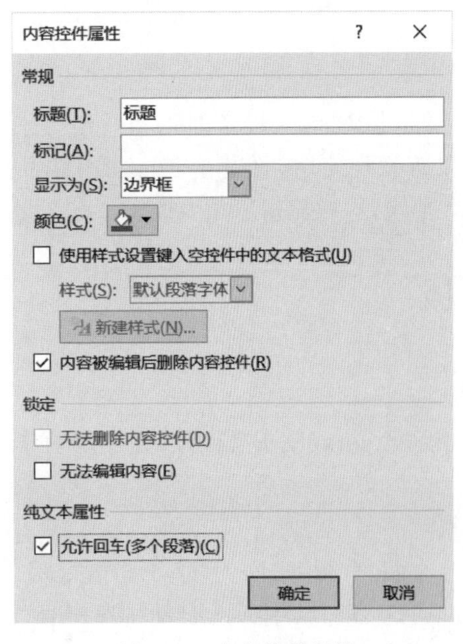

图1-21 内容控件属性

(4) 选择"开始"|"段落"|"多级列表"|"定义新的多级列表"。在"定义新多级列表"对话框中,设置级别1与标题1样式链接,编号格式为"第1章"(其中1为有底纹可变化文字),设置级别2与标题2样式链接,编号格式为"1.1"(1均为有底纹可变化文字),单击"确定"按钮。

(5) 在"样式"窗格中选择"主题标题",选择"插入"|"文本"|"文档部件"|"文档属性"|"标题"。

(6) 选择"开发工具"|"控件"|"属性"(如果没有"开发工具"菜单,则通过选择"文件"|"选项"|"自定义功能区",选中"开发工具"复选框来添加该菜单),打开"内容控件属性"对话框,选中"内容被编辑后删除内容控件"和"允许回车(多个段落)"复选框,如图1-21所示,单击"确定"按钮。

(7) 选择"开发工具"|"控件"|"设计模式",修改控件内容"标题"为"论文题目"。

(8) 将鼠标指针定位到行末，按 Enter 键换行后，选择“样式”窗格中的“第 1 章 标题 1”，选择“插入”|“文档部件”|“文档属性”|“标题”。选择“开发工具”|“控件”|“属性”，打开“内容控件属性”对话框，选中“内容被编辑后删除内容控件”和“允许回车(多个段落)”复选框。设计模式下，修改控件内容为“标题内容”。

(9) 参照第(8)步，选择“样式”窗格中的“1.1 标题 2”创建节标题 2 部分，修改控件内容为“标题内容”；用样式“论文正文”创建正文部分，修改控件内容为“论文正文”，如图 1-22 所示。

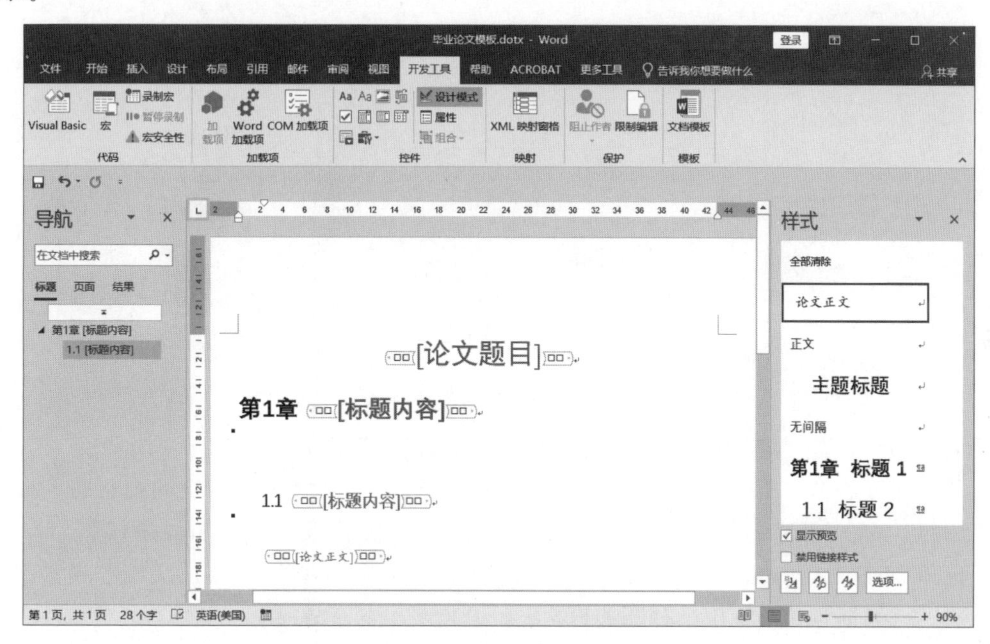

图 1-22　毕业论文模板效果 1

(10) 将鼠标指针定位到行末，按 Enter 键换行后，复制 1.1 开始的两行；将鼠标指针定位到行末，按 Enter 键换行后，再复制第 1 章开始的 5 行共 4 次；这样从第 1 章到第 5 章创建完毕，每章中有两节，编号如果不对，可以右击设置“继续编号”。

(11) 最后复制第 5 章一行到文档末尾，选中前面编号部分将其删除，修改控件内容为参考文献，如图 1-23 所示。选择“开发工具”|“控件”|“设计模式”，取消设计模式。

(12) 保存“毕业论文模板.dotx”模板文件，关闭该模板文件。找到该模板文件，双击打开，发现会新建一个以此为模板的新文档，里面方括号内容相当于一个占位符，单击后即可输入需要的文字。如果要重新修改模板文件，则需要打开 Word 程序中的文件来实现。

1.5.2 知识点

模板是一个预设固定格式的文档，模板的作用是使文本风格整体一致。模板有.dotx 和.dotm 两种类型，其中后者中存储宏。所有的 Word 文档都是基于某个模板创建的。模板中包含了文档的基本结构及文档的基本信息，如文本、样式和格式；页面布局，如页边距和行距；设计元素，如特殊颜色、边框和底纹等。利用模板可以快速创建同一类型的文档。

模板中保存着一个默认的主题和一个默认的样式集，另外，模板还可以保存组合键、快速访问工具栏的设置等。模板中也可以包含指定的文字，如一个公司的专用模板，可以包含

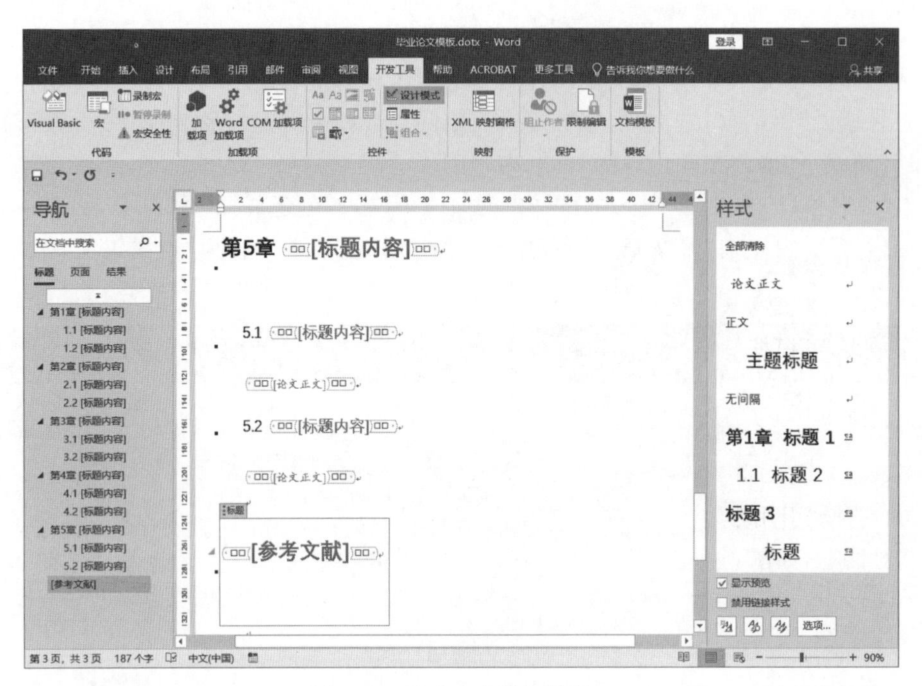

图 1-23 毕业论文模板效果 2

公司 logo、公司信息、编排格式等，节省编写文档的时间，提高办公效率。

平时打开的 Word 新建的那个空白页，就是基于 Normal. dotm（带宏的模板）这个模板来生成的，每次打开之后的默认样式"正文样式"就是关联了 Normal. dotm 模板。

选择"文件"|"新建"，出现如图 1-24 所示界面，其中特别推荐的"空白文档""书法字帖""快照日历"等都属于系统中已存在的模板。

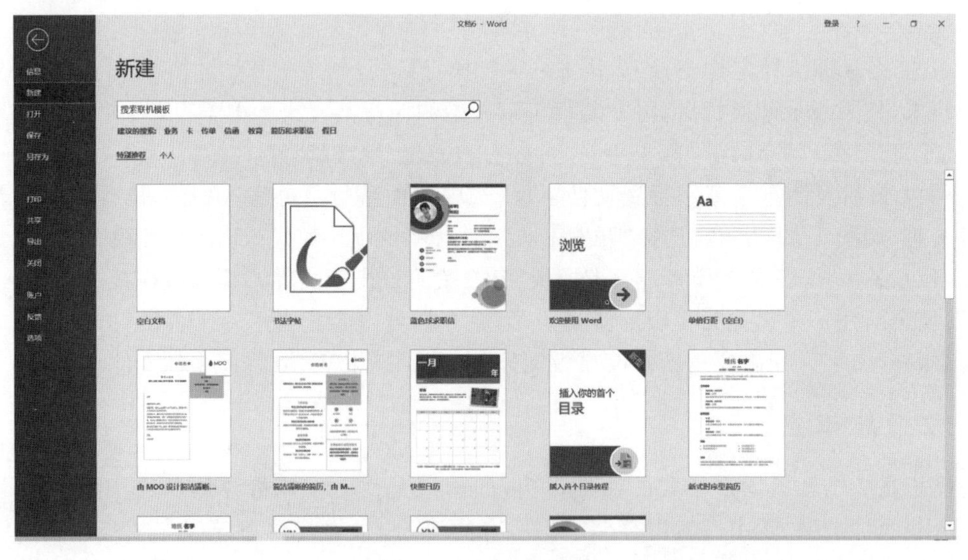

图 1-24 Word 模板

除了可以通过系统提供的模板衍生新的文档外，也可以创建具有个性化特色的用户模板，再从该用户模板衍生出新文档，还可以使用文档属性控件创建模板文档供用户使用。

1.6 目　　录

1.6.1 教学案例：通过标题样式创建目录

【要求】 由标题样式创建目录。打开素材“浙江旅游(三).docx”，创建目录。

【操作步骤】

(1) 对所有要显示在目录中的标题全部应用内置标题样式，一般应有标题1、标题2、标题3等样式，可根据要求修改各标题样式。此步骤在前面教学案例中已经完成的话就不需要操作。

(2) 将鼠标指针移到要创建目录的位置。一般是创建在该文档的开头或者结尾。这里鼠标指针定位在“浙江旅游概述”前面一行，不要选中任何文字。

(3) 选择“引用”选项卡上“目录”组的“目录”，在下拉菜单中选择“自定义目录”，打开“目录”对话框，如图1-25所示，根据要求设置后，单击“确定”按钮即可。完成效果如图1-26所示。

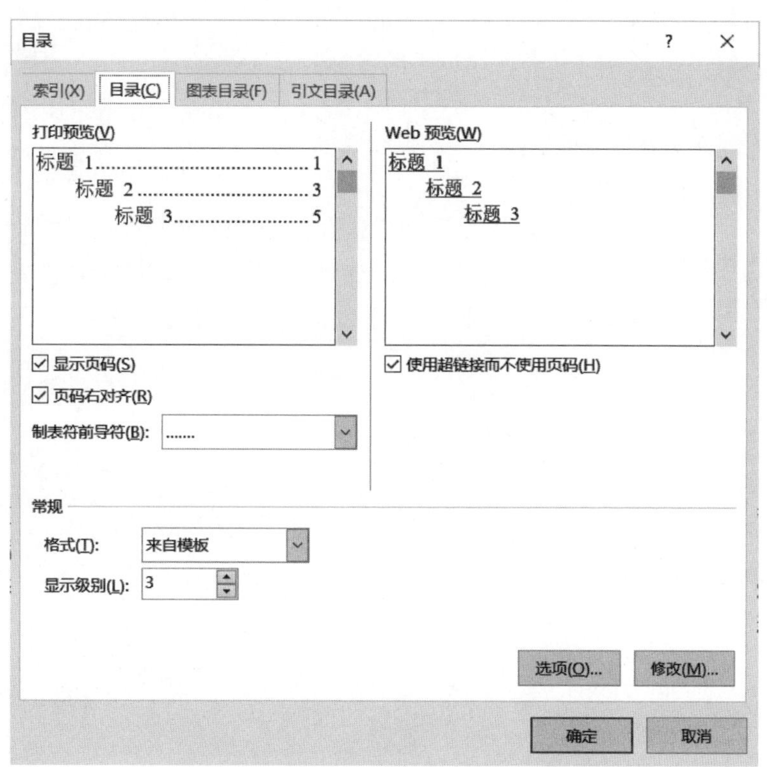

图1-25　创建目录

1.6.2 教学案例：通过目录项域创建目录

【要求】 有一篇文档“古诗.docx”，内容为《登鹳雀楼》《回乡偶书》《赤壁》3首古诗，每首诗为单独一页，文档中所有文字均为宋体、五号。要求在不改变原来文字样式的情况下，创建目录，把诗名创建成目录项。

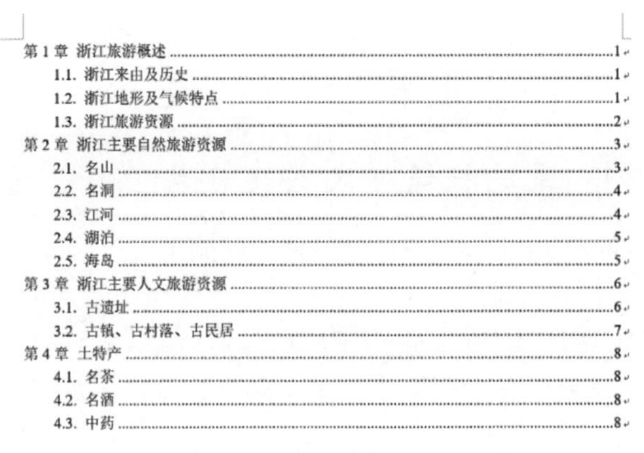
第1章 浙江旅游概述……1
1.1. 浙江来由及历史……1
1.2. 浙江地形及气候特点……1
1.3. 浙江旅游资源……2
第2章 浙江主要自然旅游资源……3
2.1. 名山……3
2.2. 名洞……4
2.3. 江河……4
2.4. 湖泊……5
2.5. 海岛……5
第3章 浙江主要人文旅游资源……6
3.1. 古遗址……6
3.2. 古镇、古村落、古民居……7
第4章 土特产……8
4.1. 名茶……8
4.2. 名酒……8
4.3. 中药……8

图 1-26　完成的目录

【操作步骤】

(1) 采用如下方法之一标记目录项。

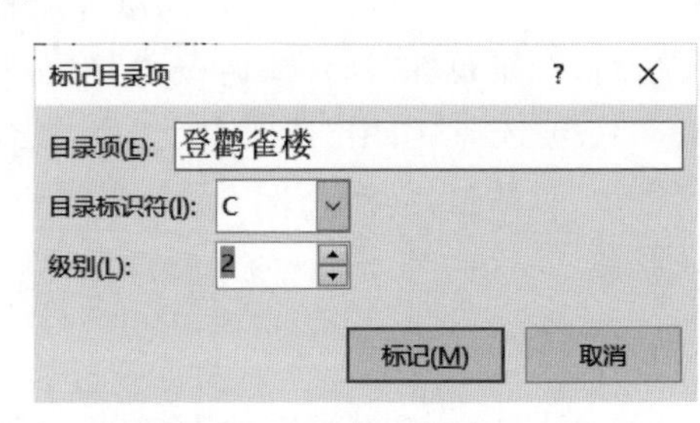

图 1-27　“标记目录项”对话框

- 标记目录项方法一：在文档中选中包含在目录的第一首诗名“登鹳雀楼”，按 Alt＋Shift＋O 组合键，打开如图 1-27 所示的“标记目录项”对话框，在“级别”框中选择目录的级别，如 2，单击“标记”按钮，完成目录项标记。
- 标记目录项方法二：将鼠标指针定位在第一首诗名“登鹳雀楼”后面，不要选中文字，选择“插入”选项卡上“文本”组的“文档部件”，在下拉菜单中选择“域”，打开“域”对话框，“类别”选择“索引和目录”，“域名”选择 TC，“文字项”输入“登鹳雀楼”，“大纲级别”设置为 2，如图 1-28 所示，单击“确定”按钮，完成目录项标记。

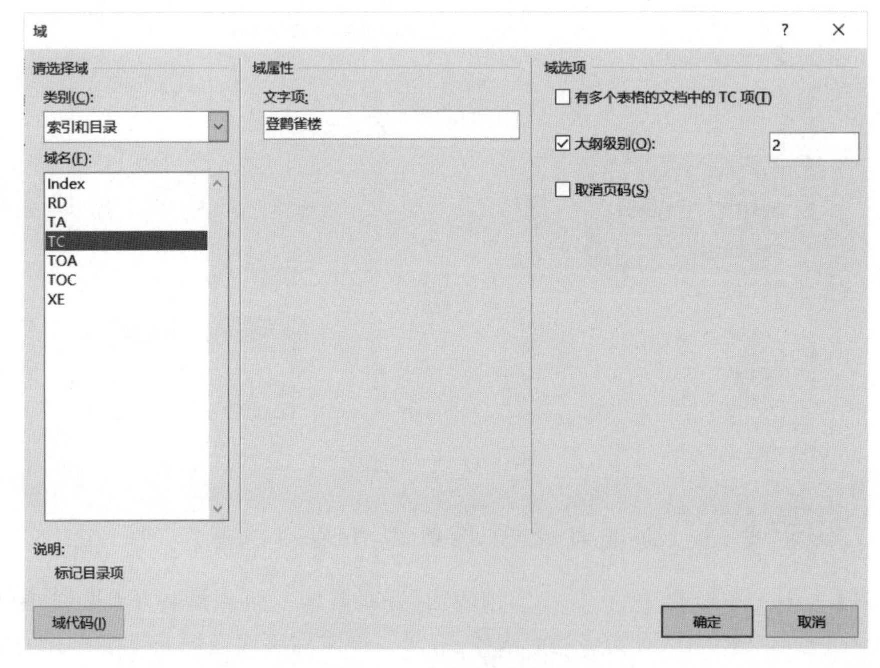

图 1-28　TC“域”对话框

(2) 用上述方法之一继续标记完成其他诗名目录项。也可以复制域代码,然后做部分修改来完成目录项标记。

(3) 将鼠标指针移到要插入目录的位置(一般是文档的开头或结尾处)。选择“引用”选项卡上“目录”组的“目录”,在下拉菜单中选择“自定义目录”,打开“目录”对话框(这里也可以采用插入 TOC 域的方式,打开该对话框),单击“选项”按钮,在打开的“目录选项”对话框中,选中“目录项字段”复选框,如图 1-29 所示,单击“确定”按钮,返回“目录”对话框。

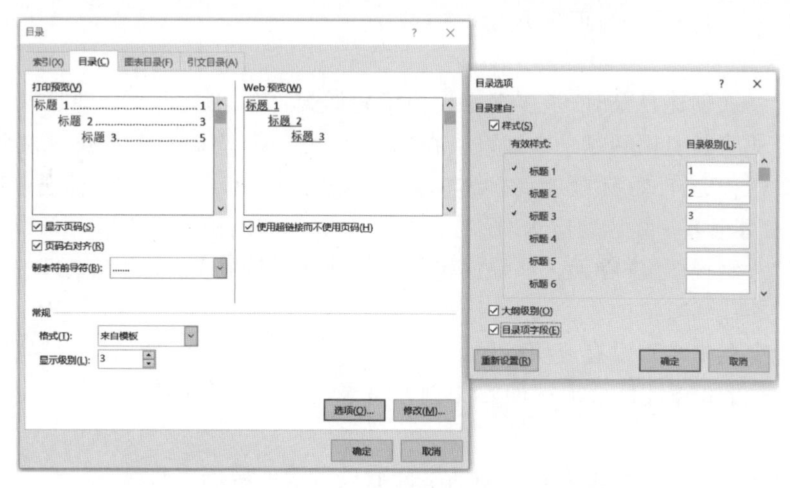

图 1-29　选中“目录项字段”复选框

(4) 单击“确定”按钮,即可在指定的地方插入由目录项域创建的目录,如图 1-30 所示。图中{TC……}是目录项域标记,编辑文档时可以通过“开始”选项卡上“段落”组的“显示/隐藏编辑标记”按钮将其显示或者隐藏。打印出来的文档中这些标记符号是不显示的。

图 1-30　由目录项域创建的目录

1.6.3 知识点

1. 什么是目录

目录通常位于文章之前，由文档中的各级标题及页码构成。目录通常是文档不可缺少的部分，有了目录，用户就能很容易地知道文档中有什么内容，及如何查找内容等。Word提供了自动创建目录的功能，使目录的制作变得非常简便，既不用费力地去手工制作目录、核对页码，也不必担心目录与正文不符。

2. 创建目录

通过标题样式创建目录时，是将文字设为标题样式，Word在自动创建目录时只需查找文中的标题样式将其引用到目录中即可。在创建目录之前，应确保希望出现在目录中的标题应用了内置的标题样式(标题1到标题9)，一般可将章一级标题定为"标题1"，节一级标题定为"标题2"，小节一级标题定为"标题3"。一个文档的结构性是否好，可以从文档的"导航"窗格或者"大纲视图"中看到。如果文档的结构性能比较好，创建出有条理的目录就会变得非常简单快速。

假如一个文档中本来没有应用标题等样式，全部是正文文字，如果也不想修改正文，此时要插入目录，可以通过目录项域的方法创建目录，此种方法适用于字符样式文字检索的目录。

目录项就是可被引用创建为目录的文字。通过目录项域创建目录的一般操作步骤：先标记目录项(标记目录项也是创建目录时的一个标识，目录项本身也是一个域)，将目录项域插入文档，再由目录项域创建目录。

3. 目录的类型

Word目录分为文档目录、图表目录、引文目录类型。除了文档目录外，图表目录也是一种常用的目录，可以在其中列出图片、图表、图形、幻灯片或其他插图的说明，以及它们出现的页码。要插入图表目录，首先确认要建立图表目录的图片、表格、图形是否添加有题注。在建立图表目录时，用户可以根据图表的题注或者自定义样式的图表标签，并参考页码排序排列，最后在文档中显示图表目录。要创建引文目录，就要在文档中先标记引文。

4. 更新目录

目录是一种域，自动生成的目录都带有灰色的域底纹。当标题和页码发生变化时，目录可以用更新域的方式更新：右击目录区，在弹出的快捷菜单中选择"更新域"，在"更新目录"对话框中选择"只更新页码"或"更新整个目录"，单击"确定"按钮就可以完成目录的更新。

一篇长文章可能由多个文档组成，可以把刚创建的目录复制到一个新文档中，再把几个文档的目录都合成在一起，就可以自动创建整篇文章的完整目录了。但这样完成的目录是独立的一个文档，是不能进行自动更新的。如果使用的是主控文档或把多个文档合并到一个文档中，就可以一次性创建整篇文档的目录。

1.7 索　　引

1.7.1 教学案例：手动标记索引项

【要求】 有一篇文档"古诗.docx"，每首诗为单独一页，要把诗名创建成索引项，要求手动标记索引项。

【操作步骤】

(1) 选中要作为索引项使用的文本“登鹳雀楼”,选择“引用”选项卡上“索引”组的“标记条目”,也可以按 Alt+Shift+X 组合键,打开“标记索引项”对话框,如图 1-31 所示。

(2) 在“主索引项”文本框中会显示选中的文本,如果必要,可以编辑“主索引项”文本框中的文字。如果要创建次索引项,可以在“次索引项”文本框中输入索引项。单击“标记”按钮,即可标记此索引项。

(3) 不要关闭“标记索引项”对话框,滚动鼠标直接在文档窗口选中其他要制作索引的文本,然后在“标记索引项”对话框中单击“标记”按钮即可实现继续标记。如果单击“标记全部”按钮,可以标记文档中所有该文本索引项。标记索引项完成后,效果如图 1-32 所示。

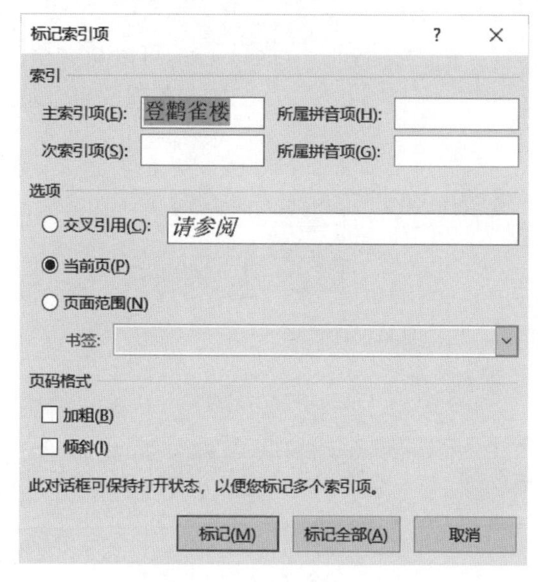

图 1-31 “标记索引项”对话框

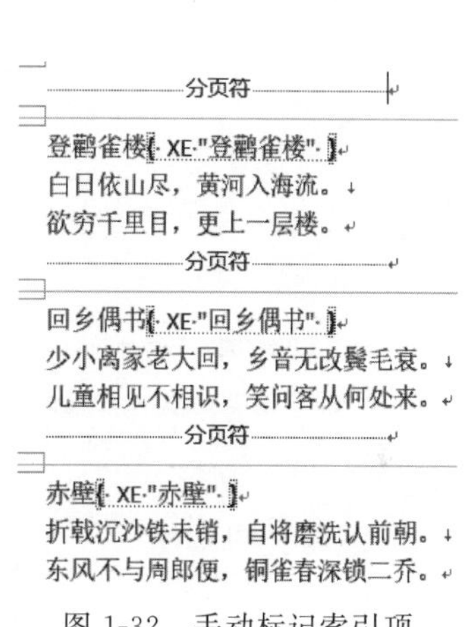

图 1-32 手动标记索引项

1.7.2 教学案例:自动标记索引项

【要求】 有一篇文档“唐诗宋词.docx”,每首诗或者词为单独一页,要把诗名或者词名创建成索引项,并将唐诗和宋词也标记上。要求自动标记索引项。

【操作步骤】

(1) 新建“唐诗宋词索引文件.docx”文档,内容如图 1-33 所示。第一列为原文中需要建立索引的文字;第二列“唐诗”或者“宋词”为主索引项,第二列冒号(英文标点符号)后边的文字为次索引项。保存并关闭该文件。

登鹳雀楼	唐诗:登鹳雀楼
回乡偶书	唐诗:回乡偶书
赤壁	唐诗:赤壁
明月几时有	宋词:明月几时有
咏梅	宋词:咏梅

图 1-33 新建“唐诗宋词索引文件.docx”文档内容

(2) 打开要编制索引的文档“唐诗宋词.docx”,选择“引用”选项卡上“索引”组的“插入索引”,打开“索引”对话框,如图 1-34 所示,单击“自动标记”按钮。

(3) 打开“打开索引自动标记文件”对话框,选取“唐诗宋词索引文件.docx”,如图 1-35 所示,单击“打开”按钮。

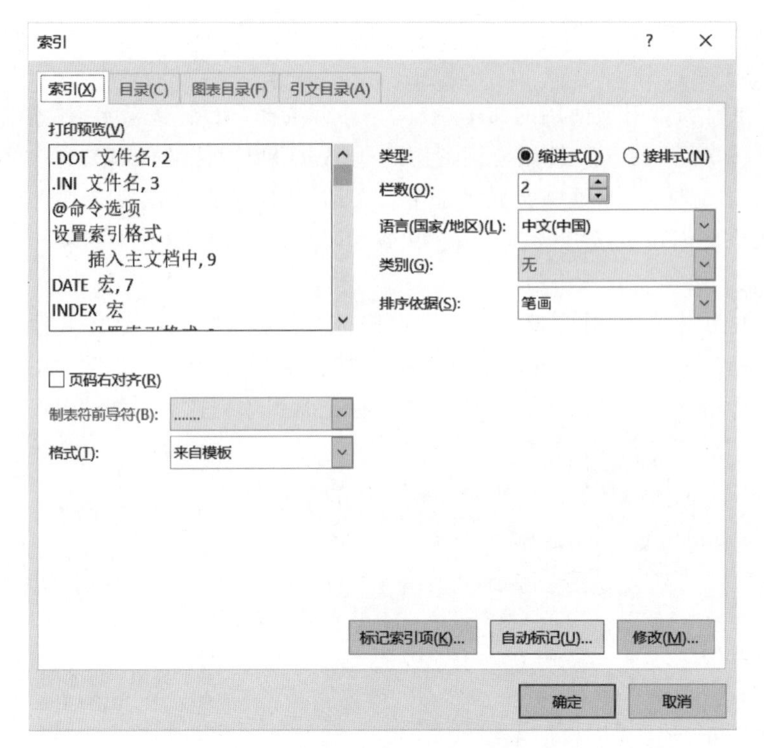

图 1-34 “索引”对话框中自动标记选择

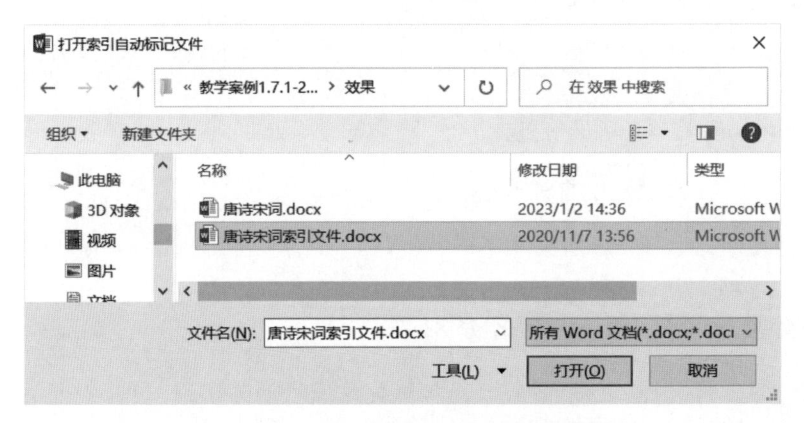

图 1-35 选取“唐诗宋词索引文件.docx”

(4) 此时已经完成索引项自动标记。选择“开始”选项卡上“段落”组的“显示/隐藏编辑标记”，使其显示编辑标记。“唐诗宋词.docx”已完成索引项标记，如图 1-36 所示，出现{XE"唐诗:登鹳雀楼"}等标记。

1.7.3 教学案例：创建索引

【要求】 有文档“唐诗宋词.docx”，每首诗或者词为单独一页，诗名或者词名等已创建索引项，要求创建索引。比较索引与目录的不同。

【操作步骤】

(1) 将鼠标指针移到要出现索引的位置上(如文档最前面)，选择“引用”选项卡上“索

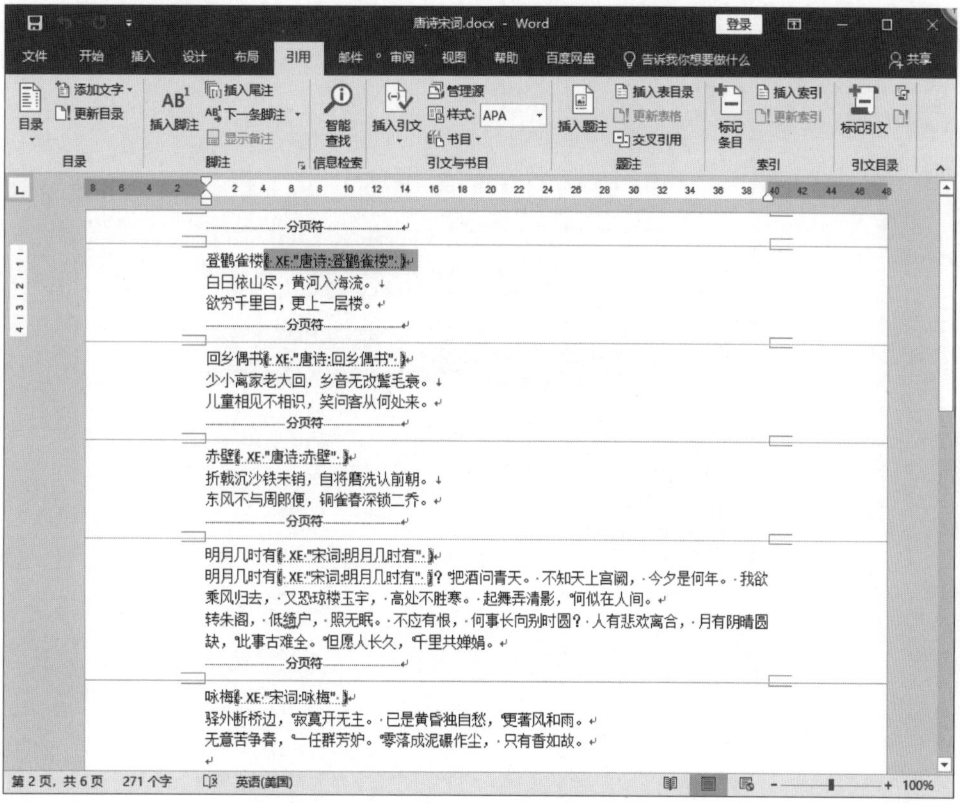

图 1-36 “唐诗宋词.docx”完成索引项标记

引”组的“插入索引”，打开“索引”对话框。

(2) 设置是否“页码右对齐”，如果选中“页码右对齐”复选框，页码将右排列，而不是紧跟在索引项的后面。在“栏数”文本框中指定栏数以编排索引，如果索引比较短，默认选择两栏。在“类型”栏中选择索引的类型，如果选择“缩进式”，次级索引项相对于主索引项将缩进；如果选择“接排式”，主索引项和次索引项将排在一行中。在“排序依据”列表框中指定按什么方式排序，可以是拼音或者笔画。这里假设选中“页码右对齐”复选框，“栏数”设置为1，“类型”选择“缩进式”，“排序依据”选择“拼音”。单击“确定”按钮后产生索引，“唐诗宋词.docx”完成索引创建效果如图 1-37 所示。

1.7.4 知识点

1. 什么是索引

索引是根据一定需要，把文档中的主要概念或各种题名摘录下来，标明页码，按一定次序分条排列，以供人查阅资料。它是图书中重要内容的地址标记和查阅指南。Word 提供了图书编辑排版的索引功能。具体索引示例效果如图 1-38 所示。

2. 创建索引

要编制索引，应该首先标记文档中的概念名词、短语和符号之类的索引项。标记索引项可以采用手动标记，也可以采用索引文件自动标记。

通过创建索引文件，可以自动标记索引项。索引文件是一个 Word 文档，其内容是一个

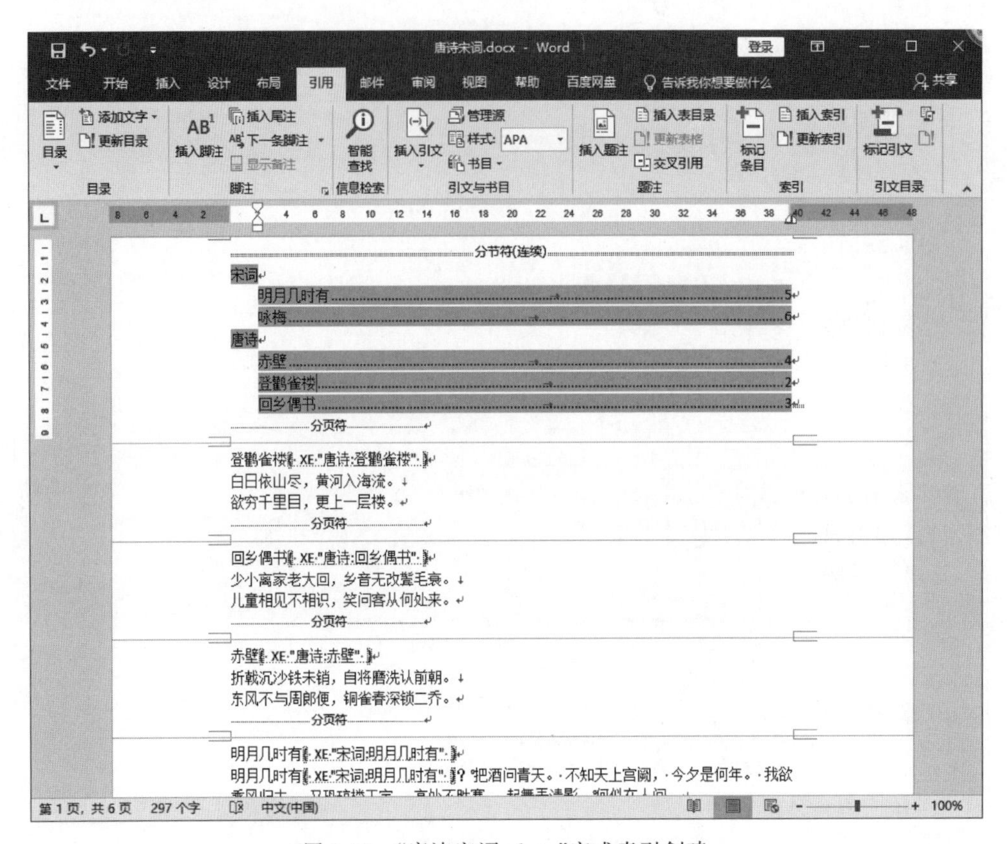

图 1-37 “唐诗宋词.docx”完成索引创建

赤壁, 4　　　　回乡偶书, 3
登鹳雀楼, 2

(a) 效果1

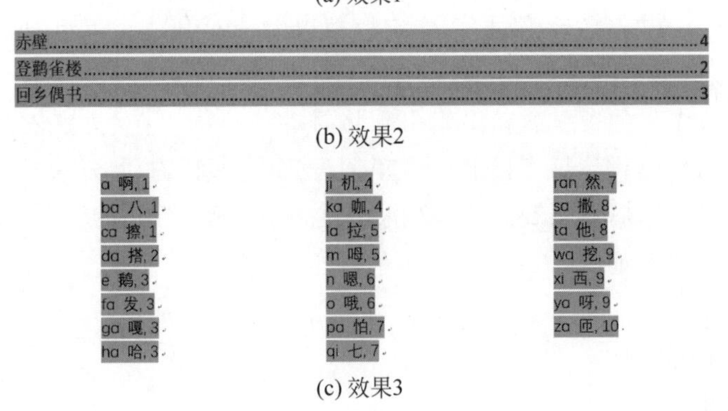

(b) 效果2

(c) 效果3

图 1-38 索引示例效果

多行两列表格，表格第一列是建立需要索引的文本或符号；表格第二列为索引项文本（显示在新建好的索引中），第二列中以“:”分隔，还可以在主索引项后面添加次索引项。

标记索引项（有手动标记索引项和自动标记索引项）后，就可以创建索引。

3. 更新索引

一般情况下，要在输入全部文档内容之后再进行索引工作，如果此后又进行了内容的修改，原索引就不准确了，这就需要更新索引。更新索引方法是，在要更新的索引中单击，然后按 F9 键；又或者在希望更新的索引中右击，此时会弹出一个快捷菜单，选择快捷菜单中的“更新域”即可更新索引。在更新整个索引后，将会丢失更新前完成的索引或添加的格式。

4. 更改或删除索引

在标记了索引项和创建了索引后，还可以对其做一些修改或者删除。更改或删除索引的步骤如下。

(1) 如果文档中的索引项没有显示出来，选择“开始”选项卡上“段落”组的“显示/隐藏编辑标记”。

(2) 定位到要更改或删除的索引项。

(3) 如果要更改索引项，更改索引项引号内的文字即可编辑或者设置索引项的格式。

(4) 如果要删除索引项，连同{ }符号选中整个索引项，然后按 Delete 键。

5. 索引与目录的区别

这里的索引创建完成后，看样子可能和目录效果有些类似。其实两者有不同，目录是按页码排序的，索引只能按笔画或者拼音排序；在目录中按 Ctrl 键同时单击可以超链接到具体页码，而索引一般没有超链接。

1.8 脚注与尾注

1.8.1 教学案例：从尾注到参考文献

【要求】 已有“脚注和尾注.docx”文档，首页中已经插入脚注，如图 1-39 所示，最后一页中已经添加尾注，如图 1-40 所示。实现从尾注到参考文献效果，具体完成如下操作。

(1) 修改脚注编号为“①,②,③…”格式。

(2) 找到并删除第一条尾注。

(3) 修改尾注注释文本格式编号为[1],[2],[3],并取消上标显示。

(4) 正文中的尾注编号也加上方括号[]。

(5) 尾注分隔符变成“参考文献”，并应用标题 1 样式，居中显示。

【操作步骤】

(1) 打开“脚注和尾注.docx”文档，右击首页中已建的脚注，在弹出的快捷菜单中选择“便签选项”，打开“脚注和尾注”对话框，编号格式选择“①,②,③…”，再单击“应用”按钮，如图 1-41 所示，关闭对话框。

(2) 将鼠标指针定位到第一条尾注，双击最左边尾注编号部分，会自动链接并跳转到对应的正文内容，选中该正文编号，删除之，可以发现其他编号自动更新了。

(3) 将鼠标指针定位到尾注分隔符横线下方，选择“开始”选项卡上“编辑”组的“替换”，打开“查找和替换”对话框，单击“更多”按钮。

(4) 将鼠标指针定位到“查找内容”列表框(原内容为空，有则删除)内，单击“特殊格式”按钮，在弹出的下拉菜单中选择“尾注标记”；将鼠标指针定位到“替换为”列表框内，输入“[]”，将鼠标指针定位到“[]”中间，单击“特殊格式”按钮，在弹出的下拉菜单中选择“查找内容”；单击“格式”按钮，在弹出的下拉菜单中选择“字体”，在打开的“替换字体”对话框中，取消上标的选中，单击“确定”按钮返回“查找和替换”对话框，如图 1-42 所示，最后单击“全部替换”按钮完成替换。此时完成尾注上标格式取消操作。

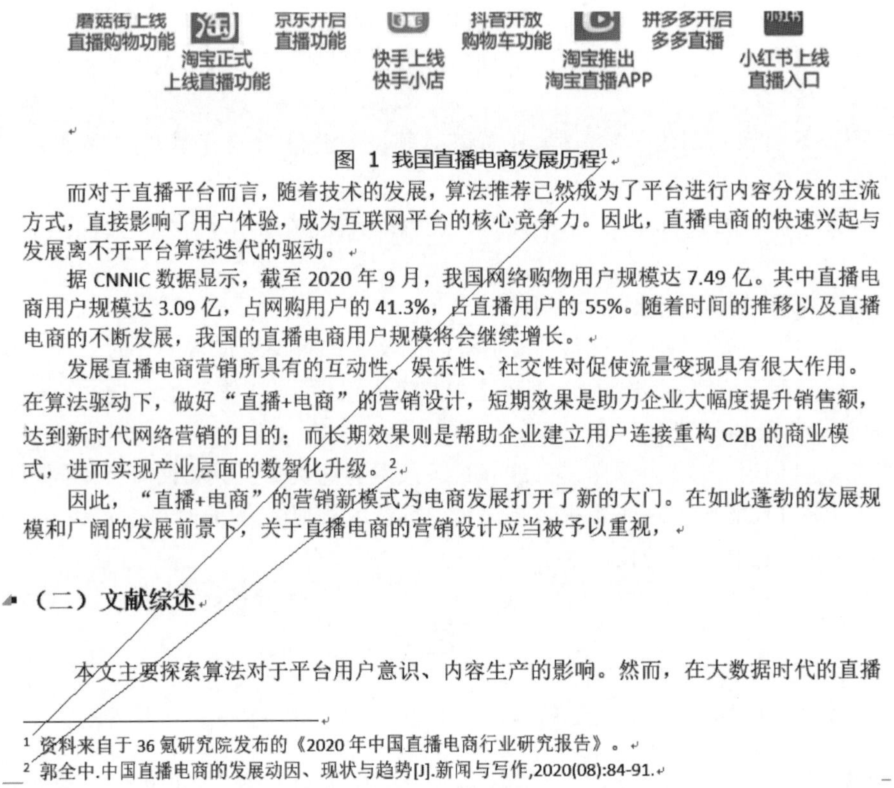

蘑菇街上线直播购物功能　淘宝正式上线直播功能　京东开启直播功能　快手上线快手小店　抖音开放购物车功能　淘宝推出淘宝直播APP　拼多多开启多多直播　小红书上线直播入口

图 1 我国直播电商发展历程[1]

而对于直播平台而言，随着技术的发展，算法推荐已然成为了平台进行内容分发的主流方式，直接影响了用户体验，成为互联网平台的核心竞争力。因此，直播电商的快速兴起与发展离不开平台算法迭代的驱动。

据 CNNIC 数据显示，截至 2020 年 9 月，我国网络购物用户规模达 7.49 亿。其中直播电商用户规模达 3.09 亿，占网购用户的 41.3%，占直播用户的 55%。随着时间的推移以及直播电商的不断发展，我国的直播电商用户规模将会继续增长。

发展直播电商营销所具有的互动性、娱乐性、社交性对促使流量变现具有很大作用。在算法驱动下，做好“直播+电商”的营销设计，短期效果是助力企业大幅度提升销售额，达到新时代网络营销的目的；而长期效果则是帮助企业建立用户连接重构 C2B 的商业模式，进而实现产业层面的数智化升级。[2]

因此，“直播+电商”的营销新模式为电商发展打开了新的大门。在如此蓬勃的发展规模和广阔的发展前景下，关于直播电商的营销设计应当被予以重视，

（二）文献综述

本文主要探索算法对于平台用户意识、内容生产的影响。然而，在大数据时代的直播

1 资料来自于 36 氪研究院发布的《2020 年中国直播电商行业研究报告》。

2 郭全中.中国直播电商的发展动因、现状与趋势[J].新闻与写作,2020(08):84-91.

图 1-39 插入的脚注

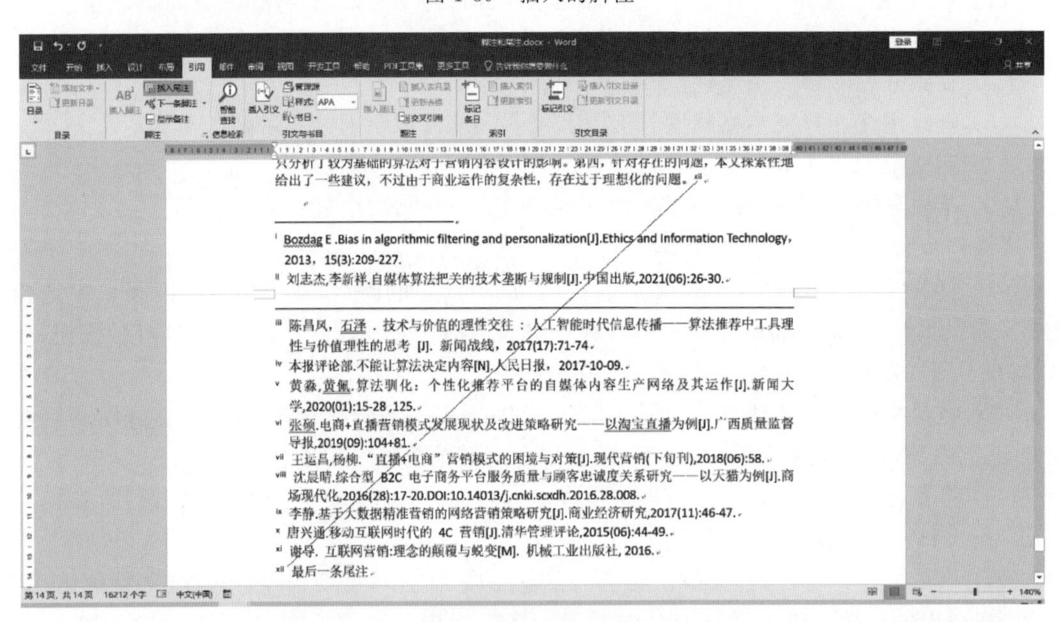

只分析了较为基础的算法对于营销内容设计的影响。第四，针对存在的问题，本文探索性地给出了一些建议，不过由于商业运作的复杂性，存在过于理想化的问题。[xii]

i Bozdag E .Bias in algorithmic filtering and personalization[J].Ethics and Information Technology，2013，15(3):209-227.

ii 刘志杰,李新祥.自媒体算法把关的技术垄断与规制[J].中国出版,2021(06):26-30.

iii 陈昌凤，石泽．技术与价值的理性交往：人工智能时代信息传播——算法推荐中工具理性与价值理性的思考 [J]．新闻战线，2017(17):71-74.

iv 本报评论部.不能让算法决定内容[N].人民日报，2017-10-09.

v 黄淼,黄佩.算法驯化：个性化推荐平台的自媒体内容生产网络及其运作[J].新闻大学,2020(01):15-28 ,125.

vi 张硕.电商+直播营销模式发展现状及改进策略研究——以淘宝直播为例[J].广西质量监督导报,2019(09):104+81.

vii 王运昌,杨柳.“直播+电商”营销模式的困境与对策[J].现代营销(下旬刊),2018(06):58.

viii 沈晨晴.综合型 B2C 电子商务平台服务质量与顾客忠诚度关系研究——以天猫为例[J].商场现代化,2016(28):17-20.DOI:10.14013/j.cnki.scxdh.2016.28.008.

ix 李静.基于大数据精准营销的网络营销策略研究[J].商业经济研究,2017(11):46-47.

x 唐兴通.移动互联网时代的 4C 营销[J].清华管理评论,2015(06):44-49.

xi 谢导. 互联网营销:理念的颠覆与蜕变[M]. 机械工业出版社, 2016.

xii 最后一条尾注

图 1-40 插入的尾注

(5) 右击已建的尾注，在弹出的快捷菜单中选择“便签选项”，打开“脚注和尾注”对话框，编号格式选择“1,2,3,...”，再单击“应用”按钮，关闭对话框，此时尾注注释文本部分已经完成了[1]编号格式设置，但是正文文献部分还是只有上标格式的编号，没有加上“[]”。

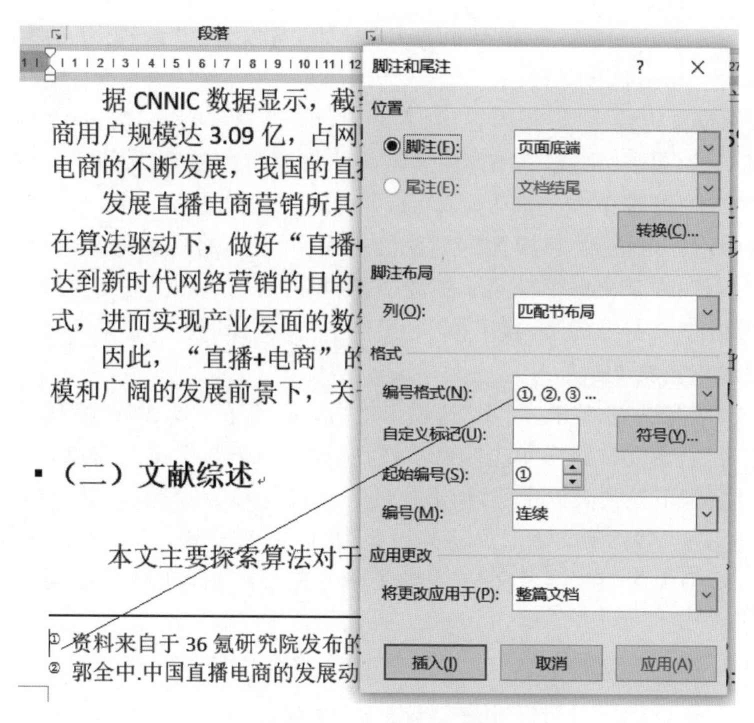

图 1-41　脚注编号格式设置

查找和替换
查找(D)　替换(P)　定位(G)
查找内容(N): ^e
选项: 区分全/半角
格式:
替换为(I): [^&]
格式: 非上标/下标
<< 更少(L)　替换(R)　全部替换(A)　查找下一处(F)　取消
搜索选项
搜索: 全部
区分大小写(H)　区分前缀(X)
全字匹配(Y)　区分后缀(T)
使用通配符(U)　区分全/半角(M)
同音(英文)(K)　忽略标点符号(S)
查找单词的所有形式(英文)(W)　忽略空格(W)
替换
格式(O)　特殊格式(E)　不限定格式(T)

图 1-42　加中括号和非上标设置

(6) 选中正文任意一个尾注编号处,选择“开始”选项卡上“编辑”组的“替换”,打开“查找和替换”对话框,单击“更多”按钮。

(7) 将鼠标指针定位到“查找内容”列表框内,单击“特殊格式”按钮,在弹出的下拉菜单中选择“尾注标记”,单击“格式”按钮,在弹出的下拉菜单中选择“字体”,在打开的“字替换体”对话框中将“上标”选中。

(8) 将鼠标指针定位到“替换为”列表框内,输入“[]”,将鼠标指针定位到“[]”中间,单击“特殊格式”按钮,在弹出的下拉菜单中选择“查找内容”;单击“格式”按钮,在弹出的下拉菜单中选择“字体”,在打开的“替换字体”对话框中将“上标”选中,最后单击“全部替换”按钮完成替换。此时将正文文献部分尾注上标编号加上了“[]”。

(9) 切换到草稿视图,单击“引用”选项卡上“脚注”组的“显示备注”按钮,打开“显示备注”对话框,选择“查看尾注区”,单击“确定”按钮,此时下方显示尾注窗口,可见所有尾注。

(10) 在“尾注”下拉列表框中将“所有尾注”改为“尾注分隔符”,如图 1-43 所示,然后删除分隔横线,输入文字“参考文献”,并将其设置为“标题 1”样式,居中显示。

(11) 回到页面视图,在“参考文献”前按 Ctrl+Enter 组合键硬分页,最后参考文献效果如图 1-44 所示。

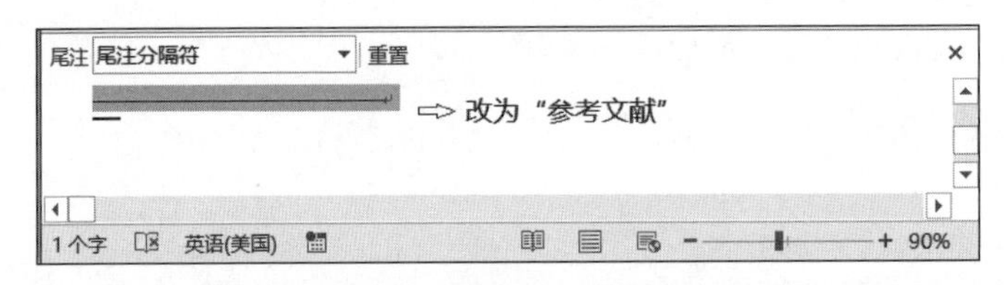

图 1-43 尾注分隔符修改

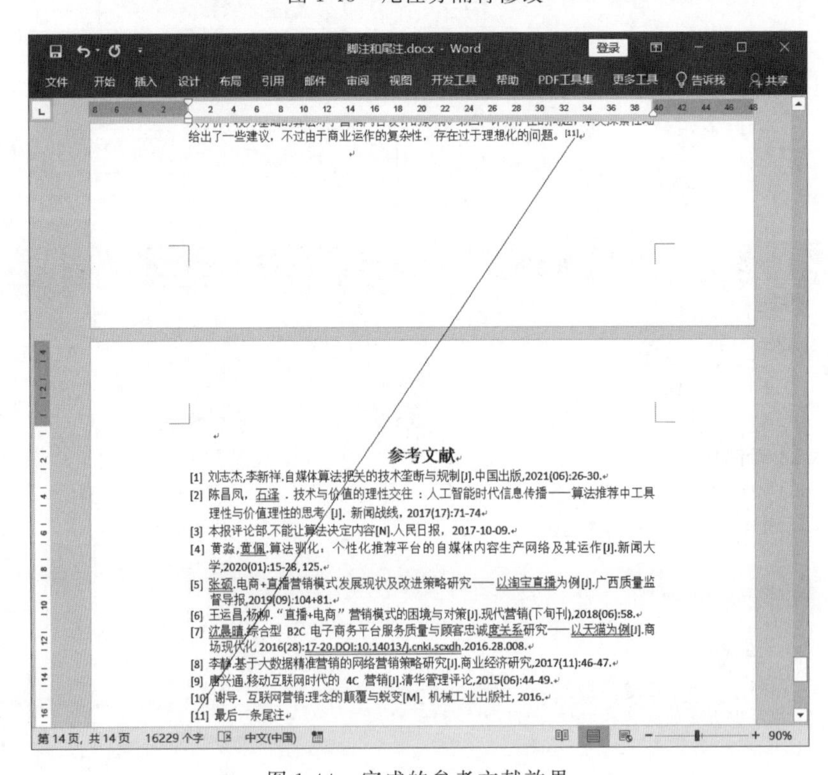

图 1-44 完成的参考文献效果

1.8.2 知识点

在文章中通常要对某些名词术语在页下边或章节后加解释文字，这就是脚注和尾注，用于为文档中的文本提供解释以及相关的参考资料。

脚注通常位于每页底部，可以作为文档某处内容的注释，如作者简介、名词和术语解释。

尾注通常位于文档的结尾，也可以在一节的结尾，用来列出引文的出处，如参考文献。

脚注和尾注由两个关联的部分组成，包括注释引用标记编号及其对应的注释文本。用户可让 Word 自动为标记编号或创建自定义的标记。

创建脚注和尾注操作：可选择“引用”选项卡上“脚注”组的“插入脚注”和“插入尾注”。

删除脚注和尾注操作：在文档中找到需要删除的脚注或者尾注编号（注意，不是注释文本部分），选择后按 Backspace 或者 Delete 键删除，与编号相关的脚注或者尾注会一起被删除。在添加、删除或移动自动编号的注释时，Word 将对注释引用标记重新编号。

如果参考文献页面不是文档的最末尾部分，则需要插入分节符，并将尾注设置成节的结尾。右击已建的尾注，在弹出的快捷菜单中选择“便签选项”，打开“脚注和尾注”对话框，尾注的位置选择“节的结尾”，如图 1-45 所示。

图 1-45　尾注设置在节的结尾

如果当前文档中已经存在脚注或者尾注，使用“脚注和尾注”对话框中的“转换”按钮可以将脚注和尾注互相转换。

1.9　题注与交叉引用

1.9.1 教学案例：插入题注与交叉引用

【要求】 在素材“浙江旅游（四）.docx”中完成如下操作。

（1）对正文中的图添加题注“图”，位于图下方，居中。题注编号为“章序号”-“图在章中的序号”(如第 1 章中第 2 幅图,题注编号为 1-2);图的说明使用图下一行的文字,格式同标号;图居中。

(2) 对正文中的表添加题注“表”,位于表上方,居中。题注编号为“章序号”-“表在章中的序号”(如第 1 章中第 1 张表,题注编号为 1-1);表的说明使用表上一行的文字,格式同标号;表居中。

(3) 对正文中出现“如下图所示”的“下图”,使用交叉引用,改为“如图 X-Y 所示”,其中“X-Y”为图题注的编号。

(4) 对正文中出现“如下表所示”的“下表”,使用交叉引用,改为“如表 X-Y 所示”,其中“X-Y” 为表题注的编号。

【操作步骤】

(1) 打开素材“浙江旅游(四). docx”,将鼠标指针定位到第 1 幅图片下一行文字之前(同一行),单击“引用”|“题注”组的“插入题注”按钮,打开“题注”对话框。

(2) 单击“新建标签”按钮,打开“新建标签”对话框,在“标签”文本框中输入“图”,单击“确定”按钮,返回“题注”对话框。

(3) 单击“编号”按钮,打开“题注编号”对话框,选中“包含章节号”复选框,单击“确定”按钮,返回“题注”对话框。

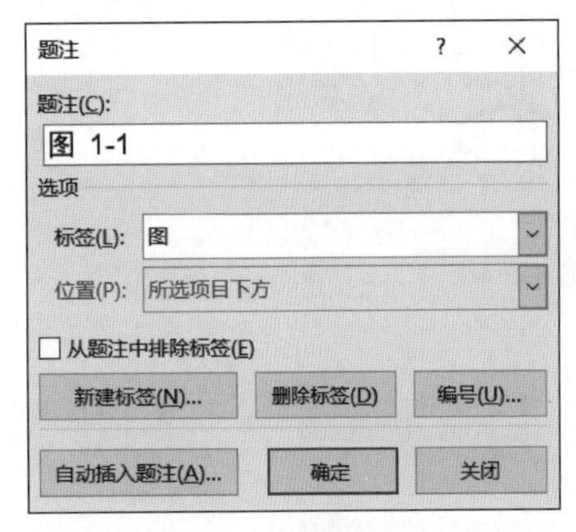

图 1-46 “题注”对话框

(4) 返回后“题注”对话框如图 1-46 所示,单击“确定”按钮,插入“图 1-1”题注完毕,单击“居中”按钮使其居中。选中图片,单击“居中”按钮,将图居中。

(5) 将鼠标指针定位到其他图片下一行文字之前,选择“引用”|“插入题注”,打开“题注”对话框,这时不需要新建标签和设置编号,直接单击“确定”按钮,即可插入图的题注。再将图居中、题注居中即可。

(6) 将鼠标指针定位到第 1 张表格上一行文字之前,参照插入图题注步骤,新建标签“表”,完成所有表的题注操作,并设置题注和表都居中显示。

(7) 选中一幅图附近文字“如下图所示”的“下图”,单击“引用”|“题注”组的“交叉引用”按钮,打开“交叉引用”对话框。在“引用类型”下拉列表框中选择“图”,(如果没有“图”,需要使用“插入题注”|“新建标签”添加标签)。在“引用内容”下拉列表框中选择“仅标签和编号”,选择“引用哪一个题注”相对应的图,如图 1-47 所示。单击“插入”按钮即可插入一个图的交叉引用。

(8) 此时“交叉引用”对话框不必关闭,参照第(7)步,完成所有图的交叉引用插入,完成后再关闭该对话框即可。

(9) 选中一张表附近文字“如下表所示”的“下表”,参照以上图的交叉引用插入的方法,在“引用类型”下拉列表框中选择“表”,完成所有表的交叉引用。

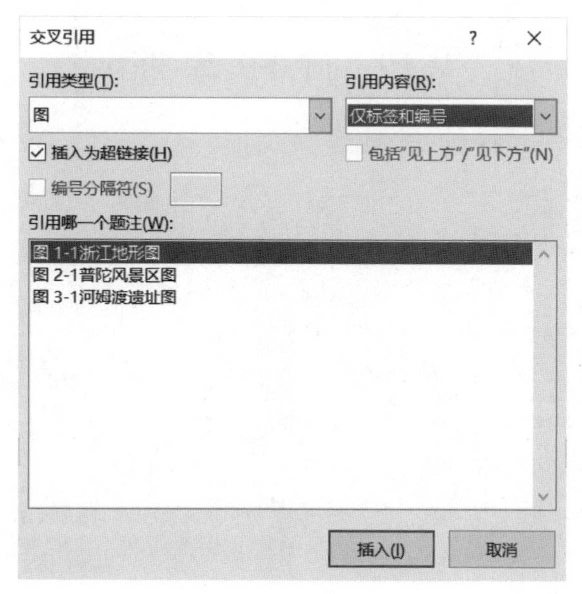

图 1-47 "交叉引用"对话框

1.9.2 知识点

1. 题注

在利用 Word 编辑图文混排的文档时，谁也不可能保证自己撰写的文档会一次成功而不做任何修改，不可避免地会碰到增删某些图的情况，以及对插入的图的顺序进行变更。这就产生一个问题，为了使文档产生图文并茂的效果，除了需要为图添加适当的图注之外，还需要在文档中经常指明某一图片而在不同之处引用图注的名称(如在文档中可见"请参见图1、图 2"等字样)。这些内容若采用手工进行不但比较麻烦，而且一旦调整或修改了文档中的图片顺序，必将出现修改编号的问题。

题注就是给图片、表格、图表、公式等项目添加的名称和编号。使用题注功能可以保证长文档中图片、表格或图表等项目能够按顺序自动编号。当移动、插入或删除带题注的项目时，Word 可以自动更新题注的编号。插入题注既可以方便地在文档中创建图表目录，又可以不担心题注编号出现错误。而且一旦某一项目带有题注，还可以对其进行交叉引用。

为图形、表格添加题注，第一次插入题注时需要进行新建标签操作，以后每次插入题注时，系统将自动插入顺序编号的题注。题注中要包含章或节编号，需要设置多级列表中的标题样式与大纲级别链接。

2. 交叉引用

交叉引用是将编号项、标题、脚注、尾注、题注、书签等项目与其相关正文或说明内容建立的对应关系，既方便阅读，又为编辑操作提供了自动更新手段。创建交叉引用前要先对项目做标记(如先插入题注)，然后将项目与交叉引用链接起来。

交叉引用功能不但可免去重复输入、修改的麻烦，而且交叉引用的图注等内容还具有自动更新功能。也就是说，当用户引用图注的编号发生变化之后，Word 会自动对其进行更新，这就免去了用户手工更新或出现更新错误。

1.10 邮件合并

1.10.1 教学案例：准考证制作

【要求】 已有“考生表.docx”和“准考证.docx”文档如图 1-48 所示。使用邮件合并功能，一次性自动生成所有同学的准考证。

准考证号	姓名	身份证号	考试专业	类别	电话	照片
2200100101	方杰	330226200301014326	程序员	初级	600601	
2200100102	叶小斌	330224200105112312	网络管理员	初级	600602	
2200100103	李海涛	330227200203101432	网络工程师	中级	600301	
2200100104	李西悦	330225200106064326	电子商务技术员	中级	600302	
2200100105	王芳	330223200212081436	系统分析师	高级	600401	
2200100106	金大全	330226200202031426	信息处理技术员	初级	600402	

2022 年计算机软件考试 准考证		
准考证号		照片
姓名		
身份证号		
考试专业类别		
考试安排		
考试时间	6 月 22 日 9:00-----11:30	
考试地点	**大学考点	
计算机软考办咨询电话：87805727		

图 1-48 考生表和准考证

【操作步骤】

(1) 打开文档“准考证.docx”，选择“邮件”|“开始邮件合并”|“开始邮件合并”|“信函”。

(2) 选择“邮件”|“开始邮件合并”|“选择收件人”|“使用现有列表”，在打开的“选取数据源”对话框中，选择“考生表”，单击“打开”按钮。

(3) 选择“邮件”|“开始邮件合并”|“编辑收件人列表”，打开“邮件合并收件人”对话框，全选收件人，然后单击“确定”按钮。

(4) 把鼠标指针定位在准考证号右边的单元格上，选择“邮件”|“编写和插入域”|“插入合并域”，出现“插入合并域”下拉列表框，选择“准考证号”。

(5) 参考第(4)步，给其他空白单元格插入相应的合并域(如姓名、身份证号、考试专业、类别和照片)，合并域插入完成后的效果如图 1-49 所示。

(6) 单击“完成”组的“完成并合并”下拉列表框，选择“编辑单个文档”，打开“合并到新文档”对话框，选中“全部”复选框，单击“确定”按钮。

(7) 生成一个新的文件，默认文件名为“信函 1”，该文件中为每位同学生成了一份准考证，至此完成邮件合并，将合并成的信函文件另存为“word_准考证.docx”。

(8) 选择“视图”|“显示比例”|“多页”，按 Ctrl 键，并且滚动鼠标使一屏上显示 6 页，如图 1-50 所示。

1.10.2 知识点

如果要处理文件的主要内容相同，只是具体数据不同，可以使用 Word 提供的邮件合并功能处理该文档，只修改少数不同内容，不改变相同部分内容。使用邮件合并功能自动处理文档，可以减少大量重复性的工作，节约时间，提高工作效率。

Word 的邮件合并功能可以将一个主文档与一个数据源结合起来，最终生成一系列结果文档。邮件合并通常涉及主文档、数据源和结果文档三方面。

(1) 主文档：经过特殊标记的 Word 文档，它是用于创建结果文档的“蓝图”，其中包含

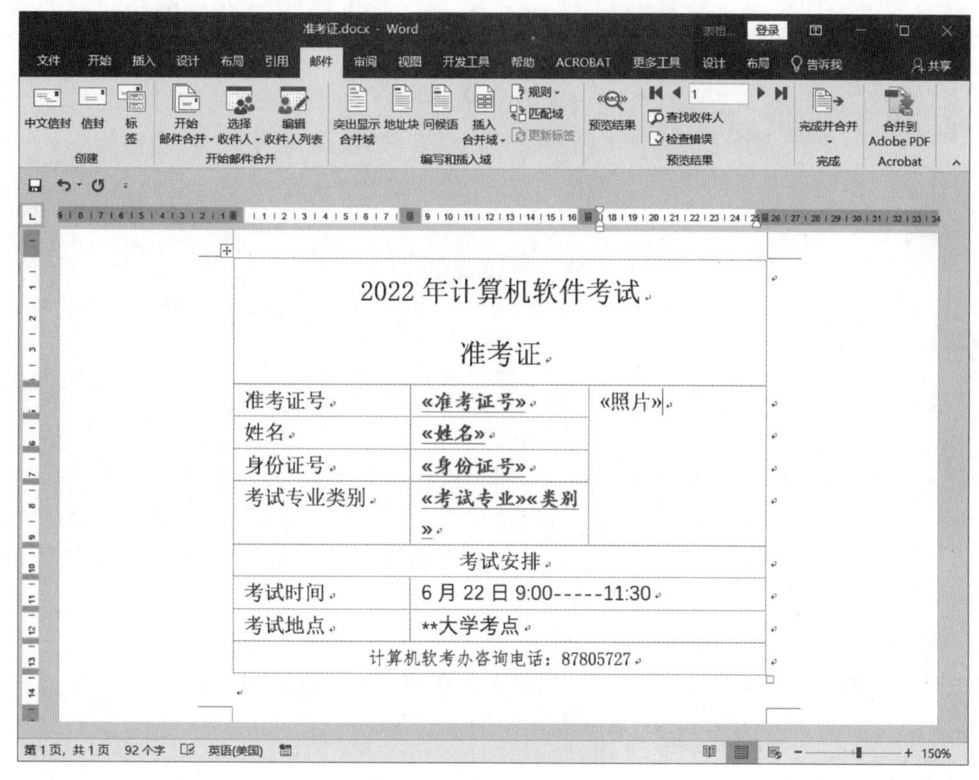

图 1-49　插入合并域效果

图 1-50　word_准考证.docx

了基本的内容，这些内容在所有的结果文档中都是相同的，如信件的信头、主体以及落款等。

(2) 数据源：实际上是一个数据列表，其包含了需要合并到结果文档的数据。数据源通常包含姓名、通信地址、电子邮件地址和传真号码等字段。

(3) 结果文档：邮件合并的最终文档，是一份可以独立输出的 Word 文档，其中包含了所有的输出结果。最终每一份文档都含有主文档信息和一个数据源的信息。数据源中有多少条数据记录，就可以生成多少份结果文档。

使用邮件合并功能，主要有如下操作步骤。

(1) 建立一个包括所有文件共有内容的主 Word 文档(如未填写的信封)。

(2) 建立一个包括变化信息的数据源文档(要填写的收件人、发件人、地址等)。

(3) 使用邮件合并功能在主文档中插入变化的信息(一般通过插入合并域方式)，合成文件后，保存为 Word 文档。

邮件合并功能主要可用于以下几类文档的处理。

(1) 批量打印信封：按照统一的格式，将电子表格中的邮编、收件人地址和收件人姓名等信息打印出来。

(2) 批量打印信函：主要从电子表格中调用收件人、更换称呼等，信函内容固定不变。

(3) 批量打印请柬：主要从电子表格中调用收件人、更换称呼等，请柬内容固定不变。

(4) 批量打印工资条：从电子表格中调用工资相关数据。

(5) 批量打印个人简历：从电子表格中调用不同字段数据，每人一页，对应不同信息。

(6) 批量打印学生成绩单：从电子表格成绩中提取个人信息，与打印工资条类似，但需要设置评语字段，编写不同评语。

(7) 批量打印各类获奖证书、准考证、明信片等。

总之，只要有一个标准的二维表数据源(电子表格)和一个主文档，就可以使用邮件合并功能，方便地将每一项分别以在一页纸上记录的方式显示并打印出来。

1.11 域

1.11.1 教学案例：标题样式引用

【要求】 本案例运用 StyleRef 域完成标题样式引用。有“唐诗宋词 styleref. docx”文档，每首诗或词都为单独一页。现要求应用样式(唐诗和宋词为标题 1 样式，各诗名或者词名为标题 2 样式)后将页眉设置成诗名或者词名；页脚设置成“唐诗”或者“宋词”，并加上编号。

【操作步骤】

(1) 打开“唐诗宋词 styleref. docx”文档，应用样式如下：“唐诗”和“宋词”为标题 1 样式(大纲视图对应于 1 级)；各诗名或者词名为标题 2 样式(大纲视图对应于 2 级)，修改标题 2 使其加上编号，并使“宋词”重新开始编号；其他文字为正文，大纲视图如图 1-51 所示。

(2) 选择“插入”选项卡上“页眉和页脚”组的“页眉”|“编辑页眉”，进入页眉编辑状态。选择“插入”选项卡上“文本”组的“文档部件”，在出现的下拉菜单中选择“域”，打开“域”对话框。在该对话框中选择“类别”为“链接和引用”、“域名”为“StyleRef”、“域属性”的“样式名”为“标题 2”，其他保持默认，如图 1-52 所示，单击“确定”按钮，插入页眉。

(3) 选择“页眉和页脚工具设计”选项卡上“导航”组的“转至页脚”，进入页脚编辑状态。打开“域”对话框，在该对话框中选择“类别”为“链接和引用”、“域名”为“StyleRef”、“域属性”的“样式名”为“标题 1”，其他保持默认，单击“确定”按钮。

(4) 打开“域”对话框，在该对话框中选择“类别”为“链接和引用”、“域名”为“StyleRef”、“域属性”的“样式名”为“标题 2”，选中“域选项”中“插入段落编号”复选框，单击“确定”按

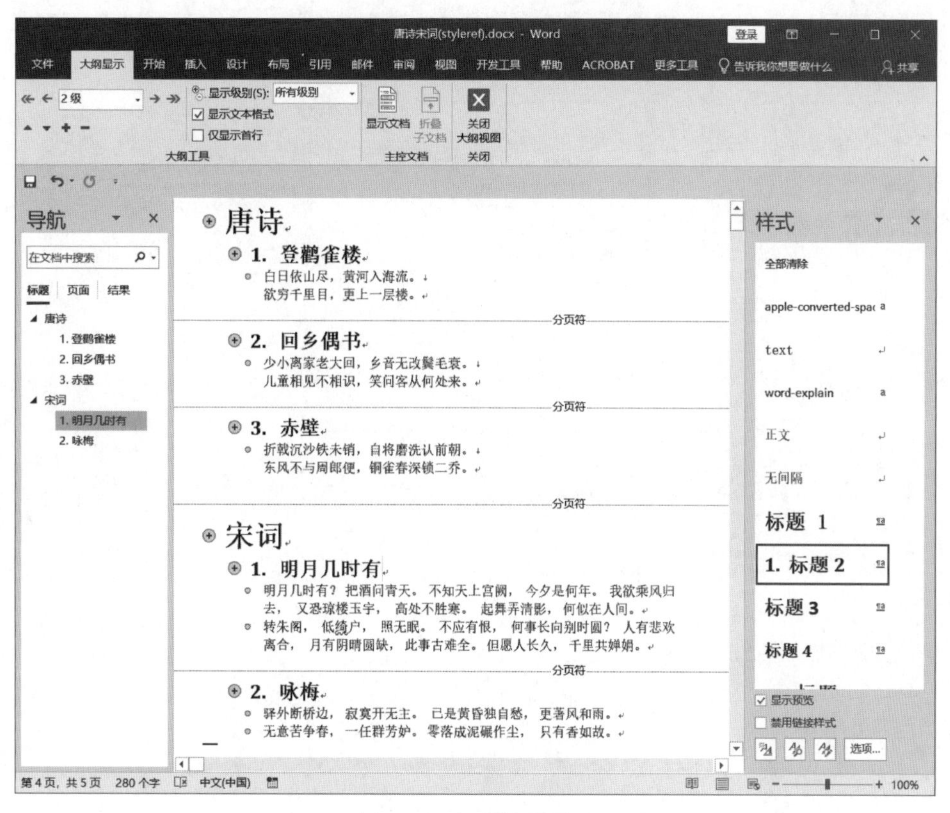

图 1-51　标题格式设置

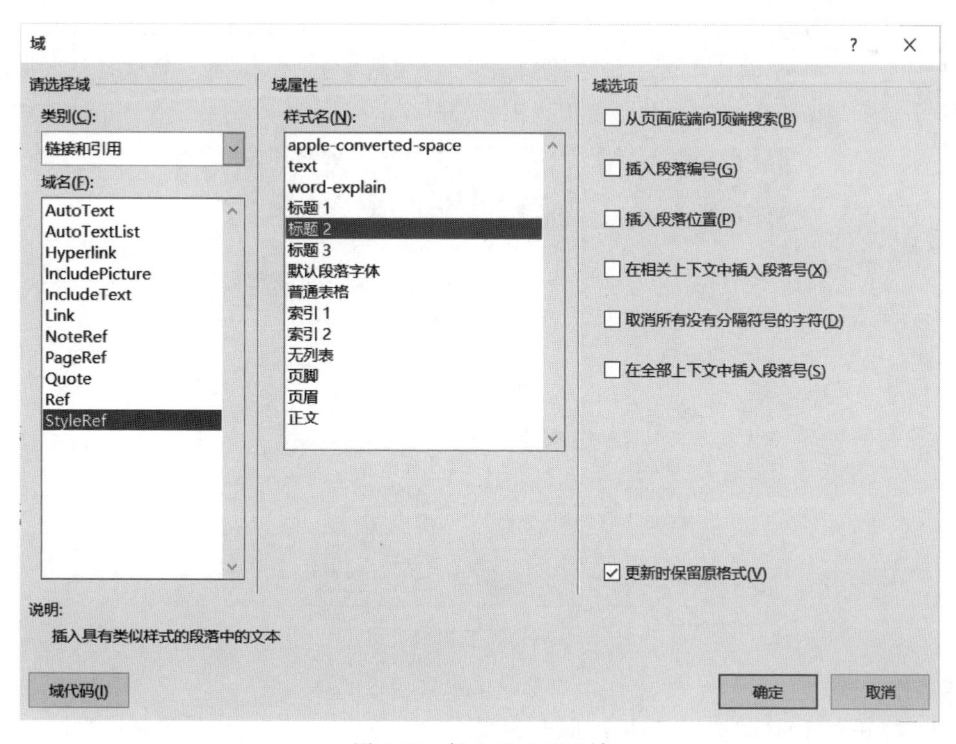

图 1-52　插入 StyleRef 域

钮。设置合适的页眉和页脚格式后，选择“视图”选项卡上“显示比例”组的“多页”，按 Ctrl 键并滚动鼠标，效果如图 1-53 所示。

图 1-53 “唐诗宋词 styleref. docx”文档完成效果

1.11.2 教学案例：体能测试结果通知

【要求】 本案例运用 MergeField 域和 If 域完成体能测试结果通知。开学初每个学生都参加了体能测试。测试成绩已经保存在“体能测试成绩. xlsx”文件中，如图 1-54 所示。通过邮件合并给每个学生生成一份体能测试结果，如图 1-55 所示，对于测试合格的同学表示祝贺；对于测试不合格的同学要求下周末参加补考。

	A	B	C	D	E
1	学号	姓名	测试结果		
2	236000154	鲍蕾	合格		
3	236000156	卢洁	不合格		
4	236000157	吕博宇	合格		
5	236000197	叶佳辉	合格		
6	236000213	李晓春	不合格		
7	236000261	范琴	合格		
8	236000233	方志远	合格		

图 1-54 体能测试成绩

【操作步骤】

(1) 打开文件“体能测试通知. docx”，如图 1-56 所示，该文件可以根据需要自己创建。

(2) 选择“邮件”选项卡上“开始邮件合并”组的“选择收件人”|“使用现有列表”，打开

236000154 鲍蕾，你好！

你在本次体能测试中成绩为合格，对你表示祝贺，希望你继续坚持锻炼！

校体委

2023年9月8日

236000156 卢洁，你好！

你在本次体能测试中成绩为不合格，请你有针对性地进行训练，并于下周日下午参加补考。

校体委

2023年9月8日

236000157 吕博宇，你好！

你在本次体能测试中成绩为合格，对你表示祝贺，希望你继续坚持锻炼！

校体委

2023年9月8日

236000197 叶佳辉，你好！

你在本次体能测试中成绩为合格，对你表示祝贺，希望你继续坚持锻炼！

校体委

2023年9月8日

图 1-55　体能测试结果

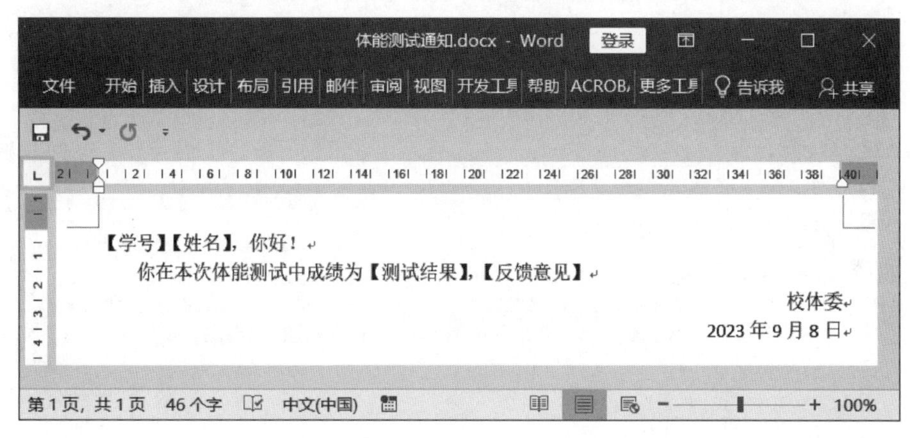

图 1-56　“体能测试通知.docx”原始内容

“选取数据源”对话框，选择“体能测试成绩.xlsx”，单击“打开”按钮；打开“选择表格”对话框，再单击“确定”按钮。选择“邮件”选项卡上“编写和插入域”组的“插入合并域”，内容如图 1-57 所示。

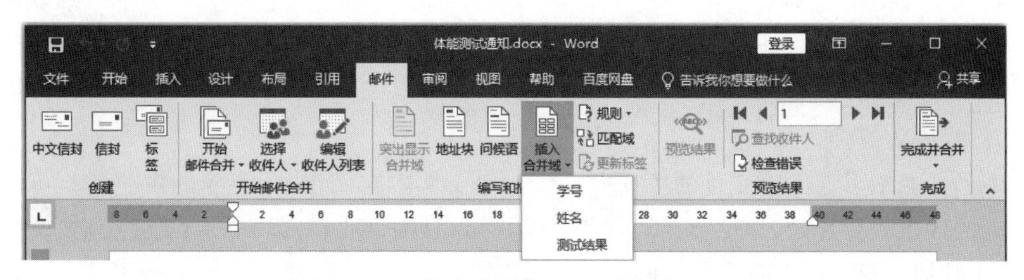

图 1-57　邮件合并链接 Excel 数据源成功

(3) 分别选中“体能测试通知.docx”文件中“【学号】”“【姓名】”“【测试结果】”文字，插入相对应的合并域中的学号、姓名、测试结果。

(4) 选中"【反馈意见】",选择"邮件"选项卡上"编写和插入域"组的"规则"|"如果…那么…否则…",打开"插入 Word 域:如果"对话框,如图 1-58 所示,"域名"选择"测试结果","比较条件"选择"等于",在"比较对象"文本框中输入"合格",在"则插入此文字"列表框中输入"对你表示祝贺,希望你继续坚持锻炼!",在"否则插入此文字"列表框中输入"请你有针对性地进行训练,并于下周日下午参加补考。"

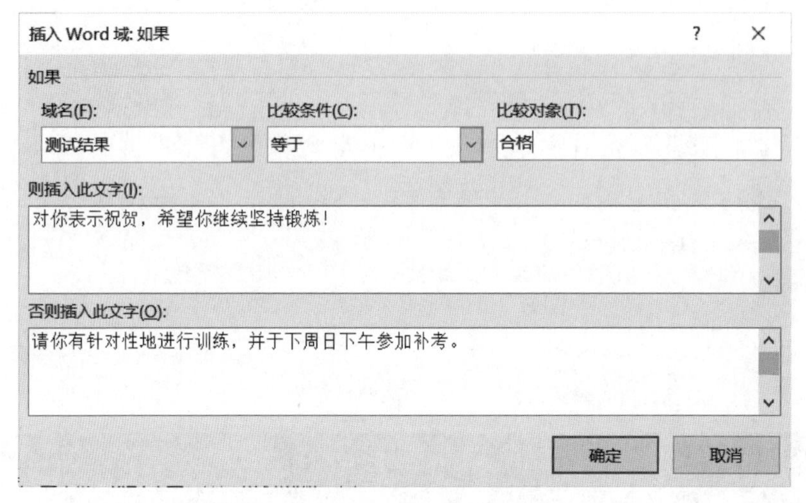

图 1-58 "插入 Word 域:如果"对话框设置

(5) 单击"确定"按钮,按 Alt+F9 组合键,显示域代码如图 1-59 所示,可以根据需要修改文字信息。

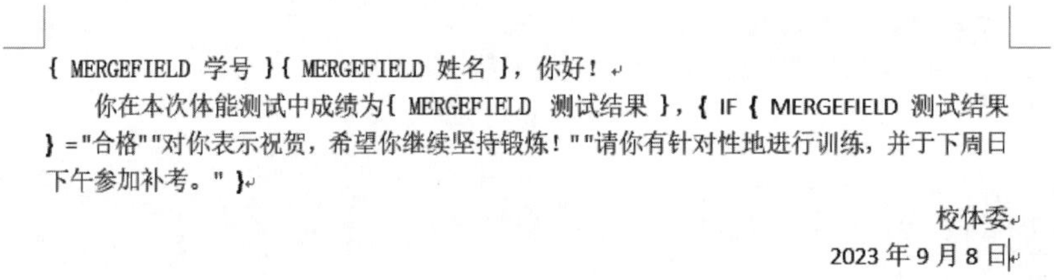

{ MERGEFIELD 学号 }{ MERGEFIELD 姓名 }，你好！

你在本次体能测试中成绩为{ MERGEFIELD 测试结果 }，{ IF { MERGEFIELD 测试结果 } ="合格""对你表示祝贺，希望你继续坚持锻炼！""请你有针对性地进行训练，并于下周日下午参加补考。" }

校体委

2023 年 9 月 8 日

图 1-59 域代码显示

(6) 再按 Alt+F9 组合键,隐藏域代码,选择"邮件"选项卡上"完成"组的"完成并合并"|"编辑单个文档",打开"合并到新文档"对话框,单击"确定"按钮,完成整个通知文件制作,保存文件。

1.11.3 知识点

1. 域定义

域是文档中可能发生变化的数据或邮件合并文档中套用信封、标签的占位符。可能发生变化的数据包括目录、索引、页码、打印日期、存储日期、编辑时间、作者、文件命名、文件大小、总字符数、总行数、总页数等,在邮件合并文档中为收信人单位、姓名、头衔等。

简单地讲,域就是引导 Word 在文档中自动插入文字、图形、页码或其他信息的一组代码。每个域都有一个唯一的名字,它具有的功能与 Excel 中的函数非常相似。

在前面的应用中已有多处出现了域,如插入页眉和页脚中的"页码"、自动添加的"章节编号和名称”、题注的引用、自动创建的目录等这些在文档中可能发生变化的数据，都是域。Word 提供了 9 大类 74 个域，我们不可能全部掌握，只需要对经常用到的域进行简单了解即可。

域由三部分组成：域名、域参数和域开关。域名是关键字；域参数是对域的进一步说明；域开关是特殊命令，用来引发特定操作。使用时不必直接书写域，可以用插入域的方式，在“域”对话框中选择插入即可。

2. 插入和修改域

插入域操作为选择“插入”选项卡上“文本”组的“文档部件”，在弹出的下拉菜单中选择“域”，打开“域”对话框。在该对话框中选择“类别”“域名”“域属性”“域选项”参数设置即可。不同域，其属性、选项都不同。当选中某个域时，在“域名”下方有说明，通过此说明可以了解该域；单击“域代码”按钮，可以将域代码显示出来。

如果对域的结果不满意可以直接编辑域代码，从而改变域结果。按 Alt+F9(对整个文档生效)或 Shift+F9(对所选中的域生效)组合键，可在显示域代码或显示域结果之间切换。当切换到显示域代码时，就可以直接对它进行编辑修改，完成后再次按 Alt+F9 组合键查看域结果。

3. 常用域

要想对域有深入的了解，可以选择相应书籍进行深入学习。这里介绍一些常用域，如表 1-1 所示。

表 1-1 Word 2019 常用域

域类别	域名	作用
编号	Page	插入当前页的页码
编号	Section	插入当前节的编号
链接和引用	StyleRef	插入具有类似样式的段落中的文本
链接和引用	Hyperlink	插入带有提示文字的超链接
链接和引用	IncludePicture	通过文件插入图片
日期和时间	CreateDate	插入文档的创建日期和时间
日期和时间	Date	插入当前日期
文档信息	FileName	插入文档文件名
文档信息	Author	插入文档作者的姓名
文档信息	FileSize	插入按字节计算的文档大小
文档信息	NumPages	插入文档的总页数
文档信息	NumWords	插入文档的总字数
邮件合并	MergeField	插入邮件合并域名
文档自动化	If	根据比较两个值结果插入相应的文字
索引和目录	TOC	使用标题样式或基于 TC 域建立目录
索引和目录	TC	标记目录项
索引和目录	Index	基于 XE 域创建索引
索引和目录	XE	标记索引项

1.12 节

1.12.1 教学案例：长文档分节

【要求】 在素材“浙江旅游(五).docx”中完成如下操作。

(1) 对正文做分节处理，每章为单独一节，分节符类型为“下一页”。

(2) 在正文前按序插入3节，分节符类型为“下一页”。使用“引用”功能生成相应项。

第1节：目录。其中，“目录”使用样式“标题1”并居中；“目录”下为目录项。

第2节：图索引。其中，“图索引”使用样式“标题1”；“图索引”下为图索引项。

第3节：表索引。其中，“表索引”使用样式“标题1”；“表索引”下为表索引项。

【操作步骤】

(1) 打开素材“浙江旅游(五).docx”，选中“第1章”，选择“布局”|“页面设置”|“分隔符”|“分节符”|“下一页”进行分节。

(2) 分别选中“第2章”“第3章”“第4章”，参照第(1)步使用“下一页”分节符分节。

(3) 选中“第1章”，再插入两个分节符。

(4) 在插入的“第1章”前的1～3节中分别输入“目录”“图索引”“表索引”字样，将自动生成的“第1章”等字样删除，并居中。

(5) 将鼠标指针放在第1节文本“目录”右边，按Enter键后再选择“引用”|“目录”|“目录”|“自定义目录”，打开“目录”对话框，单击“确定”按钮，插入目录。

(6) 将鼠标指针放在第2节文本“图索引”右边，按Enter键后，再选择“引用”|“题注”|“插入表目录”，打开“图表目录”对话框，选择“题注标签”为“图”(如果没有“图”标签，需要使用“插入题注”|“新建标签”添加)，单击“确定”按钮，插入图索引，如图1-60所示。

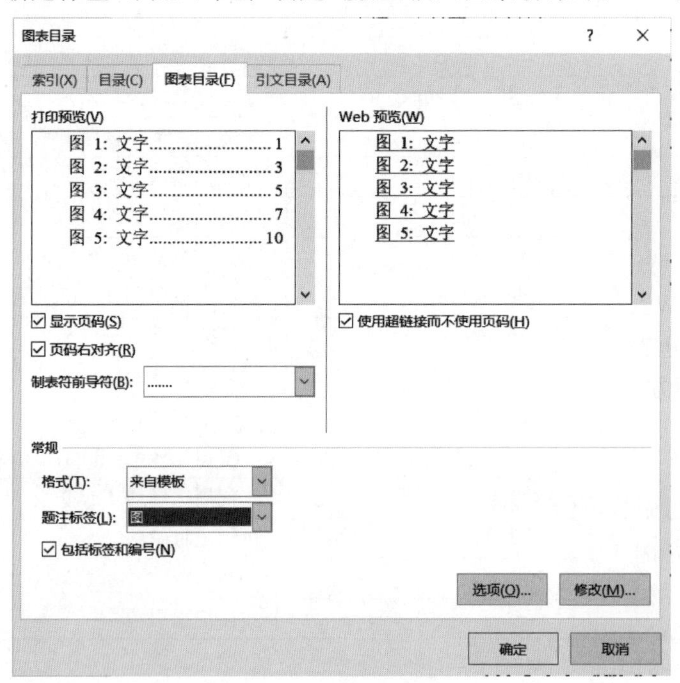

图1-60 制作图表目录

(7) 将鼠标指针放在第3节文本“表索引”右边，按Enter键后，再选择“引用”|“题注”|“插入表目录”，打开“图表目录”对话框，选择“题注标签”为“表”(如果没有“表”标签，需要使用“插入题注”|“新建标签”添加)，单击“确定”按钮，插入表索引。

(8) 切换到草稿视图观察文档，前3节文档效果如图1-61所示，该视图中可以显示并删除分节符。

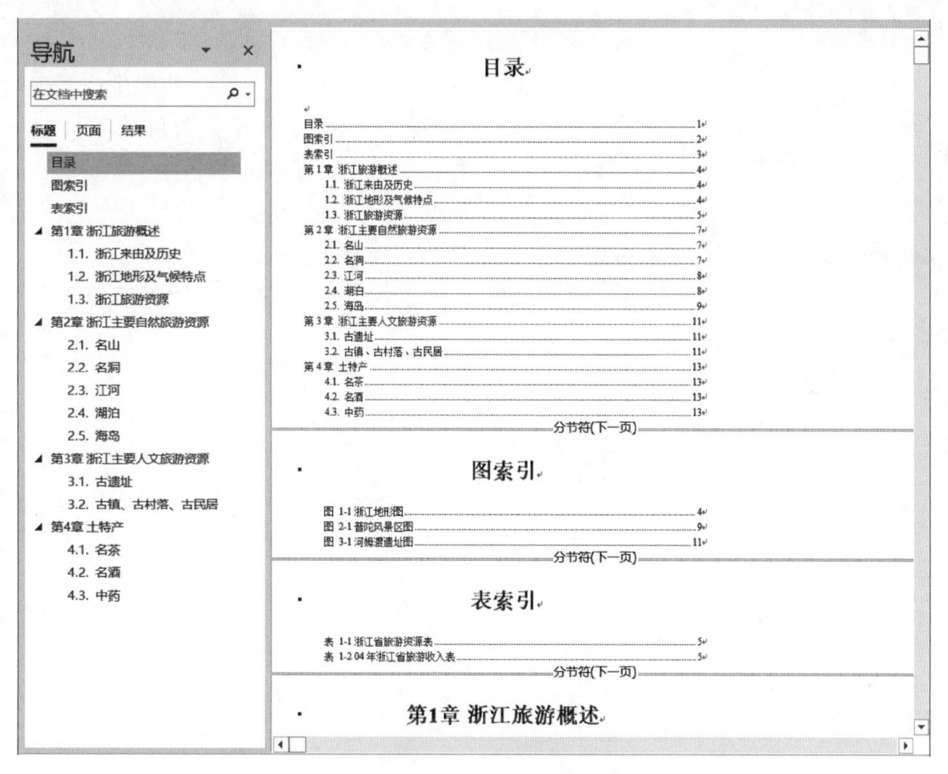

图1-61 前3节文档效果

1.12.2 知识点

在对Word文档进行排版时，经常会要求对同一文档中的不同部分采用不同的版面设置，例如，要设置不同的页面方向、页边距、页眉和页脚或重新分栏排版等。如果通过页面设置来改变其设置，就会引起整个文档所有页面的改变，此时需要使用分节符来达到目的。

“节”是贯穿Word高级应用的重要概念。“节”是文档版面设计的最小有效单位，通常用分节符表示。分节符是指为表示节的结尾插入的标记。分节符包含节的格式设置元素，例如页边距、页面方向、页眉和页脚以及页码等。

在插入分节符将文档分节后，选择将操作应用于本节，则可在指定的节内改变格式。在页面设置中的各个选项中，包括文字方向、页边距、纸张、版式和文档网格，都可以操作应用于本节。也可以以节为单位设置页眉和页脚、页码、脚注与尾注等多种格式类型。切记分节符控制其前面文字的节格式。例如，如果删除某个分节符，其前面的文字将合并到后面的节中，并且采用后者的格式设置。

Word将新建的整篇文档默认为一节，在同一文档中，如果要设置不同的页面布局，就需要先分节，再对各节设置不同的布局；同一文档中如果要设置各章不同的页眉和页脚，也必须先对各章进行分节，然后再设置不同的页眉和页脚内容。

划分为多节主要通过插入分节符实现。插入分节符操作可选择“布局”选项卡上“页面设置”组的“分隔符”，如图 1-62 所示，然后选择所需的分节符类型。如果插入有误或者插入多余的分节符，可切换至草稿视图方式下，用删除字符的方法删除分节符。

图 1-62　分节符插入

分节符类型共有 4 种，如表 1-2 所示。

表 1-2　分节符类型

分节符类型	功　　能	草稿视图方式显示
下一页	新节从下一页开始	……分节符(下一页)……
连续	新节从同一页开始	……分节符(连续)……
偶数页	新节从下一个偶数页开始	……分节符(偶数页)……
奇数页	新节从下一个奇数页开始	……分节符(奇数页)……

如果一本书进行排版时，要求每章设置不同的页眉，而且要求每章从奇数页开始，这时就需要在每章前先插入“奇数页”分节符，再设置不同的页眉。

1.13　页眉与页脚

1.13.1　教学案例：插入页脚

【要求】　在素材“浙江旅游(六).docx”中，使用域，在页脚中插入页码，居中显示。其中：

(1) 正文前的节，页码采用“i,ii,iii,…”格式，页码连续；

(2) 正文中的节，页码采用“1,2,3,…”格式，页码连续；

(3) 更新目录、图索引和表索引。

【操作步骤】

(1) 打开素材“浙江旅游(六).docx”,将鼠标指针定位到“目录”上,选择“插入”|“页眉和页脚”|“页脚”|“编辑页脚”,切换到页脚输入状态,并使页脚居中。

(2) 选择“插入”|“文本”(或者选择“页眉和页脚工具设计”|“插入”)|“文档部件”|“域”,打开“域”对话框,选择“类别”为“编号”,选择“域名”为“Page”,选择“域属性”栏下“格式”为“i,ii,iii,...”,如图 1-63 所示,单击“确定”按钮。

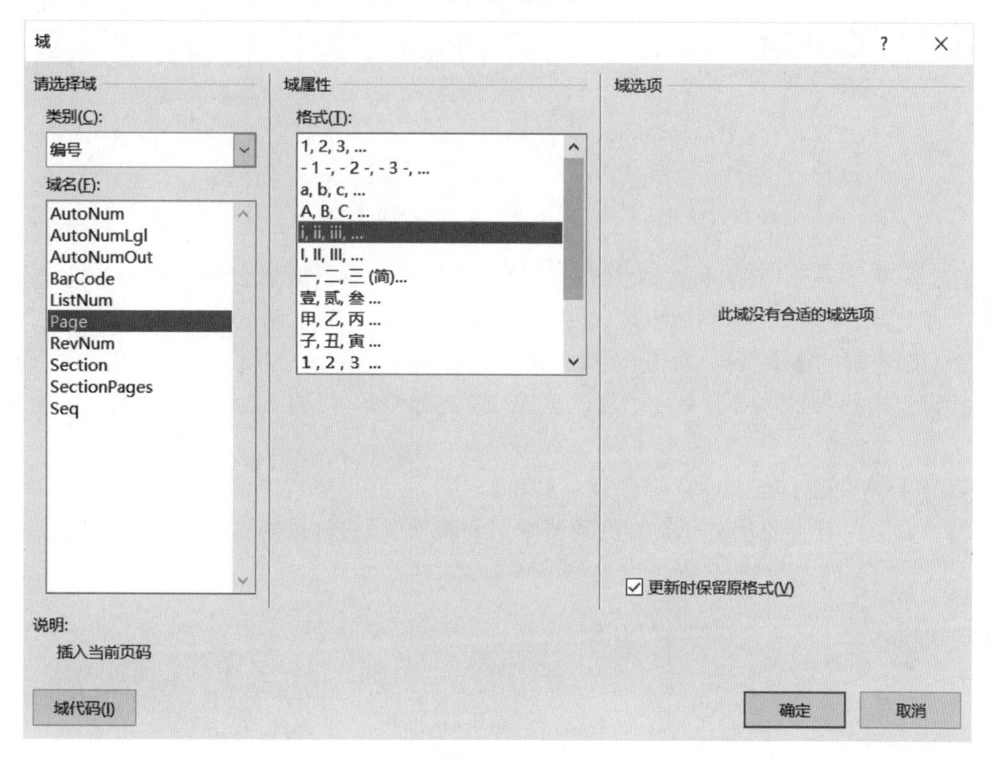

图 1-63 页码域设置

(3) 选择“插入”(或者选择“页眉和页脚工具设计”)|“页眉和页脚”|“页码”|“设置页码格式”,打开“页码格式”对话框,选择“编号格式”为“i,ii,iii,...”,如图 1-64 所示,单击“确定”按钮。

(4) 使用“页眉和页脚工具设计”|“导航”|“下一条”,将鼠标指针分别定位在正文前的“图索引”和“表索引”两节的页脚上,打开“页码格式”对话框,设置编号格式为“i,ii,iii,...”。

(5) 选择“页眉和页脚工具设计”|“关闭页眉和页脚”。

(6) 右击第 1 节的目录项,在弹出的快捷菜单中选择“更新域”,在打开的“更新目录”对话框中选中“更新整个目录”单选按钮,再单击“确定”按钮,此时更新后的目录如图 1-65 所示。目录、图索引和表索引分别对应页码 i、ii、iii。

(7) 选择“插入”|“页眉和页脚”|“页脚”|“编辑页脚”,再次切换到页脚输入状态。滚动鼠标将鼠标指针定位到正文第 1 章第 1 页上的页脚 iv 上,选择“页眉和页脚工具设计”|“导航”|“链接到前一条页眉”,使“链接到前一条页眉”处于未选中状态,此时页脚右边的“与上一节相同”字样消失。

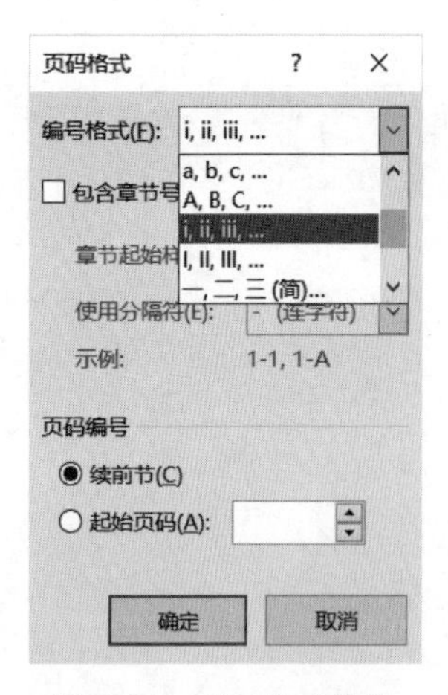

图 1-64　页码格式设置

图 1-65　更新后的目录

(8) 选择“插入”|“页眉和页脚”|“页码”|“页面底端”|“普通数字 2”插入正文页码，此时正文第 1 页上会出现页码 4。当然也可以使用插入域方法添加页码，格式设置成“1,2,3,...”。

(9) 拖动鼠标选中页码，右击，在弹出的快捷菜单中选择“设置页码格式”，打开“页码格式”对话框，选择“编号格式”为“1,2,3,...”，设置“起始页码”为“1”。此时正文第 1 页上页码变成 1。

(10) 再次更新目录。注意观察目录页和索引页的页码格式应该为“i,ii,iii”，正文页格式为“1,2,3”，并且页码从 1 开始。更新图索引和表索引，此时页码更新后如图 1-66 所示。

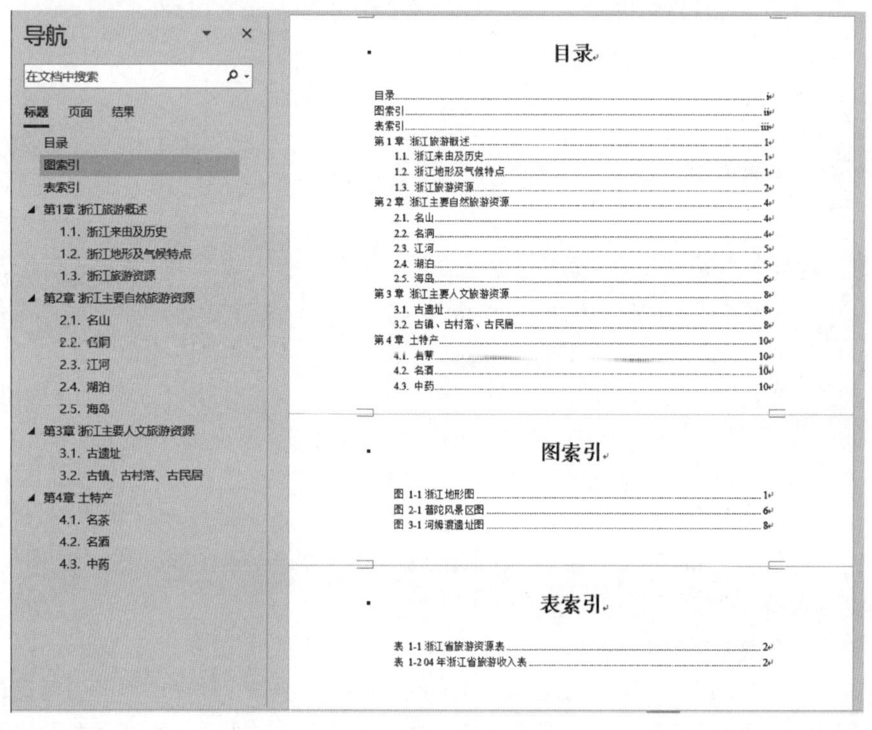

图 1-66　图索引和表索引更新后的页码

1.13.2 教学案例：插入页眉

【要求】 在素材“浙江旅游(七).docx”中，使用域，按以下要求添加内容，居中显示。其中：

(1) 对于奇数页正文，页眉中的文字为章序号＋章名＋学号；

(2) 对于偶数页正文，页眉中的文字为节序号＋节名＋姓名。

【操作步骤】

(1) 打开素材“浙江旅游(七).docx”，鼠标指针定位在正文第1章第1页上，选择“插入”|“页眉和页脚”|“页眉”|“编辑页眉”，切换到页眉输入状态。选择“页眉和页脚工具设计”|“导航”|“链接到前一条页眉”，使页眉右边的“与上一节相同”字样消失。

(2) 选中“页眉和页脚工具设计”选项卡上“选项”组的“奇偶页不同”复选框。这样正文第1页的页眉左边就会出现“奇数页页眉-第4节-”字样。

(3) 选择“页眉和页脚工具设计”|“插入”|“文档部件”|“域”，打开“域”对话框，选择“类别”为“链接和引用”，选择“域名”为“StyleRef”，选择“样式名”为“标题 1”，选中“插入段落编号”复选框，如图1-67所示，单击“确定”按钮，插入章序号。

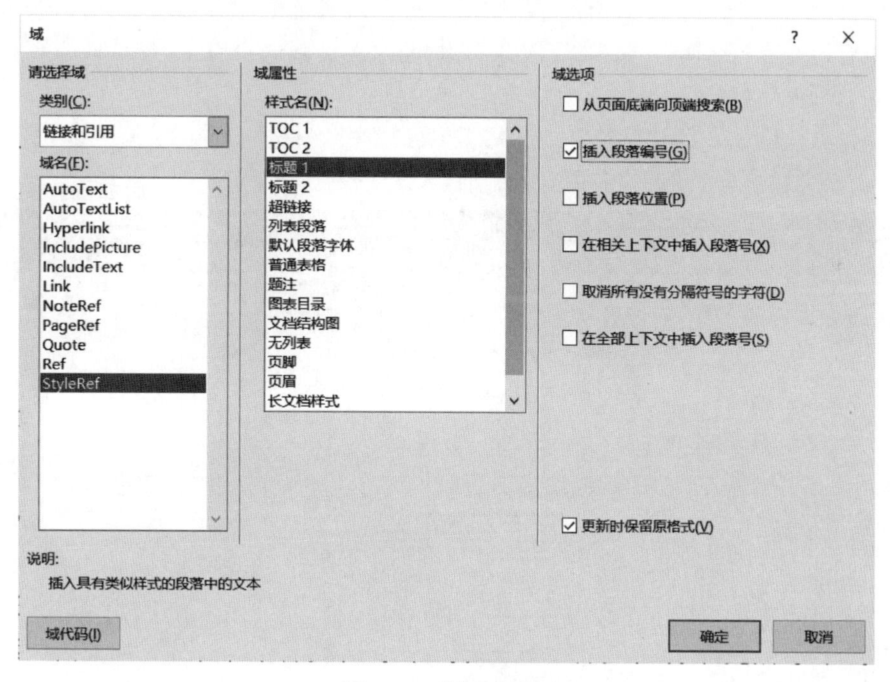

图1-67 “域”对话框

(4) 输入一个空格，重复第(3)步，除了不选中“插入段落编号”复选框外，单击“确定”按钮，插入章名。输入一个空格，再输入读者的学号，如图1-68所示。

(5) 将鼠标指针定位到正文第2页的页眉，页眉左边有“偶数页页眉-第4节-”字样。选择“页眉和页脚工具设计”|“导航”|“链接到前一条页眉”，使页眉右边的“与上一节相同”字样消失。

(6) 同(3)(4)操作设置偶数页页眉，此时与奇数页设置不同的地方就在于把“样式名”中的“标题 1”改选成“标题 2”，其他操作一样，插入节序号、节名和姓名。

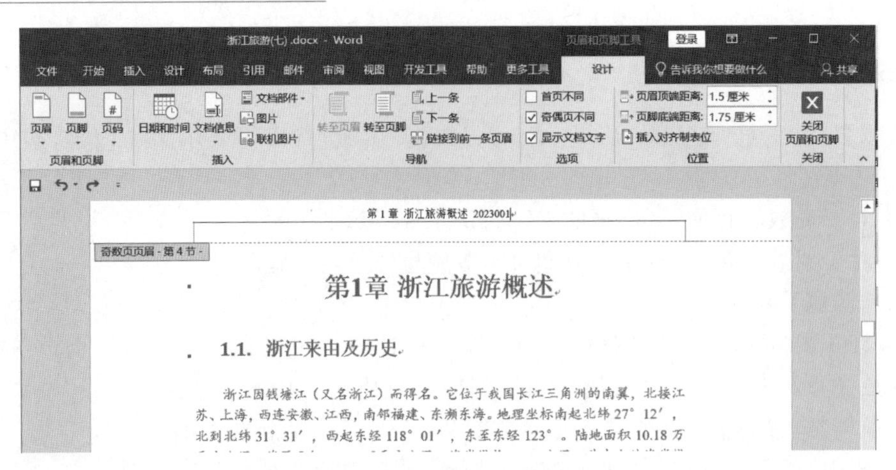

图 1-68　奇数页页眉设置

(7) 因为页眉设置了奇数页和偶数页，所以偶数页页脚需要重新设置。

- 将鼠标指针定位在正文第 2 页页脚上，选择“页眉和页脚工具设计”|“导航”|“链接到前一条页眉”，使页脚右边的“与上一节相同”字样消失。
- 选择“页眉和页脚工具设计”|“导航”|“上一条”，选中正文第 1 页页码，按 Ctrl+C 组合键复制；选择“导航”|“下一条”返回正文第 2 页的页脚上，按 Ctrl+V 组合键粘贴，页码 2 被插入。
- 操作方法同上，复制“目录”一节的页脚页码到“图索引”一节的页脚上。

(8) 观察文档部分效果图，多页显示文档，如图 1-69 所示。

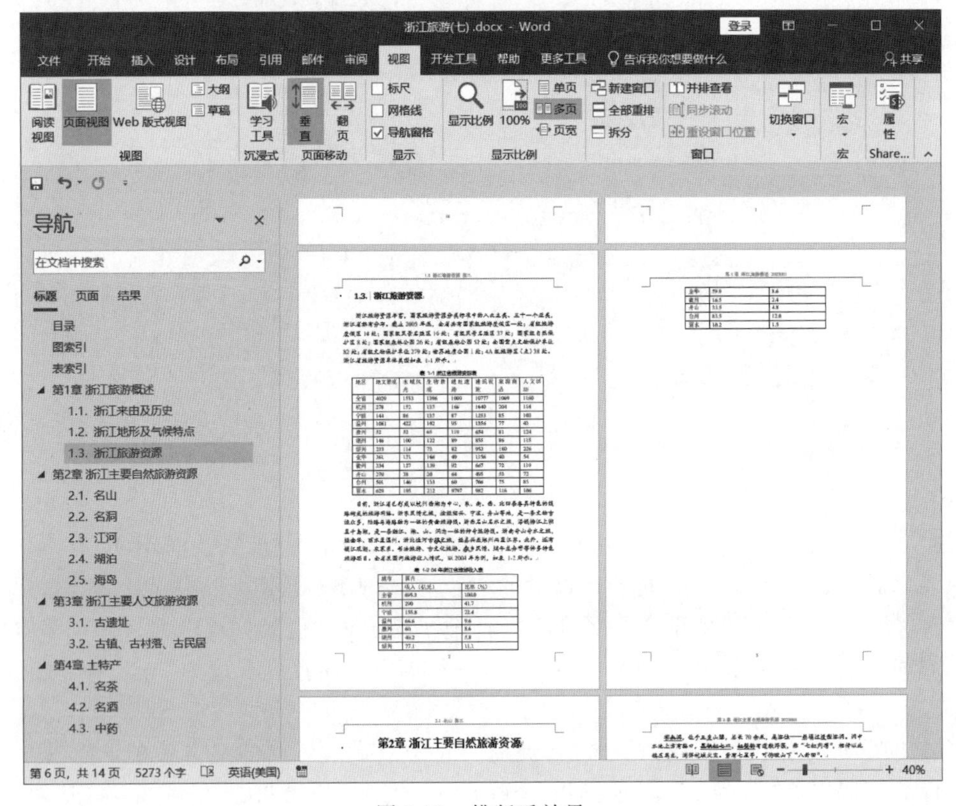

图 1-69　排版后效果

1.13.3 知识点

在文档每页上方会有章节标题或页码等，这就是页眉；在每页的下方会有日期、页码、作者姓名等，这就是页脚。

在页眉和页脚区域中可以输入文字、日期、时间、页码或图形等，也可以手工插入域，实现页眉页脚的自动化编辑，例如在文档的页眉右侧自动显示每章节名称等。

创建页眉页脚可使用“插入”选项卡上“页眉和页脚”组的“页眉”或“页脚”下相应选项进行操作。

在同一文档的不同节中可以设置不同的页眉和页脚、奇偶页页眉和页脚、不同章节中的不同页码形式等。如果在不同节中设置不同的页眉和页脚内容，需要取消选中“链接到前一条页眉”复选框，使其右边的“与上一节相同”字样消失。

1.14 批注与修订

1.14.1 教学案例：借条修订

【要求】 对“借条(原始).docx”的不规范文字部分添加批注，然后做必要的修订，修订后保存为“借条(修订后).docx”。最后将两个文档进行比较。

【操作步骤】

(1) 打开“借条(原始).docx”，选中“张三”，选择“审阅”|“批注”|“新建批注”，在批注框中“请输入张三的身份证号”，同样，选中“李四”，批注内容为“请输入李四的身份证号”，如图 1-70 所示。

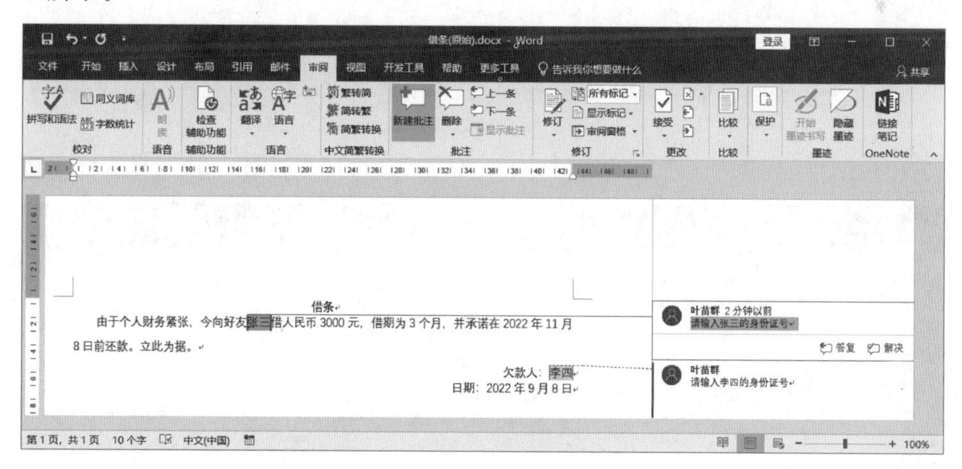

图 1-70 插入批注

(2) 选择“审阅”|“修订”，使修订处于选中状态，进入修订模式，此时所有编辑操作都会被记录下来。

(3) 选择“审阅”|“修订”|“显示标记”|“批注框”|“在批注框中显示修订”。

(4) 在“借”后面添加“到”，将“欠款人”改为“借款人”、“3 个月”改为“三个月”、“人民币 3000 元”改为“人民币叁仟圆整(￥3000 元)”，在姓名后面插入“(身份证号：******************)”，如图 1-71 所示。

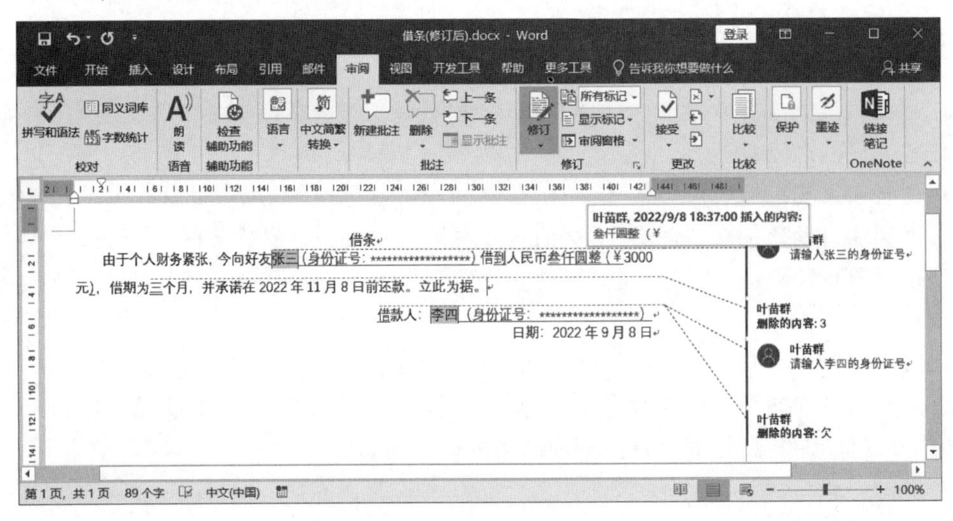

图 1-71　修订

(5) 选择“审阅”|“更改”|“接受”|“接受所有修订”。将文件另存为“借条(修订后).docx”。

(6) 选择“审阅”|“比较”|“比较”|“比较”，打开“比较文档”对话框，“原文档”选择“借条(原始).docx”，“修订的文档”选择“借条(修订后).docx”，如图 1-72 所示，单击“确定”按钮。

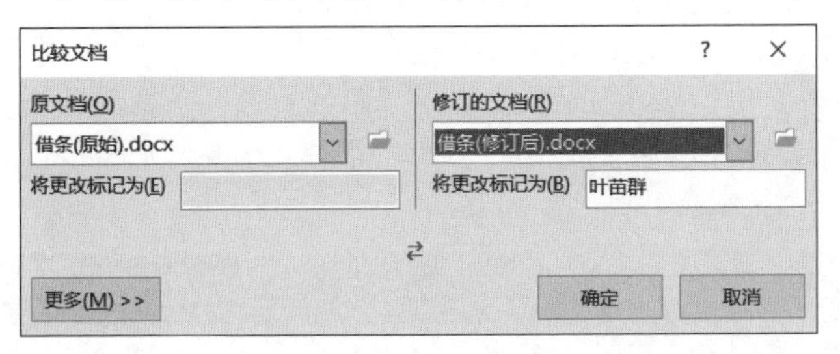

图 1-72　比较文档

(7) 比较结果如图 1-73 所示，一共有 12 处修订，其中插入 7 处，删除 3 处，批注 2 处。

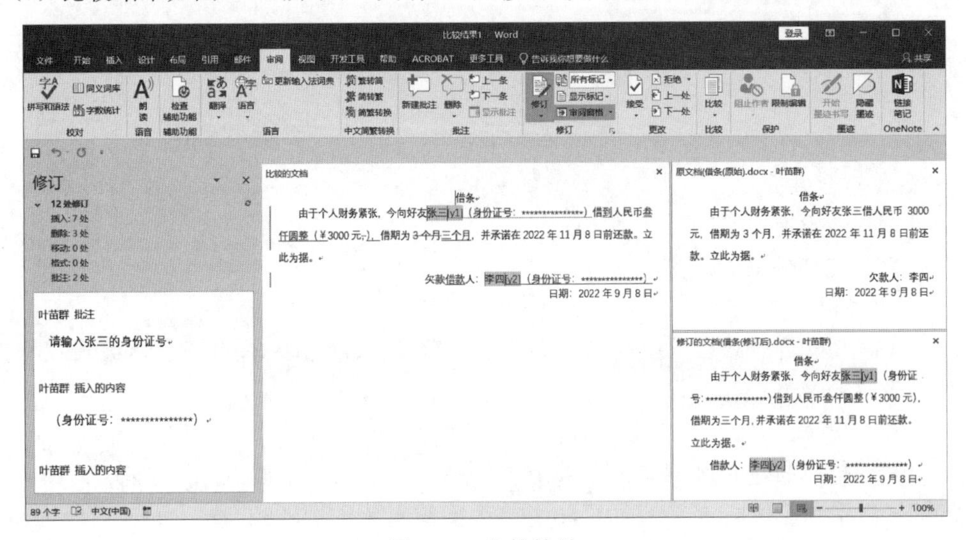

图 1-73　比较结果

1.14.2 知识点

1. 修订

与他人共同处理文档的过程中，审阅、跟踪文档的修订状况为最重要的环节之一，作者需要及时了解其他修订者更改了文档的哪些内容，以及为何要进行这些更改。这些都可以通过审阅与修订功能实现。Word 提供了多种方式来协助多人共同完成文档审阅的相关操作，同时文档作者还可以通过"审阅"窗格来快速对比、查看、合并同一文档的多个修订版本。

修订功能用于审阅者标记对文档中所做的编辑操作，让作者可以根据这些修订来接受或拒绝所做的修订内容。修订是显示对文档所做的诸如插入、删除或者其他编辑操作的标记。在修订状态下修改文档时，Word 将跟踪文档中所有内容的变化状况，同时会把当前文档中修改、删除、插入的每一项操作都标记下来。启用修订功能，审阅者的每一次编辑操作都会被标记出来，作者可以根据需要接受或拒绝每处的修订，只有接受修订，对文档的编辑修改才生效，否则文档内容保持不变。

默认情况下，修订处于关闭状态。若要开启修订并标记修订过程，可以使用"审阅"选项卡"修订"组中的"修订"按钮，使其处于按下状态，当前文档即进入修订模式。"审阅"选项卡中的"修订"组有"修订""显示标记"等按钮，当"修订"按钮为选中状态时，可以对文档进行修订编辑；"审阅"选项卡中的"更改"组有"接受""拒绝"等按钮来决定是否接受修改。

在论文和书稿定稿前往往需要多次修改，有些还需要多人修改。下面介绍如何在修改过程中留下痕迹供作者参考以及如何接受或拒绝前次修改意见。

(1) 审阅和修订。选择"审阅"|"修订"|"修订"，可使论文处于修订状态，此时对论文做任何修改，都将留下修改痕迹在论文中。

(2) 接收或拒绝修订。选择"审阅"|"更改"|"接受"下的相应选项，可接受修订；而选择"拒绝"下的相应选项，则可拒绝修订，修改痕迹都会消失。

2. 批注

当需要对文档内容进行特殊的注释说明时就要用到批注，Word 2019 允许多个审阅者对文档添加批注，并以不同的颜色标识。批注是文档的审阅者为文档附加的注释、说明、建议和意见等信息，并不对文档本身的内容进行修改。"审阅"选项卡上"批注"组有"新建批注""删除""上一条""下一条"等按钮来完成相应操作。

批注与修改的区别在于，批注不是在原文的基础上进行修改，而是在文档页面的空白处添加相关的注释信息，并用带颜色的方框括起来；而修订会记录对文档所做的修改。

3. 比较与合并文档

如果审阅者没有在修订状态下修改文档，那么可以使用 Word 所提供的比较文档功能，精确对比两个文档的差异，并将两个版本最终合并为一个。

使用比较功能对文档不同版本进行比较的主要操作步骤：使用"审阅"选项卡上"比较"组的"比较"按钮，在"原文档"区域中，通过浏览找到原始文档，在"修订的文档"区域中，通过浏览找到修订完成的文档，可新建一个比较结果文档，其中突出显示两个文档之间的不同之处以供查阅。

合并文档可以将多位作者的修订内容合并到一个文档中，可以使用"审阅"选项卡上"比较"组的"比较"下拉菜单中的"合并"，在合并结果文档中审阅修订，决定接受还是拒绝有关修订内容。

1.15 Word的宏和VBA

1.15.1 教学案例：文本格式清除

【要求】 创建一个对文档所有文本进行格式清除的宏“清除所有格式”。打开“宏简介(原始).docx”使用“清除所有格式”宏，文档处理后，另存为“宏简介(应用).docx”。

【操作步骤】

(1) 新建一个空白Word文档，选择“开发工具”选项卡上“代码”组的“录制宏”，打开“录制宏”对话框，“宏名”定义为“清除所有格式”，如图1-74所示，单击“确定”按钮。

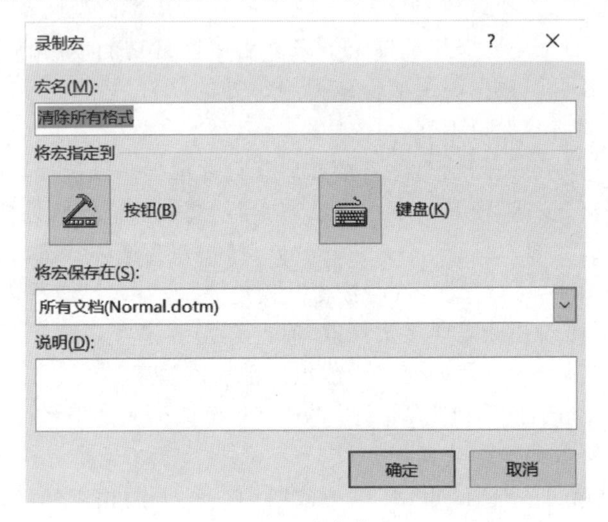

图1-74 宏名定义

(2) 此时“开发工具”选项卡上“代码”组的“录制宏”变成了“停止录制”，“暂停录制”处于可用状态，如图1-75所示。

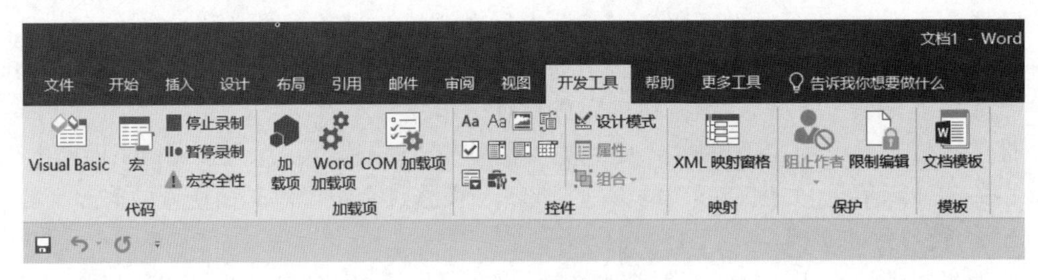

图1-75 录制宏状态

(3) 按Ctrl+A组合键全选所有文本，选择“开始”|“样式”|“其他”|“清除格式”；或者打开“样式”窗格，选择“全部清除”。

(4) 选择“开发工具”选项卡上“代码”组的“停止录制”。

(5) 打开“宏简介(原始).docx”文档，选择“开发工具”选项卡上“代码”组的“宏”，打开“宏”对话框，如图1-76所示。选中“清除所有格式”宏，单击“运行”按钮。

(6) 文档处理后，另存为“宏简介(应用).docx”，图1-77为两文档处理前后的对比。

(7) 选择“开发工具”选项卡上“代码”组的“宏”，打开“宏”对话框，选中“清除所有格

图 1-76　运行宏

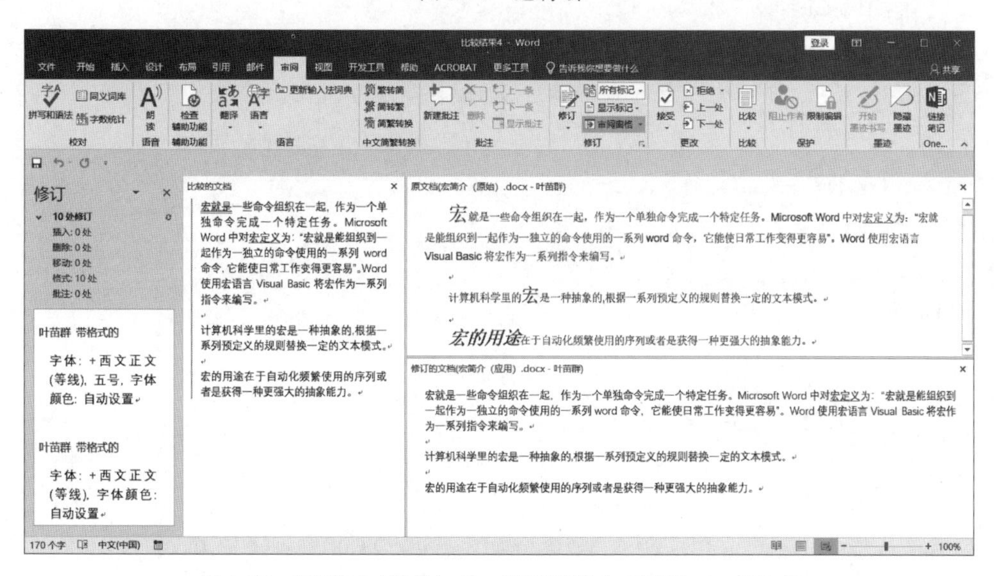

图 1-77　“宏简介(原始).docx”和“宏简介(应用).docx”比较

式”，单击“编辑”按钮，打开 VBA 代码编辑窗口，如图 1-78 所示，可以发现宏其实就是如下 VBA 代码实现的。

```
Sub 清除所有格式()
    Selection.WholeStory
    Selection.ClearFormatting
End Sub
```

1.15.2　教学案例：超链接清除

【要求】　编写一段 VBA 代码来实现清除文档所有文本的超链接。

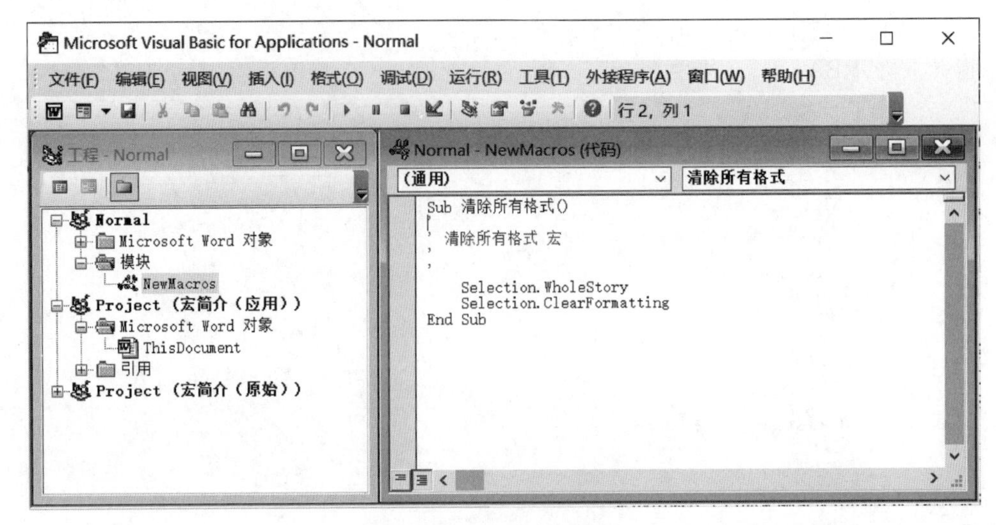

图 1-78 VBA 代码编辑窗口

【操作步骤】

(1) 新建一个 Word 文档,选择“开发工具”选项卡上“代码”组的 Visual Basic,打开 VBA 代码编辑窗口。

(2) 在“工程资源管理器”窗口中,单击 Normal(如果选中打开的文档,则只针对该文档起作用),选择“插入”|“模块”,此时会插入一个“模块 1”模块,在该模块中输入如下代码,如图 1-79 所示。

```
Sub del_link()
Dim wb As Field
For Each wb In ActiveDocument.Fields
If wb.Type = wdFieldHyperlink Then
wb.Unlink
End If
Next
Set wb = Nothing
MsgBox "超链接已经清除了!"
End Sub
```

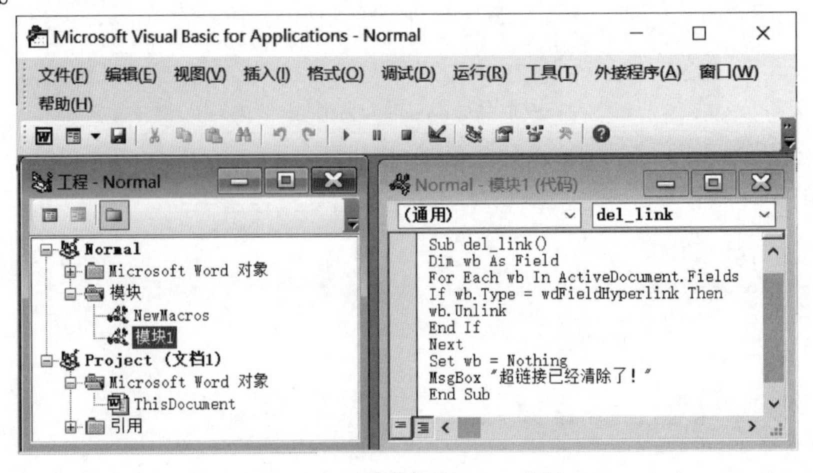

图 1-79 清除超链接 VBA 代码

(3) 打开含有“宁波大学.docx”超链接的文档(见图 1-80),在 VBA 代码编辑窗口中将鼠标指针放在 VBA 代码中,选择“运行”|“运行子程序/用户窗体”(或按 F5 键),则出现“超链接已经清除了!”提示对话框,同时“宁波大学”文字的超链接都没了,如图 1-81 所示。

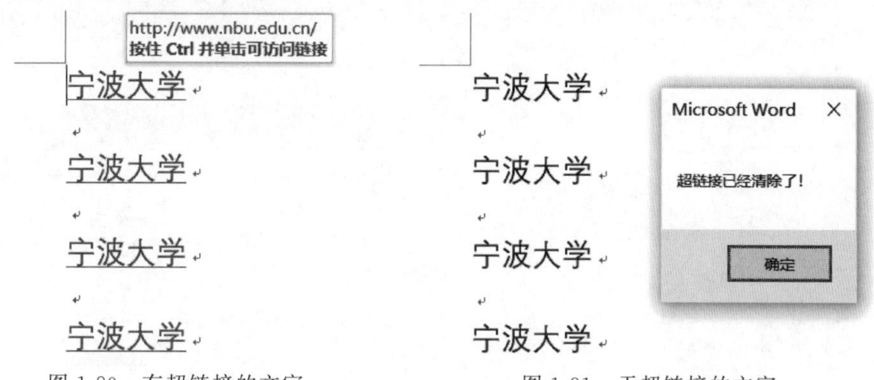

图 1-80　有超链接的文字　　　　图 1-81　无超链接的文字

(4) 第(3)步操作也可以如此操作: 在 VBA 代码编辑窗口中,如果鼠标指针定位在“工程资源管理器”窗口中的 Normal 或者其下面的“模块 1”,选择“运行”|“运行宏”(或按 F5 键),打开“宏”对话框,如图 1-82 所示,此时可以发现 del_link 子过程也出现在宏名称中,单击“运行”按钮可以完成清除超链接操作。

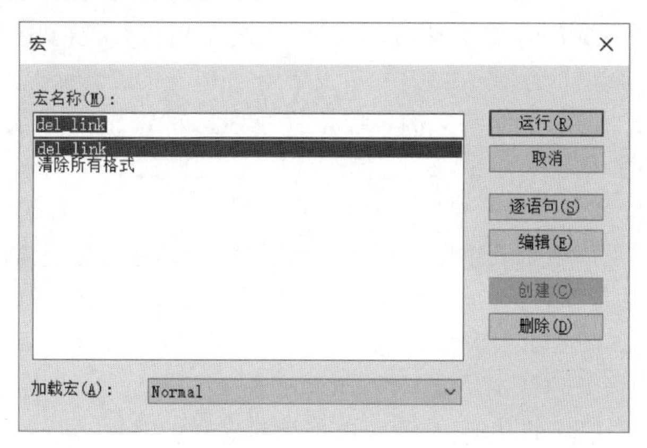

图 1-82　del_link 宏

(5) 还可以如此操作: 打开文档,选择“开发工具”选项卡上“代码”组的“宏”,打开“宏”对话框,选中对应的宏,单击“运行”按钮。

(6) 如果要将 VBA 代码保存在特定的文档中,可以先创建启用宏的 Word 文档(如 Word 宏案例.docm),如图 1-83 所示,然后输入代码,进行调试后保存。

1.15.3 知识点

1. VBA

VBA(Visual Basic for Applications)是新一代标准宏语言,是基于 Visual Basic for Windows 发展而来的。它与传统的宏语言不同,传统的宏语言不具有高级语言的特征,没有面向对象的程序设计概念和方法。而 VBA 提供了面向对象的程序设计方法,提供了相当完整的程序设计语言。VBA 易于学习掌握,可以使用宏记录器记录用户的各种操作并将

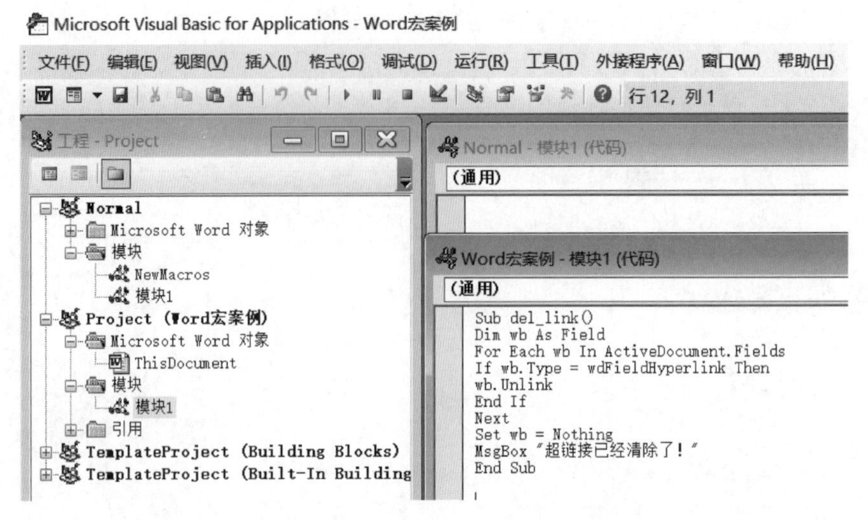

图 1-83 “Word 宏案例.docm”文档内容

其转换为 VBA 程序代码。这样用户可以容易地将日常工作转换为 VBA 程序代码,使工作自动化。

VBA 是基于 Visual Basic(以下简称 VB)发展而来的,与 VB 具有相似的语言结构。从语言结构上讲,VBA 是 VB 的一个子集,它们的语法结构是一样的。两者的开发环境也几乎相同。但是,VB 是独立的开发工具,它不需要依附于任何其他应用程序,它有自己完全独立的工作环境和编译、链接系统。VBA 却没有自己独立的工作环境,它必须依附于某一个主应用程序,VBA 专门用于 Office 的各应用程序中,如 Word、Excel、Access 等。正是由于 VBA 与主应用程序的这种关系,使得它与主程序之间的通信变得简单而高效。

VBA 的主要功能和作用如下:

(1) 在 VBA 中,可以整合其宿主应用程序的功能,自动通过键盘、鼠标或者菜单进行操作,尤其是大量重复的操作,这样就大大提高了工作效率。

(2) 可以定制或扩展其宿主应用程序,并且可以增强或开发该应用程序的某项功能,从而实现用户在操作中需要的特定功能。

(3) 提供了建立类模块的功能,从而可以使用自定义的对象。

(4) VBA 可以操作注册表,而且与 Windows API 结合使用,从而创建功能强大的应用程序。

(5) 具有完善的数据访问与管理能力,可通过 DAO(数据访问对象)对 Access 数据库或其他外部数据库进行访问和管理。

(6) 能够使用 SQL 语句检索数据,与 RDO(远程数据对象)结合起来,可建立 C/S(客户机/服务器)级的数据通信。

(7) 能够使用 Win32 API 提供的功能,建立应用程序与操作系统间的通信。

2. 宏

大多数人看到了 VBA 可以自动化一个程序,可以扩展已有程序,但没有看到在 Office 中,VBA 代码可以是录制的,而不是写出来的,这带来的好处是学习曲线变得非常缓。如果没有宏录制功能,要熟悉某个 Office 组件的对象模型绝非一日之功。

宏就是一些命令组织在一起,作为一个单独命令完成一个特定任务。Microsoft Word 中对宏定义为:“宏就是能组织到一起作为一独立的命令使用的一系列 Word 命令,它能使日常工作变得更容易。”Word 使用 VBA 将宏作为一系列指令来编写。

一般来讲，宏(Macro)是一个通用模糊术语，它指的是一组能自动执行任务的编程指令。对于 Word 而言，Word 宏是使用 VBA 编程语言自动执行 Word 中任务的指令。VBA 代码就是完成这种指令操作的代码。

由于运行某些宏可能会引发潜在的安全风险，具有恶意企图的人员(也称为黑客)可以在文件中引入破坏性的宏，以在计算机或网络中传播病毒。因此，默认情况下，Office 中的宏是禁用的，为了能录制并运行宏，可以设置临时启用宏。

普通的 Word 文档(*.docx)无法保存宏，保存时应选择启用宏的 Word 文档(*.docm)或启用宏的 Word 模板(*.dotm)。

3. 对象模型

了解 Word 对象模型，可以在 VBE 窗口(VBA 编辑器窗口)中选择“帮助”|“Microsoft Visual Basic for Application 帮助”，在浏览器中打开微软的“Office 客户端开发”在线帮助文档，并且定位到 Word 部分。在左侧的“目录”中，选择“Word VBA 参考”，打开 Word VBA 帮助文档，在“目录”中选择“对象模型”，可以查看 Word 的所有对象模型以及每个对象的属性、方法和事件。

Application 对象代表整个 Microsoft Word 应用程序。一个 Application 对象可以包含多个文档 Document 对象。Selection 对象代表 Word 窗口的当前所选内容。每一个 Document 对象都具有 Characters(字符)、Words(单词)、Sentences(句子)和 Paragraphs(段落)4 个集合。

4. 控件

控件是 VBA 中预先定义好的、程序中能够直接使用的对象。在 Word 中，可以使用控件来制作电子表单，在合同、简历、试卷和调查问卷中实现可交互的无纸化填写。结合保护文档功能，还可以实现限制用户只能编辑文档的控件部分，例如只允许用户进行选择和填空等。

使用 Word 的 VBA 开发功能时，开发者可以使用 3 种类型的控件，分别是内容控件、旧式窗体表单控件和 ActiveX 控件。常用的控件如下。

- 标签控件(Label)。主要功能是显示文本，程序运行时，标签不能接收键盘操作。
- 文本控件(TextBox)。主要功能是文本编辑区域，不仅可以显示文本，而且可以接收键盘输入和编辑，类似一个简单的编辑框。
- 命令按钮(CommandButton)。提供了用户与应用程序简单交互的功能。
- 单选按钮控件(OptionButton)。通常以按钮组的形式出现，用户一次只能选定一组中的一个按钮，同组中多个按钮控件之间互相排斥。
- 复选框控件(CheckBox)。允许用户在程序提供的多个复选项中选择一个或多个项目。

习 题 1

一、判断题

1. Word 2019 中只有页面视图可显示表格和图片。(　　)
2. 文档可以通过 TC 域标记为目录项后再建立目录。(　　)
3. 脚注位于文档结尾，用于对文档某些特定字符、专有名词或术语进行注释。(　　)

4. 可以通过插入域代码的方法在文档中插入页码。(　　)

5. 分节符、分页符等编辑标记能在草稿视图中查看。(　　)

6. 拒绝修订的功能等同撤销操作。(　　)

7. 链接段落和字符样式有时表现为段落样式,有时表现为字符样式。(　　)

8. 在审阅时,对于文档中的所有修订标记只能全部接受或全部拒绝。(　　)

9. 打印时,在 Word 2019 中插入的批注将与文档内容一起被打印出来,无法隐藏。(　　)

10. Word 域就像一段程序代码,文档中显示的内容是域代码运行的结果。(　　)

二、选择题

1. Word 2019 插入题注时如需加入章节号,如"图 1-1",无须进行的操作是________。

A. 将章节起始位置套用内置标题样式

B. 将章节起始位置应用多级列表

C. 将章节起始位置应用自动编号列表

D. 自定义题注标签为"图"

2. 在同一个页面中,如果希望页面上半部分为一栏,后半部分分为两栏,应插入的分隔符号为________。

A. 分页符　　B. 分栏符

C. 分节符(连续)　　D. 分节符(奇数页)

3. Word 中的手动换行符(又叫软回车,以一个直的向下的箭头 ↓ 表示)是通过________产生的。

A. 插入分页符　　B. 插入分节符

C. 按 Enter 键　　D. 按 Shift+Enter 组合键

4. 如果 Word 文档中有一段文字不允许别人修改,可以通过________。

A. 格式设置限制　　B. 编辑限制

C. 设置文件修改密码　　D. 以上都是

5. 若文档被分为多个节,并将页眉和页脚设置为奇偶页不同,则以下关于页眉和页脚说法正确的是________。

A. 文档中所有奇偶页的页眉必然都不相同

B. 文档中所有奇偶页的页眉可以不相同

C. 每个节中奇数页页眉和偶数页页眉必然不相同

D. 每个节的奇数页页眉和偶数页页眉可以不相同

6. 在 Word 2019 中插入图片域时,可以按________组合键显示或隐藏域代码。

A. Ctrl+F8　　B. Esc+F9　　C. Alt+F9　　D. Tab+F8

7. 插入域操作可以使用"插入"|"________"|"域",在打开的"域"对话框中设置参数。

A. 书签　　B. 文档部件　　C. 文本框　　D. 公式

8. 在 Word 2019 中输入标题时,如果要让标题居中,一般________。

A. 单击"居中"按钮来自动定位

B. 用 Tab 键来调整

C. 用空格键来调整

D. 用鼠标指针定位来调整

9. 在 Word 中,选取已设置好格式的某文本后,双击"格式刷"按钮进行格式应用时,

"格式刷"按钮可以使用的次数为________。

A. 1　　B. 2　　C. 无限次　　D. 有限次

10. 在 Word 中，能将所有的标题分级显示出来，但不显示图形对象的视图是________。

A. 页面视图　　B. 大纲视图　　C. Web 版式视图　　D. 草稿视图

11. 在用 Word 撰写毕业论文时，要求只用 A4 规格的纸输出。在打印预览时，发现最后一页只有一行。如果想把这一行提到上一页，最好的办法是________。

A. 改变纸张大小　　B. 增大页边距

C. 减小页边距　　D. 页面方向改为横向

12. 下列有关脚注和尾注的说法错误的是________。

A. 脚注和尾注由两个关联的部分组成，包括注释引用标记及其对应的注释文本

B. 在添加、删除或移动自动编号的注释时，Word 不会对注释引用标记重新编号，需手动更改

C. 脚注一般位于页面底部

D. 尾注一般位于文档末尾

13. 在 Word 2019 中，一组已经命名的字符和段落格式，应用于文档中的文本、表格和列表的一套格式特征称为________。

A. 母版　　B. 项目符号　　C. 样式　　D. 格式

14. 下列关于 Word 主控文档的叙述正确的是________。

A. 在主控文档中不可以修改子文档中文本

B. 主控文档中的子文档只可展开不可折叠

C. 主控文档能转换为普通文档保存

D. 主控文档中的子文档只可折叠不可展开

15. 防止文件丢失的方法是________。

A. 自动备份　　B. 自动保存　　C. 另存一份　　D. 以上都是

16. 在对 Word 文档格式的工作报告进行修改的过程中，希望在原始文档显示其修改的内容和状态，最优的操作方法是________。

A. 利用"审阅"选项卡的批注功能，为文档中每一处需要修改的地方添加批注，将自己的意见写到批注框里

B. 利用"审阅"选项卡的修订功能，选择带"显示标记"的文档修订查看方式后单击"修订"按钮，然后在文档中直接修改内容

C. 利用"插入"选项卡的文本功能，为文档中每一处需要修改的地方添加文档部件，将自己的意见写到文档部件中

D. 利用"插入"选项卡的修订标记功能，为文档中每一处需要修改的地方插入修订符号，然后在文档中直接修改内容

17. 利用 Word 编辑一份书稿，出版社要求目录和正文的页码分别采用不同的格式，且均从第 1 页开始，最优的操作方法是________。

A. 将目录和正文分别保存在两个文档中，分别设置页码

B. 在目录和正文直接插入分节符，在不同的节中设置不同的页码

C. 在目录和正文直接插入分页符,在不同的页中设置不同的页码

D. 在 Word 中不设置页码,将其转换为 PDF 格式时再增加页码

18. 毕业论文完成后,先需要在正文前添加论文目录,最优的操作方法是________。

A. 利用 Word 提供的“手动目录”功能创建目录

B. 直接输入作为目录的标题文字和相对应的页码创建目录

C. 将文档的各级标题设置为内置标题样式,然后基于该样式自动插入目录

D. 不使用内置标题样式,而是直接基于正文创建目录

19. Word 文档的结构层次为“章-节-小节”,如章“1”为一级标题、节“1.1”为二级标题、小节“1.1.1”为三级标题,采用多级列表的方式已经完成了对第 1 章中章、节、小节的设置,如需完成剩余几章内容的多级列表设置,最优的操作方法是________。

A. 复制第 1 章的章、节、小节段落,分别粘贴到其他章节对应位置,然后替换标题内容

B. 将第 1 章的章、节、小节格式保存为标题样式,将其应用到其他章节对应段落

C. 利用格式刷功能,分别复制第 1 章的章、节、小节格式,并应用到其他章节对应段落

D. 逐个对其他章节对应的章、节、小节标题应用“多级列表”格式,并调整段落结构层次

20. 在 Word 文档中将应用了“标题 1”样式的所有段落格式调整为“段前、段后各 12 磅,单倍行距”,最优的操作方法是________。

A. 修改“标题 1”样式,将其段落格式设置为“段前、段后各 12 磅,单倍行距”

B. 将每个段落逐一设置为“段前、段后各 12 磅,单倍行距”

C. 将其中一个段落设置为“段前、段后各 12 磅,单倍行距”,然后利用格式刷功能将格式复制到其他段落

D. 利用“查找和替换”功能,将“样式:标题 1”替换为“段落间距:段前、段后各 12 磅,行距:单倍行距”

21. 李编辑正在对 Word 中一份书稿进行排版,他希望每一章页号均从奇数页开始,最优的操作方法是________。

A. 在每一章前插入自奇数页开始的分页符

B. 在每一章前插入自奇数页开始的分节符

C. 在每一章前插入自偶数页开始的分节符

D. 在每一章前插入分页符,若非奇数页开始,则插入一个空白页

22. 要为 Word 格式的论文添加索引,如果索引项已经以表格形式保存在另一个 Word 文档中,最快捷的操作方法是________。

A. 在 Word 格式论文中,使用自动标记功能批量标记索引项,然后插入索引

B. 在 Word 格式论文中,逐一标记索引项,然后插入索引

C. 直接将以表格形式保存在另一个 Word 文档中的索引项复制到 Word 格式论文中

D. 在 Word 格式论文中,使用自动插入索引功能,从另外保存 Word 索引项的文件中插入索引

第2章　Excel 高级应用

2.1　单元格引用

2.1.1　教学案例：混合引用

【要求】 在“混合引用.xlsx”工作簿 Sheet1 工作表中计算“销售额占比”，销售额占比＝销售额/总计。分析 E2 中的公式填充到 E6 后，公式产生了哪些变化。

【操作步骤】

(1) 将鼠标指针定位在 E2 单元格，输入“＝”，单击 D2 单元格，输入“/”，单击 D7 单元格，此时显示“＝D2/D7”，将其修改为“＝D2/D$7”(这里也可以是“＝D2/$D$7”)，如图 2-1 所示。

(2) 将鼠标指针移动到 E2 单元格右下角，当出现填充柄(实心十字形)时，双击它。

(3) 完成填充，单击 E6 单元格，观察编辑栏的公式“＝D6/D$7”，如图 2-2 所示。其中相对引用部分单元格地址有变化，而绝对引用部分单元格地址没有变化。

	A	B	C	D	E
1	品名	销售量	单价	销售额	销售额占比
2	电视机	150	20	3000	=D2/D$7
3	电冰箱	90	22	1980	
4	微波炉	155	19	2945	
5	空调	203	21	4263	
6	热水器	173	22	3806	
7	总计			15994	

图 2-1　混合引用公式修改

E6　=D6/D$7

	A	B	C	D	E
1	品名	销售量	单价	销售额	销售额占比
2	电视机	150	20	3000	18.76%
3	电冰箱	90	22	1980	12.38%
4	微波炉	155	19	2945	18.41%
5	空调	203	21	4263	26.65%
6	热水器	173	22	3806	23.80%
7	总计			15994	

图 2-2　销售额占比计算

2.1.2　知识点

单元格作为一个整体以单元格地址的描述形式参与运算称为单元格引用。单元格引用方式分为相对引用、绝对引用和混合引用。

1. 相对引用

相对引用是指将一个含有单元格地址的公式复制到一个新的位置时，公式中的单元格地址会随着改变，是 Excel 默认的单元格引用方式。在进行相对引用时，只需直接输入单元格地址。

相对引用时，单元格地址调整规则为：新行(列)地址＝原行(列)地址＋行(列)地址偏移量。例如,在 F2 中输入相对引用公式"=C2+D2+E2",如果复制 F2 单元格到 G6 单元格中,那么 G6 中公式变为"=D6+E6+F6"。

2. 绝对引用

一般情况下,复制单元格地址使用的是相对引用,但有时并不希望单元格地址变动,这时就必须使用绝对引用。

绝对引用是指在把公式复制或填入到新位置时,使其中的单元格地址保持不变。绝对引用的表示方法是在单元格的行号、列标前面各加一个"$"符号。

含有绝对地址引用的公式无论粘贴到哪个单元格,所引用的始终是同一个单元格地址,其公式内容以及结果始终保持不变。例如,在 F2 中输入绝对引用公式"=$C$2+$D$2+$E$2",如果复制 F2 公式到 G6,那么 G6 中公式为"=$C$2+$D$2+$E$2",没有产生变化。

3. 混合引用

混合引用是指在一个单元格地址引用中,既有绝对地址引用又有相对地址引用,即列标使用相对地址,行号使用绝对地址;或行号使用相对地址,列标使用绝对地址。例如$A1,C$6 等。

当混合引用的公式在工作表的位置发生改变时,单元格的相对地址部分(没有加$符号的部分)会随之改变,而绝对地址部分(加$符号的部分)则不变。例如,在 F2 中输入混合引用公式"=C2+$D$2+$E2",如果复制 F2 公式到 G6,那么 G6 中公式为:"=D6+$D$2+$E2"。

在单元格引用时,可按 F4 键在三种引用方式间转换,其转换的规律示例如下:A1→$A$1→A$1→$A1→A1。

4. 引用不同工作表中的单元格

在工作表的计算操作中,需要用到同一工作簿文件中其他工作表中的数据时,可在公式中引用其他工作表中的单元格。引用格式为:<工作表标签>! <单元格地址>。

若需要用到其他工作簿文件中的工作表时,引用格式为:[工作簿名] <工作表标签>! <单元格地址>。

2.2 数组公式

2.2.1 教学案例:计算总分和平均分

【要求】 已知有"学生成绩管理.xlsx" Sheet1 工作表,第一行为标题行(学号、姓名、语文、数学、英语、总分、平均),共 13 行。使用数组公式,按语文(C 列)、数学(D 列)、英语(E 列)计算总分和平均分,将其计算结果保存到表中的"总分"列和"平均分"列中。

【操作步骤】

(1) 拖动鼠标选中"总分"全列(F2:F13) 后,将鼠标指针定位在编辑栏,输入"="。

(2) 拖动鼠标选中"语文"全列(C2:C13),输入"+";拖动鼠标选中"数学"全列(D2:D13),输入"+";拖动鼠标选中"英语"全列(E2:E13);此时编辑栏变成"=C2:C13+D2:D13+E2:E13",如图 2-3 所示。

(3) 按 Ctrl+Shift+Enter 组合键(前面两个键先一起按下,再按第三个键,然后一起放

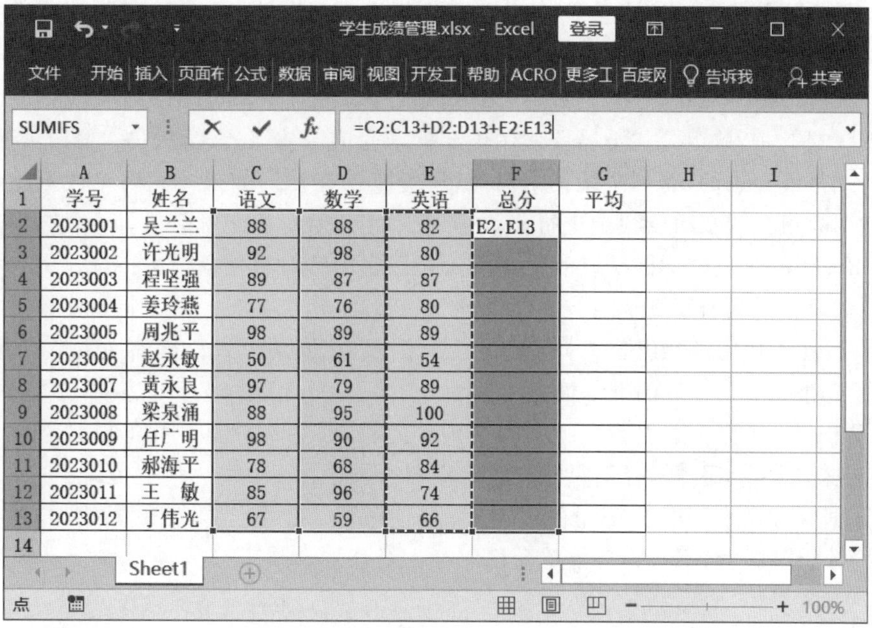

学生成绩管理.xlsx - Excel
登录
文件 开始 插入 页面布 公式 数据 审阅 视图 开发工 帮助 ACRO 更多工 百度网 告诉我 共享
SUMIFS
=C2:C13+D2:D13+E2:E13
A B C D E F G H I
1 学号 姓名 语文 数学 英语 总分 平均
2 2023001 吴兰兰 88 88 82 E2:E13
3 2023002 许光明 92 98 80
4 2023003 程坚强 89 87 87
5 2023004 姜玲燕 77 76 80
6 2023005 周兆平 98 89 89
7 2023006 赵永敏 50 61 54
8 2023007 黄永良 97 79 89
9 2023008 梁泉涌 88 95 100
10 2023009 任广明 98 90 92
11 2023010 郝海平 78 68 84
12 2023011 王 敏 85 96 74
13 2023012 丁伟光 67 59 66
14
Sheet1
点
100%

图 2-3　数组公式编辑

开)，编辑栏变成"{=C2:C13+D2:D13+E2:E13}"，"总分"列数据全部自动出来。这里注意的是，使用数组公式一次出结果，不要再使用填充完成。

(4) 拖动鼠标选中"平均"全列(G2:G13)后，将鼠标指针定位在编辑栏，输入"="。拖动鼠标选中"总分"全列(F2:F13)，输入"/3"；按 Ctrl+Shift+Enter 组合键完成后，编辑栏中显示"{=F2:F10/3}"。

(5) 完成数组公式后，可以用 Delete 键删除 F2:G10 任意一个单元格试一试，如果打开"不能更改数组的某一部分"对话框，表示数组公式无误。如果真要删除，只能整列数据一起删除。

(6) 如果想修改数组公式，可以全选整列数据后，在编辑栏中进行修改，最后按 Ctrl+Shift+Enter 组合键确认修改即可。

2.2.2　知识点

使用传统方法对一列数据进行计算，是先计算好一个单元格，然后通过填充柄(或者双击填充柄)进行其余单元格的填充。而使用数组的方法，是对所有要计算的单元格进行一次性计算，即数组计算是一个整体。

数组是元素的集合或是一组需要处理的值的集合。可以写一个数组公式，即输入一个单个的公式，它执行多个输入操作并产生多个结果，每个结果显示在一个单元格区域中。数组公式可以看作有多重数值的公式，它与单值公式的不同之处在于它可以产生一个以上的结果。

数组公式应用一般步骤为：

(1) 选中要显示计算结果的目标列(多个单元格)，若数据比较多，可分别在首尾单元格用单击和按 Shift 键同时单击的方法，选中两者之间所有的单元格。

(2) 在编辑栏中输入等号“=”,拖动鼠标选择操作列地址,再编辑公式。

(3) 按Ctrl+Shift+Enter组合键完成多个数据的计算。计算公式输完后,在编辑栏中可发现公式两边有一对{},这就是数组公式的标志,是自动添加的,不能手工输入。

需要注意的是,数组公式不需要使用填充柄来完成。数组公式完成后,修改或删除单个单元格公式是不允许的,否则系统提示错误,避免了误操作。如果一定要修改数组公式,只能全选整列数组公式在编辑栏中进行修改,修改数组过程中数组标记“{}”会消失,需重新按Ctrl+Shift+Enter组合键确认修改。删除操作也必须针对整列数据进行操作。

使用数组公式具有以下优点:

- 一致性。使用了数组公式,所有单元格都包含相同的公式。这种一致性有助于确保所有相关数据计算的准确性。
- 安全性。不能单独编辑数组中的个别单元格,必须选择整个数组单元格区域,然后更改整个数组公式,否则只能让数组保留原样。
- 数据储存量小。由于数组中所有单元格使用同一数组公式,因此只需保存这个共同的数组公式,而不必为每个单元格保存一个公式。

2.3 高级筛选

2.3.1 教学案例:筛选复杂条件

【要求】 已知有“学生成绩表.xlsx” Sheet1工作表,要求筛选“数学”大于或等于95分,或者“平均分”大于90分的男生,将筛选结果放在A15开始的位置。

【操作步骤】

(1) 在Sheet1工作表J2开始区域建立条件区域,如图2-4所示。注意,这里条件行的关系运算符>、>=必须为半角英文标点符号。标题字段应在同一行,“>=95”在“数学”列下,表示“数学”大于或等于95分;“男”和“>90”在同一行表示要同时成立,和“数学”条件的关系是“或者”,表示只要成立一个条件即可。

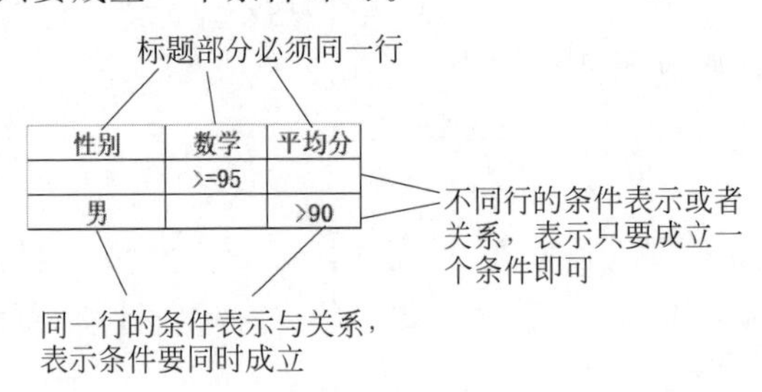

图2-4 条件区域

(2) 将鼠标指针放在数据区域,选择“数据”选项卡上“排序和筛选”组的“高级”,打开“高级筛选”对话框。列表区域就是数据区域,已经自动选择;选中“将筛选结果复制到其他位置”单选按钮;将鼠标指针定位在条件区域,选中J2:L4区域;将鼠标指针定位在“复制到”,选中A15单元格;单击“确定”按钮。设置内容和结果如图2-5所示。

思考:如果要求筛选出总分大于或等于280分或者姓名中含有“光”字的学生,该如何建立条件区域呢?

	A	B	C	D	E	F	G	H	I	J	K	L
1	学号	姓名	性别	语文	数学	英语	总分	平均分				
2	2023001	吴兰兰	女	88	88	82	258	86		性别	数学	平均分
3	2023002	许光明	男	92	98	80	270	90			>=95	
4	2023003	程坚强	男	89	87	87	263	87.7		男		>90
5	2023004	姜玲燕	女	77	76	80	233	77.7				
6	2023005	周兆平	男	90	89	89	268	89.3				
7	2023006	赵永敏	女	50	61	54	165	55				
8	2023007	黄永良	男	97	79	89	265	88.3				
9	2023008	梁泉涌	女	88	95	100	283	94.3				
10	2023009	任广明	男	98	90	92	280	93.3				
11	2023010	郝海平	男	78	68	84	230	76.7				
12	2023011	王 敏	女	85	96	74	255	85				
13	2023012	丁伟光	男	67	59	66	192	64				
14												
15	学号	姓名	性别	语文	数学	英语	总分	平均分				
16	2023002	许光明	男	92	98	80	270	90				
17	2023008	梁泉涌	女	88	95	100	283	94.3				
18	2023009	任广明	男	98	90	92	280	93.3				
19	2023011	王 敏	女	85	96	74	255	85				

高级筛选 ? ×

方式

○ 在原有区域显示筛选结果(F)

◉ 将筛选结果复制到其他位置(O)

列表区域(L): $A$1:$H$13

条件区域(C): $J$2:$L$4

复制到(T): Sheet1!$A$15

☐ 选择不重复的记录(R)

确定 取消

图 2-5 高级筛选举例

提示：含有“光”字可以使用通配符组合“ * 光 * ”条件完成。

2.3.2 知识点

通过筛选功能，可以快速从数据列表中查找符合条件的数据或者排除不符合条件的数据。筛选条件可以是数组或文本，也可以是单元格颜色，还可以根据需要构建复杂条件实现高级筛选。对数据列表中的数据进行筛选后，就会仅显示那些满足指定条件的行，并隐藏那些不希望显示的行，对于筛选结果可以直接复制、查找、编辑、设置格式、制作图表和打印。

筛选功能分为自动筛选（普通筛选）和高级筛选。自动筛选可完成的是多条件同时成立，即多条件“与”关系时的筛选。其中同一项目（如计算机基础）可以完成“或”操作，但不能实现与其他项目（如高等数学）“或”操作，如图 2-6 所示。

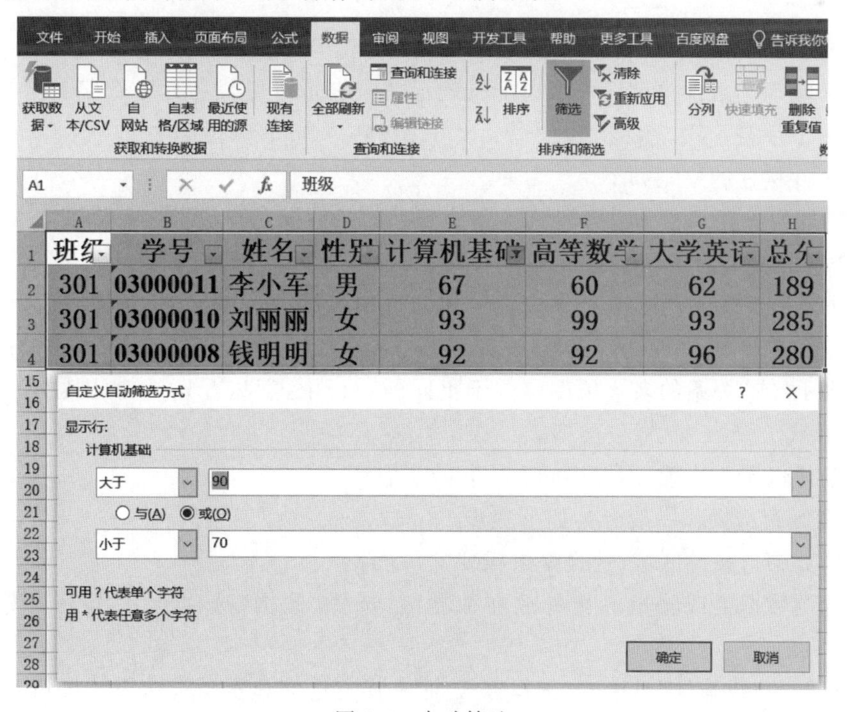

图 2-6 自动筛选

按多种条件的组合进行查询的方式称为高级筛选。对于有些筛选条件比较复杂的情况，必须使用高级筛选功能来处理。高级筛选既可以实现多条件“与”，也可以实现含有“或”关系的筛选，如“选出高等数学大于80分的男生，或者大学英语大于85分的男生的数据”。高级筛选可以完成所有自动筛选能完成的操作，反之不一定可行。

使用高级筛选功能首先需建立一个条件区域，用来指定筛选条件。一般情况下，条件区域与数据列表不能重叠，需用空行或空列隔开。条件区域的第一行是所有作为筛选条件的字段名，这些字段名与数据列表中的字段名必须一致。所以建议采用复制、粘贴的方法构造条件区域的字段名。条件区域的其他行则可以输入筛选条件。同一行的条件是“与”关系，不同行的条件是“或”关系。

条件写在同一行：表示条件之间是“与”关系，要求同一行各条件同时成立。图2-7所示条件区域表示高等数学大于或等于80分且大学英语大于85分的男生。

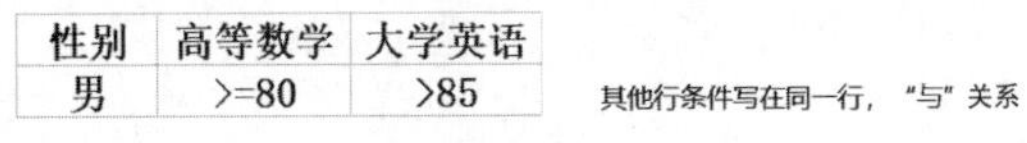

性别	高等数学	大学英语
男	>=80	>85

其他行条件写在同一行，“与”关系

图2-7 “与”关系

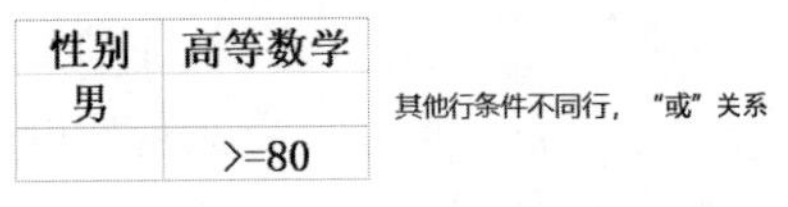

性别	高等数学
男	
	>=80

其他行条件不同行，“或”关系

图2-8 “或”关系

条件写在不同行：表示每个条件之间是“或”关系，同一行各条件只要成立一个即可。图2-8所示条件区域表示高等数学大于或等于80分的同学或者是男生。

有时条件可以组合起来。图2-9所示条件区域表示大学英语大于85分的男生或者高等数学大于或等于80分的同学。

性别	高等数学	大学英语
男		>85
	>=80	

性别=“男”，大学英语>85 同一行　“与”关系

高等数学>=80 不同一行　“或”关系

图2-9 “与、或”关系

条件区域筛选条件也可以使用通配符表示，“?”表示可以代替任一个字符，“*”表示可替代任意多个字符。

筛选条件构建的原则如下。

（1）一般筛选条件必须有条件标签作为每列的条件标题与包含在数据列表中的列标题一致，且条件区域中的字段标题必须在同一行。

（2）表示“与”关系的多个条件应位于同一行中，意味着只有这些条件同时满足的数据才会被筛选出来。

（3）表示“或”关系的多个条件应位于不同的一行中，意味着只要满足其中的一个条件就被筛选出来。

（4）条件区域要连续，不能中间有空行或者空列。

实现高级筛选操作一般分为如下三步。

（1）建立筛选条件区域，这也是最重要的一步。

（2）选中数据区或将鼠标指针放在数据区，选择“数据”选项卡上“排序和筛选”组的“高级”。

（3）打开“高级筛选”对话框，选择方式为“在原有区域显示筛选结果”“将筛选结果复制到其他位置”，并选择列表区域和条件区域。

2.4 分类汇总

2.4.1 教学案例：汇总课程平均分和人数

【要求】 将“学生成绩表. xlsx” Sheet1 工作表按性别汇总各门课程的平均分，并且统计各性别人数。

【操作步骤】

（1）打开“学生成绩表. xlsx”，将 Sheet1 工作表先按“性别”升序排列。

（2）将鼠标指针定位在数据区域，选择“数据”选项卡上“分级显示”组的“分类汇总”，打开“分类汇总”对话框，“分类字段”选择“性别”，“汇总方式”选择“平均值”，“选定汇总项”选中“计算机基础”“高等数学”“大学英语”“总分”复选框，如图 2-10 所示，单击“确定”按钮，此时效果如图 2-11 所示。

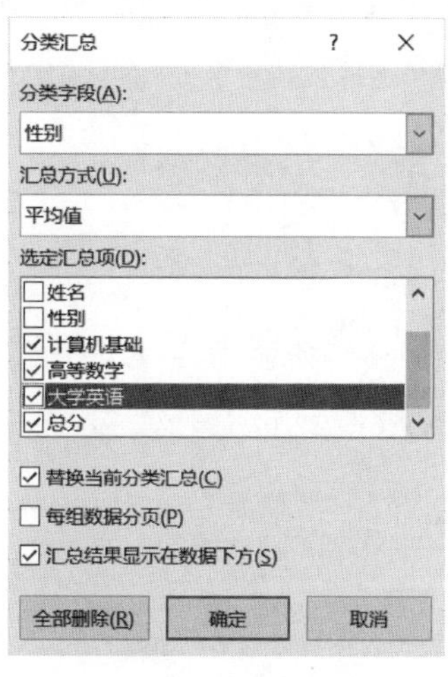

图 2-10　平均值设置

	A	B	C	D	E	F	G	H
1	班级	学号	姓名	性别	计算机基础	高等数学	大学英语	总分
2	301	23000001	张强	男	87	77	84	248
3	301	23000011	李小军	男	67	60	62	189
4	301	23000024	周学军	男	88	85	90	263
5	302	23000046	张光远	男	76	70	75	221
6	302	23000056	李刚	男	77	86	65	228
7	302	23000058	任广品	男	90	89	94	273
8	303	23000090	张小东	男	78	90	95	263
9				男 平均	80.4285714	79.57143	80.71429	241
10	301	23000008	钱明明	女	92	92	96	280
11	301	23000010	刘丽丽	女	93	99	93	285
12	301	23000013	张小菲	女	84	86	82	252
13	302	23000050	李欣	女	79	73	80	232
14	302	23000063	李立扬	女	75	79	81	235
15	303	23000087	王梦	女	76	65	70	211
16				女 平均	83.1666667	82.33333	83.66667	249
17				总计平均	81.6923077	80.84615	82.07692	245

图 2-11　分类汇总平均值效果

（3）将鼠标指针定位在数据区域，再次打开“分类汇总”对话框，“分类字段”选择“性别”，“汇总方式”选择“计数”，“选定汇总项”只选中“性别”复选框，取消选中“替换当前分类汇总”复选框，如图 2-12 所示，单击“确定”按钮，此时效果如图 2-13 所示。

（4）单击分类汇总左边分级显示中的“3”，隐藏部分内容，适当调整列宽后效果如图 2-14 所示。此时完成了同一分类字段的两次分类汇总。

2.4.2 教学案例：多字段分类汇总

【要求】 将“学生成绩表. xlsx” Sheet1 工作表分别按班级和性别汇总各门课程的平均分。

【操作步骤】

（1）打开“学生成绩表. xlsx”，将鼠标指针放在数据区域，选择“数据”选项卡上“排序和筛选”组的“排序”，打开“排序”对话框，“主要关键字”选择“班级”，单击“添加条件”按钮后，“次要关键字”选择“性别”，如图 2-15 所示，单击“确定”按钮，将数据先按班级排序，班级相同的按性别排序。

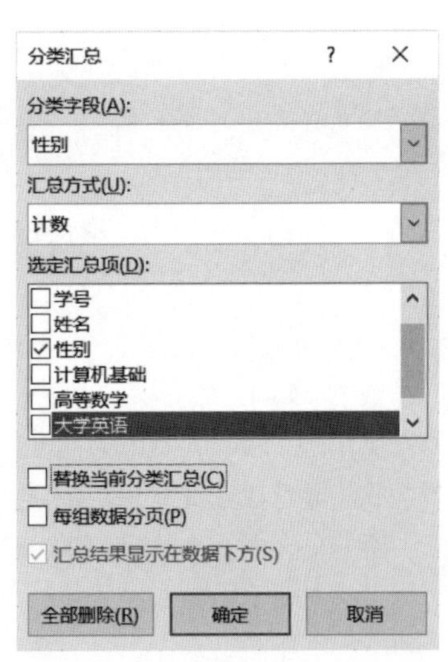

图 2-12　嵌套分类汇总计数设置

	A	B	C	D	E	F	G	H
1	班级	学号	姓名	性别	计算机基础	高等数学	大学英语	总分
2	301	23000001	张强	男	87	77	84	248
3	301	23000011	李小军	男	67	60	62	189
4	301	23000024	周学军	男	88	85	90	263
5	302	23000046	张光远	男	76	70	75	221
6	302	23000056	李刚	男	77	86	65	228
7	302	23000058	任广品	男	90	89	94	273
8	303	23000090	张小东	男	78	90	95	263
9			男 计数	7				
10				男 平均	80.4285714	79.57143	80.71429	241
11	301	23000008	钱明明	女	92	92	96	280
12	301	23000010	刘丽丽	女	93	99	93	285
13	301	23000013	张小菲	女	84	86	82	252
14	302	23000050	李欣	女	79	73	80	232
15	302	23000063	李立扬	女	75	79	81	235
16	303	23000087	王梦	女	76	65	70	211
17			女 计数	6				
18				女 平均	83.1666667	82.33333	83.66667	249
19			总计数	14				
20				总计平均	81.6923077	80.84615	82.07692	245

图 2-13　分类汇总平均值和计数效果

	A	B	C	D	E	F	G	H
1	班级	学号	姓名	性别	计算机基础	高等数学	大学英语	总分
9			男 计数	7				
10				男 平均值	80.4285714	79.57143	80.71429	241
17			女 计数	6				
18				女 平均值	83.1666667	82.33333	83.66667	249
19			总计数	14				
20				总计平均值	81.6923077	80.84615	82.07692	245

图 2-14　简略显示效果

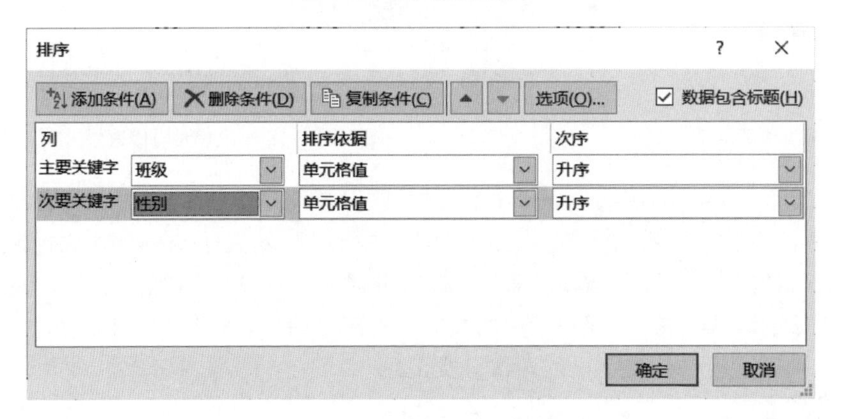

图 2-15　按班级、性别排序

（2）将鼠标指针定位在数据区域，打开“分类汇总”对话框，“分类字段”选择“班级”，“汇总方式”选择“平均值”，“选定汇总项”选中各门课程与“总分”复选框，如图 2-16 所示，单击“确定”按钮。

（3）再次打开“分类汇总”对话框，“分类字段”选择“性别”，取消选中“替换当前分类汇总”复选框，其他同上，如图 2-17 所示，单击“确定”按钮，结果如图 2-18 所示。此时完成了不同分类字段的两次分类汇总。

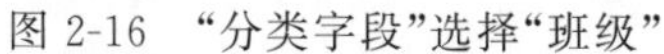

图 2-16 “分类字段”选择“班级”

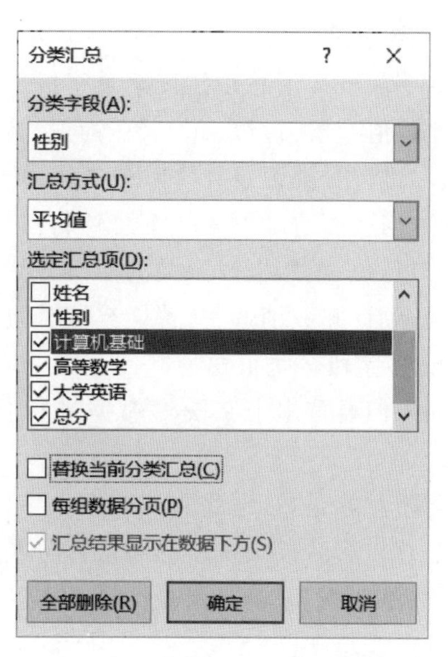

图 2-17 “分类字段”选择“性别”

	A	B	C	D	E	F	G	H
1	班级	学号	姓名	性别	计算机基础	高等数学	大学英语	总分
2	301	23000001	张强	男	87	77	84	248
3	301	23000011	李小军	男	67	60	62	189
4	301	23000024	周学军	男	88	85	90	263
5				**男 平均值**	80.6666667	74	78.66667	233
6	301	23000008	钱明明	女	92	92	96	280
7	301	23000010	刘丽丽	女	93	99	93	285
8	301	23000013	张小菲	女	84	86	82	252
9				**女 平均值**	89.6666667	92.33333	90.33333	272
10	**301 平均值**				85.1666667	83.16667	84.5	253
11	302	23000046	张光远	男	76	70	75	221
12	302	23000056	李刚	男	77	86	65	228
13	302	23000058	任广品	男	90	89	94	273
14				**男 平均值**	81	81.66667	78	241
15	302	23000050	李欣	女	79	73	80	232
16	302	23000063	李立扬	女	75	79	81	235
17				**女 平均值**	77	76	80.5	234
18	**302 平均值**				79.4	79.4	79	238
19	303	23000090	张小东	男	78	90	95	263
20				**男 平均值**	78	90	95	263
21	303	23000087	王梦	女	76	65	70	211
22				**女 平均值**	76	65	70	211
23	**303 平均值**				77	77.5	82.5	237
24	**总计平均值**				81.6923077	80.84615	82.07692	245

图 2-18 按班级和性别分类汇总

2.4.3 知识点

分类汇总是将数据列表中的数据先依据一定的标准分组,然后对同组数据应用分类汇总函数得到相应的统计或计算结果。分类汇总的结果可以按分组明细进行分级显示,可以快速显示摘要或摘要列,或者显示每组的明细数据。单击不同的分级显示符号将显示不同的级别。

1. 单字段分类汇总

单字段分类汇总是指按某个字段分类，把该字段值相同的记录放在一起，再对这些记录的其他数值字段进行求和、求平均值、计数等汇总运算。操作时要求先按分类汇总的依据排序，然后进行分类汇总计算。分类汇总的结果将插入并显示在字段相同值记录行的下边，同时，在数据底部自动插入一个总计行。

若想对一批数据以不同的汇总方式进行多个汇总时，只需要填写“分类汇总”对话框的相应内容后，并取消选中“替换当前分类汇总”复选框，可叠加多种分类汇总。

2. 多字段分类汇总

如果需要按多个字段对数据进行分类汇总，则需要按照分类次序多次执行分类汇总操作。

要注意的是，一定要先按照多个字段进行排序。再按先排序的第一个字段对数据进行分类汇总。然后按次排序的字段做分类汇总，此时需要填写“分类汇总”对话框的相应内容后，并取消选中“替换当前分类汇总”复选框，可叠加多种分类汇总，实现二级分类汇总以及三级分类汇总等。

2.5 透视表与透视图

2.5.1 教学案例：数据透视表/图

【要求】 已有“学生成绩表. xlsx” Sheet1 工作表，要求制作数据透视表，使其能查询各个班级男、女同学每门课程及总分、平均分。再制作数据透视图，比较男、女同学各门课程的平均分。

【操作步骤】

(1) 先制作数据透视表。鼠标指针放在“学生成绩表. xlsx” Sheet1 工作表数据区域，选择“插入”选项卡上“表格”组的“数据透视表”，打开“创建数据透视表”对话框，如图 2-19 所示，单击“确定”按钮。

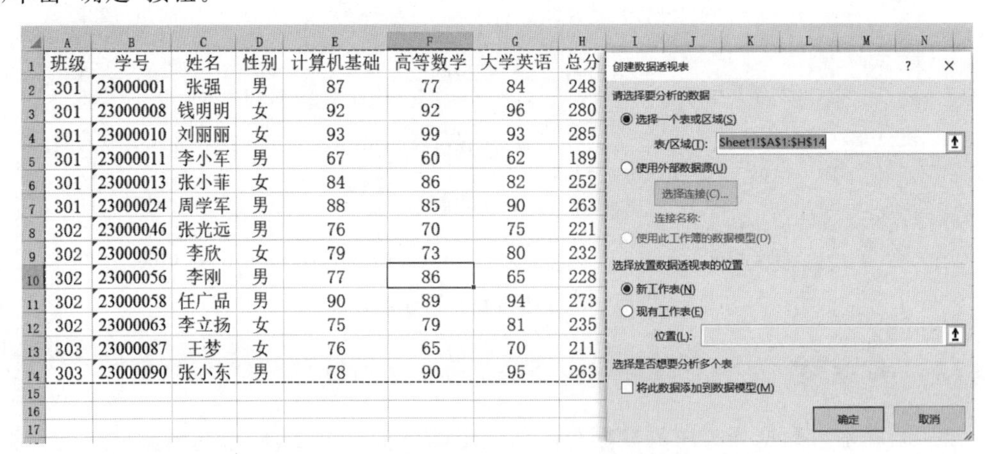

班级	学号	姓名	性别	计算机基础	高等数学	大学英语	总分
301	23000001	张强	男	87	77	84	248
301	23000008	钱明明	女	92	92	96	280
301	23000010	刘丽丽	女	93	99	93	285
301	23000011	李小军	男	67	60	62	189
301	23000013	张小菲	女	84	86	82	252
301	23000024	周学军	男	88	85	90	263
302	23000046	张光远	男	76	70	75	221
302	23000050	李欣	女	79	73	80	232
302	23000056	李刚	男	77	86	65	228
302	23000058	任广品	男	90	89	94	273
302	23000063	李立扬	女	75	79	81	235
303	23000087	王梦	女	76	65	70	211
303	23000090	张小东	男	78	90	95	263

图 2-19 数据透视表用原表

(2) 在打开的“数据透视表字段”对话框中，拖动“班级”到“筛选”框中，拖动“性别”到“行”框中，拖动“计算机基础”“高等数学”“大学英语”“总分”到“∑值”框中。单击“∑值”框中的“计算机基础”下拉列表框，选择“值字段设置”，在打开的“值字段设置”对话框中，选择“值字段汇总方式”为“平均值”，如图 2-20 所示。“高等数学”“大学英语”“总分”也按类似方法设置好。

图 2-20　数据透视表举例

(3) 下面制作数据透视图。将鼠标指针放在“学生成绩表.xlsx” Sheet1 工作表数据区域，选择“插入”选项卡上“图表”组的“数据透视图”，打开“创建数据透视图”对话框，单击“确定”按钮。

(4) 在打开的“数据透视图字段”对话框中，拖动“性别”到“轴(类别)”框中，拖动“计算机基础”“高等数学”“大学英语”到“∑值”框中。单击“∑值”框中的“计算机基础”下拉列表框，选择“值字段设置”，在打开的对话框中选择“值字段汇总方式”为“平均值”。“高等数学”“大学英语”也按类似方法设置好。数据透视图制作完成后如图 2-21 所示。

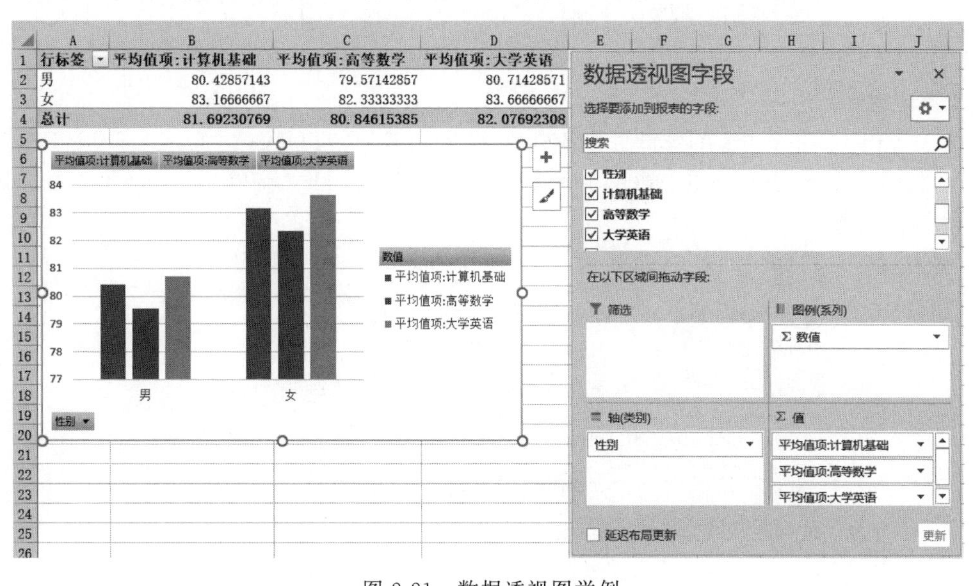

图 2-21　数据透视图举例

2.5.2 知识点

数据透视表能帮助用户分析、组织数据，利用它可以很快地从不同角度对数据进行分类汇总。记录数量众多、以流水账形式记录、结构复杂的工作表，为将其中的内在规律显现出来，可将工作表重新组合并添加算法，即建立数据透视表。

数据透视表是一种对大量数据快速汇总和建立交叉列表的交互式表格，不仅能够改变行和列以查看源数据的不同汇总结果，也可以显示不同页面以筛选数据，还可以根据需要显示区域中的明细数据。若要创建数据透视表，必须先行创建其源数据。数据透视表是根据源数据列表生成的，源数据列表中每一列都成为汇总多行信息的数据透视表字段，列名称为数据透视表的字段名。

数据透视图是将数据透视表结果赋以更加生动、形象的表示方式。由于数据透视图需利用数据透视表的结果，因此其操作是与透视表相关联的。为数据透视图提供数据源的是相关联的数据透视表。在相关联的数据透视表中对字段布局和数据所做的更改，会立即反映在数据透视图中。数据透视图及其相关联的数据透视表必须始终位于同一个工作簿中。

数据透视图与标准图表的组成元素基本相同，包括数据系列、类别、数据标记和坐标轴，以及图表标题、图例等。数据透视图以图表形式呈现数据透视表中的汇总数据，其作用与普通图表一样，可以更为形象化地对数据进行比较，反映趋势。它与普通图表的区别在于，当创建数据透视图时，数据透视图的图表区将显示自动筛选器，以便对基本数据进行排序和筛选。

2.6 日期与时间函数

2.6.1 教学案例：YEAR 函数等

【要求】 已有“教工信息表.xlsx” Sheet1 工作表，有“出生日期”字段(E 列)和“工作日期”字段(H 列)等。使用日期函数自动填写“年龄”字段(G 列。年龄＝当前年份－出生年份)结果。使用日期函数自动填写“工龄”字段(I 列，工龄＝当前年份－工作日期年份＋1)结果。

【操作步骤】

(1) 单击 G2 单元格，在编辑栏中编辑公式“＝YEAR(TODAY())－YEAR(E2)”(或者“＝YEAR(NOW())－YEAR(E2)”)，如图 2-22 所示，用拖动引用公式的方法自动填充整个列年龄数据。

G2 | fx =YEAR(TODAY())-YEAR(E2)

	A	B	D	E	F	G	H	I
1	部门	姓名	性别	出生日期	是否闰年	年龄	工作日期	工龄
2	信息学院	常虹	女	1988/10/23		35	1995/7/14	
3	信息学院	陈浩	男	1966/9/4			1979/7/11	
4	法学院	陈俊铭	男	1984/10/16			1997/7/31	
5	阳明学院	陈丽	女	1980/1/7			1993/7/15	
6	信息学院	陈忙忙	男	1974/9/19			1987/1/18	
7	阳明学院	陈润远	男	1984/3/24			1987/11/8	

图 2-22 求“年龄”字段

（2）类似地，单击 I2 单元格，在编辑栏中编辑公式“＝YEAR(TODAY())－YEAR(H2)＋1”。

2.6.2 知识点

1. YEAR 函数

功能：返回某日期对应的年份，返回值为 1900 到 9999 之间的整数。

格式：YEAR(Date)。

说明：Date 是一个日期值，也可以是日期格式的单元格名称；取出 Date 的 4 位年份整数。

如“＝YEAR("2023/9/27")”返回 2023。

类似地，还有 MONTH(Date)、DAY(Date)函数，分别返回月份和天数。

如“＝MONTH("2023/9/27")”返回 9。如“＝DAY("2023/9/27")”返回 27。

2. TODAY 函数

功能：返回当前日期。

格式：TODAY()。

类似地，还有 NOW 函数，返回当前日期和时间。

3. MINUTE 函数

功能：返回时间值中的分钟，即一个介于 0 到 59 之间的整数。

格式：MINUTE(Serial_number)。

说明：Serial_number 是一个时间值，也可以是时间格式的单元格名称。

如“＝MINUTE("18:13:36")”返回 13。

类似地，还有 SECOND(Serial_number)函数，返回时间值中的秒数。

如“＝SECOND("18:13:36")”返回 36。

4. HOUR 函数

功能：返回时间值的小时数，即一个介于 0 到 23 之间的整数。

格式：HOUR(Serial_number)。

说明：Serial_number 是一个时间值，也可以是时间格式的单元格名称。

如“＝HOUR("18:13:36")”返回 18。

5. WEEKDAY 函数

功能：返回代表一周中的第几天的数值，即一个介于 1 到 7 之间的整数。

格式：WEEKDAY (Date)。

说明：Date 是一个日期值，也可以是日期格式的单元格名称。星期日返回 1，星期一返回 2……星期六返回 7。

如“＝WEEKDAY("2023/3/23")”返回 5。

2.7 逻辑函数

2.7.1 教学案例：IF 函数判断闰年

【要求】 已有“教工信息表.xlsx” Sheet1 工作表，使用函数，判断出生日期年份(E2)是否为闰年，如果是，则结果为“闰年”，如果不是，则结果为“平年”，并将结果保存在“是否为闰年”列中。

【操作分析】

（1）Y 是闰年的条件：能被 400 整除的年份，或者能被 4 整除而不能被 100 整除的年份。

（2）方法：IF(__①__，"闰年"，"平年")。

① 分解：OR(MOD(Y,400)=0，__②__)。

② 分解：AND(MOD(Y,4)=0，MOD(Y,100)＜＞0)。

（3）合成：=IF(OR(MOD(Y,400)=0,AND(MOD(Y,4)=0,MOD(Y,100)＜＞0)),"闰年","平年")。

（4）操作说明。

- 编辑公式中的各种符号应使用英文半角字符(其他公式编辑也同样，不再赘述)。
- 公式中的字符信息前后必须使用定界符" "。

【操作步骤】

如图 2-23 所示，F2 单元格公式如下：=IF(OR(MOD(YEAR(E2),400)=0,AND(MOD(YEAR(E2),4)=0,MOD(YEAR(E2),100)＜＞0)),"闰年","平年")。

F2　=IF(OR(MOD(YEAR(E2),400)=0,AND(MOD(YEAR(E2),4)=0,MOD(YEAR(E2),100)<>0)),"闰年","平年")

	A	B	D	E	F	G	H	I
1	部门	姓名	性别	出生日期	是否为闰年	年龄	工作日期	工龄
2	信息学院	常虹	女	1988/10/23	闰年	35	1995/7/14	29
3	信息学院	陈浩	男	1966/9/4		57	1979/7/11	45
4	法学院	陈俊铭	男	1984/10/16		39	1997/7/31	27
5	阳明学院	陈丽	女	1980/1/7		43	1993/7/15	31

图 2-23　判断是否为闰年

2.7.2　教学案例：嵌套 IF 函数计算折扣

【要求】　已有“采购.xlsx” Sheet1 工作表，根据“折扣表”中的商品折扣率，利用 IF 函数，将其折扣率自动填充到采购表中的“折扣”列中。

【操作步骤】

（1）将鼠标指针定位在 E10。这里折扣率分为 4 种情况，可用三重嵌套 IF 函数来完成。

（2）可以采取从下往上写的方法，在编辑栏中输入“=IF(B10＞=＄A＄6,＄B＄6,IF(B10＞=＄A＄5,＄B＄5,IF(B10＞=＄A＄4,＄B＄4,＄B＄3)))”，如图 2-24 所示。注意，B10 为相对引用地址，其他为绝对引用地址，按 F4 键可切换。

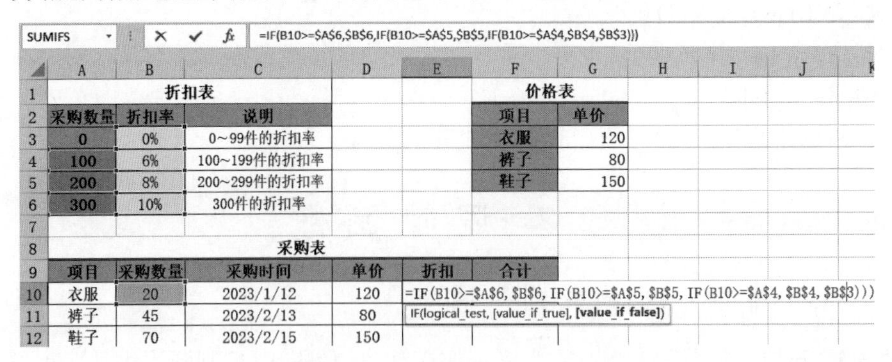

SUMIFS　=IF(B10>=$A$6,$B$6,IF(B10>=$A$5,$B$5,IF(B10>=$A$4,$B$4,$B$3)))

	A	B	C	D	E	F	G
1	折扣表					价格表	
2	采购数量	折扣率	说明			项目	单价
3	0	0%	0~99件的折扣率			衣服	120
4	100	6%	100~199件的折扣率			裤子	80
5	200	8%	200~299件的折扣率			鞋子	150
6	300	10%	300件的折扣率				
7							
8	采购表						
9	项目	采购数量	采购时间	单价	折扣	合计	
10	衣服	20	2023/1/12	120	=IF(B10>=$A$6, $B$6, IF(B10>=$A$5, $B$5, IF(B10>=$A$4, $B$4, $B$3)))		
11	裤子	45	2023/2/13	80	IF(logical_test, [value_if_true], [value_if_false])		
12	鞋子	70	2023/2/15	150			

图 2-24　嵌套 IF 函数举例

(3) 也可以采取从上往下写的方法，在编辑栏中输入"=IF(B10<$A$4，$B$3，IF(B10<$A$5，$B$4，IF(B10<$A$6，$B$5，$B$6)))"。此方法条件和结果可能不在同一行，容易写错。

(4) 按 Enter 键后出结果，"折扣"列其他数据使用填充完成。

2.7.3 知识点

1. AND(与)函数

功能：在其参数组中，所有参数逻辑值为 TRUE，即返回 TRUE。只要其中一个参数逻辑值为 FALSE，就返回 FALSE。

格式：AND(Logical1，Logical2，…)。

说明：Logical1，Logical2，…为需要进行检验的多个条件，分别为 TRUE 或 FALSE。

如"=AND(2>1，"4">"31")"返回 TRUE。数字字符比较是从左到右一个一个字符比较，与一般数字比较方式不同。

2. OR(或)函数

功能：在其参数组中，任何一个参数逻辑值为 TRUE，即返回 TRUE。只有所有参数逻辑值为 FALSE，才返回 FALSE。

格式：OR(Logical1，Logical2，…)。

说明：Logical1，Logical2，…为需要进行检验的 1～30 个条件，分别为 TRUE 或 FALSE。

如"=OR(1>2，"4">"31")"返回 TRUE。

3. MOD 函数

功能：是用于返回两数相除的余数。该函数属于算术与统计函数。

格式：MOD(number，divisor)，即 MOD(被除数，除数)。

说明：MOD(a，b)运算过程为：先计算 b 的绝对值－MOD(a 的绝对值，b 的绝对值)，然后把上面的结果加上 b 的符号。

如"=MOD(10，3)"返回 1；"=MOD(10，－3)"返回－2；"=MOD(－10，3)"返回 2。

4. IF 函数

功能：执行真假值判断，根据逻辑计算的真假值，返回不同结果。

格式：IF(logical_test，value_if_true，value_if_false)。

说明：

- Logical_test 表示计算结果为 TRUE 或 FALSE 的任意值或表达式；
- Value_if_true 是 logical_test 为 TRUE 时返回的值；
- Value_if_false 是 logical_test 为 FALSE 时返回的值。

拓展分析：

(1) 一般两种可能性使用单 IF 函数实现。

例如，在某单元格计算 60 分及以上为"合格"，否则为"不合格"，则其公式为：

```
= IF(C2 >= 60,"合格","不合格")
```

此时假设 C2 为 88，则返回结果"合格"。

(2) 一般三种可能性使用两重 IF 嵌套实现。

例如，在某单元格计算 85 分及以上为"优秀"，60 分及以上为"合格"，否则为"不合格"，则其公式为：

```
=IF(C2>=85,"优秀",IF(C2>=60,"合格","不合格"))
```

此时假设 C2 为 88,则返回结果“优秀”。

(3) 一般五种可能性使用四重 IF 嵌套实现。

例如,在某单元格计算 90 分及以上为“优秀”,80 分及以上为“良好”,70 分及以上为“中等”,60 分及以上为“合格”,否则为“不合格”,则其公式为：

```
=IF(C2>=90,"优秀",IF(C2>=80,"良好",IF(C2>=70,"中等",IF(C2>=60,"及格","不及格"))))
```

此时假设 C2 为 88,则返回结果“良好”。

(4) 思考以下公式实现哪几种可能性。

```
=IF(G3="博士研究生","博士",IF(G3="硕士研究生","硕士",IF(G3="本科","学士","无")))
```

假设 G3 为“硕士研究生”,则返回结果是什么?

(5) 总结：实现多种可能性 $N(N>2)$时,一般用 $N-1$ 重 IF 嵌套函数,最后面的右括号应该也是 $N-1$ 个。

2.8 算术与统计函数

2.8.1 教学案例：RANK 函数

【要求】 在“学生成绩表.xlsx” Sheet1 工作表中,根据“总分”自动生成“排名”列的相应值。

【操作步骤】

(1) 将鼠标指针定位在 H2 单元格,单击编辑栏中“插入函数”按钮 f_x ,打开“插入函数”对话框,找到或搜索到 RANK,单击“确定”按钮。

(2) 打开“函数参数”对话框,将鼠标指针定位在“Number”处,单击 G2 单元格；将鼠标指针定位在“Ref”处,拖动鼠标选中 G2:G10 区域,按 F4 键,使其变成绝对引用地址 \$G\$2:\$G\$10,如图 2-25 所示,单击“确定”按钮。此参数必须用绝对引用方式,如使用相对引用方式则排序错误。

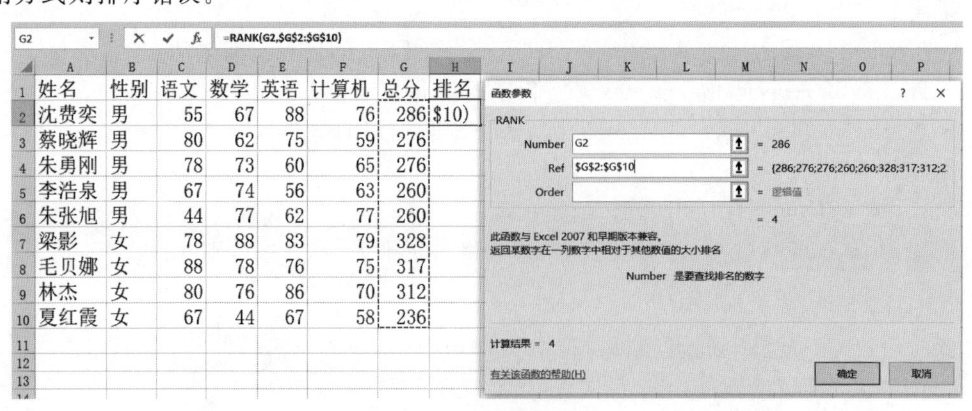

图 2-25 RANK 函数举例

(3) 观察编辑栏，公式为“=RANK(G2，$G$2：$G$10)”。其实也可以在编辑栏中直接输入函数公式。

(4) 在 H2 单元格中产生结果“4”，用填充方式生成整个排名列数据。

2.8.2 教学案例：COUNTIF 函数

【要求】 在“数学成绩. xlsx”表中，用 COUNTIF 函数统计分数为 90～100 分(含 90 分、含 100 分)、80～90 分(含 80 分、不含 90 分)、70～80 分(含 70 分、不含 80 分)、60～70 分(含 60 分、不含 70 分)、60 分以下的人数。

【操作分析】

在不同的分数段分别使用 COUNTIF 函数公式如下。

(1) 分数位于 0～59 分的人数：

```
= COUNTIF(C2:C81,"< 60")
```

(2) 分数位于 60～69 分的人数：

```
= COUNTIF(C2:C81,"< 70") - COUNTIF(C2:C81,"< 60")
```

(3) 分数位于 70～79 分的人数：

```
= COUNTIF(C2:C81,"< 80") - COUNTIF(C2:C81,"< 70")
```

(4) 分数位于 80～89 分的人数：

```
= COUNTIF(C2:C81,"< 90") - COUNTIF(C2:C81,"< 80")
```

(5) 分数位于 90～100 分的人数：

```
= COUNTIF(C2:C81,"< = 100") - COUNTIF(C2:C81,"< 90")
```

计算后结果如图 2-26 所示，单击 F7 单元格，观察编辑栏中的公式。本案例没有用到填充，可以复制公式后进行修改，其中 C2:C81 区域用不用绝对引用均可。

F7 =COUNTIF(C2:C81,"<=100")-COUNTIF(C2:C81,"<90")

	A	B	C	D	E	F
1	学号	姓名	数学			
2	236110009	张辰	70			
3	236110010	原浩之	85			
4	236150002	刘畅	74			
5	236220001	曹欣悦	45			
6	236220009	白晓赫	81		数学分数段统计	
7	236230001	周徐均	93		分数位于90~100分的人数	29
8	236230002	汪赫	85		分数位于80~89分的人数	31
9	236330275	陈依文	80		分数位于70~79分的人数	13
10	236330279	陈银铃	86		分数位于60~69分的人数	5
11	236330284	金春花	94		分数位于0~59分的人数	2

图 2-26 COUNTIF 函数举例

如果本案例不限制函数，也可以使用 COUNTIFS 函数。COUNTIFS 函数与 COUNTIF 函数功能类似，用法有些不同，可以同时使用多个条件。在不同的分数段分别使用 COUNTIFS 函数公式如下。

(1) 分数位于 0～59 分的人数：=COUNTIFS(C2:C81,"<60")。

（2）分数位于 60～69 分的人数：=COUNTIFS(C2:C81,">=60",C2:C81,"<70")。

（3）分数位于 70～79 分的人数：=COUNTIFS(C2:C81,">=70",C2:C81,"<80")。

（4）分数位于 80～89 分的人数：=COUNTIFS(C2:C81,">=80",C2:C81,"<90")。

（5）分数位于 90～100 分的人数：=COUNTIFS(C2:C81,">=90",C2:C81,"<=100")。

2.8.3 教学案例：SUMIF 函数

【要求】 在“订书.xlsx”中，用 SUMIF 函数统计 c1、c2、c3、c4 用户的支付总额。

【操作步骤】

（1）将鼠标指针定位在 K4 单元格，单击编辑栏中“插入函数”按钮，打开“插入函数”对话框，找到或搜索到 SUMIF，单击“确定”按钮。

（2）打开“函数参数”对话框，将鼠标指针定位在“Range”处，拖动鼠标选中 A2:A51 区域，按 F4 键，使其变成绝对引用地址。

（3）将鼠标指针定位在“Criteria”处，单击 J4 单元格。

（4）将鼠标指针定位在“Sum_range”处，拖动鼠标选中 H2:H51 区域，按 F4 键，使其变成绝对引用地址，如图 2-27 所示，单击“确定”按钮。

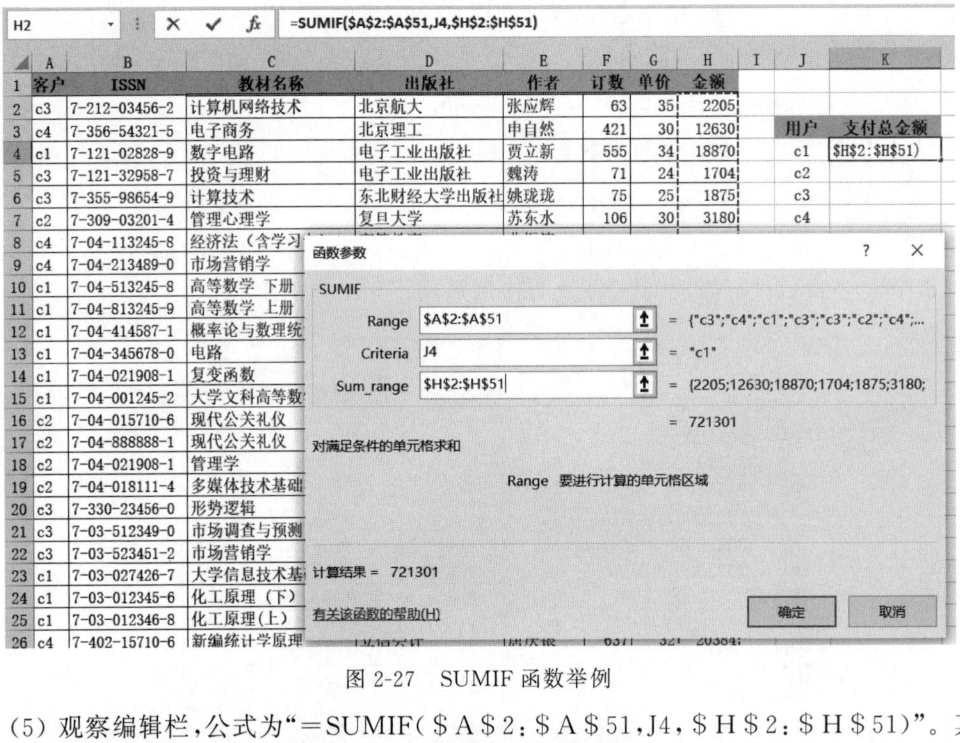

图 2-27　SUMIF 函数举例

（5）观察编辑栏，公式为“=SUMIF($A$2:$A$51,J4,$H$2:$H$51)”。其实也可以在编辑栏中直接输入函数公式。K5～K7 使用填充完成。

2.8.4 知识点

1. ABS 函数

功能：返回给定数值的绝对值，即不带符号的数值。

格式：ABS(number)。

说明：number 代表需要求绝对值的数值或引用的单元格。

如“＝ABS(－3)”返回 3。如果 number 参数不是数值，而是一些字符(如 A 等)，则返回错误值“＃VALUE!”。

2. ROUND 函数

功能：按指定的位数对数值进行四舍五入。

格式：ROUND(number,num_digits)。

说明：number 是数值，num_digits 是指定的位数。

如“＝ROUND(3.1415,3)”返回 3.142。如“＝ROUND(123,－2)”返回 100。

3. INT 函数

功能：将数值向下取整为最接近的整数，注意是向下，所以任意数取整后都会小于这个数。当数值为负数时，需要注意。

格式：INT(number)。

说明：number 代表需要求取整的数值或引用的单元格。

如“＝INT(3.1415)”和“＝INT(3.8)”返回 3。“＝INT(－3.1415)”和“＝INT(－3.8)”返回－4。

4. MAX 函数

功能：返回一组值中的最大值。

格式：MAX(number1,number2,…)。

说明：number1,number2,…是要从中找出最大值的 1～30 个数字参数。

类似地，还有 MIN(number1,number2,…)函数，返回一组值中的最小值。

5. RANK 函数

功能：为指定单元的数据在其所在行或列数据区所处的位置排序。

格式：RANK(number,reference,order)。

说明：number 是被排序的值，reference 是排序的数据区域，order 是升序、降序选择，其中 order 取 0 按降序排列，order 取 1 按升序排列，默认为 0。

6. COUNTIF 函数

功能：计算区域中满足单个指定条件的单元格的个数。

格式：COUNTIF(range,criteria)。

说明：

- range 为需要计算其中满足条件的单元格数目的单元格区域。
- criteria 为确定哪些单元格将被计算在内的单个条件，其形式可以为数字、表达式、单元格引用或文本，例如，条件可以表示为"59"、"＞59" 或 "apple"等。

7. COUNTIFS 函数

功能：计算区域中满足多个指定条件的单元格的个数。

格式：COUNTIFS(criteria_range1,criteria1,[criteria_range2,criteria2],…)。

说明：criteria_range1 为用于条件判断的第一个单元格区域，criteria1 为确定哪些单元格将被计数的第一个条件。

例如，“＝COUNTIFS(C2:C20,"＞6",B2:B20,"＜8")”表示对符合条件(C2:C20 单元

格区域中的数值大于 6 且 B2:B20 单元格区域中的数值小于 8)的单元格计数。

8. SUMIF 函数

功能：根据单个指定条件对若干单元格求和。

格式：SUMIF(range,criteria,[sum_range])。

说明：

- range 为用于条件判断的单元格区域；
- criteria 为确定哪些单元格将被相加求和的条件，其形式可以为数字、表达式或文本；
- sum_range 为用于求和的单元格区域，属于可选参数。

例如，“=SUMIF(D2:D20,">6")”表示对 D2:D20 单元格区域大于 6 的数值进行相加；“=SUMIF(C2:C20,">6",D2:D20)”表示对 D2:D20 单元格区域中符合条件(C2:C20 单元格区域中的数值大于 6)的单元格的数值求和。

9. SUMIFS 函数

功能：根据多个指定条件对若干单元格求和。

格式：SUMIFS(sum_range,criteria_range1,criteria1,[criteria_range2,criteria2],…)。

说明：sum_range 为用于求和的单元格区域；criteria_range1 为用于条件判断的第一个单元格区域；criteria1 为确定哪些单元格将被相加求和的第一个条件，其形式可以为数字、表达式或文本。

例如，“=SUMIFS(D2:D20,C2:C20,">6",B2:B20,"<8")”表示对 D2:D20 单元格区域中符合条件(C2:C20 单元格区域中的数值大于 6 且 B2:B20 单元格区域中的数值小于 8)的单元格的数值求和。

10. AVERAGEIF 函数

功能：根据单个指定条件对若干单元格求平均值。

格式：AVERAGEIF(range,criteria,[average_range])。

说明：

- range 为用于条件判断的单元格区域；
- criteria 为确定哪些单元格将被相加求平均值的条件，其形式可以为数字、表达式或文本；
- average_range 为用于求平均值的单元格区域，属于可选参数。

例如，“=AVERAGEIF(D2:D20,">6")”表示对 D2:D20 单元格区域大于 6 的数值求平均值；“=AVERAGEIF(C2:C20,">6",D2:D20)”表示对 D2:D20 单元格区域中符合条件(C2:C20 单元格区域中的数值大于 6)的单元格的数值求平均值。

11. AVERAGEIFS 函数

功能：根据多个指定条件对若干单元格求平均值。

格式：AVERAGEIFS(average_range,criteria_range1,criteria1,[criteria_range2,criteria2],…)。

说明：average_range 为用于求平均值的单元格区域；criteria_range1 为用于条件判断的第一个单元格区域；criteria1 为确定哪些单元格将被求平均值的第一个条件。

例如，“=AVERAGEIFS(D2:D20,C2:C20,">6",B2:B20,"<8")”表示对 D2:D20 单

元格区域中符合以下条件的单元格的数值求平均值：C2:C20 单元格区域中的数值大于 6 且 B2:B20 单元格区域中的数值小于 8。

2.9 查找函数

2.9.1 教学案例：VLOOKUP 函数

【要求】 已有“采购.xlsx” Sheet1 工作表，完成如下操作：

(1) 根据“价格表”中的商品单价，使用 VLOOKUP 函数，将其单价自动填充到“采购表”中的“单价”列中。

(2) 根据“折扣表”中的折扣率，使用 VLOOKUP 函数，将其折扣率自动填充到“采购表”中的“折扣”列中。

(3) 使用数组公式完成合计列计算：合计＝采购数量 * 单价 *(1－折扣)。

【操作分析】

在 table 表(价格表)第 1 列中查找 A11(衣服)，找到后，返回 table 表中的衣服所在行(第 3 行)的第 2 列单价(120)到 Look 表(采购表)的 D11，如图 2-28 所示。

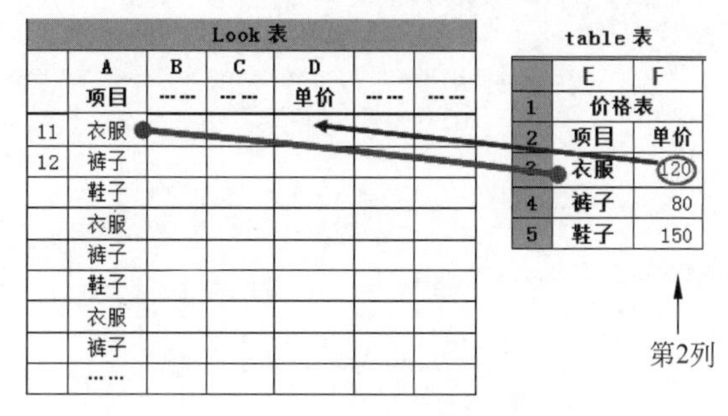

图 2-28 VLOOKUP 函数图例

【操作步骤】

(1) 将鼠标指针定位在 D11，插入 VLOOKUP 函数，打开“函数参数”对话框，“Lookup_value”为“A11”，“Table_array”为“$E$3:$F$5”，“Col_index_num” 为“2”，“Range_lookup”为“false”，如图 2-29 所示，单击“确定”按钮。或者在编辑栏直接输入“=VLOOKUP(A11,$E$3:$F$5,2,false)”也可实现。填充“单价”列其他数据。

(2) 将鼠标指针定位在 E11，在编辑栏输入“=VLOOKUP(B11,$A$3:$B$6,2,TRUE)”，这里最后一个参数使用 TRUE，表示用近似匹配实现折扣列数据提取。填充“折扣”列其他数据。

(3) 选中 F11:F41 区域，在编辑栏中输入“=B11:B41 * D11:D41 * (1－E11:E41)”，按 Ctrl＋Shift＋Enter 组合键完成数组公式。

2.9.2 知识点

1. VLOOKUP 函数

功能：按垂直列查找，在表格或数值数组的首列查找指定的数值，并由此返回表格或数组当前行中指定列处的数值。

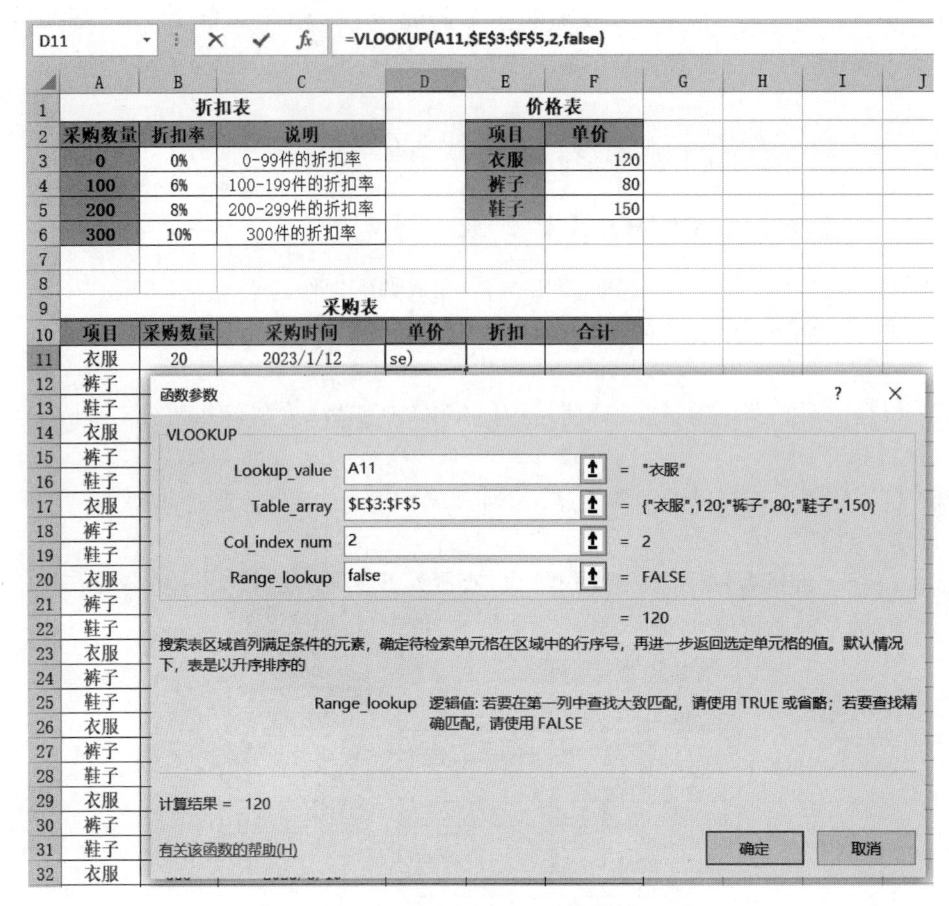

图 2-29　VLOOKUP 函数举例

格式：VLOOKUP(Lookup_value,Table_array,Col_index_num,Range_lookup)。

说明：

- Look_value：被查找的列的值，可以为数值、单元格引用或文本字符串。Lookup_value 的值必须与 Table_array 第一列的内容相对应。如 A11，其为相对引用地址。
- Table_array：为需要在其中查找数据的数据表，引用的数据表格、数组或数据库。如 $F$3:$G$5，其为绝对引用地址。
- Col_index_num：一个数字，代表要返回的值位于 table_array 中的第几列。
- Range_lookup：一个逻辑值，表示函数 VLOOKUP 查找时是精确匹配还是近似匹配。如果为 TRUE、1 或者省略，则返回近似匹配值，也就是说，如果找不到精确匹配值，则返回小于 Lookup_value 的最大数值。如果该值为 FALSE 或者 0 时，函数只会查找完全符合的数值，如果找不到，则返回错误值“#N/A”。

VLOOKUP 函数也可以理解为：用一个数与一张表格数据依次进行比较，发现匹配的数值后，将表格中对应的数值提取出来。

2. HLOOKUP 函数

说明：按水平行查找，HLOOKUP 函数的用法与 VLOOKUP 基本一致，不同在于 HLOOKUP 函数的 Table_array 数据表的数据信息是以行的形式出现，如图 2-30 所示。

table表

		F	G	H
1	项目	衣服	裤子	鞋子
2	单价	120	80	150

←第2行

图 2-30　HLOOKUP 函数数据表格式

2.10　文本函数

2.10.1　教学案例：REPLACE 函数

【要求】 在“学生.xlsx” Sheet1 工作表中，完成如下操作：

(1) 使用 REPLACE 函数和数组公式，将原学号转换为新学号，同时将所得的新学号填入“新学号”列中。转换方法：将原学号的第 4 位后面“03”替换成“10”，例如“2023032001”→“2023102001”。

(2) 使用 REPLACE 函数对“原电话号码”列中的电话号码进行升级。升级方法是在区号(0574-)后面插入“8”，并将其计算结果保存在“升级电话号码”列的相应单元格中。

【操作步骤】

(1) 选中 B2:B29 区域，在编辑栏中输入“=REPLACE(A2:A29,5,2,"10")”，如图 2-31 所示。按 Ctrl+Shift+Enter 组合键完成数组公式。

(2) 选中 F2 单元格，在编辑栏中输入“=REPLACE(E2,6,0,"8")”，F 列其他内容填充完成，这是使用插入的方法。思考一下，如果要使用替换的方法该如何完成？

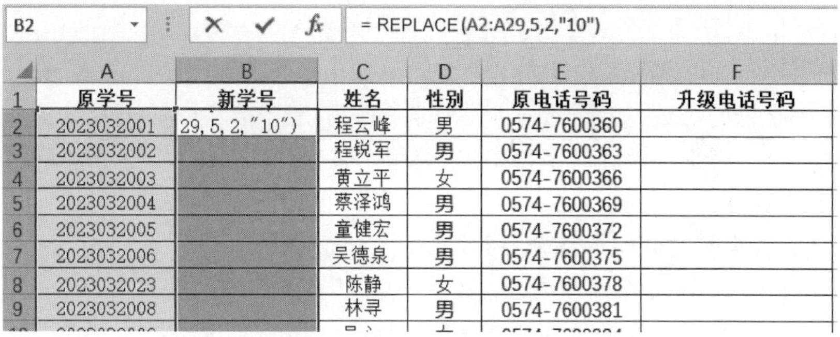

B2　　= REPLACE (A2:A29,5,2,"10")

	A	B	C	D	E	F
1	原学号	新学号	姓名	性别	原电话号码	升级电话号码
2	2023032001	29, 5, 2, "10")	程云峰	男	0574-7600360	
3	2023032002		程锐军	男	0574-7600363	
4	2023032003		黄立平	女	0574-7600366	
5	2023032004		蔡泽鸿	男	0574-7600369	
6	2023032005		童健宏	男	0574-7600372	
7	2023032006		吴德泉	男	0574-7600375	
8	2023032023		陈静	女	0574-7600378	
9	2023032008		林寻	男	0574-7600381	

图 2-31　REPLACE 函数数组公式

2.10.2　教学案例：MID 和 CONCATENATE 函数

【要求】 已有“教工信息表.xlsx” Sheet1 工作表，仅使用文本函数 MID 函数和 CONCATENATE 函数，对 Sheet1 中的“出生日期”列进行自动填充。填充的内容根据“身份证号码”列的内容来确定：身份证号码中的第 7～10 位表示出生年份；第 11、12 位表示出生月份；第 13、14 位表示出生日。填充结果的格式为：xxxx 年 xx 月 xx 日(注意，不得使用单元格格式进行设置)。

【操作步骤】

在 E2 单元格编辑栏中编辑如下公式，如图 2-32 所示。

```
= CONCATENATE(MID(C2,7,4),"年",MID(C2,11,2),"月",MID(C2,13,2),"日")
```

如果不要求使用 CONCATENATE 函数，也可以使用字符连接运算符“&”来完成公式：

```
= MID(C2,7,4) & "年"& MID(C2,11,2) & "月" & MID(C2,13,2) & "日"
```

VLOOKUP　=CONCATENATE(MID(C2,7,4),"年",MID(C2,11,2),"月",MID(C2,13,2),"日")

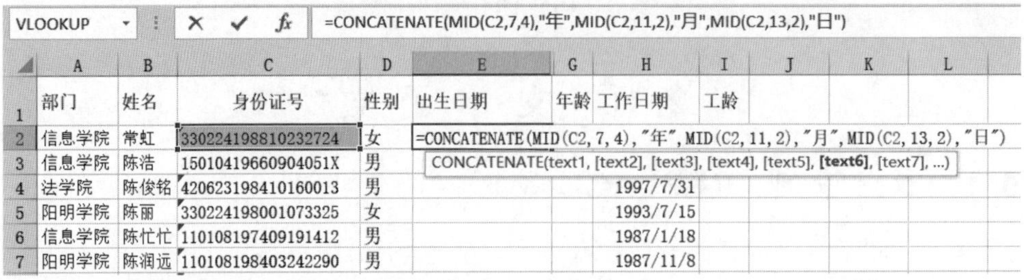

	A	B	C	D	E	G	H	I	J	K	L
1	部门	姓名	身份证号	性别	出生日期	年龄	工作日期	工龄			
2	信息学院	常虹	330224198810232724	女	=CONCATENATE(MID(C2, 7, 4), "年", MID(C2, 11, 2), "月", MID(C2, 13, 2), "日")						
3	信息学院	陈浩	15010419660904051X	男	CONCATENATE(text1, [text2], [text3], [text4], [text5], [text6], [text7], ...)						
4	法学院	陈俊铭	420623198410160013	男			1997/7/31				
5	阳明学院	陈丽	330224198001073325	女			1993/7/15				
6	信息学院	陈忙忙	110108197409191412	男			1987/1/18				
7	阳明学院	陈润远	110108198403242290	男			1987/11/8				

图 2-32　出生日期合成

2.10.3　知识点

1. REPLACE 函数

功能：使用其他文本字符串并根据所指定的字符数替换某文本字符串中的部分文本。也就是将某几位的文字以新的字符串替换。

格式：REPLACE(Old_text,Start_num,Num_chars,New_text)。

说明：

- Old_text：旧的文本数据，是要替换其部分字符的文本；
- Start_num：从第几个字符位置开始替换，是要用 New_text 替换的 Old_text 中字符的开始位置；
- Num_chars：共替换多少字符，是希望 REPLACE 函数使用 new_text 替换 Old_text 中字符的个数，如果 Num_chars 为“0”，则是在指定位置插入新字符；
- New_text：用来替换的新字符串，是要用于替换 Old_text 中部分字符的文本。

2. RIGHT 函数

功能：从字符串右边开始取几个字符。

格式：RIGHT(Text,Num_chars)。

说明：Text 是包含要提取字符的文本字符串。Num_chars 是从字符串右边取的字符数。

类似地，LEFT(Text,Num_chars)函数则表示从字符串左边开始取几个字符，两者用法相同。

3. MID 函数

功能：返回文本字符串中从指定位置开始的特定数目的字符。

格式：MID(Text,Start_num,Num_chars)。

说明：Text 是包含要提取字符的文本字符串，Start_num 是文本中要提取的第一个字符的位置，Num_chars 指定希望 MID 函数从文本中返回字符的个数。

4. CONCATENATE 函数

功能：将几个文本字符串合并为一个文本字符串。

格式：CONCATENATE (Text1,Text2,…)。

说明：Text1，Text2，… 为 1 到多个将要合并成单个文本项的文本项。

5. COUNTBLANK 函数

功能：计算某个单元格区域中空白单元格的数目。

格式：COUNTBLANK(Range)。

例如 COUNTBLANK(B2:E11)。

6. ISTEXT 函数

功能：判定 Value 是否为文本。

格式：ISTEXT(Value)。

例如 IF(ISTEXT(C21)，TRUE，FALSE)。

7. UPPER 函数

功能：将文本字符串的字母全部转换为大写形式。

格式：UPPER(text)。

说明：Text 是文本字符串。

类似地，LOWER(text)函数是将文本字符串的字母全部转换为小写形式。

类似地，PROPER(text)函数是将一个文本字符串中各英文单词的第一个字母转换为大写，将其他字符转换为小写。例如"=PROPER("I am a sTUDENT")"结果为"I Am A Student"。

2.11 数据库函数

2.11.1 教学案例：DGET 和 DSUM 函数等

【要求】 在"学生成绩统计.xlsx" Sheet1 工作表中，如图 2-33 所示，利用数据库函数及已设置的条件区域，根据以下情况计算，并将结果填入相应的单元格中。

(a) 计算"语文"和"数学"成绩都大于或等于 85 分的学生人数；

(b) 获取"体育"成绩大于或等于 90 分的女生姓名；

	A	B	C	D	E	F	G	H	I	J	K
1		学生成绩表								条件区域1：	
2	学号	新学号	姓名	性别	语文	数学	体育	获奖次数		语文	数学
3	001	2021001	钱梅宝	男	88	98	90	2		>=85	>=85
4	002	2021002	张平光	男	100	98	87	3			
5	003	2021003	许动明	男	89	87	70	1			
6	004	2021004	张 云	女	77	76	85	0		条件区域2：	
7	005	2021005	唐 琳	女	98	96	80	2		体育	性别
8	006	2021006	宋国强	男	50	60	76	0		>=90	女
9	007	2021007	郭建峰	男	97	94	81	2			
10	008	2021008	凌晓婉	女	88	95	86	1			
11	009	2021009	张启轩	男	98	96	92	3		条件区域3：	
12	010	2021010	王 丽	女	78	92	78	1		性别	
13	011	2021011	王 敏	女	85	96	94	2		男	
14	012	2021012	丁伟光	男	67	61	74	0			
15											
16	情况							计算结果			
17	"语文"和"数学"成绩都大于或等于85分的学生人数：										
18	"体育"成绩大于或等于90分的女生姓名：										
19	"体育"成绩中男生的平均分：										
20	"体育"成绩中男生的最高分：										
21	男生的总获奖次数：										

图 2-33 数据库函数举例

(c) 计算"体育"成绩中男生的平均分;

(d) 计算"体育"成绩中男生的最高分;

(e) 计算男生的总获奖次数。

【操作分析】

(1) H17 单元格公式:=DCOUNT(A2:H14,E2,J2:K3)。

说明:其中第2个参数E2也可以是F2、G2、H2,还可以是5(表示A2:H14区域第5列的标题字段)、6、7、8。只要是能统计学生人数的数值类型字段均可。还有A2:H14区域也可以缩小范围,如E2:F14,只要包含有"语文"和"数学"列,并且有一个数值类型字段就可以。

(2) H18 单元格公式:=DGET(A2:H14,C2,J7:K8)。

说明:其中第2个参数C2也可以是3(表示A2:H14区域第3列的标题字段)。A2:H14区域也可以缩小范围,如C2:G14,此时公式可以是=DGET(C2:G14,1,J7:K8)。

(3) H19 单元格公式:=DAVERAGE(A2:H14,G2,J12:J13)。

(4) H20 单元格公式:=DMAX(A2:H14,G2,J12:J13)。

(5) H21 单元格公式:=DSUM(A2:H14,H2,J12:J13)。

最后完成效果如图2-34所示。

16	情况	计算结果
17	"语文"和"数学"成绩都大于或等于85分的学生人数:	8
18	"体育"成绩大于或等于90分的女生姓名:	王　敏
19	"体育"成绩中男生的平均分:	81.428571
20	"体育"成绩中男生的最高分:	92
21	男生的总获奖次数:	11

图2-34　数据库函数举例结果

2.11.2　知识点

数据库函数是用于对存储在数据清单或数据库中的数据进行分析,判断其是否符合特定的条件。

关于典型的数据库函数,表达的完整格式为:函数名称(Database,Field,Criteria)。

说明:

- Database(数据库):构成数据清单或数据库的单元格区域。数据库是包含一组相关数据的数据清单,其中,包含相关信息的行称为记录,包含数据的列称为字段。
- Field(字段):指定数据库函数所作用(计算或者获取)的数据列。可以是单元格地址,也可以是代表清单中数据列位置的数字:1表示第1列,2表示第2列,以此类推。
- Criteria(条件区域):一组包含给定条件的单元格区域。此区域至少包含一个列标志和列下方用于设定条件的单元格。例如,在Sheet2工作表中自己先构建条件区间,如$J$10:$K$11。

这里给出数据库函数各个参数的示例,如图2-35所示。

主要的数据库函数列举如下。

(1) DCOUNT。

功能:计数数据库中满足指定条件的记录字段(列)中包含数值的单元格的个数。

Database:

field1	field2	语文	数学	……
数据	数据	数据	数据	……
……				
……	……	……		

Criteria:

	J	K
10	数学	数学
11	>=80	<=100

图 2-35　数据库函数参数示例

(2) DCOUNTA。

功能：对满足指定条件的数据库中记录字段(列)的非空单元格进行计数。

(3) DSUM。

功能：数据库中符合指定条件的单元格的值的总和。

(4) DAVERAGE。

功能：数据库中符合指定条件的单元格的值的平均值。

(5) DGET。

功能：获取数据库的列中提取符合指定条件的单元格的值。

(6) DMAX。

功能：数据库的列中满足条件的最大值。

2.12　财务函数

2.12.1　教学案例：PMT 和 IPMT 函数

【要求】 某人向银行贷款 100 万元，年利率为 5.58%，贷款年限为 15 年，计算贷款按年偿还和按月偿还的金额各是多少。如果贷款按月偿还(期末)，计算前 3 个月每月应付的利息金额为多少元。

【操作分析】

在“财务函数.xlsx” Sheet1 工作表中先输入各数据，然后计算各金额。在计算时注意利率和期数的单位要一致，即年利率对应年期数，月利率对应月期数。其中，月利率为年利率除以 12，月期数为年期数乘以 12。

【操作步骤】

(1) E2～E5 单元格中输入的公式如下。

E2 单元格中公式：=PMT(B4,B3,B2,,1)。

E3 单元格中公式：=PMT(B4,B3,B2,,0)。

E4 单元格中公式：=PMT(B4/12,B3 * 12,B2,,1)。

E5 单元格中公式：=PMT(B4/12,B3 * 12,B2)。

最终执行函数后，结果如图 2-36 所示。

(2) E8～E10 单元格中输入的公式如下。

E8 单元格中公式：=IPMT($B$4/12,1,$B$3 * 12,$B$2)。

E9 单元格中公式：=IPMT($B$4/12,2,$B$3 * 12,$B$2)。

E10 单元格中公式：=IPMT($B$4/12,3,$B$3 * 12,$B$2)。

IPMT 函数结果如图 2-37 所示。

E4 =PMT(B4/12,B3*12,B2,,1)

	A	B	C	D	E
1	贷款情况			需还款情况	
2	贷款金额	1000000		按年偿还贷款（年初）	¥-94,862.62
3	贷款年限	15		按年偿还贷款（年末）	¥-100,155.95
4	年利率	5.58%		按月偿还贷款（月初）	¥-8,175.33
5				按月偿还贷款（月末）	¥-8,213.35

图 2-36　PMT 函数

E8 =IPMT($B$4/12,1,$B$3*12,$B$2)

	A	B	C	D	E
1	贷款情况			需还款情况	
2	贷款金额	1000000		按年偿还贷款（年初）	¥-94,862.62
3	贷款年限	15		按年偿还贷款（年末）	¥-100,155.95
4	年利率	5.58%		按月偿还贷款（月初）	¥-8,175.33
5				按月偿还贷款（月末）	¥-8,213.35
6					
7				贷款利息	
8				第1个月贷款利息	¥-4,650.00
9				第2个月贷款利息	¥-4,633.43
10				第3个月贷款利息	¥-4,616.78

图 2-37　IPMT 函数举例

2.12.2　教学案例：FV 函数

【要求】　某人为某项工程先投资 50 万元，年利率为 6%，并在接下来的 8 年中每年再投资 10 000 元，使用财务函数，根据“投资情况表 1”中的数据，计算 8 年以后得到的金额，并将结果填入 B7 单元格中。

【操作步骤】　在“财务函数. xlsx” Sheet2 工作表中先输入各数据，然后计算金额。

B7 单元格中输入的公式：=FV(B3,B5,B4,B2)，如图 2-38 所示，一般投资金额为付出金额，所以应为负数。

B7 =FV(B3,B5,B4,B2)

	A	B
1	投资情况表1	
2	先投资金额：	-500000
3	年利率：	6%
4	每年再投资金额：	-10000
5	再投资年限：	8
6		
7	8年以后得到的金额：	¥895,898.72

图 2-38　FV 函数举例

2.12.3　教学案例：PV 函数

【要求】　某个项目预计每年投资 20 000 元，投资年限为 10 年，其回报年利率是 10%，那么预计投资多少金额？

【操作步骤】　在“财务函数. xlsx” Sheet3 工作表中先输入各数据，然后计算金额。

B6 单元格中输入的公式：=PV(B3,B4,B2)，如图 2-39 所示。

B6 =PV(B3,B4,B2)

	A	B
1	投资情况表2	
2	每年投资金额：	-20000
3	年利率：	10%
4	再投资年限：	10
5		
6	预计投资金额：	¥122,891.34

图 2-39　PV 函数举例

2.12.4　教学案例：RATE 函数

【要求】　某人买房申请了 10 年期贷款 200 000 元，每月还款 2250 元，那么贷款的月利率是多少？

【操作步骤】　在“财务函数. xlsx” Sheet4 工作表中先输入各数据，然后计算月利率。

B6 单元格中输入的公式：=RATE(B4 * 12,B3,B2)，如图 2-40 所示。

B6 =RATE(B4*12,B3,B2)

	A	B	C
1	贷款情况表		
2	贷款总额	200000	
3	每月还款额	-2250	
4	年限	10	
5			
6	月利率	0.5245%	

图 2-40　RATE 函数举例

2.12.5　教学案例：SLN 函数

【要求】　某企业拥有固定资产总值为 100 000 元，使用 10 年后的资产残值估计为 10 000 元，那么每天、每月、每年固定资产的折旧值为多少？

【操作步骤】　在“财务函数. xlsx” Sheet5 工作表中先输入各数据，然后计算各折旧值。各个单元格中输入的公式如下。

(1) B6 单元格中公式：=SLN(B2,B3,B4 * 365)。

(2) B7 单元格中公式：=SLN(B2,B3,B4 * 12)。

(3) B8 单元格中公式：=SLN(B2,B3,B4)。

SLN 函数举例结果如图 2-41 所示。

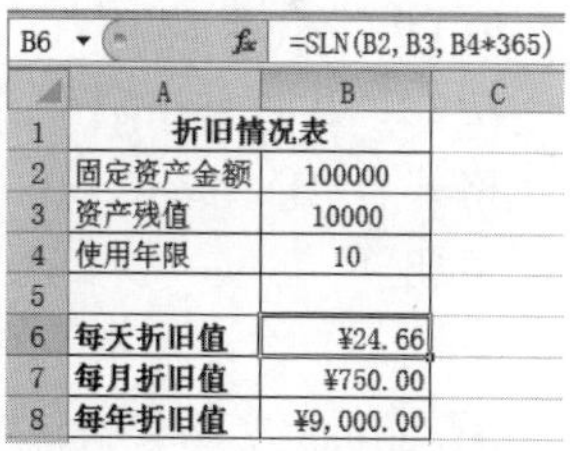

B6 =SLN(B2, B3, B4*365)

	A	B	C
1	折旧情况表		
2	固定资产金额	100000	
3	资产残值	10000	
4	使用年限	10	
5			
6	每天折旧值	¥24.66	
7	每月折旧值	¥750.00	
8	每年折旧值	¥9,000.00	

图 2-41　SLN 函数举例

2.12.6　知识点

1. PMT 函数

功能：基于固定利率及等额分期付款方式，返回贷款的每期付款额。

格式：PMT(rate,nper,pv,[fv],[type])。

说明：

- PMT：可以理解成 payment，欠款，贷款。
- rate：贷款利率(年利率或者月利率)。
- nper(total number of periods，总期数)：该项贷款的总贷款期限或者总投资期。
- pv(present value，现值)：从该项贷款(或投资)开始计算时已经入账的款项(贷款总金额)。
- fv(future value)：未来值或在最后一次付款后希望得到的现金余额，如果忽略该值，将自动默认为 0。
- type：一个逻辑值，用以指定付款时间是在期初还是在期末，1 表示期初，0 表示期末，如果忽略该值，默认为 0。

例如，某人的年金计划，计算在固定年利率 6%(B3)下，连续 20(B2)年每个月存多少钱才能最终得到 100(B4)万元？则输入的公式为：=PMT(B3/12,B2 * 12,0,B4)。

2. IPMT 函数

功能：基于固定利率及等额分期付款方式，返回投资或贷款在某一给定期限内的利息偿还额。

格式：IPMT(rate,per,nper,pv,[fv],[type])。

说明：per 是用于计算利息数额的期数，介于 1 与 nper 之间。其他参数同 PMT 函数。

3. FV 函数

功能：基于固定利率及等额分期付款方式，返回某项投资的未来值。

格式：FV(rate,nper,pmt,[pv],[type])。

说明：pmt 是各期所应支付的金额(每期再投资金额)。其他参数同上。

4. PV 函数

功能：一系列未来付款的当前值的累积和，返回的是投资现值。

格式：PV(rate,nper,pmt,[fv],[type])。

5. RATE 函数

功能：基于固定利率及等额分期付款方式，返回某项投资的固定利率。

格式：RATE(nper,pmt,pv,[fv],[type],[guess])。

说明：guess 是预期利率(估计值)，如果省略预期利率，则假设该值为 10%，如果函数 RATE 不收敛，则需要改变 guess 的值。通常情况下当 guess 位于 0 和 1 之间时，函数 RATE 是收敛的。

6. SLN 函数

功能：返回某项资产在一个期间中的线性折旧值。

格式：SLN(cost,salvage,life)。

说明：

- cost：资产原值。
- salvage：资产在折旧期末的价值(也称为资产残值)。
- life：折旧期限(有时也称作资产的使用寿命)。

2.13 Excel 的宏和 VBA

2.13.1 教学案例：高级筛选宏

【要求】 在工作簿“高级筛选宏.xlsx”中创建一个 Excel 高级筛选宏：目的是为减少高级筛选的操作难度，将其操作过程录制为宏，再通过表单控件调用该宏。

【操作步骤】

(1) 打开工作簿文件“高级筛选宏.xlsx”，Sheet1 内容如图 2-42 所示。

	A	B	C	D	E	F
1	报销费用	报销人员	报销金额		报销费用	报销金额
2	资料费	叶佳	610		办公用品	>100
3	差旅费	赵小宇	344			>500
4	办公用品	张华	92			
5	维修费	陈方伟	202			
6	通讯费	海峰	360			
7	差旅费	李霞	190			
8	办公用品	杨小勇	224			
9	通讯费	黄伟	468			
10	维修费	赵丹	60			
11	差旅费	胡小旭	252			
12	通讯费	宋小慈	170			
13	办公用品	张伟	558			
14	维修费	赵强	162			
15	差旅费	李燕	150			

图 2-42 “高级筛选宏.xlsx”文件

(2) 选择“开发工具”选项卡，在“代码”组中单击“录制宏”按钮，打开“录制宏”对话框，在“宏名”处输入“高级筛选”，单击“确定”按钮。此时，原来的“录制宏”按钮已经变成了“停止录制”按钮。

(3) 将鼠标指针定位在数据列表，选择“数据”选项卡，在“排序和筛选”组中单击“高级”按钮，打开“高级筛选”对话框，设置条件区域 E1:F3，如图 2-43 所示，单击“确定”按钮。

(4) 选择“开发工具”选项卡，在“代码”组中单击“停止录制”按钮，此时，原来的“停止录制”按钮已经恢复成“录制宏”按钮。

(5) 参照以上方法，录制“恢复”宏，操作只要选择“数据”选项卡，在“排序和筛选”组中单击“清除”按钮。

(6) 将鼠标指针定位在数据列表，选择“开发工具”选项卡，在“控件”组中依次单击“插入”|表单控件“按钮(窗体控件)”按钮，单击 E12 单元格，打开“指定宏”对话框，“宏名”选择“高级筛选”，如图 2-44 所示，单击“确定”按钮。

(7) 右击新加入的按钮控件，在弹出的快捷菜单中选择“编辑文字”，输入文字“筛选”。用同样的方法，在其右边插入一个按钮控件，指定宏为“恢复”，并修改文字。

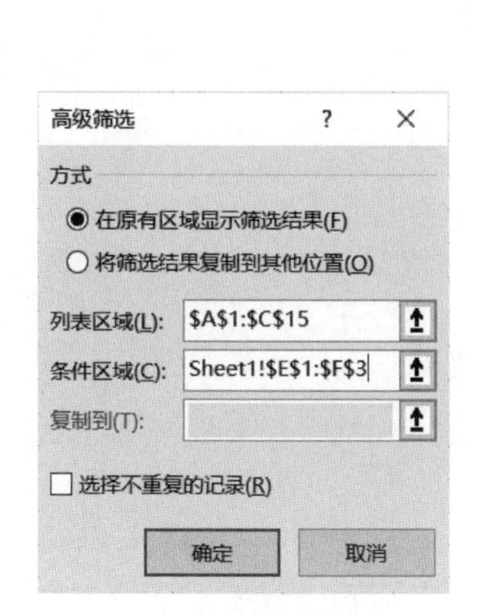

图 2-43　筛选设置

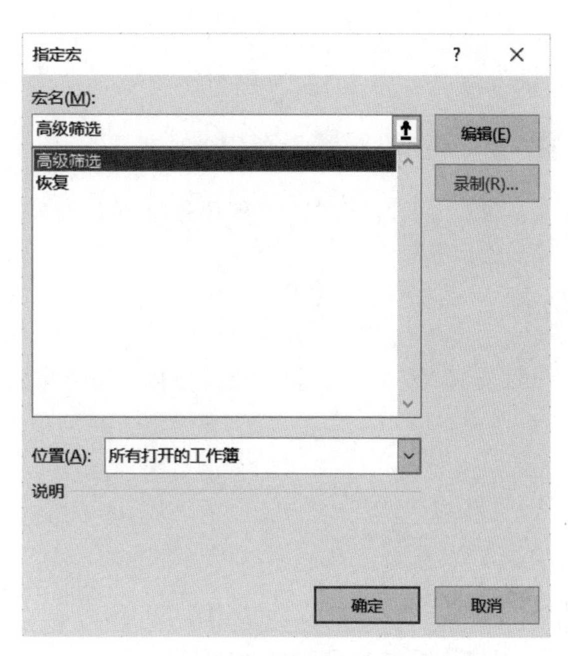

图 2-44　指定宏

(8) 单击表单中“筛选”按钮，此时效果如图 2-45 所示。再单击“恢复”按钮，可清除筛选，恢复到原来未筛选的状态。

	A	B	C	D	E	F
1	报销费用	报销人员	报销金额		报销费用	报销金额
2	资料费	叶佳	610		办公用品	>100
8	办公用品	杨小勇	224			
13	办公用品	张伟	558		筛选	恢复
16						
17						

图 2-45　高级筛选结果

(9) 选择“开发工具”选项卡，在“代码”组中单击“Visual Basic”按钮，打开 VBE 代码编辑窗口，在“工程资源管理器”中，双击“模块”下的“模块 1”，可显示“高级筛选”和“恢复”宏的代码，如图 2-46 所示，可见宏其实就是一段 VBA 代码。

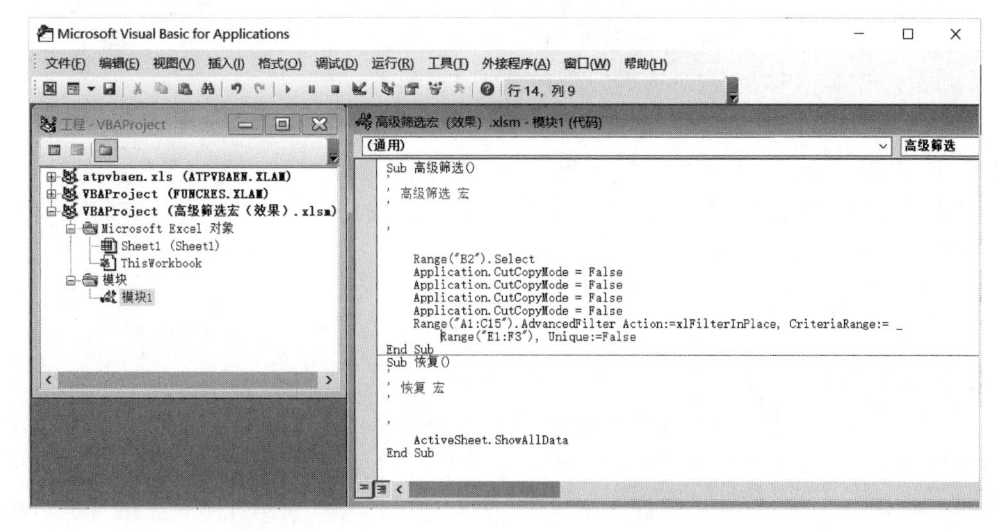

图 2-46　宏代码

(10) 选择“文件”|“另存为”,“保存类型”选择“Excel 启用宏的工作簿(＊.xlsm)”,将宏保存在“高级筛选宏.xlsm”文档中。

2.13.2 教学案例:朗读程序

【要求】 创建一个 Excel 朗读程序,实现依次朗读 Excel 选中单元格内容的功能。

【操作步骤】

(1) 新建一个启用宏的工作簿文件“朗读.XLSM”。

(2) 选择“开发工具”选项卡上“代码”组的“Visual Basic”,打开 VBA 代码编辑窗口。

(3) 选择“插入”|“模块”,此时会插入一个“模块 1”模块,在该模块中输入如下代码,如图 2-47 所示。

```
Sub Excel 朗读()
For Each s In Selection
Application.Speech.Speak s.Value
Next
End Sub
```

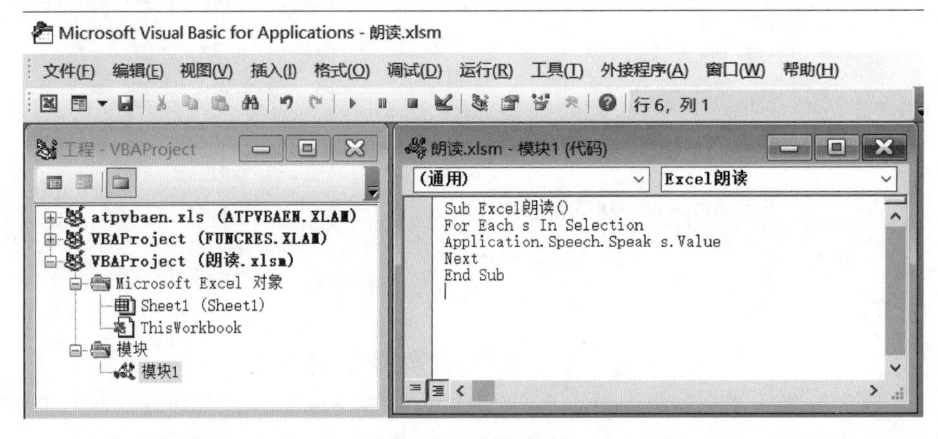

图 2-47 朗读代码

(4) 关闭 VBA 代码编辑窗口。在 Sheet1 工作表单元格中输入任意文字,如在 B3 中输入“宁波大学”和在 B4 中输入“信息科学与工程学院”,选中 B3 和 B4 单元格,选择“开发工具”选项卡上“代码”组的“宏”命令,打开“宏”对话框,如图 2-48 所示。

(5) 选择“Excel 朗读”宏名,单击“执行”按钮,可以听到朗读“宁波大学信息科学与工程学院”。

(6) 保存工作簿文件“朗读.XLSM”。此工作簿处于打开状态时,其他工作簿中的选中文字也可以调用该宏进行朗读。

2.13.3 知识点

1. Excel VBA

Excel VBA 是指以 Excel 环境为母体,以 VB 为父体的类 VB 开发环境,即在 VBA 的开发环境(VBE)中集成了大量的 Excel 对象与方法;而在程序设计、算法方式、过程实现方面与 VB 基本相同,通过 VBE 可以直接调用 Excel 中的这些对象与方法来提供特定功能的

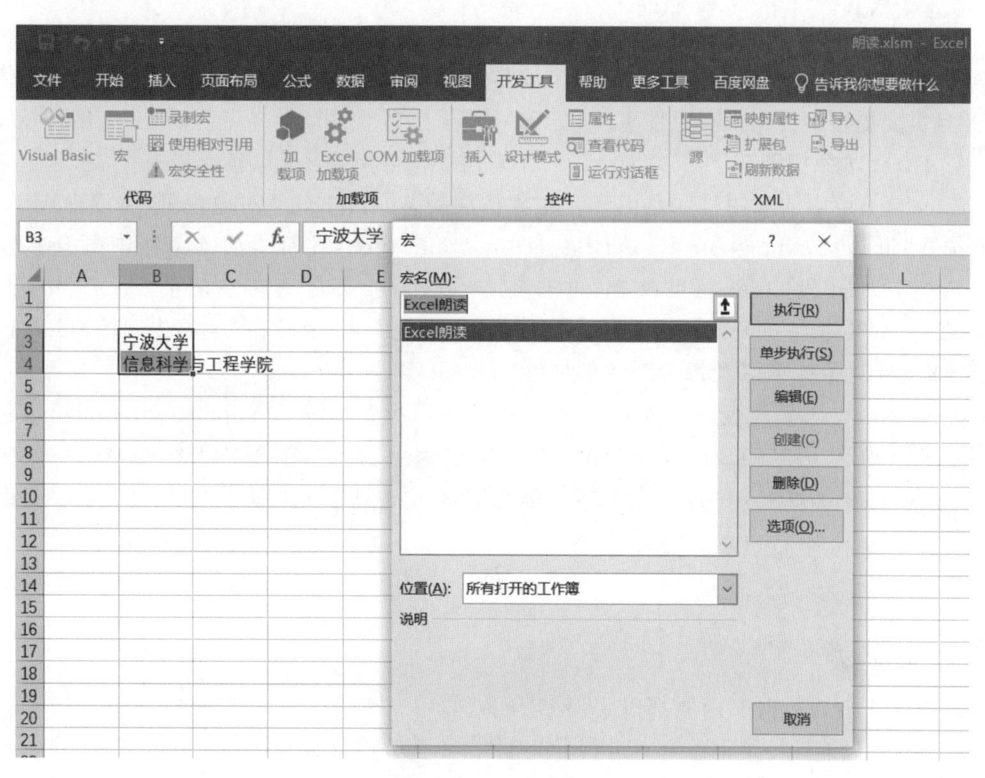

图 2-48　朗读文字

开发与定制。利用定制的功能与界面可以很大程度地提高工作效率，如实现以下特定功能：

- 将重复的工作定义成模块，利用按钮功能来方便操作。将复杂的工作简单化，重复的工作便捷化。
- 根据需要进行操作界面的定制，使 Excel 环境成为一个自定义系统，以满足特定的要求和目的。
- 创建自定义函数，以简化公式或计算，或者为 VBA 过程提供返回值。
- 利用 Excel 事件自动地完成相应的数据计算和分析。
- 与其他应用程序相交互，如在 Excel 中导入数据库中的数据并进行分析。

2. Excel 宏

宏是可运行任意次数的一个操作或一组操作，可以用来自动执行重复任务，如果总是需要在 Excel 中重复执行某个任务，则可以录制一个宏来自动执行这些任务。

通过 Excel 录制宏功能，可将操作过程记录到宏中，也可以通过直接在 VBE 中输入代码的方式创建宏。在创建一个宏后，可以通过编辑宏对其工作方式进行轻微更改。

从本质上来说，宏就是一系列代码的统称，是提供某种功能且由一系列命令和函数组成的指令集，是一组动作的组合。

3. Excel 控件

在使用 Excel 的 VBA 开发功能时，开发者可以使用两种类型的控件：一种是表单控件；另一种是 ActiveX 控件。

表单控件只能在工作表中添加和使用，并且只能通过设置控件格式或者指定宏来使用。表单控件可以和单元格关联，操作控件可以修改单元格的值。

ActiveX 控件不仅可以在工作表中使用，而且可以在用户窗体中使用，还具有许多属性和事件，提供了更多的使用方式。ActiveX 控件虽然属性强大，可控性强，但不能和单元格关联，并且需要更多地使用带有控件事件的 VBA 代码，要求使用者具备一定的 VBA 编程技能。

4. Excel 对象模型

Excel VBA 中的应用程序是由多个对象构成的。了解 Excel 对象模型，可以在 VBE 窗口中选择“帮助”|“Microsoft Visual Basic for Application 帮助”，在浏览器中打开微软的“Office 客户端开发”在线帮助文档，并且定位到 Excel 部分。在左侧的“目录”中，选择“Excel VBA 参考”，打开 Excel VBA 帮助文档，在“目录”中选择“对象模型”，可以查看 Excel 的所有对象模型以及每个对象的属性、方法和事件。

Application 对象代表整个 Microsoft Excel 应用程序。一个 Application 对象可以包含很多个工作簿 Workbook 对象，一个 Workbook 对象可以包含很多个工作表 Worksheet 对象，一个 Worksheet 对象可以包含很多个单元格 Range 对象。

习　题　2

一、判断题

1. Excel 中的数据库函数都以字母 D 开头。(　　)

2. Excel 只能按一个汇总方式进行分类汇总，不能完成计数和平均值复合汇总。(　　)

3. 在 Excel 中，应用数组公式进行计算时，最后需按 Ctrl＋Shift＋Enter 组合键完成多个数据的计算。(　　)

4. 自动筛选的条件只能是一个，高级筛选的条件可以是多个。(　　)

5. 在 Excel 中排序时如果有多个关键字段，则所有关键字段必须选用相同的排序趋势(递增/递减)。(　　)

6. Excel 中使用高级筛选功能时，其条件区域的运算关系是：同一行的条件是“与”，同一列的条件是“或”。(　　)

7. 在 Excel 中既可以按行排序，也可以按列排序。(　　)

8. MOD 函数返回值是两数相除的商。(　　)

9. Excel 中提供了保护工作表、保护工作簿和保护特定工作区域的功能。(　　)

10. 高级筛选不需要建立条件区域，只需要指定数据区域就可以。(　　)

11. 在“数学成绩”工作表中，用 COUNTIF 函数统计分数段 60～80 分的人数，可使用公式：＝COUNTIF(c2：c81，"＞＝60" and "＜＝80")。(　　)

12. Excel 允许从其他来源获取数据，如文本文件、Access 数据库和网站内容等，这极大扩展了数据的获取来源，提高了输入速度。(　　)

13. 数据库函数的功能可以描述为：根据条件(Criteria)从数据库(Database)中选择某些记录(即先选择符合条件的行)，然后对所选记录某列(Field)中的数据做相应的计算或处理(如求和、求平均值、统计个数、求最大值等)并返回处理结果。(　　)

二、选择题

1. 关于筛选，下列叙述正确的是________。

A. 自动筛选可以同时显示数据区域和筛选结果

B. 高级筛选可以进行更复杂条件的筛选

C. 高级筛选不需要建立条件区,只有数据区域就可以了

D. 自动筛选可以将筛选结果放在指定的区域

2. 计算贷款指定期数应付的利息额应使用________函数。

A. FV　　B. PV　　C. IPMT　　D. PMT

3. 某单位要统计各科室人员工资情况,按工资从高到低排序,若工资相同,以工龄降序排序,则以下做法正确的是________。

A. 主要关键字为"科室",次要关键字为"工资",第二次要关键字为"工龄"

B. 主要关键字为"工资",次要关键字为"工龄",第二个次要关键字为"科室"

C. 主要关键字为"工龄",次要关键字为"工资",第二个次要关键字为"科室"

D. 主要关键字为"科室",次要关键字为"工龄",第二次要关键字为"工资"

4. Excel 图表是动态的,当修改了与图表相关的工资表中的数据时,图表中数据系列的值会________。

A. 出现错误值　　B. 不变

C. 自动修改　　D. 用特殊颜色显示

5. 选取一个 Excel 单元格,按住________键的同时单击其他单元格,可选取多个不连续的单元格区域。

A. Ctrl　　B. Alt　　C. Shift　　D. Tab

6. 初二年级各班的成绩单分别保存在独立的 Excel 工作簿文件中,李老师需要将这些成绩单合并到一个工作簿文件中进行管理,最优的操作方法是________。

A. 将各班成绩单中的数据分别通过复制、粘贴命令整合到一个工作簿中

B. 通过移动或复制工作表功能,将各班成绩单整合到一个工作簿中

C. 打开一个班的成绩单,将其他班级的数据录入到同一个工作簿的不同工作表中

D. 通过插入对象功能,将各班成绩单整合到一个工作簿中

7. 在 Excel 数据库中的所选记录中提取某个列中数据(信息)的函数是________。

A. DSUM　　B. SUM　　C. DCOUNT　　D. DGET

8. 以下________可在 Excel 中输入文本类型的数字"0001"。

A. "0001"　　B. ‘0001　　C. \0001　　D. \\0001

9. 关于分类汇总,下列叙述正确的是________。

A. 分类汇总前首先应按分类字段值对记录排序

B. 分类汇总不可以按多个字段分类

C. 只能对数值型字段分类

D. 汇总方式只能求和

10. ________函数用来计数数据库中满足指定条件的记录字段(列)中包含数值的单元格的个数。

A. DSUM　　B. SUM　　C. DCOUNT　　D. DGET

11. 财务函数中________函数的功能是:基于固定利率及等额分期付款方式,返回某项投资的未来值。

A. PMT　　B. IPMT　　C. SLN　　D. FV

12. 在 Excel 中,若把单元格 F2 中的公式"＝sum($A2:C$3)"复制并粘贴到 H3 中,则 H3 中的公式为________。

A. ＝sum($A2:C$3)　　B. ＝sum($A3:E$3)

C. ＝sum($C2:E$3)　　D. ＝sum($C3:E$4)

13. 我国身份证号中,第 17 位代表性别,偶数表示性别为"女",否则表示性别为"男",根据 C2 身份证号码填写性别,正确的公式是________。

A. ＝IF(MOD(MID(C2,17,1),2)＝0,"女","男")

B. ＝IF(MOD(MID(C2,17,1),2)＝0,"男","女")

C. ＝IF(MID(MOD(C2,17,1),2)＝0,"女","男")

D. ＝IF(MID(MOD(C2,17,1),2)＝0,"男","女")

14. 现 A1 和 B1 中分别有内容 12 和 34,在 C1 中输入公式"＝A1&B1",则 C1 中的结果是________。

A. 12　　B. 34　　C. 1234　　D. 46

15. 在 Excel 某工作表中,数据共有 18 行,其中第 1 行 A～H 列为标题(学号、姓名、性别、语文、数学、英语、总分、排名),根据"总分"自动生成"排名"列的相应值。在 H2 中插入 RANK(Number,Ref)函数,其中 Number 和 Ref 处应填写________。

A. G2 和 $G$2:$G$18　　B. F2 和 $F$2:$F$18

C. G2 和 G2:G18　　D. F2 和 F2:F18

16. 在 Excel 中已知有"成绩"表,要求高级筛选"数学"大于或等于 85 分,或者"平均分"大于 80 分的男生。应建立的条件区域为________。

A.

性别	数学	平均分
男	>=85	>80

B.

性别	数学	平均分
	>=85	
男		>80

C.

性别	数学	平均分
	>=85	>80
男		

D.

性别	数学	平均分
男	>=85	
		>80

17. 在 Excel 中计算贷款中基于固定利率及等额分期付款方式,返回贷款的每期付款额应使用________函数。

A. FV　　B. PV　　C. PMT　　D. IPMT

18. Excel 工作表 B 列保存了 11 位手机号码信息,为了保护个人隐私,需将手机号码的后 4 位均用"*"表示,以 B2 单元格为例,最优的操作方法是________。

A. ＝REPLACE(B2,7,4," **** ")

B. ＝REPLACE(B2,8,4," **** ")

C. ＝MID(B2,7,4," **** ")

D. ＝MID(B2,8,4," **** ")

19. 下列不能从"yesterday"中只取出字符串"yes"的函数是________。

A. =LEFT("yesterday",3)

B. =MID("yesterday",1,3)

C. =RIGHT("yesterday",9)

D. =RIGHT(MID("yesterday",1,3),3)

20. 将 Excel 工作表 A1 单元格中的公式"=SUM(B$2:C$4)"复制到 B18 单元格后,原公式将变为________。

A. =SUM(C$19:D$19)　　B. =SUM(C$2:D$4)

C. =SUM(B$19:C$19)　　D. =SUM(B$2:C$4)

21. 在 Excel 工作表中存放了第一中学和第二中学所有班级总计 300 个学生的考试成绩,其中 A～D 列分别对应"学校""班级""学号""成绩",利用公式计算第一中学 3 班的平均分,最优的操作方法是________。

A. =SUMIFS(D2:D301,A2:A301,"第一中学",B2:B301,"3 班")/COUNTIFS(A2:A301,"第一中学",B2:B301,"3 班")

B. =SUMIF(D2:D301,B2:B301,"3 班")/COUNTIF(B2:B301,"3 班")

C. =AVERAGEIFS(D2:D301,A2:A301,"第一中学",B2:B301,"3 班")

D. =AVERAGEIF(D2:D301,A2:A301,"第一中学",B2:B301,"3 班")

22. 在 Excel 工作表的 A1 单元格中存放了 18 位第二代身份证号码,其中第 7～10 位表示出生年份。在 A2 单元格中利用公式计算该人的年龄,最优的操作方法是________。

A. =YEAR(TODAY())-MID(A1,6,8)

B. =YEAR(TODAY())-MID(A1,6,4)

C. =YEAR(TODAY())-MID(A1,7,8)

D. =YEAR(TODAY())-MID(A1,7,4)

第3章 PowerPoint 高级应用

3.1 基本概念

1. 演示文稿和幻灯片

演示文稿就是利用 PowerPoint 软件设计制作出来的一个文件，简称 PPT。使用较早 PowerPoint 2003 及以前版本创建的演示文稿扩展名为 ppt，自从 PowerPoint 2007 版本开始创建的演示文稿扩展名为 pptx。

一个完整的演示文稿文件是由多张幻灯片组成的。新建幻灯片可以有多种方法，在"开始"选项卡中单击"新建幻灯片"按钮 或者按 Ctrl+M 组合键，可快速插入一张沿用当前幻灯片版式的新幻灯片；单击"开始"选项卡中"新建幻灯片"字样或者右下角的下拉列表框可在弹出的下拉菜单中选择一张幻灯片版式，如图 3-1 所示，即可插入一张任选版式的幻灯片。

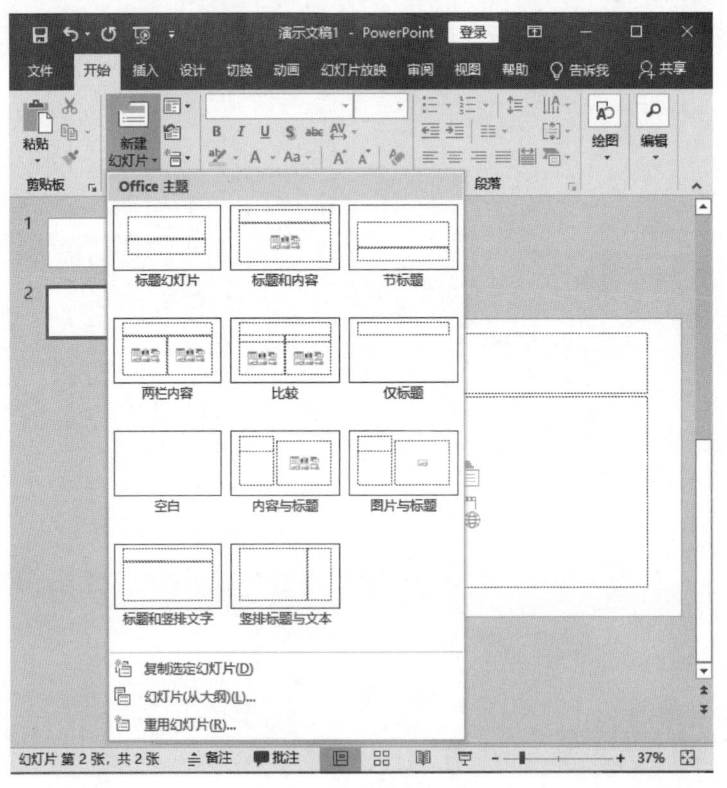

图 3-1 幻灯片版式

2. 幻灯片版式

幻灯片版式确定了幻灯片内容的布局和格式。幻灯片版式包含要在幻灯片上显示的全部内容的格式设置和占位符。

占位符是版式中的容器,以虚线框存在,可容纳文本(包括正文文本、项目符号列表和标题)、表格、图表、SmartArt 图形、视频、音频、图片及剪贴画等各类元素。利用占位符,可以帮助制作者快速地添加各类元素和内容。占位符有内容、内容(竖排)、文本、文字(竖排)、图片、图表、表格、SmartArt 和媒体等类别。

占位符只能在幻灯片母版视图下添加到幻灯片版式中。在普通视图的缩略图窗格中以及幻灯片浏览视图、阅读视图和幻灯片放映视图下均不显示占位符,占位符只显示在幻灯片母版视图的缩略图窗格和普通视图、大纲视图的编辑区中。

在制作幻灯片时,可以使用 PowerPoint 内置标准版式,也可以创建满足特定需求的自定义版式。PowerPoint 的"Office 主题"默认情况下包含 11 种内置幻灯片标准版式:标题幻灯片、标题和内容、节标题、两栏内容、比较、仅标题、空白、内容与标题、图片与标题、标题和竖排文字、垂直排列标题与文本等。其他主题可能包含更丰富的版式。每种版式均有一个名称,其中显示了添加不同对象的各种占位符的位置。其中,常用的幻灯片版式介绍如下。

- 标题幻灯片:该版式一般用于演示文稿的主标题幻灯片。
- 标题和内容:该版式可以适用于除标题外的所有幻灯片内容。其中"内容"占位符可以输入文本,也可以插入图片、表格等各类对象。
- 节标题:如果插入分节来组织幻灯片,那么该版式可应用于每节的标题幻灯片中。
- 空白:该版式中没有任何占位符,可以添加任意内容,如插入文本框、艺术字、剪贴画等。该版式可以让设计者更主观地发挥。

3. 按节组织幻灯片

对于一个有较多幻灯片的大型演示文稿,不同类型的幻灯片标题和大纲编号混杂在一起,要想快速定位幻灯片变得比较困难。为了更方便地组织和管理大型演示文稿,以利于快速导航和定位,PowerPoint 提供了"节"功能来分组和导航幻灯片,同时还可以快速实现批量选中、设置幻灯片效果。

类似于使用文件夹来整理文件,可以使用"节"功能将原来线性排列的幻灯片划分成若干段,每一段设置为一"节",可以为该"节"命名,使得幻灯片的组织更有逻辑性和层次性。每"节"通常包含逻辑相关的一组幻灯片,不同"节"之间不仅内容可以不同,而且还可以拥有不同的主题以及切换方式等。

在普通视图或幻灯片浏览视图的缩略图窗格中,选中一张或连续的若干幻灯片缩略图,右击,在弹出的快捷菜单中可选择"新增节"来新增命名一个"节"。

可以对节进行折叠和展开操作,折叠是将该节的所有幻灯片收起来,只显示节名导航条;展开则是在节名导航条下显示该节的所有幻灯片缩略图。

3.2 演示文稿视图

PowerPoint 提供了编辑、浏览、打印、放映幻灯片的多种视图模式:普通视图、大纲视图、幻灯片浏览视图、备注页视图、阅读视图、幻灯片放映视图、母版视图。

1. 普通视图和大纲视图

普通视图是 PowerPoint 默认的视图模式,也是最常用的编辑视图,可用于设计和编辑演示文稿。

大纲视图与普通视图的区别主要是“缩略图窗格”被“大纲窗格”替换，也属于演示文稿的编辑视图。在普通视图中可以查看和设置“节”，在大纲视图中不能查看和设置。

2. 幻灯片浏览视图

幻灯片浏览视图以缩略图形式展示幻灯片，以便以全局的方式浏览演示文稿中的幻灯片，可以通过新建、复制、移动、插入、删除幻灯片和新增、移动、删除节等操作，快速对幻灯片进行组织和编排，还可以为幻灯片设置切换效果并预览。

在幻灯片浏览视图的缩略图窗格中，幻灯片是按节(如果有)组织的。如图 3-2 所示，第一张幻灯片处新增了“第 1 节”，第四张幻灯片处新增了“第 2 节”，第七张幻灯片处新增了“第 3 节”，第十张幻灯片处新增了“第 4 节”，在幻灯片浏览视图中显示出第 1 节和第 4 节，另外两节则折叠隐藏了。

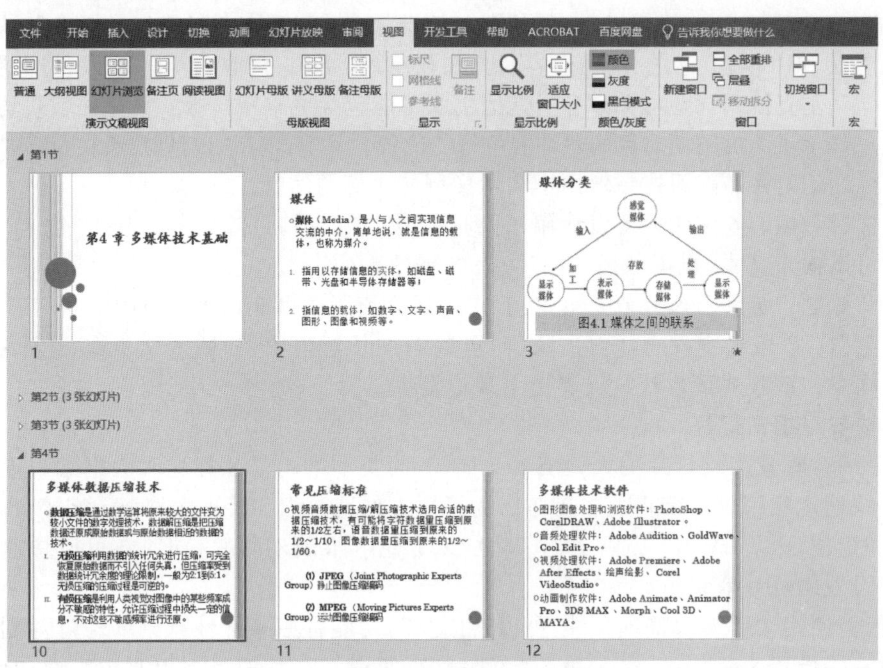

图 3-2　按节组织显示的幻灯片浏览视图

3. 备注页视图

在备注页视图下可以方便地编辑和设计某张幻灯片的备注信息。编辑区中显示的备注页，默认情况下上半部是以图片形式显示幻灯片的缩略图，不能对幻灯片内容进行编辑修改，但可以按图片方式设置图片样式，也可以调整大小和位置；下半部是一个文本占位符，用于备注文本信息，并可以为其中的文字设置样式。还可以在备注页的任意位置插入文本框、形状、图形、艺术字、图片、图表等对象，以丰富备注的内容。

4. 阅读视图

在阅读视图可将演示文稿作为适应窗口大小的幻灯片放映查看，视图只保留幻灯片窗格、标题栏和状态栏，其他编辑功能被屏蔽，用于幻灯片制作完成后的简单放映浏览、查看内容和幻灯片设置的动画与放映效果，可按 Esc 键退出阅读视图，并返回上一次设置的视图模式。

5. 幻灯片放映视图

幻灯片放映视图是用于放映演示文稿的视图。按 F5 键可进入该视图，幻灯片内容会占据显示器/投影仪的整个屏幕，放映时可以看到图形、计时、动画效果和切换效果在实际演示中的具体效果。

在放映过程中，右击，可在弹出的快捷菜单中使用激光笔、笔、荧光笔。在设置放映方式中选中“使用演示者视图”后，放映时可以看到备注信息以及下一张幻灯片。按 Esc 键可退出幻灯片放映视图。

6. 母版视图

母版视图是一个特殊的视图模式，其中又包含幻灯片母版视图、讲义母版视图和备注母版视图三类视图。母版视图是存储有关演示文稿共有信息的主要幻灯片，其中包括背景、颜色、字体、效果、占位符大小和位置。使用母版视图的一个主要优点在于，在幻灯片母版、讲义母版或讲义母版上，可以对与演示文稿关联的每个幻灯片、备注页或讲义的样式进行全局更改。

3.3 主　　题

主题由主题颜色、主题字体、主题效果三者组合而成。主题颜色包括背景、文字强调和超链接颜色等。主题字体主要是快速设置母版中标题文字和正文文字的字体格式，自带了多种常用的字体格式搭配，可自由选择。主题效果主要是设置幻灯片中图形线条和填充效果的组合，包含了多种常用的阴影和三维效果组合。

主题可以是一套独立的选择方案，将主题应用于某个演示文稿时，该演示文稿中所涉及的字体、颜色、效果都会自动发生变化。系统内置了很多主题，如图 3-3 所示，可以将主题应用于相应幻灯片(本幻灯片同主题的所有幻灯片)、所有幻灯片、选定幻灯片。一个演示文稿中可以应用多种主题。

图 3-3　系统内置主题

如果觉得 PowerPoint 提供的现成主题不能够满足设计需求，可以通过自定义方式修改主题颜色、字体、效果和背景，形成自定义主题。如可以对主题颜色进行自定义设置，如图 3-4 所示，可以修改超链接、已访问的超链接颜色等。

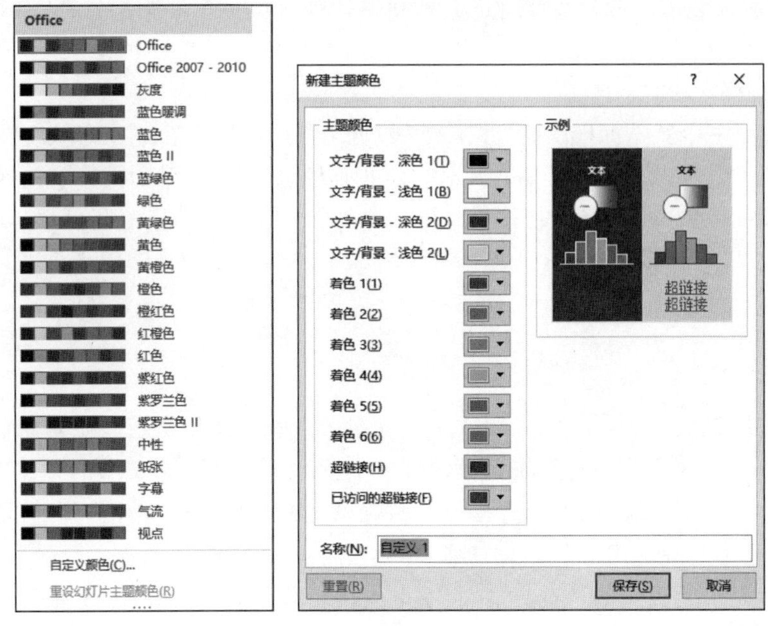

图 3-4　主题颜色修改

3.4　母　　版

3.4.1　教学案例：新建“九宫格”版式

【要求】 利用幻灯片母版，新建“九宫格”版式。新建幻灯片，应用新建的“九宫格”版式，分别添加 p_01. gif～p_09. gif 九张图片，完成效果如图 3-5 所示。

【操作步骤】

（1）新建一个空白演示文稿，命名为“九宫格. pptx”，选择“视图”选项卡上“母版视图”组的“幻灯片母版”，进入“幻灯片母版”视图。

（2）选择“幻灯片母版”选项卡上“编辑母版”组的“插入版式”，右击刚插入的自定义版式，在弹出的快捷菜单中选择“重命名版式”，打开“重命名版式”对话框，将版式名称改为“九宫格”，单击“重命名”按钮。

（3）在“九宫格”版式中，删除原有的所有占位符。选择“幻灯片母版”选项卡上“母版版式”组的“插入占位符”，在下拉菜单中选择“图片”，然后拖动鼠标画出图片占位符大概位置，“绘图工具格式”选项卡的“大小”组的“高度”和“宽度”均设为 6 厘米，按住 Ctrl 键并拖动复制各图片占位符，插入九个相同大小的图片占位符，如图 3-6 所示，一起调整到合适位置。

（4）选择“幻灯片母版”选项卡上“关闭”组的“关闭母版视图”，关闭幻灯片母版视图，添加一张幻灯片，右击幻灯片，在弹出的快捷菜单中选择“版式”|“九宫格”。单击各个图片占位符，分别添加图片，加入的图片会自动适应设置的大小。

图 3-5　九宫格效果

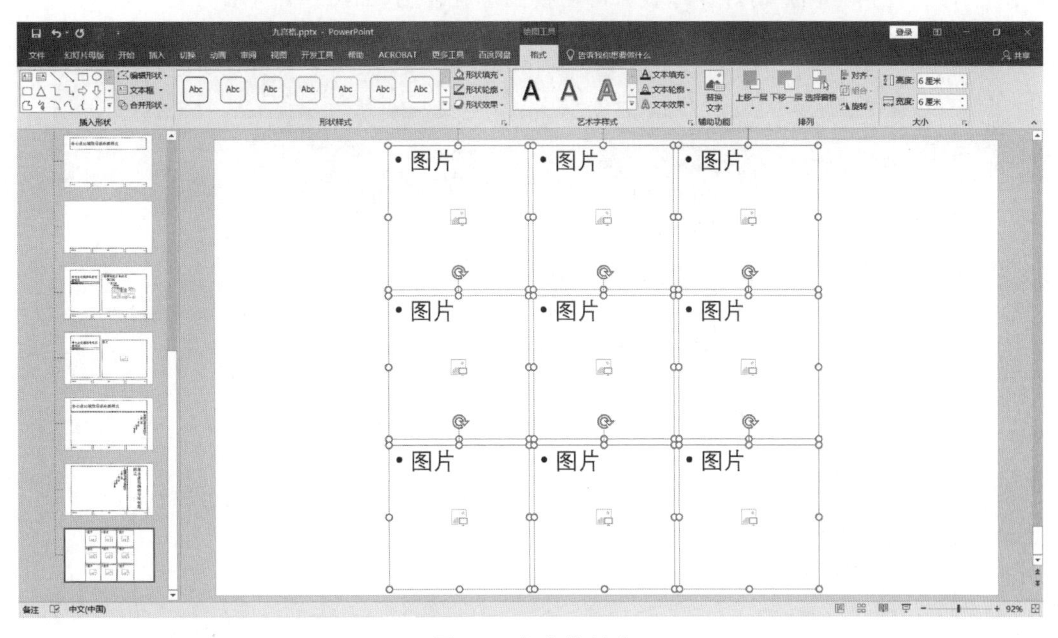

图 3-6　九宫格版式

(5) 保存“九宫格.pptx”文档。如果要将“九宫格”版式用于其他演示文稿文档，只要将应用了“九宫格”版式的幻灯片复制到目标演示文稿中，目标演示文稿就会自动添加该版式，就可以应用该版式了。

3.4.2 知识点

1. 什么是母版

演示文稿通常应具有统一的外观和风格，通过设计、制作和应用幻灯片母版可以快速实现这一目标。母版中包含了幻灯片中统一的格式、共同出现的内容及构成要素，如标题和文本格式、日期、背景和水印等。

母版是幻灯片层次结构中的顶层幻灯片，用于存储有关演示文稿的主题和幻灯片版式等信息，包括背景、颜色、字体、效果、占位符(包括类型、大小和位置)等。母版保存了满足不同需要的幻灯片的版面信息和组成元素的样式信息，这些信息都是已经在母版中设置好的。

在演示文稿中，所有幻灯片都基于相应幻灯片的母版创建，如果更改了某母版，则会影响所有基于该母版创建的幻灯片。每份演示文稿至少应包含一个幻灯片母版，每个母版可以定义一系列的幻灯片版式。一份演示文稿中可以包含多个幻灯片母版，每个幻灯片母版可以应用不同的主题。

2. 母版的类型

PowerPoint 提供了三种母版类型，分别是幻灯片母版、讲义母版和备注母版。

(1) 幻灯片母版。

幻灯片母版用于控制该演示文稿中所有幻灯片的格式。当对幻灯片母版中某个幻灯片进行格式设置后，则演示文稿中基于该母版幻灯片的幻灯片将应用该格式。选择“视图”选项卡上“母版视图”组的“幻灯片母版”，可切换到母版视图，如图 3-7 所示。

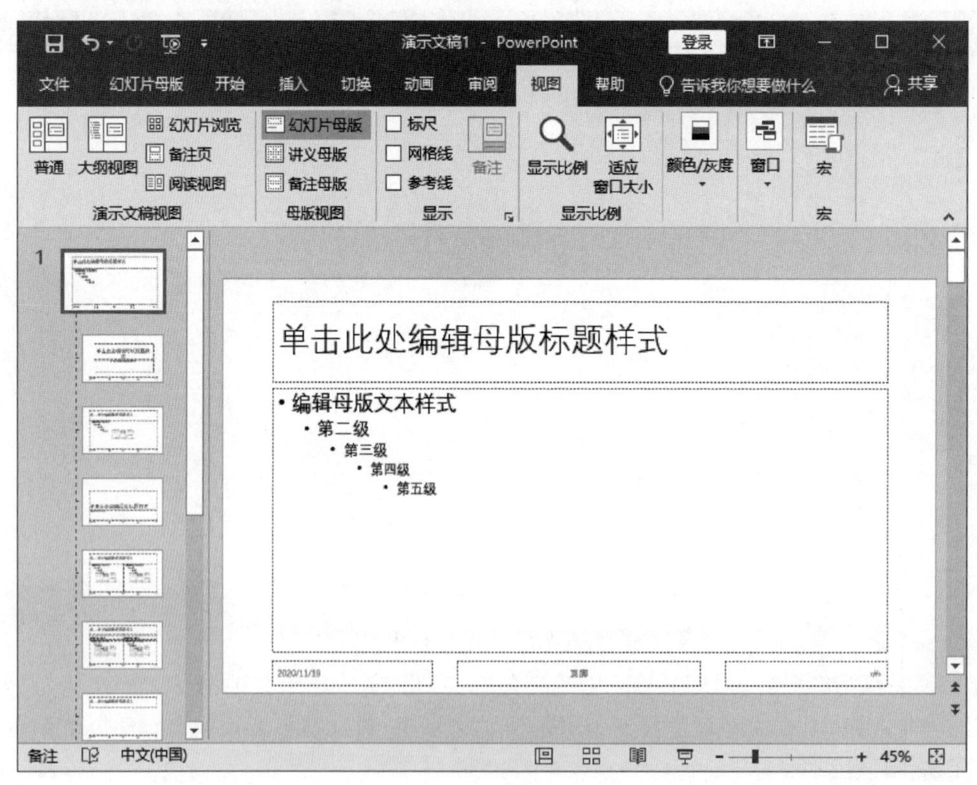

图 3-7 “幻灯片母版”视图

每种应用于演示文稿的主题都会出现一组默认母版，左边幻灯片母版缩略图中，其中较大的一张是幻灯片母版，在该页面修改的内容及设置的格式会在所有版式中起作用；其他几种幻灯片版式相对应的母版，作用范围在应用了该版式的幻灯片。

(2) 讲义母版。

讲义母版是为制作讲义而准备的，用于格式化讲义并控制讲义的打印格式。讲义母版可以更改文字的位置、为幻灯片添加图片和图形等对象，以及为幻灯片添加页眉和页脚等信息。

(3) 备注母版。

备注母版的功能是格式化备注页，用于使备注页具有统一的外观。同时，备注母版也用于调整幻灯片的大小和位置。

3. 母版的优点

通过幻灯片母版进行修改和更新的最主要优点是可以对演示文稿中的每张幻灯片进行统一的格式和元素更改。使用幻灯片母版时，由于无须在多张幻灯片上输入或修改相同的信息或格式，因此大大节省了制作时间，有效地避免重复操作，提高工作效率，更为重要的是，使用母版能够使演示文稿的幻灯片具有统一的样式和风格。

4. 母版的创建与修改

最好在开始制作各张幻灯片之前先创建或修改幻灯片母版，而不要在构建了幻灯片之后再创建母版。如果先创建幻灯片母版，则添加到演示文稿中的所有幻灯片都会基于该母版和相关联的版式。如果在构建了各张幻灯片之后再创建幻灯片母版，那么幻灯片上的某些项目可能会不符合幻灯片母版的设计风格。

可以使用背景和文本格式设置在每张幻灯片上覆盖幻灯片母版的某些自定义内容，但其他内容(如公司徽标)则只能在“幻灯片母版”视图中修改。

3.5 PPT 模板

3.5.1 教学案例：毕业答辩 PPT 模板制作

【要求】 创建一个 PowerPoint 模板“毕业答辩模板.potx”，使用“水滴”主题，插入学校校徽、图片，制作目录等，效果如图 3-8 所示。

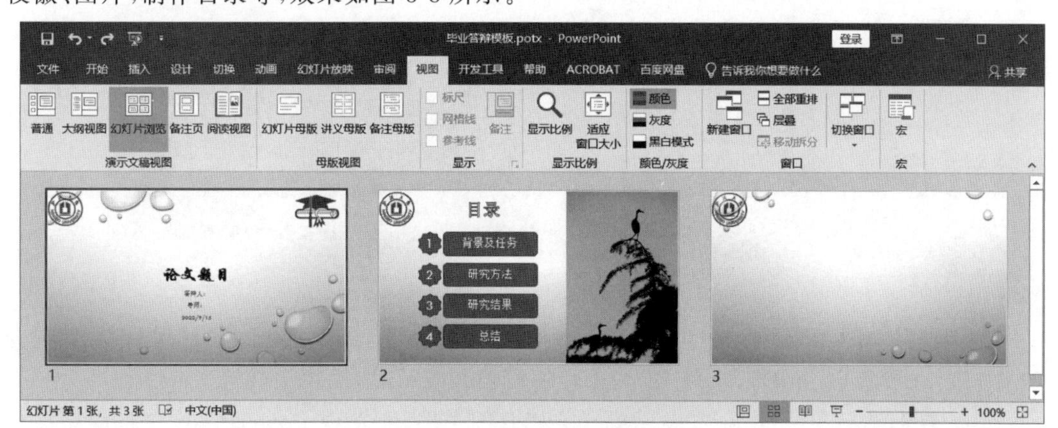

图 3-8 毕业答辩模板.potx

【操作步骤】

(1) 新建一个空白演示文稿,添加第一张幻灯片,选择"设计"选项卡上"主题"组的"水滴"。保存演示文稿为"毕业答辩模板.potx",注意保持类型为"PowerPoint 模板(.potx)"。

(2) 选择"视图"选项卡上"母版视图"组的"幻灯片母版",进入"幻灯片母版"视图。

(3) 在幻灯片缩略图窗格中,选择第一张较大的幻灯片母版,选择上方的标题占位符,将其字体修改成"黑体、加粗、50",在左上角插入"宁波大学校徽.png"图片,可以发现,该母版下的所有版式都插入了此图。

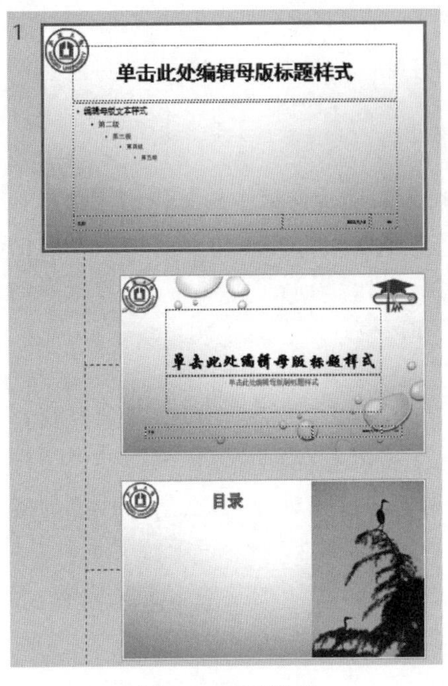

图 3-9　版式设计

(4) 右击"标题幻灯片"版式母版(较大的幻灯片母版下的第一张),将其重命名为"封面",选择上方的标题占位符,将其字体修改成"华文行楷、加粗、55",右上角插入图"学士帽.jpg",调整此图大小,单击此图,选择"图片工具格式"选项卡,单击"删除背景",再选择"保留更改",将此图背景去除。

(5) 在"幻灯片母版"视图中,单击"封面"版式母版。选择"幻灯片母版"选项卡上"编辑母版"组的"插入版式",右击刚插入的自定义版式,在弹出的快捷菜单中选择"重命名版式",打开"重命名版式"对话框,将版式名称改为"目录",单击"重命名"按钮。

(6) 删除"目录"版式中原有的占位符,右边插入"白鹭图.jpg"图片,在中上部位插入艺术字"目录"。此时幻灯片母版、封面版式、目录版式如图 3-9 所示。选择"幻灯片母版"|"关闭母版视图",回到普通视图。

(7) 在普通视图中,发现已建的幻灯片已经使用了"封面"版式,在标题处输入"论文题目";在副标题处输入"答辩人:"和"导师:",并插入当前日期(自动更新)。

(8) 新建一张"目录"版式幻灯片,在目录文字下方添加四组"八角"星形和"圆角"矩形形状,分别输入如图 3-10 所示的文字。

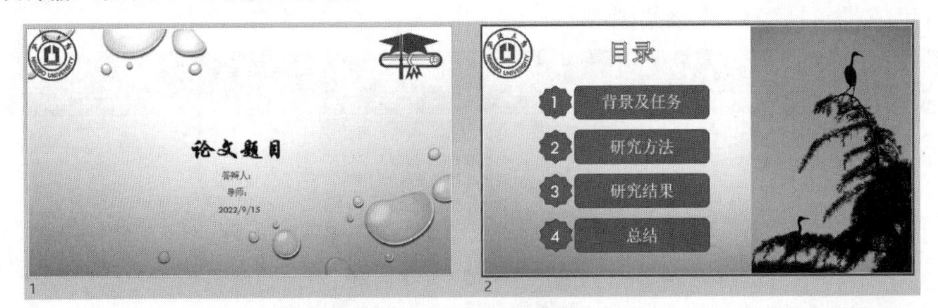

图 3-10　幻灯片具体设计

(9) 新建一张"标题和内容"幻灯片,内容不用输入。保存文档,注意保存类型应为"PowerPoint 模板(.potx)",文件名为"毕业答辩模板.potx",关闭该文档。

(10) 双击已保存的"毕业答辩模板.potx"模板文件,会发现 PowerPoint 会自动用该模

板创建一个“演示文稿 1”文档，而不是打开模板文件（如果一定要打开该模板进行修改，则要在 PowerPoint 中选择“文件”|“打开”实现打开并修改）。一般情况下，在普通视图中，原来做模板文档时用母版视图插入的元素不能修改（如果需要修改，可进入母版视图进行编辑修改），其他文字可以随时修改。

3.5.2 知识点

当用户花了不少精力，设计好一个令人满意的演示文稿（包括版式、背景图片、图形效果、字体、颜色等），希望以后只要填入内容，就能重复使用时，只要将此演示文稿另存为 PowerPoint 模板即可，它是一个扩展名为 potx 的文件。用户可以创建自己的自定义模板，然后存储、重用并与他人共享。

PowerPoint 创建模板主要是设计幻灯片母版，对母版中的示例幻灯片指定其版式、背景图片或图形、主题等，然后存储为.potx 类型的文件。

3.6 动　　画

3.6.1 教学案例：文字探照灯动画

【要求】 使用 PowerPoint 创建一个模拟文字探照灯的动画，具体要求如下。

（1）文字“动态 ppt 实例-文字探照灯”在中间显示，正圆探照灯从左到右移动并逐步显示文字，而后从右到左再移动回来。

（2）加上一个“开始动画”空白动作按钮来控制动画开始，如果单击该按钮，则动画开始，否则没有动画。

（3）保存为“文字探照灯.pps”文档。

【操作步骤】

（1）启动 PowerPoint，新建一空白文档，在幻灯片文本框中输入文字“动态 ppt 实例-文字探照灯”，设置字体为“华文彩云”，字号为 80，并调整好文本框大小和位置，使文字在幻灯片中央一行显示。

（2）选择“插入”|“形状”|“椭圆”，按住 Shift 键绘制一个正圆（比文字略高），放置在文字的左边。

（3）右击正圆，在弹出的快捷菜单中选择“设置形状格式”，在“设置形状格式”任务窗格“填充与线条”中选择“填充”|“渐变填充”，“类型”选择“射线”，“方向”选择“从中心”，“线条”选择“无线条”，如图 3-11 所示。

（4）选择“动画”|“添加动画”|“其他动作路径”，在打开的“添加动作路径”对话框中选择“向右”选项，单击“确定”按钮。选中动作路径中的红色点，向右拖动至文字右边，如图 3-12 所示。选择“动画”|“动画窗格”显示动画窗格。

（5）在动画窗格中，单击“椭圆”动画的下拉箭头，单击“计时”选项，在打开的“向右”对话框的“计时”选项卡中，设置“开始”为“上一动画之后”，设置“期间”为“非常慢（5 秒）”，设置“重复”为“直到下一次单击”；在“效果”选项卡中，设置“平滑开始”为“0 秒”，设置“平滑结束”为“5 秒”，选中“自动翻转”复选框，如图 3-13 所示。

（6）右击幻灯片，在弹出的菜单中选择“设置背景格式”，设置背景为“黑色”；选中正

图 3-11 设置形状格式

图 3-12 路径动画

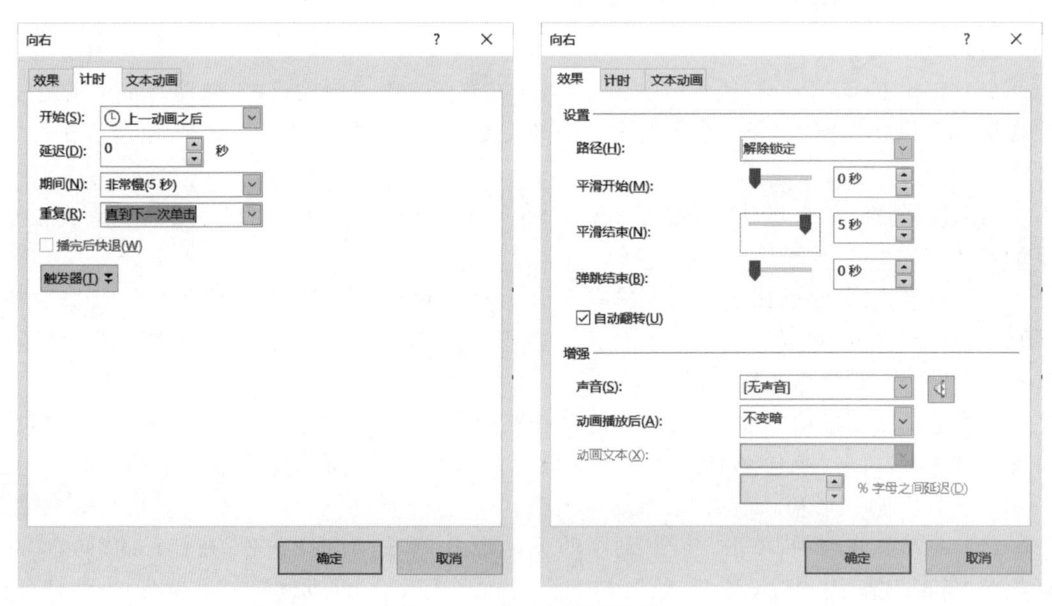

图 3-13 计时和效果设置

圆，右击，在弹出的快捷菜单中选择“置于底层”。此时放映幻灯片效果如图 3-14 所示。

（7）在幻灯片的右下方插入一个空白动作按钮，输入编辑文字为“开始动画”。

图 3-14　探照灯效果

(8) 在动画窗格中选中“椭圆”下拉列表框，选择“计时”选项，进入“向右”对话框，单击“触发器”按钮，选中“单击下列对象时启动动画效果”单选按钮，在其右侧下拉列表框中选择“动作按钮：空白：开始动画”，如图 3-15 所示。

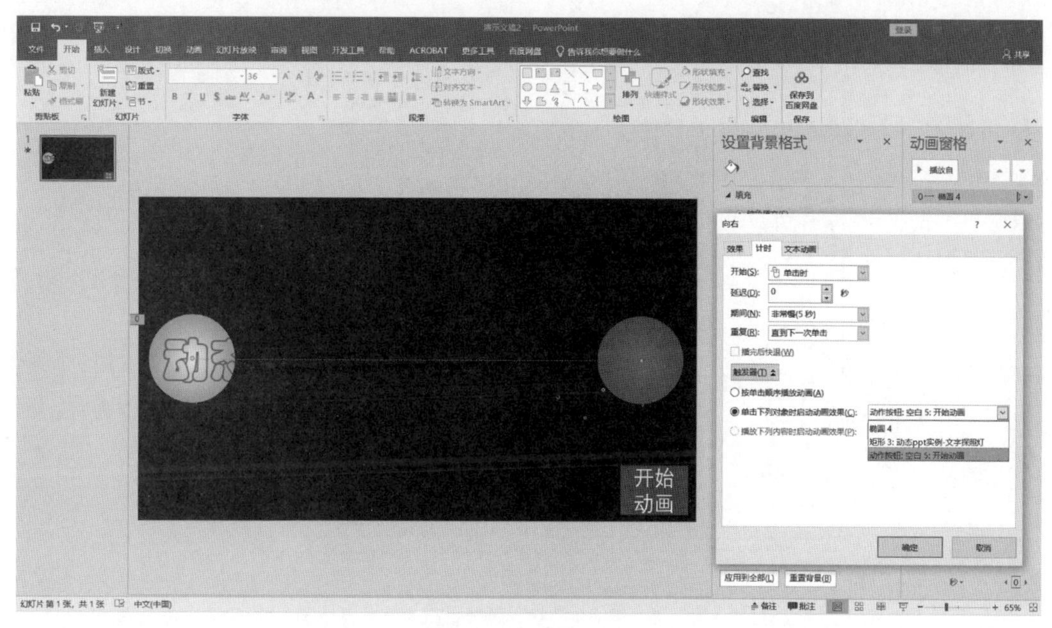

图 3-15　触发器使用

(9) 此时放映幻灯片，一开始探照灯不会移动，只有单击“开始动画”动作按钮才开始移动。

(10) 保存文档。再选择“文件”|“另存为”，在打开的“另存为”对话框中，保存类型选择“PowerPoint97-2003 放映(* . pps)”，保存“文字探照灯. pps”演示文稿文档。保存后双击该文档可以直接放映动画。

3.6.2　知识点

为演示文稿的文本、图片、形状、表格和其他对象等添加动画效果，可以使幻灯片中的这些对象在放映过程中按一定的规则和顺序进行特定形式的呈现，赋予它们进入、退出、大小或颜色变化甚至移动等视觉效果，既能突出重点，吸引观众的注意力，又使放映过程更加生动有趣和富有交互性。

PowerPoint 2019 为对象添加和设置动画，是通过功能区“动画”选项卡和浮动任务窗格中的“动画窗格”提供的功能命令得以实现的。可以将动画效果应用于个别幻灯片上的文本或对象、幻灯片母版上的文本或对象，或者自定义幻灯片版式上的占位符。

PowerPoint 2019 提供了四种动画：进入、强调、退出、动作路径，如图 3-16 所示。

(1) 进入动画是在演示文稿放映过程中，文本等对象刚进入播放画面时所设置的动画效果。

(2) 强调效果是在演示文稿放映过程中，为已经显示的文本等对象设置加强显示的动画效果。

(3) 退出动画是在演示文稿放映过程中，为已经显示的文本等对象离开画面时所设置的动画效果。

(4) 动作路径动画是在放映过程中，为已经显示的文本等对象沿某既定路径移动所设

图 3-16 添加动画

置的动画效果。

当添加了某动画效果后，会在动画窗格中出现一行，单击其右边下拉列表框三角标记出现“效果选项”“计时”等选项。其中单击“计时”选项，在打开的对话框中可以设置触发器，触发器触发对象可以是一个动作按钮。放映演示文稿时，单击该动作按钮，就可以触发之前设置的动画效果，否则不出现效果。

触发器是自行制作的、可以插入幻灯片中的、带有特定功能的一类工具，用于控制幻灯片中已经设定的动画或者媒体的播放。触发器可以是形状、图片、文本框等对象，其作用相当于一个按钮。在演示文稿中设置好触发器功能后，单击触发器将会触发一个操作，该操作可以是播放多媒体音频、视频、动画等，也可以是音频或视频剪辑中的某一个书签，当音频或视频播放到该书签的位置时，触发另外一个对象的动画或者视频和音频的播放。

例如，在幻灯片中已经插入了一段音频对象，选中该对象，拖动该对象的播放控制条的进度到某一位置，再选择“音频工具播放”选项卡上“书签”组的“添加书签”，书签插入完成。设置音频播放到一定位置要引发的动画，设置其计时中的触发器，如图 3-17 所示。设置完成后，当音乐播放到一定位置，就会出现刚设置的动画。

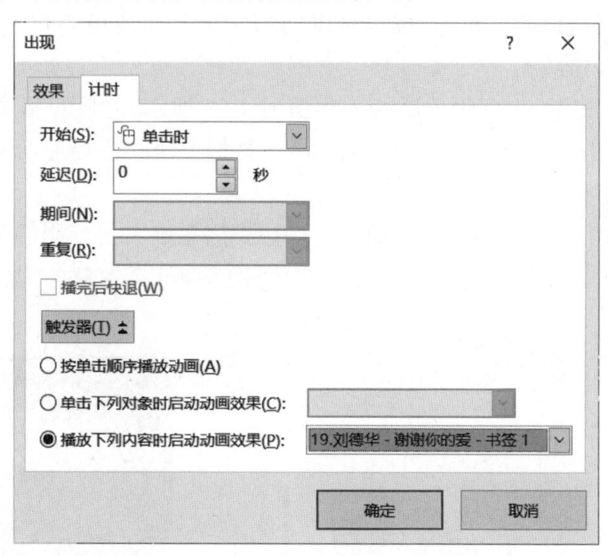

图 3-17　书签触发器

动画的使用以达意、美观、创新为优先原则，要适当而不可过度使用，太少会使演示文稿放映过程干涩乏味，过多则会分散观众的注意力，不利于重点突出和传达信息。

3.7　屏幕录制

3.7.1　教学案例：屏幕录制

【要求】　使用 PowerPoint 中的屏幕录制功能随意录制一段屏幕操作，并保存为 MP4 视频。

【操作步骤】

(1) 新建一个空白 PPT 文稿，选择“插入”选项卡上“媒体”组的“屏幕录制”，如图 3-18 所示。

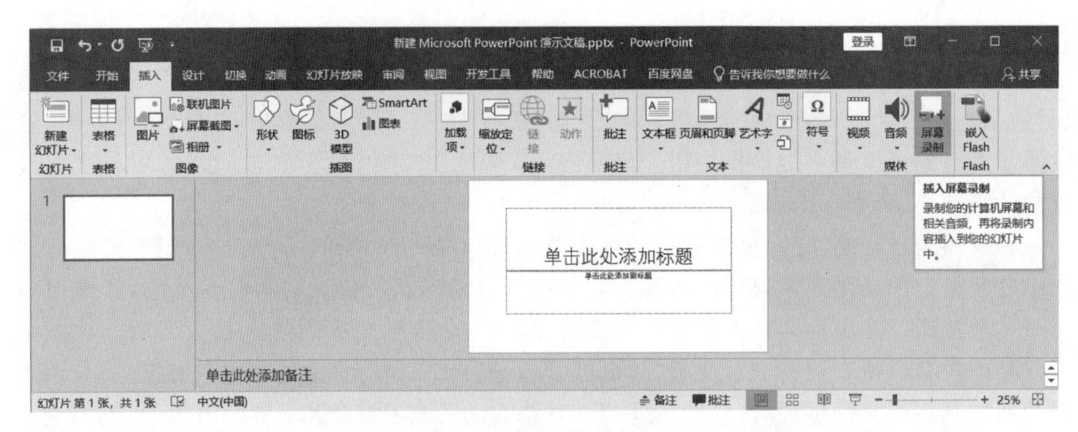

图 3-18　插入屏幕录制

（2）打开录制设置对话框，如图 3-19 所示。其中，“音频”为选中状态，表示可以录声音；“录制指针”为选中状态，表示鼠标指针会被录制下来。

（3）单击“选择区域”，在屏幕中拖动，可以设置录制窗口，如拖动设置成最大范围就是全屏录制。设置录制窗口后，“录制”按钮可以使用了。关闭或最小化不需要录制的应用程序，打开准备录制的内容。

（4）单击“录制”按钮，出现倒计时 3 2 1，如图 3-20 所示，之后开始录制。

（5）随意操作一段，录制完成后，按 Windows 徽标＋Shift＋Q 组合键停止录制，此时录制的内容自动插入幻灯片中。

（6）放映幻灯片可以预览屏幕录制的内容，如果满意则右击录制的内容，在弹出的快捷菜单中选择“将媒体另存为”，打开“将媒体另存为”对话框，将录制的视频保存成 MP4 视频文档。

图 3-19　录制设置对话框

图 3-20　倒计时 3 2 1

3.7.2　知识点

在 PowerPoint 演示文稿中可以进行屏幕的录制，录制完成后还可以对视频进行基础的剪裁和旋转等设置。在 PowerPoint 演示文稿中怎么录制屏幕？其实方法是非常简单的，只需要选择“插入”选项卡，单击“屏幕录制”按钮再根据系统提示进行操作就可以了。

录制结束后，界面上方会自动出现“视频工具”，可以在其中对视频进行各种简单的编辑，如设置视频形状、视频边框以及视频效果等，如图 3-21 所示。不过，这些简单的编辑操作只是表面上的显示在幻灯片中的形状效果等，没有改变视频中的源文件。修改后将视频保存下来，可以发现还是原来录制下来的效果。

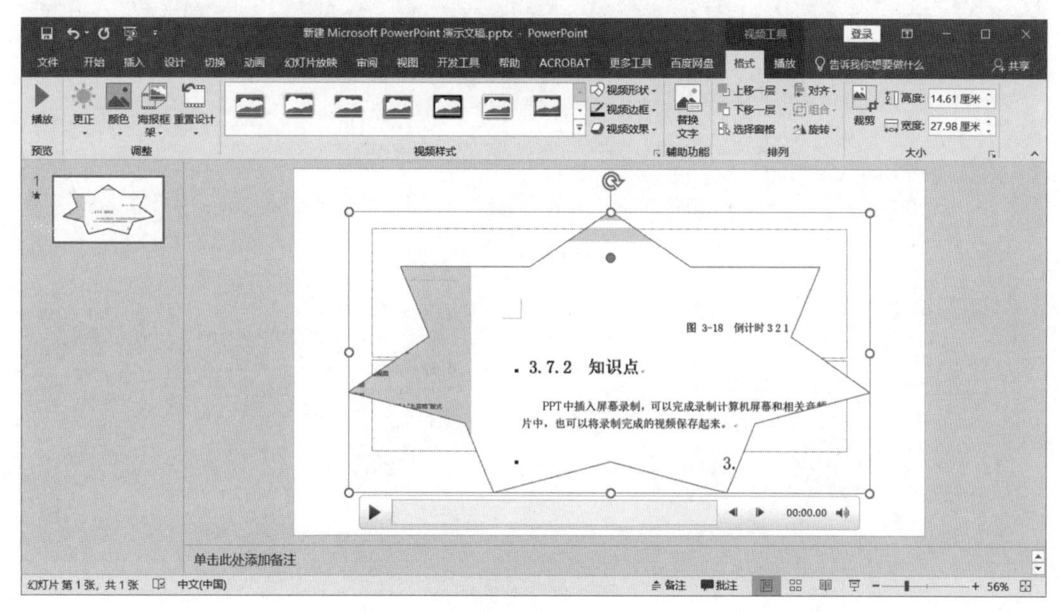

图 3-21 视频工具

3.8 PowerPoint VBA

3.8.1 教学案例：交互式课件制作

【要求】 创建“交互式课件.pptm”文档，制作交互式课件。实现选择题、判断题、填空题等练习题，学生做完试题后，会自动评分并反馈给学生最终成绩。

【操作步骤】

(1) 新建一个空白 PPT 文档，保存为启用宏的 PowerPoint 演示文稿，文件名为“交互式课件.pptm”。

(2) 编辑第一张幻灯片，在标题位置输入“交互式练习题”；再添加三张新的幻灯片，版式均为“仅标题”，标题内容分别按序输入“判断题”“单选题”“填空题”，不要移动幻灯片顺序。

(3) 使用“开发工具”选项卡中“控件”组的“复选框”，在第二张幻灯片中添加“复选框”控件，右击该控件，在弹出的快捷菜单中选择“属性表”，在“属性”对话框中设置控件的 Caption 属性为“1. 在 PPT 中没法实现交互式功能。”，设置控件的 Font 属性，使其字体为楷体，字号大小为一号，拉宽该控件使其在一行中显示文字。

(4) 按住 Ctrl 键，再拖动刚做好的判断题，复制两次该判断题。将其 Caption 属性分别设置为“2. 在 Word 中可以使用 VBA 功能。”和“3. 计算机病毒是一段可执行程序。”完成其他两个判断题。三个判断题默认的名称分别为“CheckBox1”“CheckBox2”“CheckBox3”。

(5) 再添加三个按钮，Caption 属性分别为“重置”“上一页”“下一页”，如图 3-22 所示。三个按钮默认的名称分别为“CommandButton1”“CommandButton2”“CommandButton3”。

(6) 双击“重置”按钮，进入代码编辑状态，输入代码：

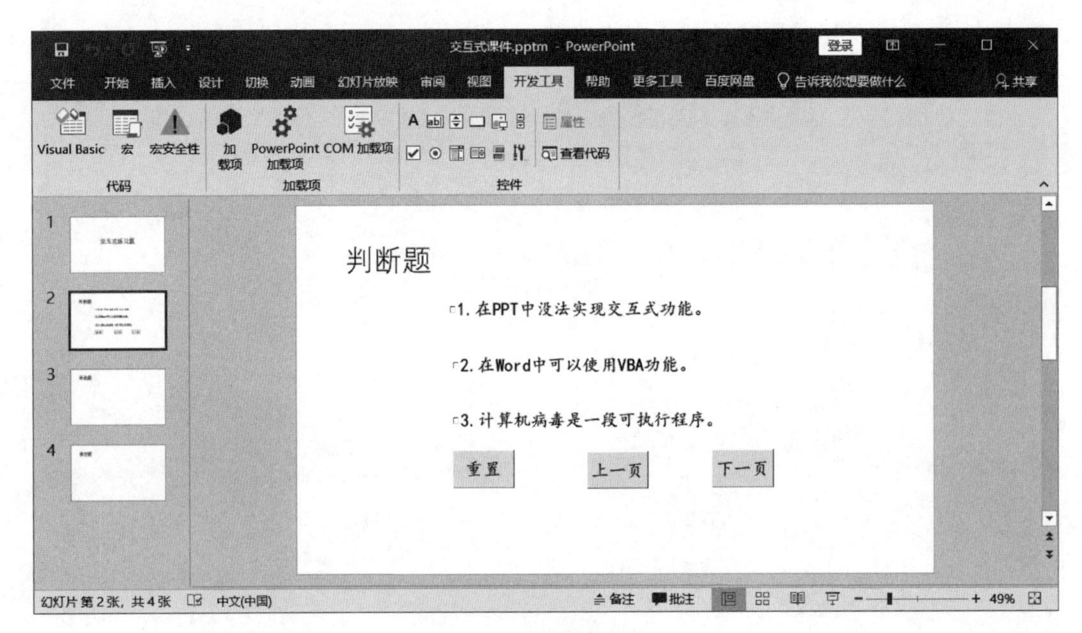

图 3-22　判断题

```
CheckBox1.Value = False
CheckBox2.Value = False
CheckBox3.Value = False
```

(7) 双击“上一页”按钮，进入代码编辑状态，输入代码：

```
Application.ActivePresentation.SlideShowWindow.View.Previous
```

(8) 双击“下一页”按钮，进入代码编辑状态，输入代码：

```
Application.ActivePresentation.SlideShowWindow.View.Next
```

(9) 使用开发工具，在第三张幻灯片中添加“标签”控件，右击该控件，在弹出的快捷菜单中选择“属性表”，在“属性”对话框中设置控件的 Caption 属性为“4. 我国的首都是哪个?”，设置控件的 Font 属性。

(10) 在第三张幻灯片中添加“单选按钮”控件，右击该控件，在弹出的快捷菜单中选择“属性表”，在“属性”对话框中设置控件的 Caption 属性为“A. 上海”，设置控件的 Font 属性。参照之前的方法完成其他选项和按钮，也可以使用复制，如图 3-23 所示。

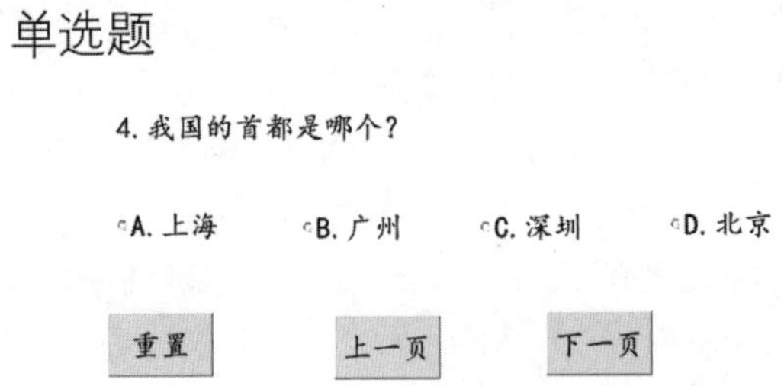

单选题

4. 我国的首都是哪个?

A. 上海　B. 广州　C. 深圳　D. 北京

重置　上一页　下一页

图 3-23　单选题

(11) 双击单选题中的“重置”按钮，进入代码编辑状态，输入代码：

```
OptionButton1.Value = False
```

```
OptionButton2.Value = False
OptionButton3.Value = False
OptionButton4.Value = False
```

（12）单选题中的"上一页"和"下一页"按钮代码与前一张幻灯片一样。

（13）使用开发工具，在第四张幻灯片中添加"标签"控件，设置控件的 Caption 属性为"5.保存含有 VBA 代码的 PPT 文档，其文件扩展名为"，设置控件的 Font 属性。

（14）在第四张幻灯片中添加"文本框"控件，设置控件的 Font 属性。参照之前的方法完成按钮，如图 3-24 所示。

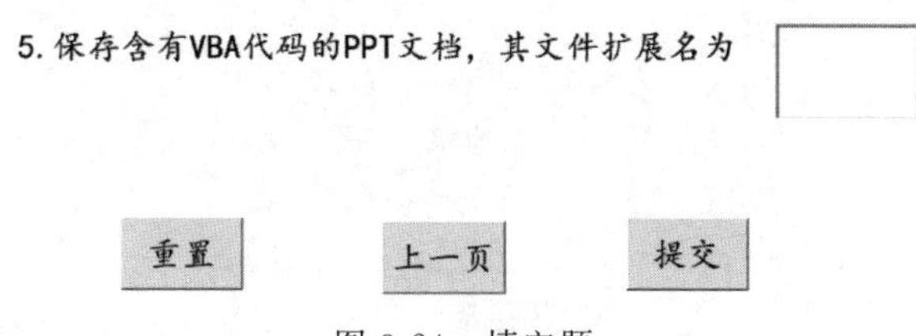

图 3-24　填空题

（15）双击填空题的"重置"按钮，进入代码编辑状态，输入代码：

```
TextBox1.Value = Null
```

（16）填空题的"上一页"按钮代码与前一张幻灯片一样。

（17）对"提交"按钮添加如下代码。

```
Dim score As Integer
score = 0
If Slide2.CheckBox1 = False Then score = score + 1
If Slide2.CheckBox2 = True Then score = score + 1
If Slide2.CheckBox3 = True Then score = score + 1
If Slide3.OptionButton4 = True Then
score = score + 1
End If
If UCase(Slide4.TextBox1) = "PPTM" Then
score = score + 1
End If
MsgBox ("共做对" & score & "题,最后得分:" & score * 20)
```

（18）放映演示文稿，试着答题调试程序，可能的效果如图 3-25 所示。调试成功后，分别使用各重置按钮，将数据清空，然后保存启用宏的工作簿文档为"交互式课件.pptm"。

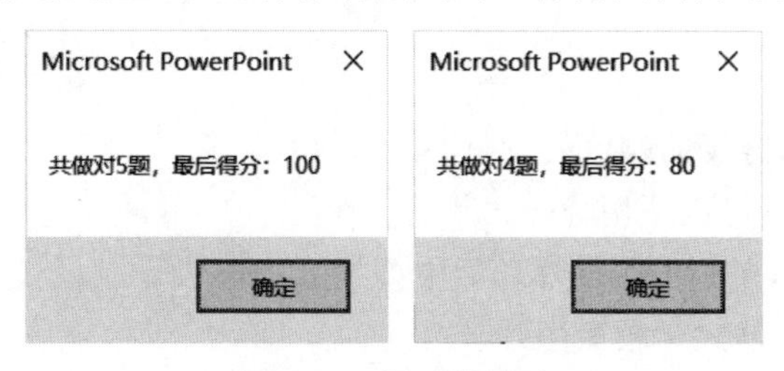

图 3-25　调试效果图

3.8.2 知识点

ActiveX 控件是 Microsoft 的 ActiveX 技术的一部分。ActiveX 控件是可以在应用程序和网络中重复使用的程序对象。ActiveX 控件是一种编程语言中普遍使用的功能，利用其他开发的功能，方便扩充自己软件的功能。

Word、Excel、PowerPoint 均可以插入 ActiveX 控件，都是在“开发工具”|“控件”组中，控件有标签、文本框、命令按钮、复选框、选项按钮、其他控件等，其中 PowerPoint 的控件界面如图 3-26 所示。

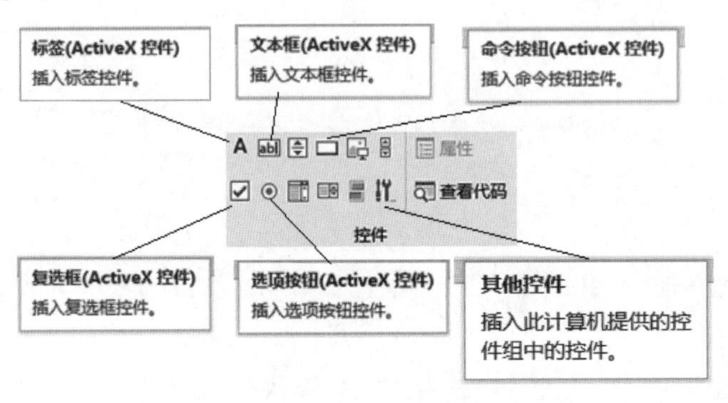

图 3-26　控件界面

部分控件在设置某些属性后可直接使用，但有些控件对象还需要编写程序才能工作。若需要编写程序，在设计模式下，双击某对象，系统会自动切换到 VBA 环境中，且自动显示一个事件程序的 Sub 结构，可以修改事件名称，也可以在事件结构中编写程序。

了解 PowerPoint 对象模型，可以在 VBE 窗口中选择“帮助”|“Microsoft Visual Basic for Application 帮助”，在浏览器中打开微软的“Office 客户端开发”在线帮助文档，并且定位到 PowerPoint 部分。在左侧的“目录”中，选择“PowerPoint VBA 参考”，打开 PowerPoint VBA 帮助文档，在“目录”中选择“对象模型”，可以查看 PowerPoint 的所有对象模型以及每个对象的属性、方法和事件。

Application 对象代表整个 Microsoft PowerPoint 应用程序。一个 Application 对象可以包含很多个演示文稿 Presentation 对象，一个 Presentation 对象可以包含很多个幻灯片 Slide 对象。

习　题　3

一、判断题

1. 在幻灯片中，超链接的颜色设置是不能改变的。(　　)

2. 演示文稿的背景可以采用统一的颜色。(　　)

3. PowerPoint 中，在一个幻灯片母版中添加了宁波大学校徽图片，则应用该母版的所有幻灯片上都会添加宁波大学校徽图片。(　　)

4. 在幻灯片中图有静态和动态两种。(　　)

5. 当在一张幻灯片中将某文本行降级时，使该行缩进一个幻灯片层。(　　)

6. 在幻灯片母版中进行设置,可以起到统一整个幻灯片的风格的作用。(　　)

7. 在 PowerPoint 幻灯片浏览视图中,可以对幻灯片文字内容进行编辑。(　　)

二、选择题

1. 下面________视图中,可以编辑、修改幻灯片中文字内容。

A. 浏览　　B. 普通　　C. 大纲　　D. 备注页

2. Smart 图形不包括下面的________。

A. 图表　　B. 流程图　　C. 循环图　　D. 层次结构图

3. 幻灯片中占位符的作用是________。

A. 表示文本长度　　B. 限制插入对象的数量

C. 表示图形大小　　D. 为文本、图形预留位置

4. 如果希望在演示过程中终止幻灯片的演示,则随时可按的终止键是________。

A. Delete　　B. Ctrl+E　　C. Shift+C　　D. Esc

5. 在幻灯片放映过程中,右击,在弹出的快捷菜单中选择"指针选项"中的荧光笔,在讲解过程中可以进行写和画,其结果是________。

A. 对幻灯片中文字进行了修改

B. 对幻灯片内容肯定没有进行修改

C. 写和画的内容不能留在幻灯片上,下次放映不会显示出来

D. 写和画的内容可以保存起来,以便下次放映时显示出来

6. 可以用鼠标直接拖动方法改变幻灯片顺序的是________。

A. 阅读视图　　B. 备注页视图

C. 幻灯片浏览视图　　D. 幻灯片放映

7. 改变演讲文稿外观可以通过________。

A. 修改主题　　B. 修改母版

C. 修改背景样式　　D. 以上三个都对

8. 关于 PowerPoint,下列说法中错误的是________。

A. 可以动态显示文本和对象

B. 可以更改动画对象的出现顺序

C. 图表中的元素不可以设置动画效果

D. 可以设置动画片切换效果

9. PowerPoint 中,要实现幻灯片之间的任意切换,除了利用文字超链接外,还可以利用________。

A. 鼠标选取　　B. 动作按钮

C. 放映按钮　　D. 滚动条

10. 在 PowerPoint 演示文稿中通过分节组织幻灯片,如果要选中某一节内的所有幻灯片,最优的操作方法是________。

A. 按 Ctrl+A 组合键

B. 单击节标题

C. 选中该节的一张幻灯片,然后按住 Ctrl 键,逐个选中该节的其他幻灯片

D. 选中该节的第一张幻灯片,然后按住 Shift 键,单击该节的最后一张幻灯片

11. PowerPoint 中幻灯片的切换方式是指________。

A. 在编辑新幻灯片时的过渡形式

B. 在编辑幻灯片时切换不同的设计模板

C. 在编辑幻灯片时切换不同视图

D. 在幻灯片放映时两张幻灯片间的过渡形式

12. 下列说法中正确的是________。

A. 幻灯片放映时都是全屏幕

B. 幻灯片放映时可以隐藏某些幻灯片

C. 幻灯片放映时不能切换到其他程序

D. 幻灯片放映时不能使用荧光笔

13. 如果需要在一个演示文稿的每页幻灯片左下角相同位置插入某学校的校徽图片，最优的操作方法是________。

A. 打开幻灯片母版视图，将校徽图片插入母版中

B. 打开幻灯片普通视图，将校徽图片插入每一张幻灯片中

C. 打开幻灯片浏览视图，将校徽图片插入每一张幻灯片中

D. 打开幻灯片模板视图，将校徽图片插入模板中

14. 可以在 PowerPoint 内置主题中设置的内容是________。

A. 字体、颜色和表格　　B. 字体、颜色和效果

C. 效果、图表和背景　　D. 效果、图片和表格

15. 在 PowerPoint 中，幻灯片浏览视图主要用于________。

A. 对所有幻灯片进行整理编排或次序调整

B. 观看幻灯片的播放效果

C. 对幻灯片的内容进行编辑修改及格式调整

D. 对幻灯片的内容进行动画设计

16. 小张利用 PowerPoint 制作产品宣传方案，并希望在演示时能够满足不同对象的需要，处理该演示文稿的最优操作方法是________。

A. 制作一份包含适合所有人群的全部内容的演示文稿，每次放映时按需要进行删减

B. 制作一份包含适合所有人群的全部内容的演示文稿，放映前隐藏不需要的幻灯片

C. 制作一份包含适合所有人群的全部内容的演示文稿，然后利用自定义幻灯片放映功能创建不同的演示方案

D. 针对不同的人群，分别制作不同的演示文稿

17. 针对 PowerPoint 幻灯片中图片对象的操作，下列描述错误的是________。

A. 可以在 PowerPoint 中直接删除图片对象的背景

B. 可以在 PowerPoint 中直接将彩色图片转换为黑白图片

C. 可以在 PowerPoint 中直接将图片转换为铅笔素描效果

D. 可以在 PowerPoint 中将图片另存为.PSD 文件格式

第二部分 多媒体技术应用

自20世纪80年代末以来，随着电子技术和大规模集成电路的发展，计算机技术、通信技术和广播电视技术迅速发展并相互渗透，相互融合，形成了一门崭新的技术，即多媒体技术。多媒体技术的应用已经渗入日常生活的各个领域，如视频点播、视频会议、远程教育和游戏娱乐等。

第4章 多媒体技术基础

4.1 多媒体技术的基本概念

4.1.1 媒体

媒体(Media)是人与人之间实现信息交流的中介,简单地说,就是信息的载体,也称为媒介。媒体在计算机领域中有两种含义:一种是指用以存储信息的实体,如磁盘、磁带、光盘和半导体存储器等;另一种是指信息的载体,如数字、文字、声音、图形、图像和视频等。多媒体技术中的媒体一般指的是后者。

国际电信联盟远程通信标准化组 ITU-T 将媒体分为感觉媒体、表示媒体、表现媒体、存储媒体和传输媒体。

1. 感觉媒体

感觉媒体是指能够直接作用于人的感觉器官(如听觉、视觉、触觉和嗅觉),并使人产生直接感觉的媒体。感觉媒体有人类的各种语言、音乐、自然界的各种声音、图形、静止和运动的图像等。

2. 表示媒体

表示媒体是指为了加工、处理和传播感觉媒体而人为研究和创建的媒体,其目的是将感觉媒体从一个地方向另一个地方传送,以便于加工和处理。表示媒体有各种编码方式,如语音编码、文本编码、静止和运动图像编码等。

3. 表现媒体

表现媒体是指感觉媒体输入计算机中或通过计算机展示感觉媒体的物理设备,即获取和显示感觉媒体信息的计算机输入和输出设备,也称显示媒体。显示媒体包括输入显示媒体(如键盘、摄像机和话筒等)和输出显示媒体(如显示器、喇叭和打印机等)。

4. 存储媒体

存储媒体是用来存放表示媒体,以方便计算机处理加工和调用。这类媒体主要是指与计算机相关的外部存储设备,如磁带、磁盘和光盘等。

5. 传输媒体

传输媒体是用来将媒体从一个地方传送到另一个地方的物理载体,是通信的信息载体,如双绞线、同轴电缆和光纤等。

在使用多媒体计算机时,人们首先通过表现媒体的输入设备将感觉媒体转换为表示媒体,再存放在存储媒体中,计算机对存储媒体中的表示媒体进行加工处理,然后通过表现媒体的输出设备还原成感觉媒体，反馈给用户，如图 4-1 所示。五种媒体的核心是表示媒体，所以通常将表示媒体称为媒体。可以认为多媒体就是多样化的表示媒体。

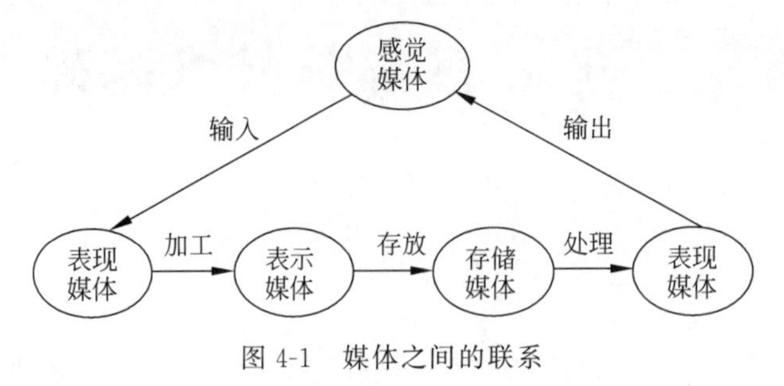

图 4-1　媒体之间的联系

4.1.2　多媒体技术

多媒体的英文单词是 Multimedia，它由 media 和 multi 两部分组成。一般理解为多种媒体的综合。多媒体是多种媒体的有机组合，在计算机领域是指计算机与人进行交流的多元化信息，常用的媒体元素主要包括文本、图形、图像、声音、动画和视频等。

多媒体技术就是把文字、图片、声音、视频等媒体通过计算机集成在一起的技术。即利用计算机对文本、图形、图像、音频、视频和动画等多种媒体信息进行采集、压缩、存储、控制、编辑、变换、解压缩、播放、传输等数字化综合处理，使多种媒体信息建立逻辑连接，使之具有集成性和交互性等特征的系统技术。

多媒体技术所处理的文字、声音、图像和图形等媒体信息是一个有机的整体，而不是一个个"分立"的信息类的简单堆积，多种媒体之间无论是在时间上还是在空间上都存在着紧密的联系。因此，多媒体技术有多样性、集成性、交互性、实时性和数字化等基本特征。

(1) 多样性。

多媒体技术的多样性是指多媒体种类的多样化。它不再局限于数值、文本而广泛采用图像、图形、视频、音频等信息形式来表达。多媒体就是要把计算机处理的信息多样化或多维化，从而改变计算机信息处理的单一模式，使人们能交互地处理多种信息。

(2) 集成性。

集成性是指不同的媒体信息有机地结合到一起，形成一个完整的整体。它以计算机为中心综合处理多种信息媒体，它包括信息媒体的集成和处理这些媒体的设备的集成。信息媒体的集成包括信息的多通道统一获取、多媒体信息的统一组织和存储、多媒体信息表现合成等方面。多媒体设备的集成包括硬件和软件两方面。

(3) 交互性。

交互性是指用户与计算机之间进行数据交换、媒体交换和控制权交换的一种特性。多媒体的交互性是指用户可以与计算机的多种信息媒体进行交互操作从而为用户提供更加有效的控制和使用信息的手段。人们可以通过使用键盘、鼠标、触摸屏、话筒等设备，通过计算机程序去控制各种媒体的播放、检索信息等。

(4) 实时性。

对媒体信息的实时处理，实时性意味着多媒体系统在处理信息时有着严格的时序要求和很高的速度要求。

(5) 数字化。

媒体信息的数字化是指各种媒体信息都以数字形式(0 和 1 的方式)进行存储和处理。

多媒体技术是一种基于计算机的综合技术,包括数字化信息的处理技术、音频和视频处理技术、计算机硬件和软件技术、人工智能和模式识别技术、通信和图像处理技术等,因而是一门跨学科的综合技术。随着多媒体技术的深入发展,其应用也越来越广泛,多媒体技术的应用已经渗透到人类社会的各个方面,包括教育、医疗、军事、通信、娱乐、模拟仿真和监控等。

4.2 多媒体计算机系统

多媒体计算机系统与一般计算机系统结构原则上是相同的,都由底层的硬件系统和各层软件系统组成,区别在于多媒体计算机系统需要考虑多媒体信息处理的特性,其系统的层次结构比一般的计算机系统更为丰富。

多媒体计算机系统是一种复杂的硬件和软件有机结合的综合系统。它把多媒体与计算机系统融合起来,并由计算机系统对各种媒体数据进行数字化处理。因为目前开展多媒体应用的主流计算机是个人计算机,所以多媒体计算机系统将围绕多媒体个人计算机,即 MPC(Multimedia Personal Computer)展开讨论。事实上,多媒体计算机是在原有的个人计算机上增加多媒体套件而构成,即在原有的个人计算机上增加多媒体硬件和多媒体软件。

多媒体计算机是指能够综合处理多种媒体信息,使多种媒体信息建立逻辑连接,集成为一个系统并具有交互性的计算机。多媒体计算机系统一般由多媒体硬件系统和多媒体软件系统组成,如图 4-2 所示。

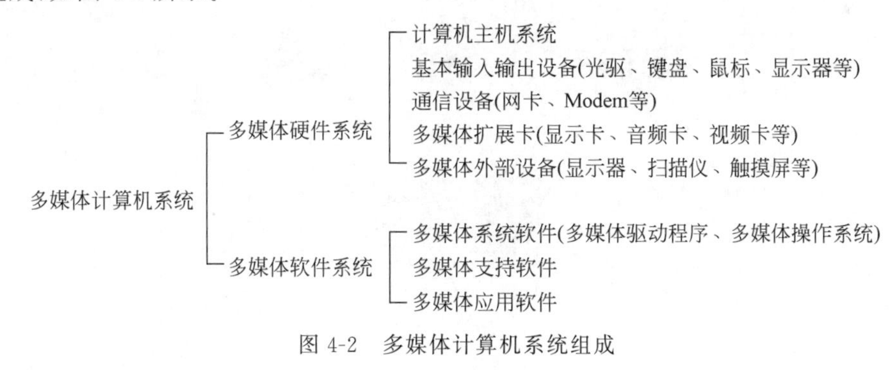

图 4-2 多媒体计算机系统组成

4.2.1 多媒体硬件系统

多媒体计算机的硬件系统层是多媒体计算机系统的物质基础,它包括计算机主机系统和多媒体接口及外部设备等。多媒体硬件系统主要包括计算机传统硬件设备、光盘存储器、多媒体输入输出和处理设备。

多媒体声音输入设备主要有话筒、音响、语音输入等声音输入设备;图像输入设备主要有数码相机、图像扫描仪、数字化仪、触摸屏等;视频输入设备主要有影视录像、摄录机及光碟机等。多媒体输出设备主要有投影仪、刻录机、音箱、绘图仪等。随着网络技术和多媒体通信技术的发展,网卡、Modem、传真机、电话等通信设备也逐渐成为 MPC 的多媒体配置。

为实现音、视频和图像信号的采集与处理，音频卡、视频卡等成为 MPC 必需的接口板卡配置。图 4-3 是典型的多媒体计算机的硬件配置，主要设备列举如下。

1. 音频卡

音频卡也叫声卡，是处理音频信号的 PC 插卡，一般具有立体声合成、模拟混音、数字信号处理和输出功率放大等功能。音频卡主要用于处理音频信息，它可以把话筒、录音机、电子乐器等输入的声音信息进行模数(A/D)转换、压缩等处理，也可以把经过计算机处理的数字化的声音信号通过还原(解压缩)、数模(D/A)转换后用音箱播放出来，或者用录音设备记录下来。

2. 视频卡

视频卡也叫视频采集卡，用以将模拟摄像机、录像机、LD 视盘机、电视机等输出的视频数据或者视频和音频的混合数据输入计算机，并转换为计算机可辨别的数字数据，存储在计算机中，成为可编辑、处理的视频数据文件。

在计算机上通过视频卡可以接收来自视频输入端的模拟视频信号，对该信号进行采集，量化成数字信号，然后压缩编码成数字视频。大多数视频卡都具备硬件压缩的功能，在采集视频信号时首先在卡上对视频信号进行压缩，然后再通过 PCI 接口把压缩的视频数据传送到主机上。

3. 光驱

光驱是计算机用来读写光碟内容的机器，也是在台式计算机和笔记本计算机中比较常见的一个部件。随着多媒体的应用越来越广泛，光驱在计算机诸多配件中已经成为标准配置。光驱可分为 CD-ROM 驱动器、DVD 光驱(DVD-ROM)、康宝(COMBO)、蓝光光驱(BD-ROM)和刻录机等。可读写光驱又称刻录机，用于读取或存储大容量的多媒体信息。

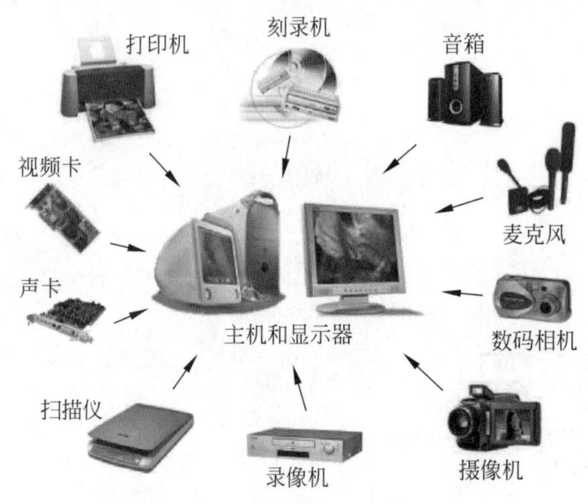

图 4-3　多媒体硬件系统的组成

4.2.2　多媒体软件系统

多媒体软件系统主要包括多媒体系统软件(多媒体驱动程序、多媒体操作系统)、多媒体支持软件和多媒体应用软件等。

1. 多媒体驱动程序

多媒体驱动程序(也称驱动模块)是最底层硬件的软件支撑环境，直接与计算机硬件打交道，完成设备初始化、设备的打开和关闭、基于硬件的压缩/解压缩、图像快速变换及功能调用等。通常驱动软件有视频子系统、音频子系统以及视频/音频信号获取子系统等。一种多媒体硬件需要一个相应的驱动程序，驱动程序一般随硬件产品提供，它常驻内存。

2. 多媒体操作系统

多媒体操作系统是多媒体软件的核心。它负责多媒体环境下多任务的调度和管理，保证音频和视频同步控制以及信息处理的实时性。提供各种基本操作和管理；多媒体操作系统是系统软件的核心，作为多媒体计算机的操作系统除了传统的管理功能之外，还要有标准化的对硬件透明的应用程序接口、图形用户接口，实现多媒体环境下多任务的调度，保证音频、视频同步控制及信息处理的实时性；提供多媒体信息的各种基本操作和管理；具有对设备的相对独立性和可操作性。多媒体操作系统还应该具有独立于硬件设备和较强的可扩展能力。Windows、OS/2 和 Macintosh 等操作系统都提供了对多媒体的支持。

3. 多媒体支持软件

多媒体支持软件通常包括多媒体素材制作工具、多媒体创作工具和多媒体编程工具。为多媒体应用程序进行数据准备的程序，主要为多媒体数据采集软件，其中包括数字化音频的录制和编辑软件、MIDI 文件的录制和编辑软件、图像扫描及预处理软件、全动态视频采集软件、动画生成和编辑软件等。

多媒体作品的创作开发是一个系统而又复杂的工程，涉及文本、图形、图像、动画、视频等诸多处理软件。常见的多媒体处理软件如下。

(1) 图形处理软件：Adobe Illustrator、CorelDRAW、AutoCAD。

(2) 图像处理软件：Adobe PhotoShop、ACDSee。

(3) 音频处理软件：Adobe Audition、GoldWave、Cool Edit Pro。

(4) 视频处理软件：Adobe Premiere、Adobe After Effects、会声会影。

(5) 动画制作软件：Adobe Animate、3ds Max、Cool 3D、Maya。

4. 多媒体应用软件

多媒体应用软件是在多媒体硬件平台上设计开发的面向应用的软件系统。目前多媒体应用软件种类已经很多，既有可以广泛使用的公共型应用支持软件，如多媒体数据库系统等，又有不需要二次开发的应用软件。像 Windows 系统以前自带的豪杰超级解霸播放器、现在的 Windows Media Player 以及 RealPlayer、暴风影音等播放器之类的软件都是“多媒体应用软件”的一部分。这类软件与用户有直接接口，用户只要使用有关的操作命令，就能方便地进行如 MP3 播放、DVD 播放等。

4.3 多媒体中的媒体元素及特征

多媒体媒体元素是指多媒体应用中可显示给用户的媒体组成。

1. 文本

文本(Text)是以文字和各种专用符号表达的信息形式，它是现实生活中使用得最多的一种信息存储和传递方式。文本是计算机中基本的信息表示方式，包含数字、字母、符号和汉字，以文本文件形式存储。用文本表达信息给人充分的想象空间，它主要用于对知识的描述性表示，如阐述概念、定义、原理和问题以及显示标题、菜单等内容。

文本文件分为非格式化文本文件和格式化文本文件。非格式化文本文件指只有文本信息没有其他任何有关格式信息的文件,又称为纯文本文件。如".txt"文件。格式化文本文件指带有各种文本排版信息等格式信息的文本文件,如".docx"文件。可用文字处理软件(如记事本和Word等)对文本进行编辑,也可对文本进行识别、翻译和发声等操作。

2. 图形

图形(Graphics)一般是指由计算机通过绘图软件绘制的画面,由点、线、面、体等组合而成,以矢量图形文件形式存储,如直线、圆、圆弧、矩形、任意曲线和图表等。图形的格式是一组描述点、线、面等几何图形的大小、形状及其位置等的集合。图形中只记录生成图的算法和图上的某些特征点,因此也称矢量图。

3. 图像

图像(Image)是指由输入设备捕捉的实际场景的静止画面,或以数字化形式存储的任意画面,经数字化后以位图格式存储,如照片等。图像是多媒体应用软件中最重要的信息表现形式之一,它是决定一个多媒体软件视觉效果的关键因素。

静止的图像是一个矩阵,矩阵中的各项数字用来描述构成图像的各个点(称为像素点,Pixel)的强度与颜色等信息。这种图像也称为位图(Bit-mapped Picture)。图像文件在计算机中的存储格式有多种,如BMP、PCX、TIF、TGA、GIF、JPG等,一般数据量都较大。

4. 音频

声音是人们用来传递信息、交流感情最方便、最熟悉的方式之一。自然界的声音经数字化后以音频(Audio)文件格式存储。数字音频可分为波形声音、语音和音乐。波形声音实际上已经包含了所有的声音形式,它可以将任何声音都进行采样量化,相应的文件格式是WAV文件或VOC文件。语音也是一种波形,所以和波形声音的文件格式相同。音乐是符号化了的声音,其中乐谱可转变为符号媒体形式,对应的文件格式是MID文件或CMF文件。

5. 动画

动画(Animation)是利用人的视觉暂留特性,快速播放一系列连续运动变化的图形图像,也包括画面的缩放、旋转、变换、淡入淡出等特殊效果。动画是活动的画面,实质是一幅幅静态图像的连续播放。动画的连续播放既指时间上的连续,也指图像内容上的连续。当一系列图形或图像的画面按一定时间间隔在人的视线中经过时,人脑就会产生物体运动的印象。

通过动画可以把抽象的内容形象化,使许多难以理解的教学内容变得生动有趣。合理使用动画可以达到事半功倍的效果。

6. 视频

视频(Video)是由一幅幅单独的画面序列(帧,Frame)组成,这些画面以一定的速率连续地投射在屏幕上,使观察者有图像连续运动的感觉。由摄像机等输入设备获取的活动画面,数字化后以视频文件格式存储。视频影像具有时序性与丰富的信息内涵,常用于显示事物的发展过程。视频非常类似于人们熟知的电影和电视,在多媒体中充当重要的角色。

4.4 多媒体数据压缩技术

多媒体信息经过数字化处理后其数据量是非常大的,如果不进行数据压缩处理,计算机系统就无法对它进行存储、传输和处理。解决这一难题的有效方法就是数据压缩编码。

数据压缩是通过数学运算将原来较大的文件变为较小文件的数字处理技术，数据解压缩是把压缩数据还原成原始数据或与原始数据相近的数据的技术。数据压缩是通过编码技术减少数据冗余来降低数据存储时所需空间，当数据使用时，再进行解压缩。根据对压缩数据经解压缩后是否能准确地恢复压缩前的数据来分类，分成无损压缩和有损压缩两类。

1. 无损压缩

无损压缩是利用数据的统计冗余进行压缩，可完全恢复原始数据而不引入任何失真，但压缩率受到数据统计冗余度的理论限制，一般为 2∶1～5∶1。无损压缩的压缩过程是可逆的，也就是说，从压缩后的数据能够完全恢复出原来的数据，信息没有任何丢失。无损压缩的原理是统计被压缩数据中重复数据的出现次数来进行编码。这类方法广泛用于文本数据、程序和特殊应用场合的图像数据（如指纹图像、医学图像等）的压缩。典型的无损压缩编码有哈夫曼编码、行程编码、Lempel zev 编码和算术编码等。由于压缩比的限制，仅使用无损压缩方法不可能解决图像和数字视频的存储与传输问题。

2. 有损压缩

有损压缩是利用人类视觉对图像中的某些频率成分不敏感的特性，允许压缩过程中损失一定的信息，不对这些不敏感频率进行还原。虽然有损压缩后不能完全恢复原始数据，但是所损失的部分对理解原始图像的影响较小，却换来了更大的压缩比。有损压缩的压缩过程是不可逆的，无法完全恢复原始数据，信息有一定的丢失。有损压缩广泛应用于语音、图像和视频数据的压缩。

3. 常见压缩标准

视频音频数据压缩/解压缩技术选用合适的数据压缩技术，有可能将字符数据量压缩到原来的 1/2 左右，语音数据量压缩到原来的 1/10～1/2，图像数据量压缩到原来的 1/60～1/2。常用的压缩编码/解压缩编码的国际标准列举如下。

(1) JPEG：静止图像压缩编码。

JPEG(Joint Photographic Experts Group)即联合图像专家组，是用于连续色调静态图像压缩的一种标准，文件扩展名为.jpg 或.jpeg，也是最常用的图像文件格式。JPEG 可以用有损压缩方式去除冗余的图像数据，用较少的磁盘空间得到较好的图像品质。

(2) MPEG：运动图像压缩编码。

国际标准化组织(ISO)于 1992 年制定了运动图像数据压缩编码的标准 ISO CD11172，简称 MPEG(Moving Pictures Experts Group，动态图像专家组)。它旨在解决视频图像压缩、音频压缩及多种压缩数据流的复合与同步，它很好地解决了计算机系统对庞大的音像数据的吞吐、传输和存储问题。该编码技术的发展十分迅速，从 MPEG-1、MPEG-2 到 MPEG-4，不仅图像质量得到了很大的提高，而且在编码的可伸缩性方面也有了很大的灵活性。

MP3 采用 MPEG 音频第三层数据压缩编码标准。MP3 全称是动态图像压缩的标准音频级。它的目的是大大减少音频数据量。使用 MPEG 音频第三层的技术，音乐可以以 1∶10 甚至 1∶12 的压缩率压缩成更小的文件。对于大多数用户来说，播放质量并不明显低于原始的未压缩音频。

(3) H.264：高度压缩数字视频编解码器标准。

H.264 是新一代的编码标准，以高压缩、高质量和支持多种网络的流媒体传输著称。在不影响图像质量的情况下，与采用 M-JPEG 和 MPEG-4 Part 2 标准相比，H.264 编码器可使数字视频文件的大小分别减少80%和50%以上。

H.264是国际标准化组织和国际电信联盟(ITU)共同提出的继MPEG4之后的新一代数字视频压缩格式。ITU制定的标准有H.261、H.263、H.263+等,而H.264则是由两个组织联合组建的联合视频组(JVT)共同制定的新数字视频编码标准,所以它既是ITU的H.264,又是ISO/IEC的MPEG-4高级视频编码(Advanced Video Coding,AVC)的第10部分。因此,不论是MPEG-4 AVC、MPEG-4 Part 10,还是ISO/IEC 14496-10,都是指H.264。

习　题　4

一、判断题

1. 计算机只能加工数字化信息,因此,所有的多媒体信息都必须转换为数字化信息,再由计算机处理。(　　)

2. 媒体信息数字化以后,体积减小了,信息量也减少了。(　　)

3. 对图像文件采用有损压缩,可以将文件压缩的更小,减少存储空间。(　　)

4. JPEG标准适合于静止图像,MPEG标准适用于动态图像。(　　)

5. 一幅位图图像在同一显示器上显示,显示器显示分辨率设得越大,图像显示的范围越大。(　　)

二、选择题

1. 电视或网页中的多媒体广告与普通报刊上的广告相比的最大优势表现在________。

A. 多感官刺激　　B. 超时空传递　　C. 覆盖范围广　　D. 实时性好

2. 下列关于多媒体技术主要特征描述正确的是________。

① 多媒体技术要求各种信息媒体必须要数字化

② 多媒体技术要求对文本、声音、图像、视频等媒体进行集成

③ 多媒体技术涉及信息的多样化和信息载体的多样化

④ 交互性是多媒体技术的关键特征

A. ①②③　　B. ①④　　C. ①②③　　D. ①②③④

3. 计算机存储信息的文件格式有多种,WMV格式的文件是用于存储________信息的。

A. 文本　　B. 图片　　C. 声音　　D. 视频

4. 在多媒体课件中,课件能够根据用户答题情况给予正确和错误的回复,突出显示了多媒体技术的________。

A. 多样性　　B. 交互性　　C. 集成性　　D. 非线性

5. 关于文件的压缩,以下说法正确的是________。

A. 文本文件与图形图像都可以采用有损压缩

B. 文本文件与图形图像都不可以采用有损压缩

C. 图形图像可以采用有损压缩,文本文件不可以

D. 文本文件可以采用有损压缩,图形图像不可以

6. 多媒体是由________等媒体元素组成的。

A. 图形、图像、动画、音乐、磁盘

B. 文字、颜色、动画、视频、图形

C. 文本、图形、图像、声音、动画、视频

D. 图像、视频、动画、文字、杂志

三、问答题

1. 多媒体技术有哪些特征？
2. 简述多媒体系统的组成。
3. 多媒体压缩分为哪几类？常见的压缩标准有哪些？

第5章 图像编辑与处理

5.1 图像基础知识

图像作为一种视觉媒体，很久以前就已成为人类信息传输、思想表达的重要方式之一。在计算机出现以前，图像处理主要是依靠光学、照相、图像处理和视频信号处理等模拟处理。随着多媒体计算机的产生与发展，数字图像代替了传统的模拟图像技术，形成了独立的“数字图像处理技术”。多媒体技术借助数字图像处理技术得到迅猛发展，同时又为数字图像处理技术的应用开拓了更为广阔的前景。

利用 Photoshop 对图像进行各种编辑与处理之前，应该先了解有关图像大小、分辨率、图像色彩模式以及图像格式等基础知识。掌握了这些图像处理的基本概念，才不至于使处理出来的图像失真或达不到自己预想的效果。

5.1.1 图形和图像

1. 矢量图(图形)

数字图像按照图面元素的组成可以分为两类，即矢量式图像(Vector Image)和点阵式图像(Raster Image)。两类图像各有优缺点，可以搭配使用，互相取长补短。

矢量式图像也叫矢量图，有时也称为图形，它是一种基于图形的几何特性来描述的图像。矢量图一般由绘图软件生成，由直线、圆、圆弧和任意曲线等图元素组成，利用数学的矢量方式来记录图像内容。矢量图中的各种图形元素称为对象，每个对象都是独立的个体，都具有大小、颜色、形状、轮廓等属性。

矢量图文件的大小与图像大小无关，只与图像的复杂程度有关，因此简单的图像所占的存储空间小。矢量图像可无限缩放，并且不会产生锯齿或模糊效果，在任何输出设备及打印机上，矢量图都能以打印机或印刷机的最高分辨率进行打印输出。

矢量图有如下两个优点：

(1) 矢量式图像文件所占的容量较小，处理时需要的内存空间也少。

(2) 矢量图与分辨率无关，可以将它设置为任意大小，其清晰度不变，也不会出现锯齿状的边缘。在进行各种变形(如缩放、旋转、扭曲)时几乎没有误差产生，不失真。如图 5-1 所示，图像放大 3 倍、24 倍都几乎没有失真。

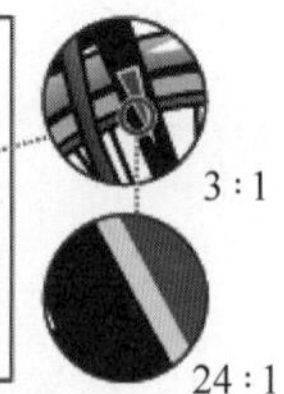

图 5-1 矢量图放大

矢量图的缺点是不易制作色调丰富或色彩变

化太多的图像，所绘制出来的图形不很逼真，无法像照片一样精确地描写自然界的景物，同时也不易在不同的软件之间交换文件。

2. 位图图像

位图图像也叫点阵式图像，它是由许多不同颜色的小方块组成的，每个小方块称为像素点，每个像素点都有特定的位置和颜色值。像素点越多，图像的分辨率越高，相应地，图像的文件量也会随之增大。使用放大工具放大后，可以清晰地看到像素的小方块形状与不同的颜色。

图像是由扫描仪、数码照相机和摄像机等输入设备捕捉的真实场景画面产生的映像，数字化后以位图形式存储，存储构成图像每个像素点的亮度和颜色。位图文件的大小与分辨率和色彩的颜色种类有关。

位图图像的优点：色彩和色调变化丰富，可以较逼真地反映自然界的景物，同时也容易在不同软件之间交换文件。

位图图像的缺点：在放大、缩小或者旋转处理后会产生失真，同时文件数据量巨大，对内存要求也较高。例如，一条线段在点阵式图像中是由许多像素点组成的，每个像素点是独立的，因此可以表现复杂的色彩纹路，但数据量相对增加，而且构成这条线段的像素点是固定且有限的，在变换时就会影响其分辨率，产生失真。如图 5-2 所示，图像放大 3 倍、24 倍都有一定程度的失真。

位图图像的大小与图像的分辨率与尺寸有关，图像较大其所占用的存储空间也较大，当图像分辨率较小时，其图像输出的品质也较低。位图比较适合制作细腻、轻柔缥缈的特殊效果，Photoshop 生成的图像一般都是位图图像。

图 5-2　位图图像放大

5.1.2　图像的基本属性

1. 像素

像素(Pixel)是组成图像的最基本单元，是一个小的方形的颜色块。一个图像通常由许多像素组成，这些像素被排成横行或纵列，每个像素都是方形的。每个像素都有不同的颜色值。当扫描一幅图像时，要设置扫描仪的分辨率，这一分辨率决定了扫描仪从源图像中每英寸取多少个样点。这时，扫描仪将源图像看成由大量的网格组成，然后在每一网格中取出一点，用它的颜色值来代表这一网格区域中所有点的颜色值。这些被选中的点就称为样点。

2. 分辨率

图像中每单位长度上的像素数目称为图像的分辨率，其单位为像素/英寸或像素/厘米。图像的分辨率典型的是以每英寸的像素数(Pixel Per Inch，PPI)来衡量。图像由像素点构成，而像素点密度决定了分辨率的高低。图像分辨率的高低直接影响图像质量，在相同尺寸的两幅图像中，高分辨率的图像包含的像素比低分辨率的图像包含的像素多。在一定显示分辨率情况下，图像分辨率越高，图像越清晰，同时图像文件也越大。

在 Photoshop 系统中，新建文件默认分辨率为 72 像素/英寸，如果进行精美彩色印刷，图片的分辨率最小应不低于 300 像素/英寸。

显示分辨率是指显示屏上能够显示出的像素数目。例如，一台 14 英寸笔记本计算机的显示分辨率为 1440×900，表示显示屏分成 900 行，每行显示 1440 像素。对于一个确定大小的屏幕而言，屏幕能够显示的像素越多说明显示设备的分辨率越高，显示的图像质量也越高。

设备分辨率又称为输出分辨率，是指各类图像输出设备在输出图像时每英寸长度上可输出的点数(Dots Per Inch，DPI)，如打印机、绘图仪的分辨率。

3. 像素深度

像素深度也称为颜色深度、图像深度，是指描述图像中每个像素的数据所需要的二进制位数(bit)，用来存储像素点的颜色、亮度等信息。像素深度决定了彩色图像的每个像素点可能有的颜色数，或者确定灰度图像中每个像素点可能有的灰度等级数。目前深度有 1、8、16、24、32 几种。深度为 1 时，表示像素的颜色只有 1 位，可以表示两种颜色(黑色和白色)；深度为 8 时，表示像素的颜色有 8 位，可以表示 $2^8=256$ 种颜色；深度为 24 时，表示像素的颜色有 24 位，可以表示 $2^{24}=16\,777\,216$ 种颜色，它用三个 8 位来分别表示 R、G、B 颜色，这种图像叫作真彩色图像；深度为 32 时，也是用三个 8 位来分别表示 R、G、B 颜色，另一个 8 位用来表示图像的其他属性(透明度等)。

5.1.3 色彩

色彩即颜色，是外界光刺激作用于人的视觉器官而产生的主观感觉。颜色分两大类：非彩色和彩色。非彩色是指黑色、白色和介于这两者之间深浅不同的灰色，也称为无色系列。彩色是指除了非彩色以外的各种颜色。

1. 色彩的产生

在自然界中，物体本身没有颜色，是光赋予了自然界一切非光源物体以丰富多彩的颜色，没有光就没有颜色。一个发光的物体称为光源，光源的颜色由其发出的光波来决定。而非光源物体的颜色则由该物体吸收或者反射的光波来决定。非光源物体从被照射的光中选择性地吸收了一部分波长的色光，并反射或透射剩余的色光。人眼看到的剩余的色光就是物体的颜色。如红色的花是因为吸收了白色光中的蓝色光和绿色光，而仅仅反射了红色光。

人眼可以分辨的是可见光，可见光由各种不同波长的彩色光谱组合而成，波长范围为 350～750nm，图 5-3 列出了不同颜色的波长范围。

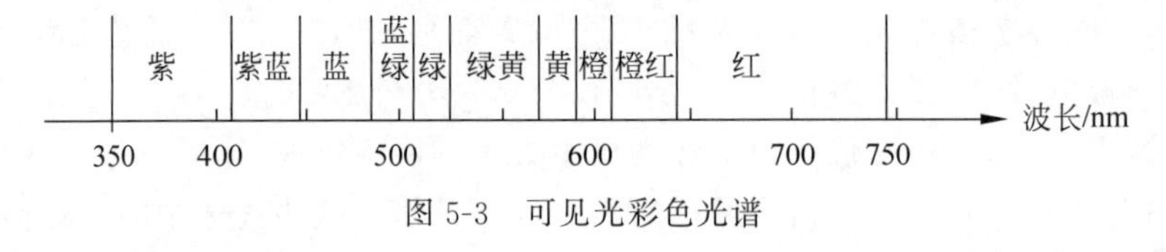

图 5-3 可见光彩色光谱

2. 色彩的三要素

人的视觉系统对彩色色度的感觉和亮度的敏感性是不同的。从人的视觉特性看，色彩可用色调、亮度和饱和度三个要素来描述。

(1) 色调。色调也称为色相，表示彩色的外观，在不同波长的光的照射下人眼感觉到的颜色，如红色、绿色、黄色等。用于区别颜色种类。

(2) 亮度。亮度也称为明度，它是指彩色光作用于人眼时引起人眼视觉的明亮程度。它与彩色光线的强弱有关，而且与彩色光的波长有关。亮度最小时即为黑色，亮度最大时即为白色。

(3) 饱和度。饱和度也称为色度，表示颜色的鲜艳程度、色彩的浓淡程度。它取决于彩色光中白光的含量，掺入的白光越多，色彩越淡，饱和度越低，直至淡化为白色；未掺入白光的彩色最纯，也即饱和度最高。

3. 色彩的三原色

三原色(也称为三基色)是指红、绿、蓝三种颜色。这是因为自然界中常见的各种颜色都可以由红、绿和蓝三种色光按一定比例混合而成的。红、绿和蓝三种色光也是白光分解后得到的主要色光，与人眼网膜细胞的光谱响应区间相匹配，符合人眼的视觉生理效应。红、绿和蓝三种颜色混合得到的彩色范围最广，而且这三种色光相互独立，其中任意一种都不能由另外两种色光混合而成，因此称红、绿、蓝为色彩的三原色。

5.1.4 颜色模式

颜色模式是将某种颜色表现为数字形式的模型，或者说是一种记录图像颜色的方式。颜色模式分为RGB模式、CMYK模式、HSB模式、灰度模式、Lab模式、位图模式、索引颜色模式、双色调模式和多通道模式等。颜色模式除确定图像中能显示的颜色数之外，还影响图像的通道数和文件大小。

1. RGB模式

RGB模式是一种加色模式，它通过红、绿、蓝三种色光相叠加而形成更多的颜色，RGB分别是Red、Green和Blue。任何一种颜色由红、绿、蓝三基色通过不同的强度混合而成。一幅24位的RGB图像有三个色彩信息的通道：红色(R)、绿色(G)和蓝色(B)；将红、绿、蓝三种颜色分别按强度不同分成256个级别(值为0～255)，组合可以得到256×256×256=16 777 216种颜色。

当这三个分量的值均为255时像素为纯白色，当所有分量的值为0时，像素是纯黑色。因为RGB模式产生颜色的方法是加色法，没有光时为黑色，加入RGB色的光产生颜色，RGB每一色都是0～255种亮度的变化，当光亮达到最大时就为白色。

RGB模式是编辑图像的最佳颜色模式。新建Photoshop图像的默认模式为RGB，计算机显示器总是使用RGB模式显示颜色。屏幕、扫描仪和投影仪都属于RGB设备，因为它们由红、绿、蓝三个电子射线枪构成。

2. CMYK模式

CMYK模式颜色系统中任何一种颜色可以由青、洋红、黄和黑四种颜色混合而成。CMYK分别代表Cyan(青)、Magenta(洋红)、Yellow(黄)、Black(黑)。

CMYK模式是一种印刷模式，与RGB模式不同的是，RGB是加色法，CMYK是减色法。在CMYK模式中，每个像素的每种印刷油墨会被分配一个百分比值。最亮的颜色分配较低的印刷油墨颜色百分比值，较暗的颜色分配较高的百分比值。

CMYK模式是最佳的颜色打印模式，RGB模式尽管色彩多，但不能完全打印出来。一般先用RGB模式编辑，打印时转换为CMYK模式，因此，打印时色彩会有一定的失真。

3. HSB模式

HSB模式颜色系统中任何一种颜色由色相、饱和度和亮度三个要素定义而成。H代表色相，S代表饱和度，B代表亮度。

色相的意思是纯色，即组成可见光谱的单色。红色为0度，绿色为120度，蓝色为240度。饱和度代表色彩的纯度，其值为0～100，0为灰色。亮度是色彩的明亮程度，最大亮度是色彩最鲜明的状态,其值为0～100,0为全黑。该模式基于人眼对颜色的感觉。利用该模式可以任意选择不同明亮度的颜色。

4. 灰度模式

灰度图又叫8b深度图。每个像素用8个二进制位表示,能产生2的8次方(即256)级灰色调。灰度图像的每个像素有一个0(黑色)～255(白色)的亮度值。使用黑白或灰度扫描仪产生的图像常以灰度模式显示。

当一个彩色文件被转换为灰度模式文件时,所有的颜色信息都将从文件中丢失,所以要转换为灰度模式时,应先做好图像的备份。

5. Lab模式

Lab模式是一种国际色彩标准模式,它由L、a、b三个通道组成。L通道是透明度,代表光亮度分量,范围为0～100。其他两个是色彩通道,即色相和饱和度,用a和b表示,两者范围都是+120 ～-120。a通道包括的颜色值从深绿色(低亮度值)到灰色(中亮度值),再到亮粉红色(高亮度值);b通道包括的颜色值从亮蓝色(低亮度值)到灰色(中亮度值),再到焦黄色(高亮度值)。

Lab模式是在不同颜色模式之间转换时使用的内部颜色模式。它能毫无偏差地在不同系统和平台之间进行转换。计算机将RGB模式转换为CMYK模式时,实际上是先将RGB模式转换为Lab模式,然后再将Lab模式转换为CMYK模式。

6. 位图模式

位图模式为黑白位图模式,使用两种颜色值即黑色和白色来表示图像中的像素。它通过组合不同大小的点,产生一定的灰度级阴影。其位深度为1,并且所要求的磁盘空间最少,该模式下不能制作出色彩丰富的图像,只能制作一些黑白图像。

需要注意的是,只有灰度模式的图像或多通道模式的图像才能转换为位图图像,其他色彩模式的图像文件必须先转换为这两种模式,然后才能转换为位图模式。

7. 颜色模式转换

由于实际需要,常常会将图像从一种模式转换为另一种模式。但因为各种颜色模式的色域不同,所以在进行颜色模式转换时会永久性地改变图像中的颜色值。

转换注意事项如下。

- 图像输出方式:以印刷输出必须使用CMYK模式存储;在屏幕上显示输出,以RGB或索引颜色模式较多。
- 图像输入方式:在扫描输入图像时,通常采用拥有较广阔的颜色范围和操作空间的RGB模式。
- 编辑功能:CMYK模式的图像不能使用某些滤镜,位图模式不能使用自由旋转、层功能等。面对这些情况,通常在编辑时选择RGB模式来操作,图像制作完毕之后再另存为其他模式。这主要是基于RGB图像可以使用所有的滤镜和其他的一些功能。
- 颜色范围:RGB和Lab模式可选择颜色范围较广,通常设置为这两种模式以获得较佳的图像效果。
- 文件占用内存及磁盘空间:不同模式保存时占用空间是不同的,文件越大占用内存越多,因此可选择占用空间较小的模式,但综合而言选择RGB模式较佳。

5.1.5　图像数字化

图形是用计算机绘图软件生成的矢量图形，矢量图形文件存储的是描述生成图形的指令，因此不必对图形中的每一点进行数字化处理。现实中的图像是一种模拟信号。图像数字化是指将一幅真实图像转换为计算机能够接受的数字形式，这涉及对图像的采样、量化和编码等。

1. 采样

采样就是将连续图像转换为离散点的过程。采样的实质就是要用多少个像素点来描述一幅图像。采样结果质量的高低可用图像分辨率来衡量。分辨率越高，图像越清晰，存储量也越大。

2. 量化

量化是在图像采样离散化后，将表示图像色彩浓淡的值取为整数值的过程。将量化时可取整数值的个数称为量化级数。表示色彩(或亮度)所需的二进制位数为量化字长，称为颜色深度。一般用8位、16位、24位、32位等来表示图像颜色。24位可以表示 $2^{24}=16\,777\,216$ 种颜色，称为真彩色。

3. 编码

图像文件的数据量与组成图像像素数量和颜色深度有关，可由以下公式计算：

$$s=(h\times w\times c)/8$$

其中，s 是图像文件数据量；h 是图像水平方向像素数；w 是图像垂直方向像素数；c 是颜色深度数值；8是将二进制位转换为字节。

例如，某图像采用24b真彩色，其图像尺寸为800×600，则图像文件的数据量为：

$$s=(800\times 600\times 24)\mathrm{B}/8=1\,440\,000\mathrm{B}(1.37\mathrm{MB})$$

可见数字化后图像数据量大，必须采取编码技术来压缩信息，它是图像存储与传输的关键。图像的压缩编码请参考其他书籍。

4. 图像大小

图像大小可用两种方法表示：第一种是“图像大小”，指的是图像在计算机中占用的随机存储器(RAM)的大小；第二种则是“文件大小”，是指图像保存文件后的长度。两者之间基本上是正比的关系，但并不一定相等。因为图像信息从RAM保存到文件时，会在文件中加上头部信息，再进行压缩。因此，文件大小通常会比图像大小小一些。

5.1.6　图像文件格式

在图形图像处理中，对于同一幅数字图像，采用不同文件格式保存时，会在图像颜色和层次还原方面产生不同的效果，这是由于不同文件格式采用不同压缩算法的缘故。

常用图像文件格式有以下几种。

1. BMP格式

BMP格式是Bitmap的缩写。BMP格式文件扩展名是bmp，是标准的Windows图形图像基本位图格式，绝大多数图形图像软件都支持BMP格式文件。

BMP格式文件的特点是数据几乎不进行压缩，包含的图像信息较丰富，但文件占用存储空间过大。目前，在单机上BMP格式文件比较流行。BMP文件有压缩和非压缩之分，一般作为图像资源使用的 BMP 文件都是不压缩的；BMP 支持黑白图像、16 色和 256 色的伪彩色图像以及 RGB 真彩色图像。

2. GIF 格式

GIF 格式是 Graphics Interchange Format 的缩写，文件扩展名是 gif。GIF 格式的图像文件容量比较小，它形成一种压缩的 8b 图像文件，是美国联机服务商针对当时网络传输带宽的限制开发出的图像格式。

GIF 格式使用 LZW 压缩方法，其优点是压缩比高，磁盘空间占用较少，下载速度快，是网络中重要文件格式之一。目前，Internet 上大量采用的彩色动画文件多为这种格式文件。如果在网络中传送图像文件，GIF 格式的图像文件要比其他格式的图像文件快得多。GIF 格式支持透明图像属性，还采用了渐显方式，即在图像传输过程中，用户先看到图像的大致轮廓，然后随着传输过程的继续而逐渐看清图像中的细节。

GIF 格式支持黑白图像、16 色和 256 色的彩色图像，目的是便于在不同的平台上进行图像交流和传输。GIF 图像的缺点是不能存储超过 256 色的图像。

3. JPEG 格式

JPEG 格式是常见的一种图像格式，它由联合照片专家组（Joint Photographic Experts Group）开发并命名为 ISO 10918-1，JPEG 仅仅是一种俗称而已。JPEG 文件的扩展名为 jpg 或 jpeg。JPEG 格式是压缩格式中的"佼佼者"，与 TIFF 格式采用的 LIW 无损失压缩相比，它的压缩比例更大。JPEG 格式是一种很灵活的格式，具有调节图像质量的功能，允许用不同压缩比例对这种文件压缩。作为先进的压缩技术，它用有损压缩方式去除冗余图像和彩色数据，在获取较高压缩率的同时能够展现十分丰富生动的图像。但它使用的有损失压缩会丢失部分数据。用户可以在存储前选择图像的最后质量，这就能控制数据的损失程度。经过压缩，容量较小，常用于网页制作。

同一图像 BMP 格式的大小是 JPEG 格式的 5～10 倍。而 GIF 格式最多只有 256 色，JPEG 格式适用于处理 256 色以上图像和大幅面图像。JPEG 是一种有损压缩的静态图像文件存储格式，压缩比可以选择，支持灰度图像、RGB 真彩色图像和 CMYK 真彩色图像。

4. TIFF 格式

TIFF（Tagged Image File Format，标志图像文件格式）文件扩展名是 tif。TIFF 格式文件以 RGB 真彩色模式存储，常被用于彩色图像扫描和桌面出版业。

TIFF 格式可以用于 PC、Macintosh 以及 UNIX 工作站三大平台，是这三大平台上使用最广泛的绘图格式。用 TIFF 格式存储时应考虑文件的大小，因为 TIFF 格式的结构要比其他格式更复杂。TIFF 格式文件包含两部分：第一部分是屏幕显示低分辨率图样，便于图像处理时预览和定位；第二部分则包含各分色与单独信息。

TIFF 格式支持 24 个通道，能存储多于 4 个通道的文件格式，还允许使用 Photoshop 中的复杂工具和滤镜特效，可以设置背景为透明色。TIFF 格式是一种无损压缩方式。

5. PNG 格式

PNG 格式是一种新兴的网络图像格式，扩展名是 png。PNG 是目前最不失真的格式，能将图像文件压缩到极限，既利于网络传输，又能保留所有与图像品质有关的信息。PNG 采用无损压缩方式来减少文件大小，显示速度很快，只需下载 1/64 的图像信息就可以显示出低分辨率的预览图像。

PNG 支持透明背景的图像制作,通常图像删除背景后,将其保存为 PNG 图片,这样可以让图像和目标区域背景和谐地融合在一起。

6. PSD 格式

PSD 格式和 PDD 格式是 Photoshop 自身的专用文件格式,能够支持所有图像类型。PSD 格式和 PDD 格式能够保存图像数据的细小部分,它支持所有文件类型,能保存没有合并的图层、通道和蒙版等信息;缺点是很少有其他图像软件能读取这种格式,通用性不强,且存盘容量较大。

7. TGA 格式

TGA 格式与 TIFF 格式相同,都可用来处理高质量的色彩通道图像。TGA 格式支持 32 位图像,它吸收了广播电视标准的优点,包括 8 位 Alpha 通道。另外,这种格式使 Photoshop 软件和 UNIX 工作站相互交换图像文件成为可能。

常见的矢量图文件格式有 AI、SVG、CDR、EPS 等。

5.1.7 图像编辑软件

图像处理是对已有的位图图像进行编辑、加工、处理以及运用一些特殊效果;常见的图像处理软件有 Photoshop、Photo Painter、Photo Impact、Paint Shop Pro 和 Design Painter 等。

图形创作是按照自己的构思创作。常见的图形创作软件有 Freehand、Illustrator、CorelDraw 和 AutoCAD 等,主要应用于平面设计、网页设计、数码暗房、建筑效果图后期处理以及影像创意等。

Adobe Photoshop 简称 PS,是由 Adobe 公司开发和发行的图像处理软件。Photoshop 以其直观的界面、全面的功能成为最流行的图像处理软件,是学习的首选软件。

2003 年,Adobe Photoshop 8 被更名为 Adobe Photoshop CS。2013 年 7 月,Adobe 公司推出了 Photoshop CC,自此,Photoshop CS6 作为 Adobe CS 系列的最后一个版本被新的 CC 系列取代。本书以 Adobe Photoshop CC 2020 为例讲解。

5.2 Photoshop 基础知识

5.2.1 基础工具

5.2.1.1 教学案例:蓝天白云大象

【要求】 利用工具箱中移动工具、画笔工具、自定形状工具、油漆桶工具和文字工具等工具,从零开始创建蓝天、白云、大象图像,效果如图 5-4 所示。

图 5-4 蓝天、白云、大象图像

【操作步骤】

(1) 打开 Photoshop 软件,选择菜单"文件"|"新建",打开"新建文档"对话框,选择"默认 Photoshop 大小",如图 5-5 所示,单击"创建"按钮。

(2) 单击工具箱中"设置前景色",打开"拾色器(前景色)"对话框,设置颜色为 RGB(0,0,255),将

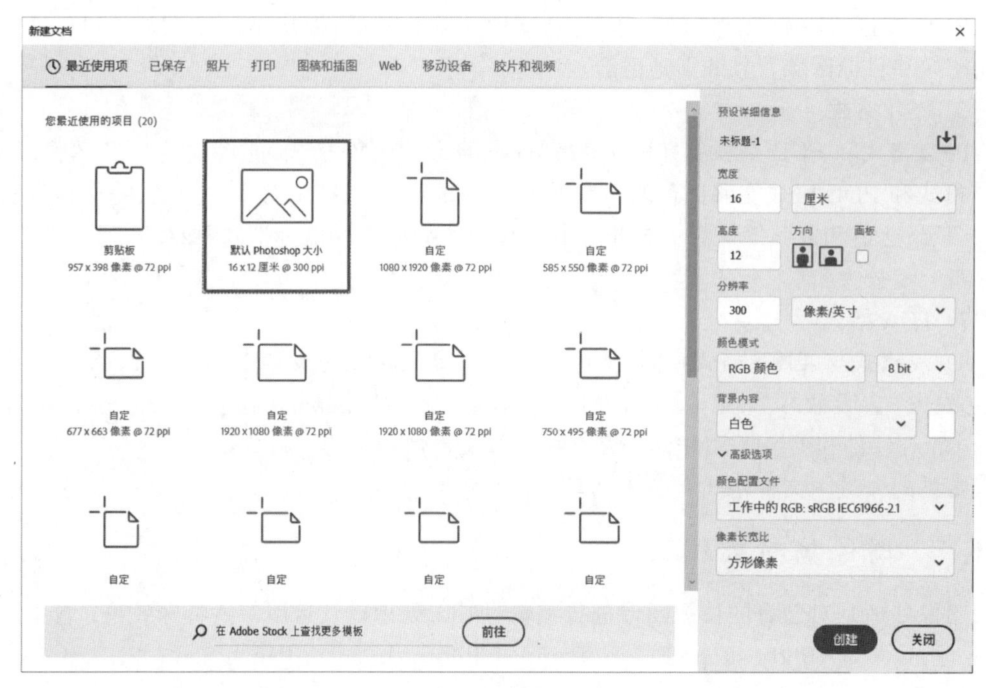

图 5-5　新建默认文档

前景色设置为纯蓝色，如图 5-6 所示，单击“确定”按钮。按 Alt＋Delete 组合键将图像背景设置为前景色(或者选择菜单“编辑”|“填充”，打开“填充”对话框，将内容设置为前景色)，此时图片背景为蓝色。

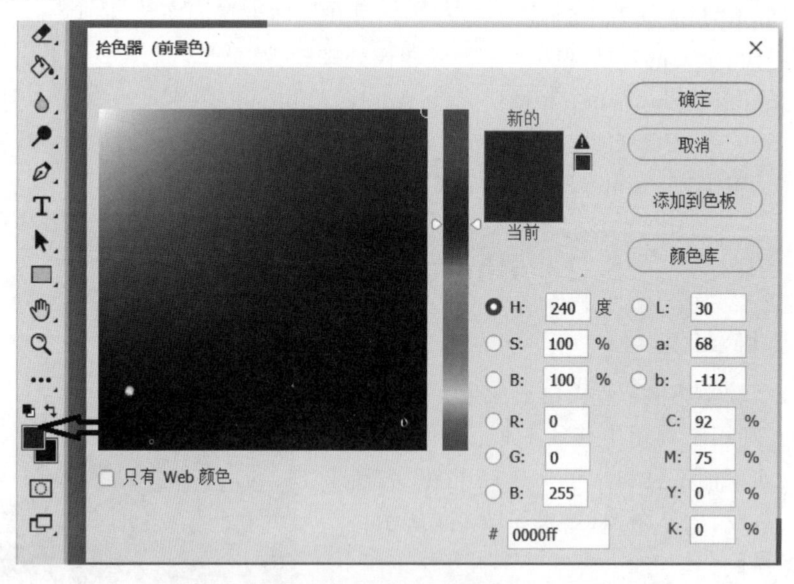

图 5-6　前景色设置

(3) 检查工具箱中“设置背景色”是否为白色，如果不是，则设置背景色为白色。

(4) 选择菜单“滤镜”|“渲染”|“云彩”创建蓝天白云。选择菜单“文件”|“存储”，将文件保存为“蓝天白云大象.psd”。

(5) 选择菜单“图层”|“新建”|“图层”，打开“新建图层”对话框，“名称”改为“小草”，如

图 5-7 所示，单击“确定”按钮，新建“小草”图层。

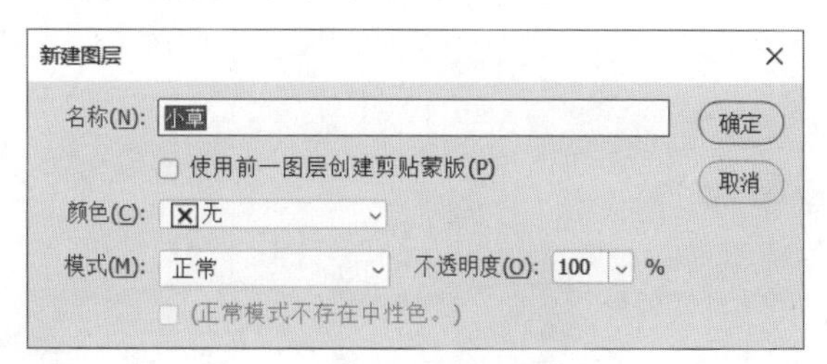

图 5-7　新建“小草”图层

(6) 将前景色设置为绿色即 RGB(0,255,0)，选择“画笔工具”，单击“点按可打开画笔预设选取器”，在“选取器”窗口中，单击右上角按钮，在弹出的菜单中选择“旧版画笔”，如图 5-8 所示。

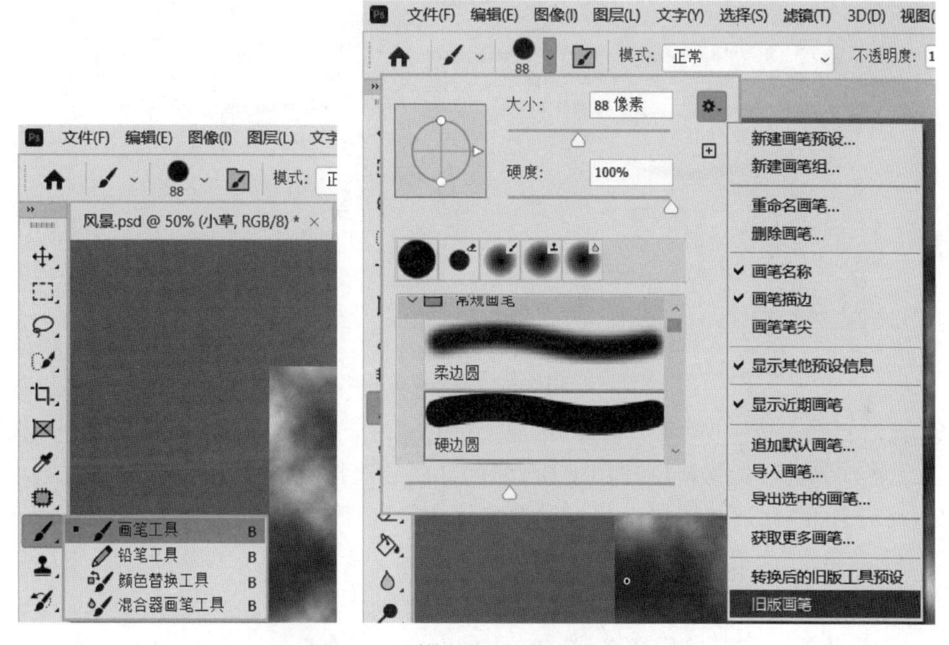

图 5-8　画笔工具和旧版画笔设置

(7) 打开“是否要将‘旧版画笔’画笔集恢复为‘画笔预设’列表”信息框，单击“确定”按钮。

(8) 适当放大“选取器”窗口，其左下角中，找到并选择“旧版画笔”|“默认画笔”|“草”，如图 5-9 所示。

(9) 在图片下方，拖动鼠标左键涂画小草，此时小草被画在了“小草”图层中，按 Ctrl+T 组合键后进入自由变换状态，再按住 Shift 键，并拖动边缘部分，可以不用保持纵横比变化大小，将小草适当变换大小，按 Enter 键可以确认变换。

(10) 将前景色设置为黄色，即 RGB(255,255,0)，选择“自定形状工具”，其工具选项栏中设置“选择工具模式”为“形状”；再单击“点按可打开自定形状拾色器”，选择“野生动物”|“大象”，在图片中小草上方拖动鼠标指针画出一个大象来。此时自动生成了“大象 1”图层。

(11) 选择“移动工具”，按住 Alt 键，再拖动“大象”到其右边，可以复制出一个一模一样

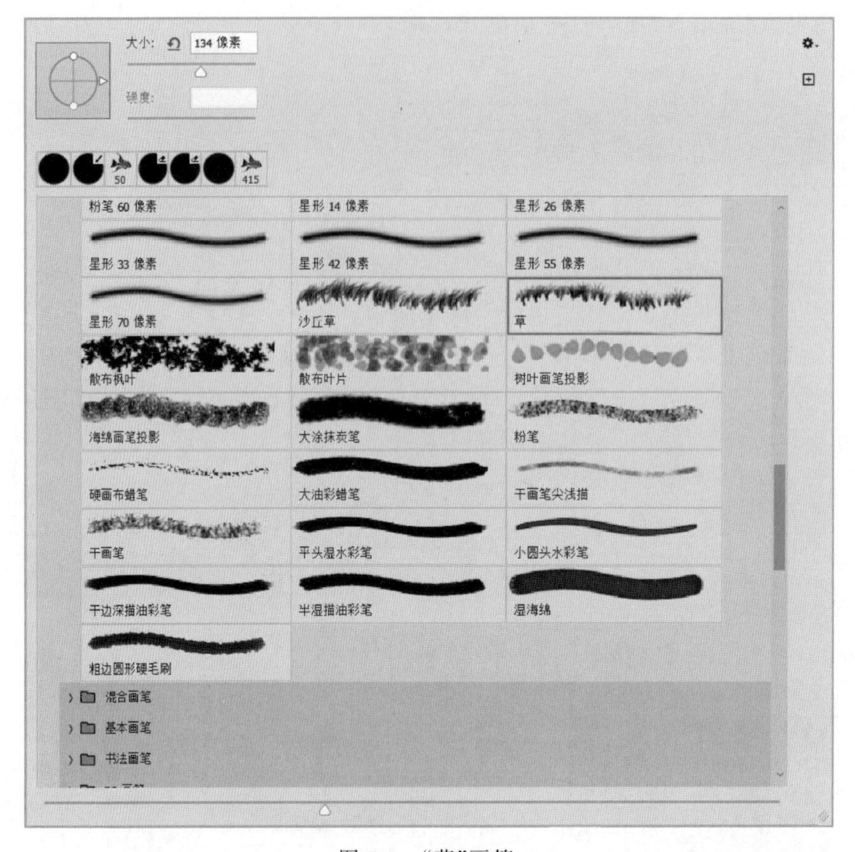

图 5-9 “草”画笔

的大象,此时自动生成了“大象 1 拷贝”图层。按 Ctrl+T 组合键,适当缩小第二个大象。

(12) 将前景色设置为紫色,即 RGB(255,0,255),选择“油漆桶工具”,单击右边小点儿的大象,此时打开“此形状图层必须经过栅格化才能处理。是否要栅格化形状”对话框,如图 5-10 所示,单击“确定”按钮,此时该形状图层变成了普通图层。再次单击右边小点儿的大象,此时右边的大象变成了紫色。

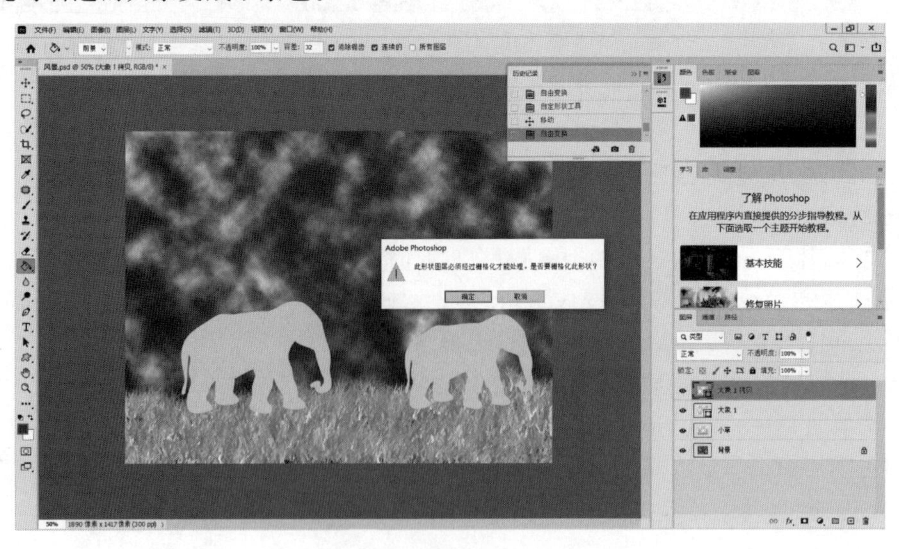

图 5-10 油漆桶工具填充

(13) 在“图层”面板中,拖动“小草”图层到最上方,使用“移动工具”将图片中两个大象移动一下位置,使得小草覆盖一部分大象的腿部。

(14) 选择“横排文字工具”,在其工具选项栏中设置字体样式、字体大小及字体颜色等,单击图片左上角位置,输入制作人姓名,如图 5-11 所示。按 Alt 键并滚动鼠标适当缩放图片,观察整幅图片,用“移动工具”适当调整文字位置,保存为 psd 文档。

图 5-11　文字输入后效果

(15) 在 psd 文档中,观察“图层”面板,从上到下有“小胖制作”文字图层、“小草”“大象 1 拷贝”“大象 1”“背景”图层,每个图层可以单独编辑操作。

(16) 选择菜单“文件”|“存储为”,打开“另存为”对话框,保存类型选择 JPEG,将图片存储为“蓝天白云大象.jpg”。保存成 jpg 文档后,图片不能再分层编辑。一般此格式用于保存最后的效果。

5.2.1.2　知识点

1. 工具箱

Photoshop 的基本工具存放在工具箱中,一般置于 Photoshop 界面的左侧。有些工具的图标右下角有一个小三角,表示此工具图标中还隐藏了其他工具。用鼠标左键按住此图标不放,便可以打开隐藏的工具栏。单击隐藏的工具后,所选工具便会代替原来的工具出现在工具箱中。当把鼠标指针停在某个工具上时,会出现此工具的名称及快捷键。

Photoshop 工具箱的工具十分丰富,功能也十分强大,它为图像处理提供了方便快捷的工具。Photoshop 的工具分为如下几大类:选择工具、移动工具、修复工具、填充工具、路径工具、文字工具等。工具箱下部是三组控制器:色彩控制器可以改变着色色彩;蒙版控制器提供了快速进入和退出蒙版的方式;图像控制窗口能够改变桌面图像窗口的显示状态。Photoshop CC 2020 工具箱如图 5-12 所示。

Photoshop 中每个工具都会有一个相应的工具选项栏,这个工具选项栏一般出现在 Photoshop 主菜单的下面,使用起来十分方便,可以设置工具的参数。选择不同的工具时,工具选项栏的内容会随之变化。

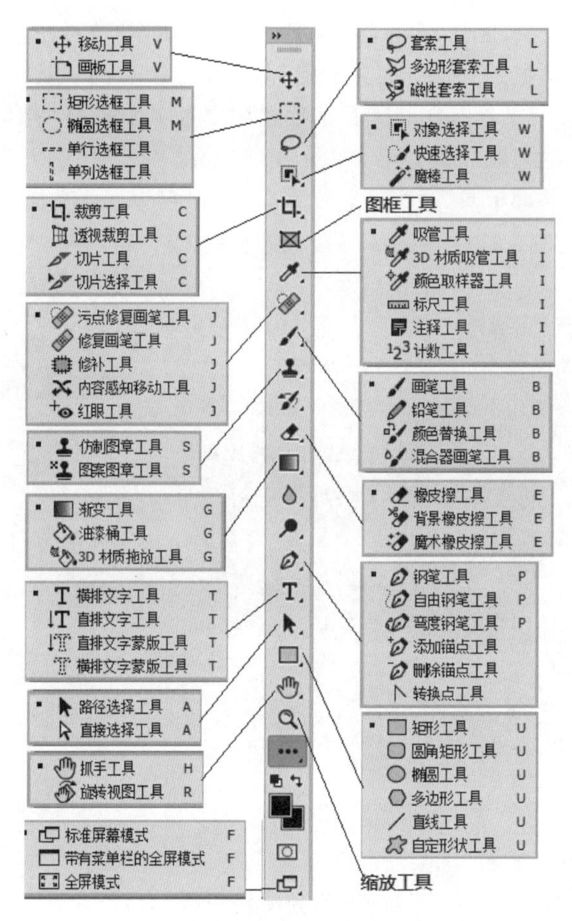

图 5-12 Photoshop CC 2020 工具箱

2. 移动工具

移动工具可以对选区、图层和参考线等内容进行移动，也可以将内容置入其他文档中。

如果图像不存在选区或鼠标指针在选区外，那么用移动工具可以移动整个图层。如果想将一幅图像或这幅图像的某部分复制到另一幅图像上，只需用移动工具把它拖放过去就可以了。用“移动工具”移动图像中被选取的区域时，鼠标指针必须位于选区内，其图标表现为黑箭头的右下方带有一个小剪刀。

选择“移动工具”后，一般用鼠标拖动完成移动，对于很短距离的移动也可以使用键盘上的方向键。在使用除路径和切片之外的工具时，可以临时切换到“移动工具”，方法是按住键盘上的 Ctrl 键。此外，按住 Shift 键可以使图片垂直或水平移动，适合排版工作。移动对象时，按 Alt 键可以复制对象。

在“移动工具”的工具选项栏中，还有对齐和分布功能，两个以上的图层可以进行对齐（居中、上、下、左、右进行对齐），三个以上的图层可以进行分布（排列的距离）。

3. 形状工具

形状工具有矩形工具、圆角矩形工具、椭圆工具、多边形工具、直线工具和自定形状工具等，在其工具选项栏中，“选择工具模式”中有“形状”“路径”“像素”。“形状”绘制的是用前景色填充的形状路径。“路径”仅仅绘制路径，无颜色填充。“像素”绘制的是用前景色填充的图形，没有路径。

在使用“形状工具”时，同时使用 Shift 键，就可以绘制正方形、圆形、水平直线、垂直直线、45°角直线。

Photoshop 在“自定形状工具”中已预置了很多形状，并可以在网上下载各种形状文件(*.csh)，通过预设管理器载入 Photoshop 中，方便用“自定形状工具”绘图。

网上下载的形状载入 Photoshop 的具体操作步骤如下。

(1) 选择“自定形状工具”，单击其工具选项栏中的“形状”下拉列表框，弹出形状列表，单击右上角的下拉按钮，打开“重命名形状”等菜单，如图 5-13 所示，单击“导入形状”选项。

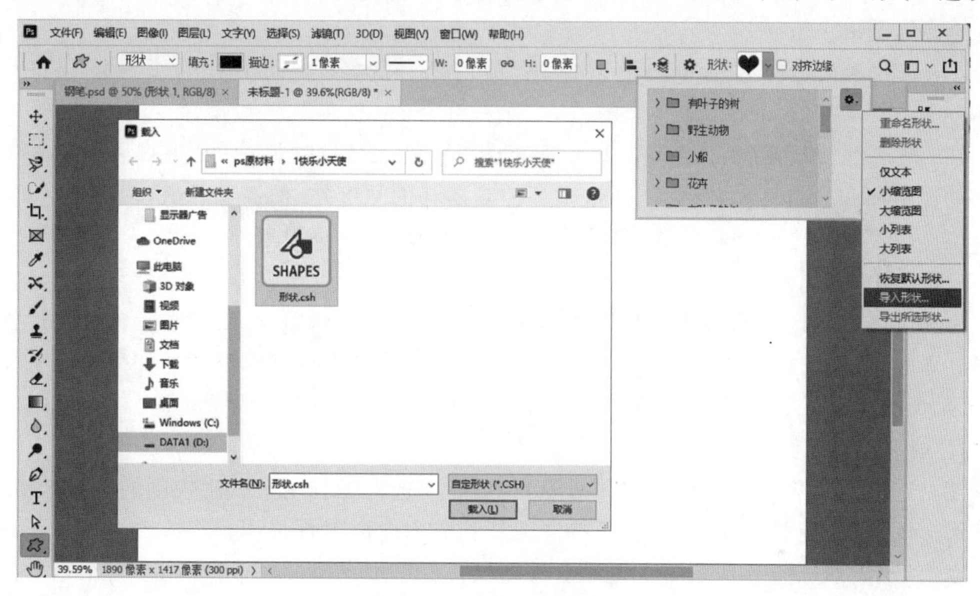

图 5-13 导入形状

(2) 打开“载入”对话框，选择形状文件，单击“载入”按钮。

类似地，也可以在网上下载笔刷工具包(*.abr)，通过导入画笔载入 Photoshop 中，方便使用画笔工具绘图。

5.2.2 选择工具

5.2.2.1 教学案例：四色环

【要求】 制作红、绿、蓝、黄四色环，效果(从左到右为红、绿、蓝、黄)如图 5-14 所示，各环之间间距相同并对齐。

图 5-14 四色环

【操作步骤】

(1) 在 Photoshop 中新建默认大小白色背景的图像，使用“图层”面板右下角的“创建新图层”按钮，新建“红色环”图层。选择“椭圆选框工具”，按 Shift 键的同时拖动鼠标画一个正圆选框，填充为红色。

(2) 选择菜单“选择”|“变换选区”后，按 Alt 键(可以保持中心点不变化)并拖动四角其中一点，缩小选区到合适位置，按 Enter 键确认。按 Delete 键删除内圆，按 Ctrl+D 组合键删除选区。

(3) 在“图层”面板中，右击“红色环”图层名字部分，在弹出的快捷菜单中选择“复制图层”，打开“复制图层”对话框，命名为“绿色环”。按 Ctrl 键并单击“绿色环”前面图层缩览图，选中图层中环部分，设置前景色为绿色，按 Alt+Delete 组合键填充绿色环，按 Ctrl+D 组合键删除选区。

(4) 按照上面步骤复制并填充蓝色环、黄色环。选择“移动工具”，按效果分布移动各环。

(5) 框选红、绿、蓝、黄四色环，单击“移动工具”的工具选项栏中的“垂直居中对齐”，往左移动红色环和往右移动黄色环(由这两环控制四环的宽度)。框选红、绿、蓝、黄四色环，单击“按右分布”将环之间间距设成相同，再一起移动四环到中央附近。

5.2.2.2 知识点

所谓选区就是选择的图片中的某个部分。当选择了选区，那么用各种工具对图片进行编辑处理时，只对选区中的部分起作用，没有选中的部分是不会被修改的。如果没有选择任何选区，那么 Photoshop 的工具是对整张图片起作用的。

1. 规则选框工具

规则选框工具只能选择矩形和圆形等内容，此类选框工具用来产生规则的选择区域，包括矩形选框工具、椭圆选框工具、单行选框工具和单列选框工具。

当选择“矩形选框工具”时，在图片上按住鼠标左键拖动鼠标，就可以画出一个矩形的虚框。虚框内就是选择的区域。在按住鼠标左键的同时按住 Shift 键，可以画出正方形的虚框，这时选区就是正方形的。

“选择工具”的工具选项栏上一般有四个设置，分别为“新选区”“添加到选区”“从选区减去”“与选区交叉”。如图 5-15 所示，画布中左边第一个虚框矩形为矩形选区，在选项“添加到选区”选中的情况下，在右边拖动鼠标画矩形时再按下 Shift 键，矩形虚框就变成正方形虚框，此时又选中了正方形选区。

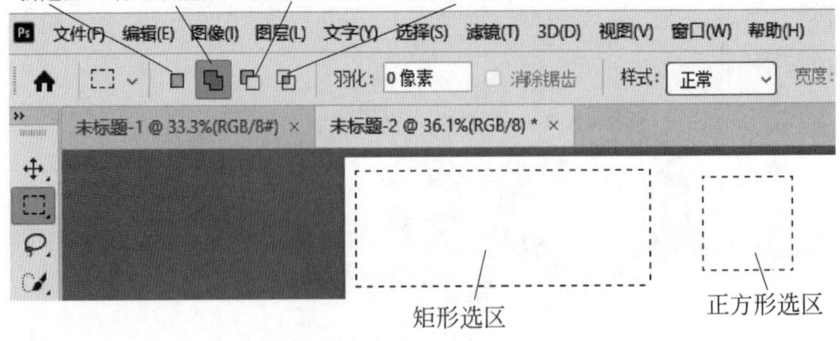

图 5-15 矩形选框工具

“选择工具”的工具选项栏中不同选项含义如下。

(1) 新选区：取消原来选区，而重新选择新的区域。

(2) 添加到选区：为已经选择过的区域增加新的选择范围。

(3) 从选区减去：从选区中减去所选区域。

(4) 与选区交叉：在原选区和新选区中选择重复的部分。

(5) 羽化：用于设定选区边界的羽化(选区和选区周围像素之间的一条模糊的过渡边缘)程度。

2. 套索工具

套索是一个封闭性的选区,起点和终点必须是闭合的。套索选取工具包括套索工具、多边形套索工具和磁性套索工具。

套索工具可以建立任意形状的选区。选择"套索工具",拖动鼠标可以画各种形状,即可选择图像中任意形态的部分。不过这个任意形状的选区不容易构建,原因是用户手中的鼠标不听使唤。

多边形套索工具是用一系列直线连成一个选区。分别单击多边形不同顶点可以在图片上选择一个多边形的区域。按住 Shift 键,可以画出呈 45°和呈水平的线。虽然用一系列直线可以逼近一条曲线,但永远不能代替曲线。

磁性套索工具是给套索工具增加一块磁铁。当接触到反差明显的边界时,磁性套索工具会自动沿着这条边界移动。使用磁性套索工具,系统会自动根据鼠标拖曳出的选区边缘的色彩对比度来调整选区的形状。对于选取区域外形比较复杂同时又与周围图像的彩色对比度反差比较大的图像,采用该工具创建选区是很方便的。

磁性套索工具的使用方法是,单击图像边界处,鼠标指针顺着边界附近移动,Photoshop 会自动将选区吸附到边界上,关键位置也可以再次单击进行定位设置锚点,如果对之前自动产生的锚点不满意,可以使用 Delete 键删除锚点后重新定位。当鼠标指针回到起始点时,磁性套索工具的小图标的右下角会出现一个小圆圈,这时单击即可形成一个封闭的选区。

3. 对象选择工具

对象选择工具是在定义的区域内查找并自动选择一个对象。可以说使用该工具是智能抠图,选择"对象选择工具",直接拖动鼠标选择某区域就会自动选中区域内的某对象,当然还需要结合其他工具才能比较精确地选择对象。

4. 快速选择工具

快速选择工具类似于笔刷,并且能够调整圆形笔尖大小绘制选区。在图像中拖动鼠标即可绘制选区,按 Alt 键同时拖动鼠标可以撤销部分选区。这是一种基于色彩差别但却是用画笔智能查找主体边缘的新颖方法。

5. 魔棒工具

魔棒工具是根据相邻像素的颜色相似程度来确定选区的选取工具,适合选取图像中颜色相近或有大色块单色区域的图像(以鼠标的落点颜色为基色)。

当使用魔棒工具时,Photoshop 将确定相邻近的像素是否在同一颜色范围容许值之内,这个容许值可以在"魔棒工具"的工具选项栏的"容差"中定义,所有在容许值范围内的像素都会被选上。容差即调整选区颜色的敏感性,取值范围为 0～255,值越小与所指定的像素点颜色相似度越高,选择的颜色范围则越窄；值越大则与此反之。

魔棒工具的使用步骤一般是,在工具箱中选择"魔棒工具",再在工具选项栏中设置允许范围的容差，然后分别单击各个颜色相似区域即可确定选区。实际应用中，魔棒工具经常与反向选择工具结合使用完成最后的选取。

类似地，使用菜单“选择”|“色彩范围”也可选择相似颜色的区域。针对大面积的多个封闭相似颜色的区域，一般采用色彩范围选择。

6. 选区的操作

当使用选择工具选取图像的某区域后，还可以完成移动选区、调整选区(增加选区、减小选区、相交选区、取消选区、反选选区、隐藏选区)及保存选区等操作。选区操作一般可以通过“选择工具”的工具选项栏、“选择”菜单或快捷键等来完成。常用操作如下。

(1) 增加选区、减小选区、相交选区可采用工具选项栏操作，也可以用快捷键 Shift、Alt、Shift＋Alt。

(2) 取消选区用 Ctrl＋D 组合键。

(3) 隐藏/显示选区采用 Ctrl＋H 组合键。

(4) 选取当前图层的整个图片，采用 Ctrl＋A 组合键。

(5) 选择菜单“选择”|“变换选区”，按住 Alt 键同时拖动各顶点可以保持中心点不变化地变换选区，按住 Shift 键同时拖动各顶点可以不等比例地变换选区。

(6) 选择菜单“选择”|“反向”可以完成反向选择。

(7) 选择菜单“选择”|“存储选区”可以保存选区，选择菜单“选择”|“载入选区”可以载入使用某个已保存的选区。

(8) 当前图层中，要选取其他图层轮廓，可采用的操作：按 Ctrl 键同时单击其他图层的图层缩览图。

7. 选区的特点和用途

(1) 选区内像素既可以被编辑，又可以被移动；选区外的像素是被保护的，不可编辑。

(2) 选区是封闭的区域，可以是任何形状，不存在开放的选区。

(3) 选区是跨图层的，是单独存在的，不属于任何图层，需要在哪个图层进行操作，就选择哪个图层使用选区。

(4) 建立选区之后，可以对选区内的图像进行复制、剪切、移动、删除、填充、调色、添加滤镜等操作。选区常应用于将部分图像分离到不同图层上，方便进行分图层操作。

5.2.3 填充工具

5.2.3.1 教学案例：彩虹

【要求】 给“小镇风景.jpg”图片的天空换成蓝天白云，并加上彩虹，原图和效果图如图 5-16 所示。

【操作步骤】

(1) 在 Photoshop 中打开“小镇风景.jpg”图片，选择菜单“选择”|“色彩范围”，打开“色彩范围”对话框，颜色容差设置为 30，取样颜色选取天空灰白色区域，单击“确定”按钮，将图片灰白色部分全部选中。

(2) 将前景色设置为蓝色，背景色设置为白色，按 Alt＋Delete 组合键将前景色填充至选区，选择菜单“滤镜”|“渲染”|“云彩”创建云彩。按 Ctrl＋D 组合键取消选区。此时原来灰白色的天空已换成蓝天白云。

(a) 原图

(b) 效果图

图 5-16　小镇风景图原图和效果图

(3) 选择“渐变工具”，在其工具选项栏中单击“点按可编辑渐变”，打开“渐变编辑器”对话框，单击“导入”按钮，打开“载入”对话框，找到“透明彩虹渐变.grd”，如图 5-17 所示，单击“载入”按钮，回到“渐变编辑器”对话框，在“预设”中找到并单击“透明彩虹渐变”下的 Transparent Rainbow，单击“确定”按钮。

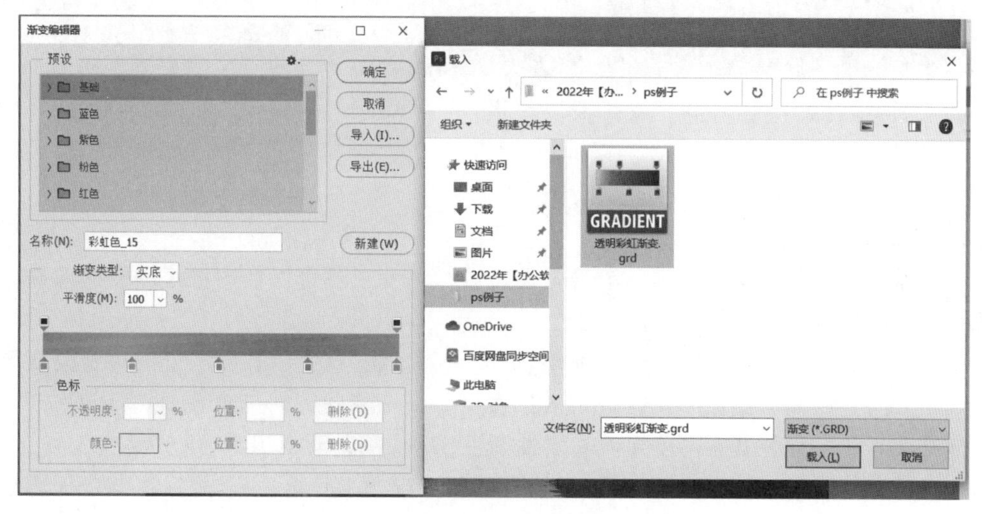

图 5-17　导入“透明彩虹渐变.grd”

(4) 新建“图层 1”，在图片上方位置从上到下垂直方向拖动鼠标一小段(拖动的距离就是彩虹的宽度)，放开鼠标后，即在图片上出现一水平彩虹。

(5) 选择菜单“编辑”|“变换”|“变形”，在菜单下方的工具选项栏中，单击“变形”右边的下拉列表框，选中“拱形”，此时彩虹变成拱形，拖动彩虹到图片上方合适位置，单击“提交变换”或者按 Enter 键确认变换。

(6) 单击“图层 1”，选择菜单“滤镜”|“模糊”|“高斯模糊”，打开“高斯模糊”对话框，设置“半径”为 3 像素，单击“确定”按钮。

(7) 在“图层”面板中，单击“设置图层的混合模式”按钮，选择“滤色”，并设置该图层不透明度为 70%，如图 5-18 所示。

(8) 选择橡皮擦工具，其工具选项的不透明度设为 20%，擦除下边界部分。

(9) 单击“背景”图层，将前景色设置为绿色，选择“油漆桶工具”，试着多次单击左下方的绿色树叶，观察颜色变化。用“历史记录”面板恢复油漆桶填充的部分。最后保存文档为

图 5-18　混合模式设置为滤色

“彩虹.psd”。

5.2.3.2　知识点

1. 渐变工具

所谓渐变就是不同颜色之间逐渐均匀地过渡。渐变工具可以在图像区域或图像选择区域填充一种渐变混合色。

此类工具的使用方法是按住鼠标拖动,形成一条直线,直线的长度和方向决定渐变填充的区域和方向。在拖动鼠标时按住 Shift 键,就可保证渐变的方向是水平、竖直或呈 45°角。

渐变工具包括五种基本渐变工具:线性渐变工具、径向渐变工具、角度渐变工具、对称渐变工具、菱形渐变工具。每种渐变工具都有其相对应的工具选项栏,可以在其中任意地定义、编辑渐变色,并且无论多少色都可以。

2. 油漆桶工具

油漆桶工具可使用前景色或图案来填充图像中近似颜色的闭合区域和选区中近似颜色的闭合区域。油漆桶工具是一个“魔棒工具”和“填充”命令相结合的复合工具。

“油漆桶工具”的工具选项栏中左边第一个下拉列表框可选择填充的内容是前景色还是图案,第二个下拉列表框可选择想填充的图案;右边的容差范围指的是选择的容差值越大,油漆桶工具允许填充的范围就越大。油漆桶工具的使用非常简单,先选好想填充的颜色或者图案,然后单击想填充的图像区域即可。

3. 菜单“编辑”|“填充”

使用菜单“编辑”|“填充”可完成颜色填充操作,填充的内容可以是前景色、背景色、自选颜色、图案等。该操作可对选定区域或者整个图层区域进行填充。这里介绍一个比较特殊的“编辑”|“填充”菜单应用:选中某一区域,填充的内容选择“内容识别”时,该操作可以根据选区周边环境自动识别,将选区中的内容自动替换掉。

5.2.4 修复工具

5.2.4.1 教学案例：多朵玫瑰

【要求】 使用“修复画笔工具”复制多朵玫瑰。图 5-19(a)为原图，图 5-19(b)为复制以后的效果图。

(a) 原图　　(b) 效果图

图 5-19　玫瑰复制

【操作步骤】

(1) 在 Photoshop 中打开“玫瑰.jpg”图片。选择“修复画笔工具”，在其工具选项栏中单击“单击可打开画笔选项”，设置大小为 50。按住 Alt 键的同时，单击玫瑰中间位置，放开 Alt 键。

(2) 在需要复制玫瑰的位置按住鼠标左键涂抹，即可复制部分玫瑰，放开鼠标即可完成一次复制。

(3) 重复第(2)步可多次复制玫瑰。可以发现每次复制玫瑰的结果可能不同，因为使用“修复画笔工具”复制出来的内容会与目标位置相融合。

5.2.4.2 知识点

Photoshop 中的修复工具组有污点修复画笔工具、修复画笔工具、修补工具、内容感知移动工具等。

1. 污点修复画笔工具

所谓污点修复，也就是把画面上的污点涂抹去。用污点修复画笔工具，再选择合适画笔大小，在污点上拖动鼠标覆盖污点，松开鼠标这个污点就消失了。

2. 修复画笔工具

使用“修复画笔工具”可以将破损的照片进行仔细的修复。修复画笔工具可以有两种取样方式：一种是选择图案，利用该图案对画面进行修复；另一种是在图片上取样，首先要按下 Alt 键，利用鼠标单击定义好一个与破损处相近的基准点，然后放开 Alt 键，反复拖动鼠标涂抹破损处就可以修复。

修复画笔工具要把源(就是按 Alt 选择的区域)经过计算机的计算，融合到目标区域。修复画笔工具一般不是完全复制，源的亮度等可能会被改变。

修复画笔工具可以跨图层、跨图片操作，也就是在一个图片取样，到另外一个图片中涂抹。

3. 修补工具

修补工具可以用选区或者图像对某个区域进行修补。修补工具的使用方法是，先拖动鼠标勾勒出一个需要修补的选区，会出现一个选区虚线框，移动鼠标时这个虚线框会跟着移动，移动到适当的位置(比如与修补区相近的区域)放开鼠标即可。

修补工具要把源(放开鼠标的位置)经过计算机的计算，融合到目标区域(需要修补的选区)，不是完全的复制，源的亮度等可能会被改变。

修补工具不能跨图层、也不能跨图片操作，只能在同一个图层完成操作。

4. 内容感知移动工具

内容感知移动工具可以完成选定区域的移动操作，一般先选择某个需要移动的图片区域，然后选择内容感知移动工具，拖动选区到目标区域后，再提交变换或者按 Enter 键即可。

5.2.5 图章工具

5.2.5.1 教学案例：三个芭蕾女孩

【要求】 使用“仿制图章工具”将一芭蕾女孩每 30°旋转复制一个，共复制两个。复制出来的两女孩位于后面，并设置不透明度分别为 80%、50%，效果如图 5-20 所示，最前面的女孩为原图，一共三个芭蕾女孩。

图 5-20 芭蕾女孩旋转复制效果

【操作步骤】

(1) 在 Photoshop 中打开“芭蕾女孩.jpg”图片。双击“图层”面板中的“背景”图层，打开“新建图层”对话框，单击“确定”按钮，将此图层变为普通图层。

(2) 选择菜单“选择”|“色彩范围”，打开“色彩范围”对话框，颜色容差设置为 50，取样颜色选取白色，单击“确定”按钮，将图片白色部分全部选中，按 Delete 键删除白色部分。按 Ctrl+D 组合键取消选区。

(3) 选择菜单“文件”|“存储为”，打开“另存为”对话框，保存类型选择 PNG，文件名为“芭蕾女孩.png”，单击“保存”按钮，打开“PNG 格式选项”对话框，单击“确定”按钮。

(4) 关闭“芭蕾女孩.jpg”图片，打开“芭蕾女孩.png”图片。

(5) 选择“仿制图章工具”，在“仿制图章工具”的工具选项栏中，单击“点按可打开画笔预设选取器”，在弹出的“选取器”中设置大小为 50 左右。

(6) 选择菜单“窗口”|“仿制源”，打开“仿制源”面板，设置角度为 30°。按住 Alt 键的同时，单击芭蕾女孩腰部位置，放开 Alt 键，此时“仿制源”面板如图 5-21 所示。

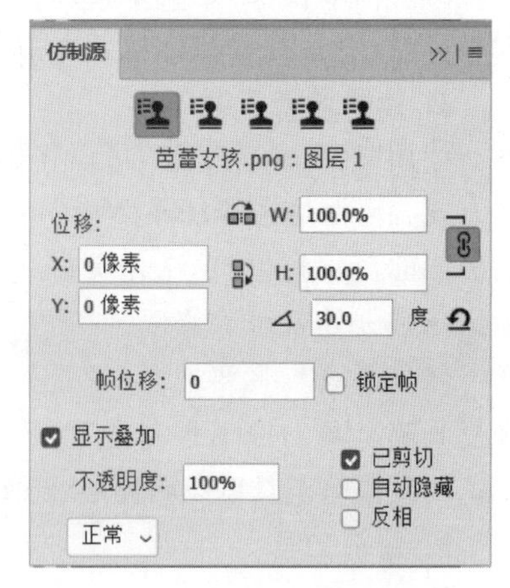

图 5-21 “仿制源”面板

(7) 单击“图层”面板右下角“创建新图层”按钮两次，新建“图层 2”和“图层 3”图层，选中“图层 2”图层。

(8) 单击芭蕾女孩腰部位置，按住鼠标左键涂抹，复制一个旋转了 30°(比较图层 1)的芭蕾女孩。

(9) 选中“图层 2”图层，按住 Alt 键的同时单击芭蕾女孩腰部位置，放开 Alt 键。选中“图层 3”图层，单击芭蕾女孩腰部位置，按住鼠标左键涂抹，复制一个旋转了 30°(比较图层 2)的芭蕾女孩。此时设计如图 5-22 所示。

图 5-22　仿制图章工具复制了两个女孩在不同图层

(10) 移动“图层 1”到最上层，“图层 3”到最下面一层。在“图层”面板中设置“图层 2”的不透明度为 80%，设置“图层 3”的不透明度为 50%。

(11) 选择菜单“图层”|“新建”|“图层背景”，为图片新建一个白色背景。保存图片为“三个芭蕾女孩.jpg”。

5.2.5.2　知识点

1. 仿制图章工具

仿制图章工具的功能是从图像中取样，将样本应用到其他图像或同一图像的其他部分。按住 Alt 键再单击某区域完成取样，然后定位鼠标指针到想要覆盖的区域再拖曳，可直接将取样的区域保持不变地复制到目标区域。

仿制图章工具的具体使用方法：单击工具箱中的“仿制图章工具”，按住键盘上的 Alt 键，将鼠标指针移动到打开图像中要复制的图案上单击(单击的位置为复制图像的印制点)，松开 Alt 键，然后将鼠标指针移动到需要复制图像的位置拖曳鼠标，即可将图像进行复制。重新取样后，在图像中拖曳鼠标，将复制新的图像。

仿制图章工具与修复画笔工具的异同点如下。

(1) 仿制图章工具的使用方法与修复画笔工具相同。

(2) 仿制图章工具与修复画笔工具一样,也可以跨图层、跨图片操作。

(3) 仿制图章工具是完全复制效果,而修复画笔工具中源内容会与目标区域融合,可能会产生不一样的效果。

(4) 使用"仿制图章工具"时,可以打开"仿制源"面板,最多可以设置5个仿制源,还可以为每个仿制源设置一些简单的变换,如旋转、缩放等。而修复画笔工具没有此项功能。

2. 图案图章工具

图案图章工具的功能是用图案绘画,可以从图案库中选择图案或创建自己的图案。当创建自己的图案时,一般要先选取图像的一部分定义一个图案,然后才能使用"图案印章工具"将设定好的图案复制到鼠标的拖放处。

具体使用方法为:单击工具箱中的"图案图章工具",用"矩形选框工具"选取需要复制的图案,然后选择菜单"编辑"|"定义图案",将其定义为样本,最后在工具选项栏的"图案"选项中选择定义的图案,并将鼠标指针移动到画面中拖曳即可复制图像。

5.2.6 文字工具

5.2.6.1 教学案例:我是小鱼儿

【要求】 制作鱼形文字"我是小鱼儿",并使用"图案图章工具"制作"小玫瑰"图案,对中间文字进行填充,最后使用"玫瑰"图片对最下面文字区域进行填充,效果如图5-23所示。

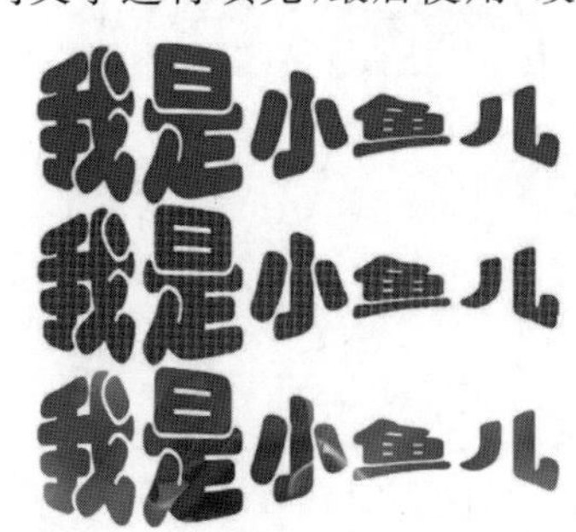

图5-23 "我是小鱼儿"效果

【操作步骤】

(1) 在Photoshop中新建默认大小图片,选择"横排文字工具",在其工具选项栏中设置"华文琥珀"字体,字号为77,颜色为红色,在图片中输入"我是小鱼儿"。

(2) 在工具选项栏中选择"创建文字变形",打开"变形文字"对话框,样式选择"鱼形",单击"确定"按钮,单击工具选项栏中的✓按钮确认文字形状。

(3) 选择"移动工具",移动文字到上方合适位置。复制两个一样的图层并移动到合适位置,如图5-24所示,保存图片为"我是小鱼儿.psd"。图片位置上、中、下文字在"图层"面板中的顺序正好相反。

(4) 打开"玫瑰.jpg"图片,使用"矩形选框工具"框选玫瑰花部分,按Ctrl+C组合键复制。选择菜单"文件"|"新建",打开"新建文档"对话框,选择"剪贴板",单击"创建"按钮,按Ctrl+V组合键粘贴,复制玫瑰花。

(5) 选择菜单"图像"|"图像大小",打开"图像大小"对话框,设置宽度和高度均为30,单击"确定"按钮。选择菜单"编辑"|"定义图案",打开"图案名称"对话框,设置名称为"小玫瑰",单击"确定"按钮。

(6) 单击"我是小鱼儿.psd"图片,选择"图案图章工具",在其工具选项栏中单击"点按可打开图案拾色器",选取"小玫瑰"。

(7) 在"图层"面板中,选中"我是小鱼儿 拷贝"图层,再单击图片中的中间文字,打开"此文字图层必须栅格化后才能继续。其文本将不能再编辑。是否栅格化文字"对话框,单击"确定"按钮。此时该图层从文字图层变为普通图层。

(8) 按Ctrl键的同时单击"我是小鱼儿 拷贝"图层的图层缩览图,使得中间文字被选

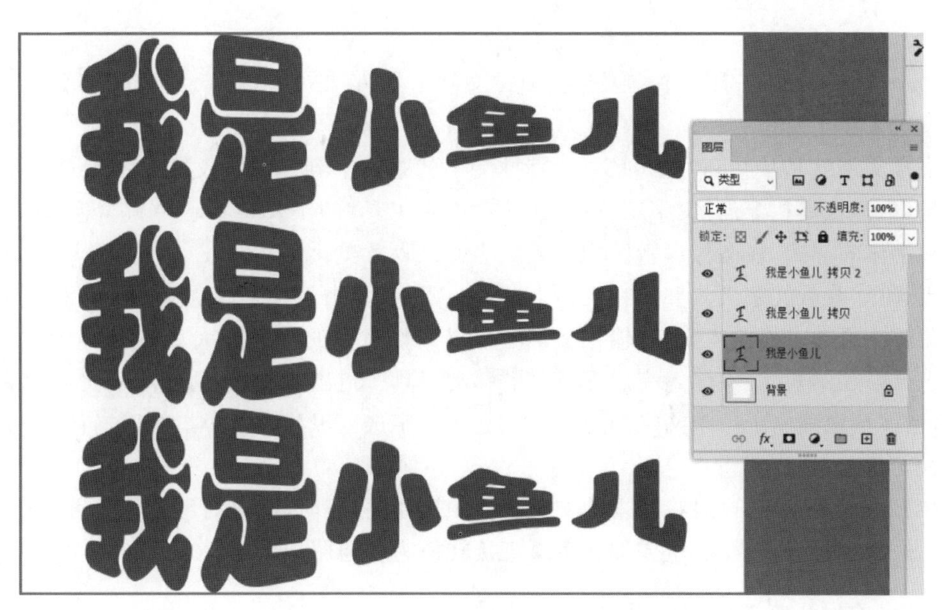

图 5-24　文字输入

中，在文字中拖动鼠标涂抹即可将小玫瑰当作图案刷到文字中。按 Ctrl＋D 组合键取消选择。

（9）单击“玫瑰. jpg”图片，按 Ctrl＋A 组合键全选，按 Ctrl＋C 组合键复制。

（10）单击“我是小鱼儿. psd”图片，按 Ctrl 键的同时单击“我是小鱼儿 拷贝 2”图层左边的“指示变形文字图层”，使得最下方文字被选中。

（11）单击“我是小鱼儿 拷贝 2”图层，选择菜单“编辑”|“选择性粘贴”|“贴入”，此时在图层最上方多了一个“图层 1”，按 Ctrl＋T 组合键将图片放大并移动到合适位置，如图 5-25 所示。单击“提交变换”按钮 ✓ 完成制作。

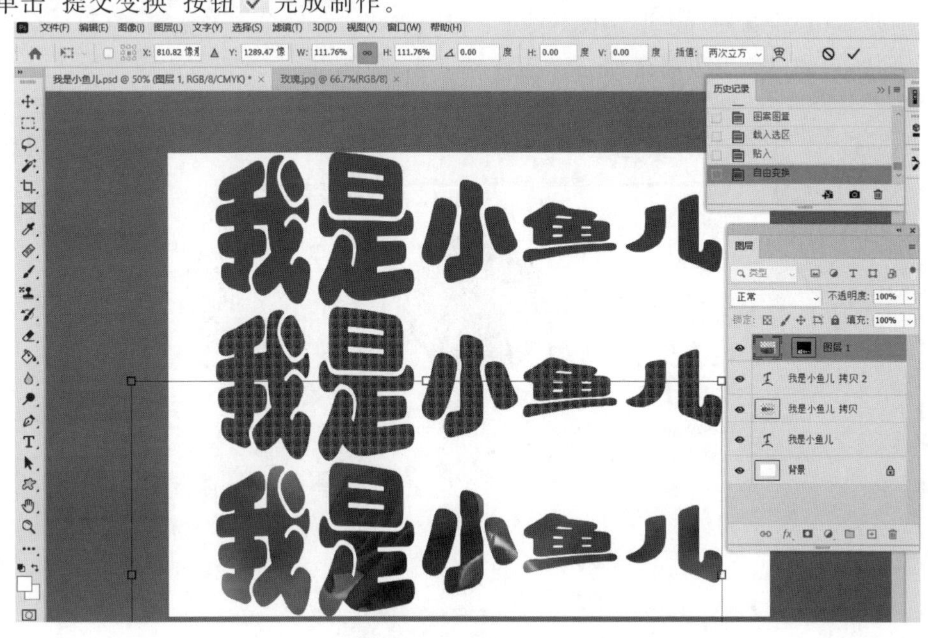

图 5-25　图片贴入文字框架

5.2.6.2 知识点

Photoshop 文字工具组中主要包括横排文字工具、直排文字工具、横排蒙版文字工具和直排蒙版文字工具。

横排文字就是从左到右排列文字，直排文字就是从上到下排列文字。一般文字输入的步骤是，单击工具栏上的"文字工具"按钮，在"文字工具"的工具选项栏中设置字体、字体的大小和字体的样式，在图像编辑区中完成文字的录入及美化。

当选择"蒙版文字工具"时，在画面上单击一下，整个画面变成了淡红色，也就是建立了一层蒙版。再在上面输入文字，输入文字时可以调整文字的样式和大小(退出蒙版后，是无法再进行修改的)。文字输入完成后，选择"移动工具"，退出蒙版，这时候看到文字的周围是虚框，也就是说建立了一个文字的选区。建立了文字选区以后，可以对选区进行填充图案和图片。

在 Photoshop 中，可以将输入的文字转换为工作路径和形状进行编辑，也可以将其进行栅格化处理，即将输入文字生成的文字层直接转换为普通图层。

5.2.7 钢笔工具和路径工具

5.2.7.1 教学案例：画多边形路径和形状

【要求】 利用"钢笔工具"绘制六边形路径和以前景色填充七边形形状图，如图 5-26 所示。

【操作步骤】

(1) 新建 Photoshop 文档，选择"钢笔工具"，在其工具选项栏中设置"选择工具模式"为"路径"。分别单击各锚点，绘制一个闭合的六边形路径，各个顶点就是锚点，如图 5-26 左边图所示。

(2) 将前景色设置为黑色，在"钢笔工具"的工具选项栏中设置"选择工具模式"为"形状"，此时步骤(1)绘制的六边形路径不见了；在画布右边分别单击各锚点，绘制一个闭合的七边形形状，自动以前景色填充，并会新建一个形状图层，如图 5-26 右边图所示。

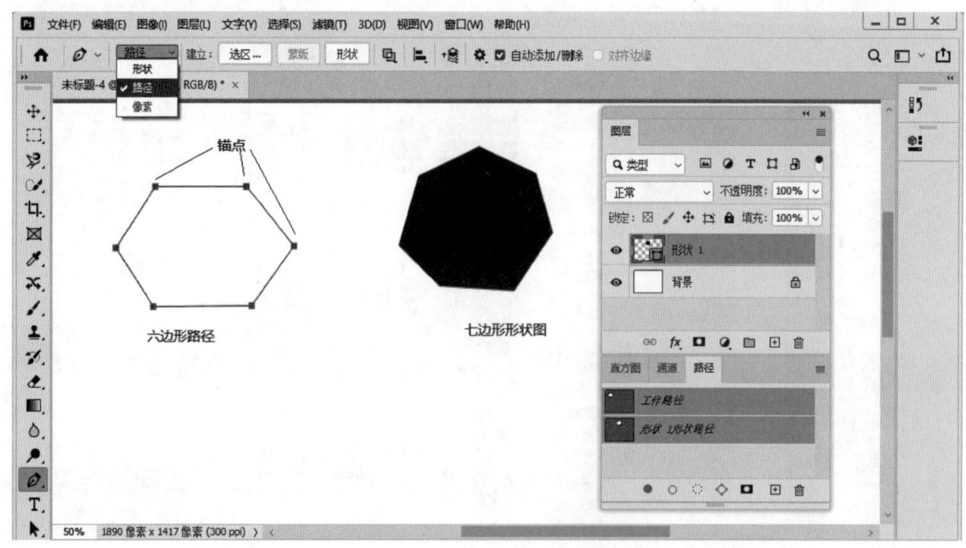

图 5-26 "钢笔工具"工具选项栏

(3) 单击“路径”面板中的“工作路径”可将六边形路径重新显示出来。选择工具箱中的“路径选择工具”路径选择工具，再单击六边形路径可以将锚点(各锚点为实心矩形状态)显示出来，此时可以移动整个路径。

(4) 选择工具箱中的“直接选择工具”直接选择工具，单击图片空白位置后，再单击六边形路径(此时各锚点为空心矩形状态)。然后单击某个锚点，该锚点变为实心矩形状态，可拖动鼠标移动该锚点来实现路径调整。

(5) 单击“路径”面板中的“形状 1 形状路径”，然后选择工具箱中的“直接选择工具”，也可以使用拖动锚点来调整七边形形状。

5.2.7.2 教学案例：画曲线路径

【要求】 使用“钢笔工具”，绘制曲线和直线组合路径，如图 5-27 所示。

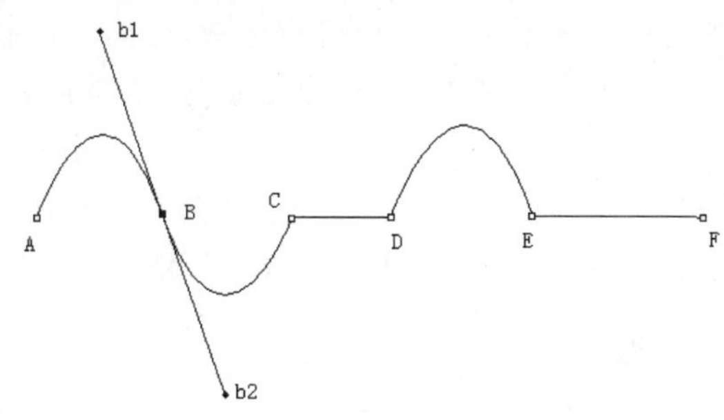

图 5-27 曲线和直线组合路径

【操作步骤】

(1) 新建一个空白图片，选择“钢笔工具”，在工具选项栏中设置“选择工具模式”为“路径”。将鼠标指针定位于画布靠左任一位置，按下鼠标左键，松开鼠标，设为 A 点。

(2) 将鼠标指针定位于 A 点右边任一位置，按下鼠标左键，设为 B 点，按住鼠标不放，并从 B 点拖动到 b2 点，松开鼠标，可画出 AB 曲线。其中 b1、b2 点成为 B 点的控制点，b1B、Bb2 直线称为控制线。可利用“直接选择工具”拖动 b1、b2 控制点改变曲线的形状。

(3) 选择“钢笔工具”，因为 b2 控制点的存在，只要单击 B 点右边任一点并设为 C 点，就会画出 BC 曲线。

(4) 单击 C 点右边任一点，设为 D 点，此时画出 CD 直线。

(5) E 点的画法和 B 点一样，按住鼠标不放，从 E 点向下拖动到一定位置，画出 DE 曲线。

(6) 按住 Alt 键的同时单击 E 点就会去掉一半的控制点，再单击 F 点，这时才画得出 EF 直线，否则 F 点和 C 点一样。

(7) 在绘制路径的过程中，如果对绘制的图形不满意，可以多次使用 Ctrl+Z 组合键撤销上几步的操作，也可以使用历史记录来完成撤销或者重复操作。

5.2.7.3 知识点

1. 钢笔工具组

钢笔工具用来绘制各种图形和路径。选择“钢笔工具”，在画面上单击，就会出现一个方块，这个方块称为锚点。再在另一个位置单击，就会出现下一个锚点，两个锚点之间就形成了一条直线。不断绘制锚点，最后的终点如果和起点闭合则路径区域绘制结束，如果没有闭合就需要结束，则需要按 Esc 键。

用“钢笔工具”绘制路径时，按住鼠标不放拖动可以绘制出曲线。按住 Alt 键，单击锚点就会去掉一半的控制点。

与“钢笔工具”一组的还有如下工具。

（1）自由钢笔工具：可以像铅笔一样随意画路径等。

（2）添加锚点工具：在已有的路径中随意增加锚点，以便控制。

（3）删除锚点工具：在已有的路径中删除已有的锚点。

（4）转换点工具：将指针移动到需要转换的锚点上，单击，可以将曲线路径锚点转换为直角锚点，使曲线路径转换为直线路径。

2. 路径工具

路径工具有两个：一个是路径选择工具；另一个是直接选择工具。

（1）路径选择工具顾名思义是对多个路径进行选择，是路径的整体选择。路径绘制完成后，没有被选择时，锚点都不显示。用“路径选择工具”选中路径后，路径上的锚点都会显示出来，可以移动整条路径。

（2）直接选择工具是针对路径中的单个锚点进行编辑修改。用“直接选择工具”选中某个锚点，可以拉动控制线，改变曲线的形状，实现修改部分路径或者形状等。

5.2.8 Photoshop 快捷键

Photoshop 中常用的快捷键如表 5-1 所示。

表 5-1 Photoshop 中常用的快捷键

操　作	快　捷　键
默认前景色和背景色	D
切换前景色和背景色	X
切换标准模式和快速蒙版模式	Q
标准屏幕模式、带有菜单栏的全屏模式、全屏模式切换	F
一步一步向前还原	Ctrl+Z
一步一步向后重做	Ctrl+Shift+Z
剪切选取的图像或路径	Ctrl+X 或 F2
复制选取的图像或路径	Ctrl+C
将剪贴板的内容粘贴到当前图形中	Ctrl+V 或 F4
自由变换	Ctrl+T
应用自由变换(在自由变换模式下)	Enter
从中心或对称点开始变换(在自由变换模式下)	Alt
取消变形(在自由变换模式下)	Esc
自由变换复制的像素数据	Ctrl+Shift+T
再次变换复制的像素数据并建立一个副本	Ctrl+Shift+Alt+T
删除选框中的图案或选取的路径	Delete
用背景色填充所选区域或整个图层	Ctrl+Backspace 或 Ctrl+Delete
用前景色填充所选区域或整个图层	Alt+Backspace 或 Alt+Delete
打开“填充”对话框	Shift+Backspace
建立一个新的图层	Ctrl+Shift+N
通过复制建立一个图层	Ctrl+J
通过剪切建立一个图层	Ctrl+Shift+J

续表

操　　作	快　捷　键
从对话框建立一个通过剪切的图层	Ctrl+Shift+Alt+J
合并可见图层	Ctrl+Shift+E
合并图层	Ctrl+E
全部选取	Ctrl+A
取消选择	Ctrl+D
重新选择	Ctrl+Shift+D
反向选择	Ctrl+Shift+I
载入图层内容轮廓选区	Ctrl+单击图层的缩览图
放大视图	Ctrl++或者 Ctrl+Alt++
缩小视图	Ctrl+-或者 Ctrl+Alt+-
满画布显示	Ctrl+O
实际像素显示	Ctrl+Alt+O
显示/隐藏选择区域	Ctrl+H
显示/隐藏路径	Ctrl+Shift+H
显示/隐藏标尺	Ctrl+R
显示/隐藏所有命令面板	Tab
显示或隐藏工具箱以外的所有面板	Shift+Tab

5.3 Photoshop 图层

5.3.1 图层的基本概念

1. 什么是图层

图层是 Photoshop 中十分重要的概念,这一概念几乎贯穿了所有的图形图像软件,极大地方便了图形设计和图像编辑。

图层也称层、图像层。图层就如同含有文字、图像等内容的胶片,一张一张按顺序叠放在一起,组合起来形成一张完整的图像。图层就是图像的层次,可以将一幅作品分解成多个元素,编辑修改都可分别进行,即每个元素都由一个图层进行管理。

图层上有图像的部分可以是透明或不透明的,而没有图像的部分一定是透明的。如果图层上没有任何图像,透过图层可以看到下面的可见图层。

制作图片时,用户可以先在不同的图层上绘制不同的图形并编辑它们,最后将这些图层叠加在一起,就构成了想要的完整的图像。

2. 图层的特点及作用

(1) 图层可以添加、删除、隐藏及调换顺序。使用图层可以同时编辑几个不同的图像,或者把不同的图像进行合成,可以从画面中隐藏或删除不需要的图像图层。

(2) 每个图层相互独立,一个图层上进行的操作不会影响到其他图层。如果事先构成整体图像的各个元素分别放置在不同的图层中,那么只需要更改不满意的部分所在的图层即可,这样就大大减少了不必要的麻烦,缩短工作时间。

(3) 下图层可以透过上图层的透明区域显现出来。看到的最终影像是图层叠加的总和。

(4) 除"背景"图层外,其他图层都可以反复调整不透明度和混合模式,而不会损坏图像。

5.3.2 "图层"面板

先打开一个图像文件,然后选择菜单"窗口"|"图层",则窗口中出现"图层"面板。如果未事先打开图像文件,则该面板为空面板。图层内容的缩览图显示在图层名称的左边,它随编辑而被更新。

"图层"面板上的右上角有一个图标 ≡,单击该图标会弹出"图层"下拉菜单。其含有新建图层、复制图层、删除图层、链接图层、锁定图层、合并可见图层、创建剪贴蒙版等选项,如图 5-28 所示。

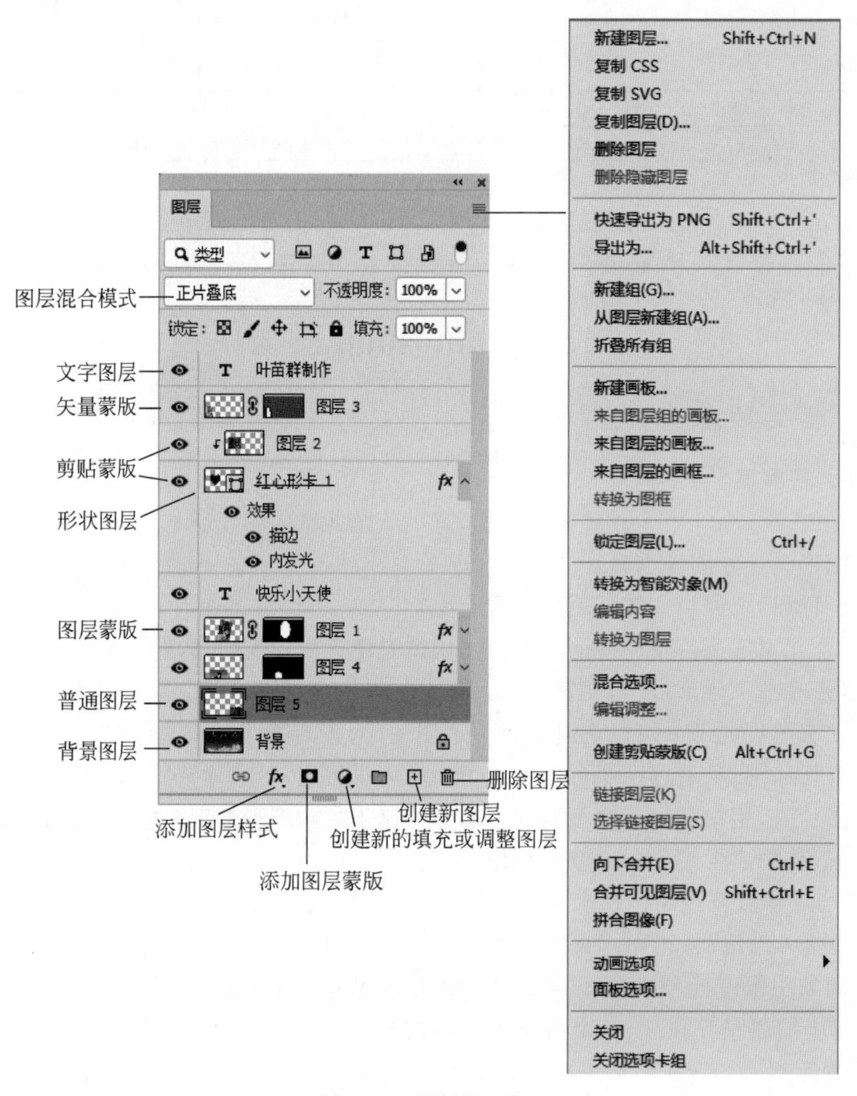

图 5-28 "图层"面板

在图层前面有个眼睛的标志,单击可以隐藏图层,该图层就不显示了。再单击就打开图层,图层就显示了。双击图层的名称,可以对图层的名称进行修改。在"图层"面板右下角还有一系列的按钮,包括添加图层样式、添加图层蒙版、创建新图层、删除图层等。

5.3.3 图层类型

Photoshop 中图层主要有“背景”图层、普通图层、文字图层、形状图层、调整图层和填充图层等类型。

1. “背景”图层和普通图层

“背景”图层右边有一个锁定的标志。一般来说,“背景”图层位于最下面,最多只有一个,对于该层,不能进行移动,也无法更改图层的透明度。

如果需要对“背景”图层进行操作,需要先对它进行解锁。选择菜单“图层”|“新建”|“背景图层”或者双击“图层”面板的“背景”图层,打开“新建图层”对话框,输入图层的名称,就将“背景”图层转换为普通图层。转换完成后,就可以对“背景”图层进行任意操作。

对于普通图层,选择菜单“图层”|“新建”|“背景图层”,可以变为背景图层。

2. 文字图层和形状图层

文字图层是输入文字时自动产生的,在文字图层可以修改输入文字的字体、字号、字体颜色等,但也有许多操作受限,如不能绘画、不能填充图案等,可以将文字图层栅格化为普通图层。

形状图层是用“形状工具”绘制形状时产生的。可以将形状图层栅格化为普通图层。

3. 调整图层和填充图层

调整图层是用于调整位于其下方的所有可见图层的像素色彩,这样就可以不必对每个图层单独进行调整,它是一种特殊的色彩校正方法。调整图层对图像的调整是以一种虚拟和参数化的方式进行的。使用调整图层中的各个命令时,可以在屏幕上看到应用命令后的颜色改变,不过实际图层上的像素并没有任何改变。这样做的好处是,用户随时可以舍弃不满意的调整,而不用担心由于像素改变带来的无法挽回的后果。

调整图层操作方法为:选择菜单“图层”|“新建调整图层”,调出其级联菜单,再单击级联菜单中的相应菜单可调出“新建图层”对话框,单击“确定”按钮,再进一步在调整面板中进行色阶、色彩平衡或亮度对比度等设置。

填充图层和调整图层一样,实际上是同一类图层,表示形式基本一样,可以对其下边所有图层的选区或整个图层(没有选区时)进行色彩等调整,不会对其下边图层图像造成永久性改变,一旦隐藏或删除填充图层后,其下边图层的图像会恢复原状。

5.3.4 图层的操作

1. 新建图层

新建图层可以直接单击“图层”面板下面的“新建图层”按钮,也可以单击“图层”面板右上角的小三角图标,在弹出的菜单中单击“新建图层”。

利用选区,也可以快速建立新图层。例如,用“椭圆选择工具”,在画面上选择一个区域,然后选择菜单“图层”|“新建”|“通过拷贝的图层”。

2. 填充图层

选择菜单“编辑”|“填充”,可以用颜色或者图案对图层进行填充。如果要用前景色对图层进行填充,快捷键为 Alt+Delete(或 Backspace)。如果要用背景色对图层进行填充,快捷键为 Ctrl+Delete(或 Backspace)。

3. 选择、移动、对齐图层

选择图层：只要在"图层"面板中单击该图层即可。如果要多选，按住 Ctrl 键的同时单击即可进行连续选择。还有一种选择方式就是直接在画面上进行选择，右击后在弹出的快捷菜单中选择即可，一般用于选中一个图层。

在"图层"面板中要移动图层，只要选中图层拖动即可完成图层的顺序调整。

选中多个图层后，选择"移动工具"，可在其工具选项栏中选择不同的对齐方式（顶对齐、垂直居中对齐、底对齐、左对齐、水平居中对齐、右对齐）。

4. 复制和删除图层

复制图层：可以在"图层"面板上右击，在弹出的快捷菜单中选择"复制图层"；也可以将需要复制的图层直接拖入"图层"面板右下角的"新建图层"按钮中。

删除图层：可以在"图层"面板上右击，在弹出的快捷菜单中选择"删除图层"；也可以将需要删除的图层直接拖入"图层"面板右下角的"删除图层"按钮中。

5. 合并、链接图层

在作图时，如果有多个图层，有时候需要用到合并图层。要记住，图层合并后，不能再进行单独的修改，所以合并之前一定要确定合并的图层已经不需要做任何改动。选中需要合并的图层，选择菜单"图层"|"合并图层"。

在实际作图中，有时候需要对几个图层同时进行变换大小、移动等处理。这时候就需要用到图层链接功能。将几个图层选中，单击"链接"按钮，就链接了图层。

6. 锁定图层

对图层进行锁定，是为了在作图的过程中不影响锁定的图层。锁定有如下 4 种模式，可选择图层，进行相应的锁定。

（1）锁定透明像素：只锁定画面中透明的部分，而有颜色像素的地方可以进行修改和移动。

（2）锁定图像像素：锁定有颜色像素的地方，这时候不能对图片进行修改，但是可以移动。

（3）锁定位置：锁定后可以对图像进行修改，但是不能移动位置。

（4）锁定全部：锁定后不能进行修改，也不能移动。

5.3.5 图层混合效果

1. 图层混合模式

图层混合是指图层与它下面的图层上的对应像素以不同的模式进行混合，常被用于制作各种特殊效果，也可以用于图像自身色彩的调整。图层混合模式有正常、溶解、变暗、正片叠底、颜色加深、线性加深、变亮、滤色、叠加、柔光、强光、亮光等。

在"图层"面板中，有一个设置图层混合模式的下拉列表框，单击它，将显示图层混合模式，它决定图层之间以何种方式混合。

2. 图层样式

图层样式可以为图层的图形、图像和文字，加上各种各样的效果。Photoshop 中已经预置了很多样式。单击"样式"面板的右上角的按钮，会弹出导入样式、旧版样式及其他（该菜单含有 Web 样式）等下拉菜单，可以加入更多的样式。如图 5-29 所示，新建文字图层 girl，单击"样式"面板上的 Web 样式"高光拉丝金属"即可完成样式应用，观察"图层"面板文字层右边多了个 fx,可以看到该样式使用了斜面和浮雕、描边、光泽、图案叠加等效果。单击 fx 右边的∧项可以隐藏图层样式效果选项。

图 5-29 “样式”面板

右击“图层”面板下面的 fx 按钮,在弹出的快捷菜单中选择“混合选项”,打开“图层样式”对话框,如图 5-30 所示,可自行制作合适的图层样式。

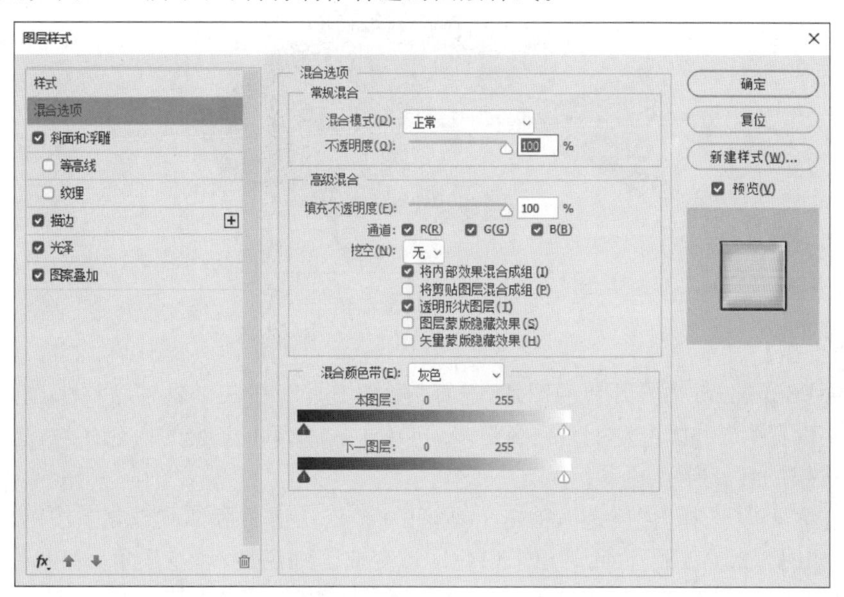

图 5-30 “图层样式”对话框

3. 不透明度

“图层”面板中有不透明度和填充不透明度两种。不透明度就是图层中所有内容和效果的不透明程度。填充不透明度只降低图层中填充像素的不透明度，而不改变其图层样式的不透明度。在调整不透明度后，图层的图层样式和其颜色跟着图层的不透明度变化；而调整填充不透明度后，变化的仅仅是图层本身，图层样式不受影响。

5.4 Photoshop 蒙版

所谓蒙版实际上是利用黑白灰之间不同的色阶，来对蒙版的图层实现不同程度的遮挡。蒙版中用黑色填充的地方，图像被彻底遮挡了；白色填充的地方则显示如初；用灰色填充的地方，则被隐隐约约遮挡住了。在这里，黑白灰不同于一般的颜色，它仅仅代表对图像的遮挡程度。

蒙版是一种通常为透明的模板，覆盖在图像上保护某一特定的区域，从而允许其他部分被修改。蒙版与选择区域相似，不同的是当图像加上蒙版后，蒙版蒙住的图像区域将受到保护，所做的各种操作只影响没被蒙上的区域。蒙版由一个灰度图来表示，黑色表示图像中没被选择的部分，白色表示被选择了的部分，而不同层次的灰度表示蒙住的程度，可以在灰度图中使用各种工具为图像制作出选区。用蒙版只是将图像的某些区域盖起来，去掉了蒙版，图片还是原来的图片，不会有任何损伤。

有了蒙版，操作的对象不再是图层上的真实像素，而是像素上的一个蒙版。这样操作就具有了更加灵活的自由度，不再因为可能破坏图像而缩手缩脚。

5.4.1 快速蒙版

5.4.1.1 教学案例：鱼的选取

【要求】 利用快速蒙版绘出选区，完成鱼的选取，如图 5-31 所示。

图 5-31 只选取鱼

【操作步骤】

(1) 在 Photoshop 中打开鱼的图片，选择“魔棒工具”，在其工具选项栏中选择“添加到选区”，容差设置为 10，单击左上角白色区域，再单击右下角不连续的白色区域，选中所有白色区域，如图 5-32(a)所示。

(2) 选择菜单“选择”|“反选”，单击工具箱中的“以快速蒙版模式编辑” 按钮，进入快速蒙版模式，如图 5-32(b)所示，此时原来白色区域变成了红色显示，左下角文字以白色显示。

(3) 为了只选中鱼，选择“画笔工具”，前景色选择黑色，涂抹左下角白色文字部分，使其

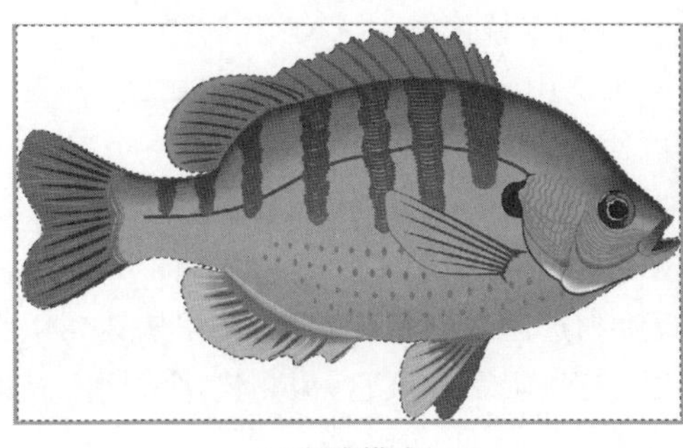

(a) 标准模式

(b) 快速蒙版模式

图 5-32　标准模式和快速蒙版模式显示

变成红色显示。切换到“通道”面板可以观察到有“快速蒙版”,如图 5-33 所示。

(4) 单击工具箱中的“以标准模式编辑”按钮,回到标准模式,发现“通道”面板中“快速蒙版”已消失,图片中只有鱼被选框选中。

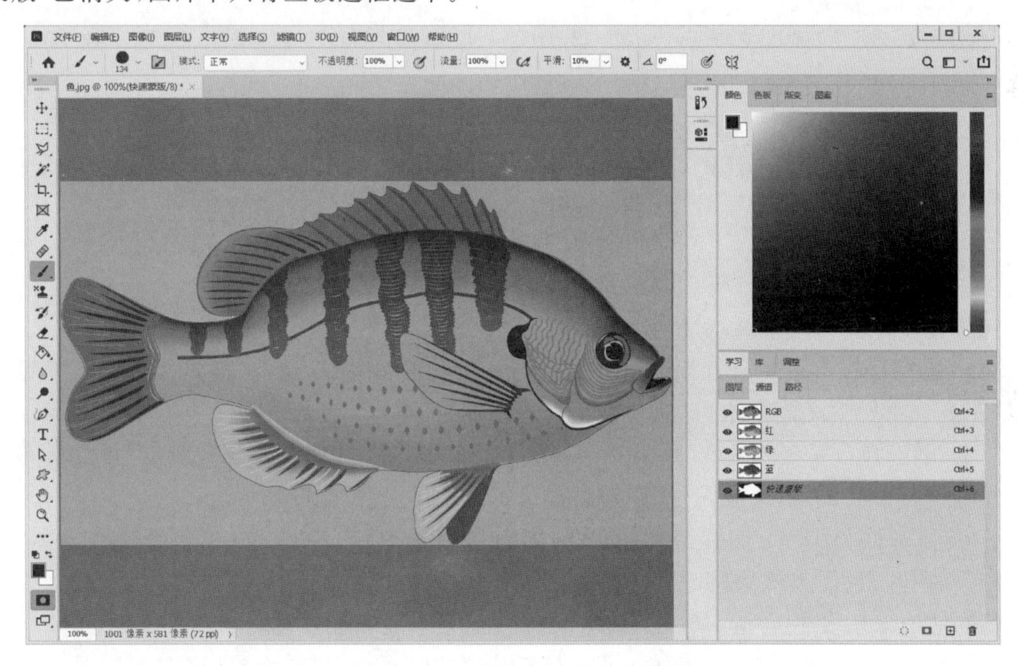

图 5-33　“通道”面板中的快速蒙版

5.4.1.2　知识点

1. 快速蒙版的作用

Photoshop 的编辑模式包括“以标准模式编辑”和“以快速蒙版模式编辑”,按 Q 键可以完成标准模式和快速蒙版模式之间的切换。这两种模式提供了两种制作选区的不同方式。在标准模式下,一般利用工具箱中的“选取工具”制作选区,这也是通常使用的工作模式。

而在快速蒙版模式下,可利用“绘图工具”制作复杂的选区,主要用于创建、编辑和修补图片选区,并没有真正在原图上加上蒙版。

2. 快速蒙版的使用

在快速蒙版模式下,Photoshop 自动转换为灰阶模式,前景色为黑色,背景色为白色(可按 X 键,交换前景色和背景色)。使用画笔工具、铅笔工具、历史笔刷工具、橡皮擦工具、渐变工具等绘图和编辑工具来增加和减少蒙版面积以确定选区。

(1) 用黑色绘制时,显示为红“膜”,该区域不被选中,即增加蒙版的面积。

(2) 用白色绘制时,红“膜”被减少,该区域被选中,即减小蒙版的面积。

(3) 用灰色绘制,该区域被羽化,有部分被选中。

3. 快速蒙版的本质

快速蒙版是一种临时蒙版,它可以在临时蒙版和选区之间快速转换,使用快速蒙版将选区转换为临时蒙版后,可以使用任何绘画工具或滤镜编辑和修改它,但是快速蒙版不具备存储功能。

在快速蒙版模式下,编辑蒙版区域,自动创建“快速蒙版”临时蒙版(在“通道”面板中可以查看),切换至标准模式,快速蒙版自动取消。

5.4.2 图层蒙版

5.4.2.1 教学案例:字图

【要求】 利用“横排文字蒙版工具”和图层蒙版制作“宁波大学”字图,如图 5-34 所示。

图 5-34 字图

【操作步骤】

(1) 在 Photoshop 中新建默认大小白色背景的图像“字图”,选择“横排文字蒙版工具”,在其工具选项栏中设置字体为华文琥珀,字体大小为 100。

(2) 单击画布靠左任意位置,画布会变成红色背景,输入“宁波大学”,单击“提交所有编辑”按钮 ✔ 确认,出现“宁波大学”字样虚框。

(3) 打开“宁波大学”图片,按 Ctrl+A 组合键全选图片,按 Ctrl+C 组合键复制图片。返回字图图片,选择菜单“编辑”|“选择性粘贴”|“贴入”。

(4) 按 Ctrl+T 组合键,放大宁波大学图片至完全能填充字样。选择“移动工具”移动图片到合适位置。观察“图层”面板,“图层 1”中,左边为图片图层缩览图,右边为图层蒙版缩览图,两者可分别移动。如图 5-35 所示,图片为选中状态,用“移动工具”移动的是图片。

图 5-35 选择性粘贴贴入

(5) 单击“图层 1”右边的图层蒙版缩览图后，利用“移动工具”可移动“宁波大学”字样。单击“图层”面板中“图层 1”两图中间的空白区域后，出现链接符号，鼠标指针指向它显示“指示图层蒙版链接到图层”，表示已链接，如图 5-36 所示。此时利用“移动工具”可将两者一起移动到合适位置。

图 5-36　文字字样图层蒙版

5.4.2.2　教学案例：五环图

【要求】　制作连环扣的五环图(上左：蓝；上中：黑；上右：红；下左：黄；下右：绿)，效果如图 5-37 所示。

图 5-37　五环图

【操作步骤】

(1) 在 Photoshop 中新建默认大小白色背景的图像“五环图”，新建“黑色环”图层，选择“椭圆选框工具”，按 Shift 键，画正圆选框，填充黑色。

(2) 选择菜单“选择”|“变换选区”后，按 Alt 键，并拖动四角缩小选区到合适位置，按 Enter 键确认。

(3) 按 Delete 键删除内圆，按 Ctrl+D 组合键删除选区。在“图层”面板中，右击“黑色环”图层名字部分，在弹出的快捷菜单中选择“复制图层”，打开“复制图层”对话框，命名为红色环。同样复制出蓝色环、黄色环、绿色环。

(4) 选择菜单“窗口”|“样式”，打开“样式”面板，右击右上角选项，在弹出的快捷菜单中选择“旧版样式及其他”，此时“样式”面板左下角会出现该项。

(5) 选中“图层”面板中的黑色环，选择“样式”面板中“旧版样式及其他”|“所有旧版默认样式”|“Web 样式”打开 Web 样式，单击“黑色电镀金属”。用同样方法，将“红色凝胶”应用于红色环，将“蓝色凝胶”应用于蓝色环，将“黄色凝胶”应用于黄色环，将“绿色凝胶”应用于绿色环。

(6) 利用“移动工具”移动并对齐各环(上左：蓝；上中：黑；上右：红；下左：黄；下右：绿)，如图 5-38 所示。

(7) 选择黄色环，单击“图层”面板中“添加图层蒙版”按钮 (一般在上方的图层制作图层蒙版，这里黄色环在蓝色环和黑色环上方)。按 Ctrl 键并单击蓝色环左边的图层缩览图，此时当前的图层还在“黄色环”图层(右边的图层蒙版为选中状态)上，选中的部分是与蓝色环同一位置区域。前景色设置为黑色，选择“画笔工具”，涂抹黄色环与蓝色环上方交叉位置(箭头所指交叉位置)，使交叉的黄色消失，如图 5-39 所示。

(8) 按 Ctrl 键并单击黑色环的图层缩览图，涂抹黄色环与黑色环下方交叉位置，使黄色

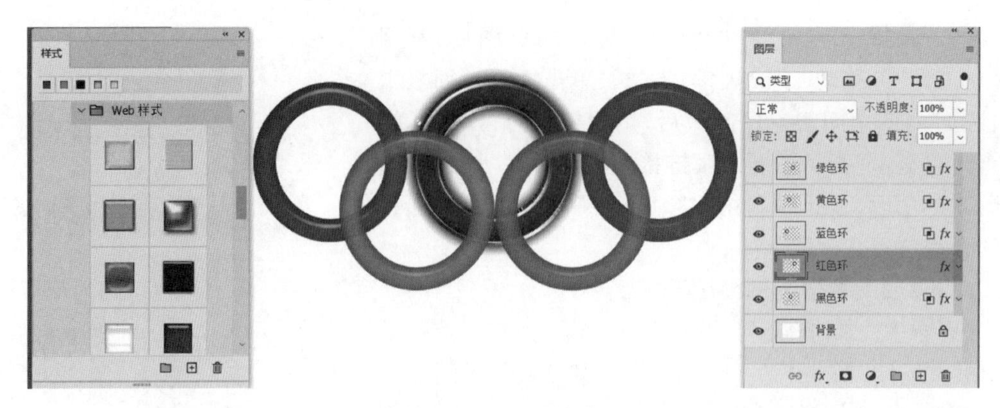

图 5-38　五环图设计 1

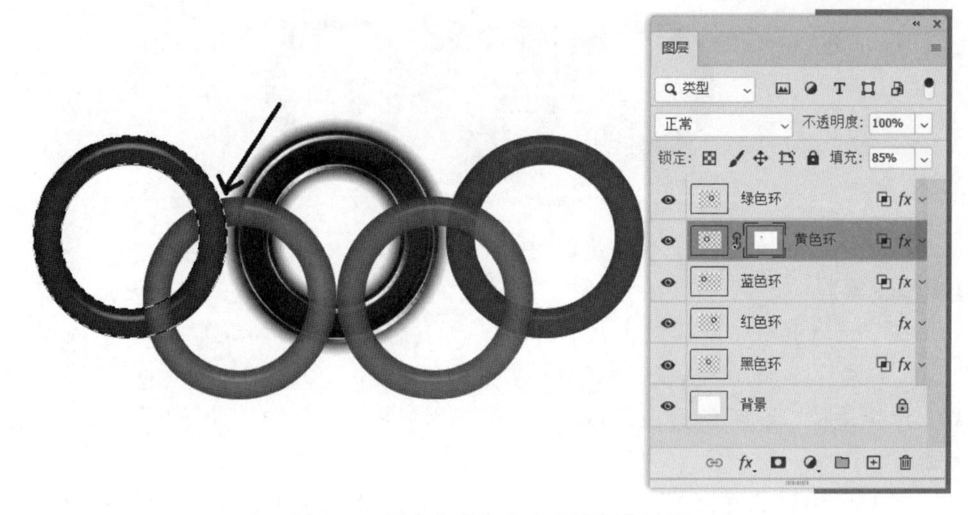

图 5-39　黄色与蓝色上方交叉部分处理

消失，按 Ctrl+D 组合键删除选区。

(9) 选择绿色环(绿色环在红色环和黑色环上方)，添加图层蒙版。按 Ctrl 键并单击红色环的图层缩览图。前景色设置为黑色，选择“画笔工具”，涂抹绿色环与红色环下方交叉位置，使绿色消失。按 Ctrl 键并单击黑色环的图层缩览图，涂抹绿色环与黑色环上方交叉位置，使绿色消失，按 Ctrl+D 组合键删除选区。

(10) 完成后各环扣在一起，效果如图 5-40 所示。其中黄色环与绿色环都制作了图层蒙版，蒙版的黑色部分表示隐藏内容。

5.4.2.3　知识点

图层蒙版可以添加覆盖在图层上，可以在不破坏图层的情况下控制图中不同区域像素的显隐程度。添加图层蒙版后，在“图层”面板中，图层和图层蒙版显示在同一层中，左边是图层缩览图，右边是图层蒙版缩览图。

1. 添加图层蒙版

添加图层蒙版一般有两种方法：

(1) 打开或新建一个图片，选择显示区域；打开其他要在显示区域显示的图片，复制部分或全部；返回显示区域图片，选择菜单“编辑”|“选择性粘贴”|“贴入”(组合键为 Alt+

图 5-40　五环图设计 2

Shift＋Ctrl＋V)。

(2) 打开一个图片,在“图层”面板中,用“选框工具”选中图片部分区域(不选也可以),单击“图层”面板中“添加图层蒙版”按钮。

2. 调整修改图层蒙版

对于图层蒙版,可以用绘画工具(如画笔工具、橡皮擦工具、渐变工具等)进行涂抹操作,对图层蒙版进行修改完善。当前景色为黑色时,隐藏涂抹的部分;当前景色为白色时,显示涂抹的部分。涂抹前,一定要保证选中的是图层蒙版,否则可能对原图片造成破坏。

3. 图层蒙版的其他操作

在图层蒙版缩览图上右击,主要有如下快捷菜单选项。

(1) 停用图层蒙版:相当于暂时隐藏图层蒙版的效果,图片又恢复到原始状态。再单击启用图层蒙版。

(2) 删除图层蒙版:删除蒙版。

(3) 应用图层蒙版:把蒙版的效果用在图片上。这时候图层后面就看不到跟随的蒙版标志了。一旦应用了蒙版,就无法再对蒙版进行编辑,此时该图层变成了普通图层,原图被修改了。

5.4.3　矢量蒙版

5.4.3.1　教学案例:自定形状女孩

【要求】 要求使用矢量蒙版来实现女孩图片自定形状裁剪,效果如图 5-41 所示。

【操作步骤】

(1) 打开“女孩.jpg”图片,选择“自定形状工具”,在其工具选项栏中设置“选择工具模式”为“路径”,“形状”处选择“思索 2”(已经导入了老版本的形状),如图 5-42 所示。

(2) 在图片中画上形状路径,按 Ctrl＋T 组合键,结合 Shift 键,调整后按 Enter 键确认。

(3) 选择菜单“图层”|“矢量蒙版”|“当前路径”,完成矢量蒙版应用,如图 5-43 所示,此时原来的“背景”图层变成应用了矢量蒙版的普通图层“图层 0”了。

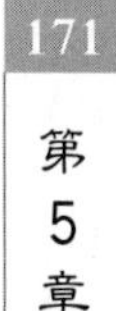

图 5-41　女孩图片自定形状蒙版

图 5-42　老版本形状

(4) 新建一个图层,选择菜单“图层”|“新建”|“图层背景”,新建一个白色背景图层。

5.4.3.2　教学案例:竹篮套猴子

【要求】 已有图 5-44(a)、图 5-44(b),要求制作“竹篮套猴子”组合图,如图 5-44(c)所示。

【操作步骤】

(1) 打开竹篮图片,使用“对象选择工具” 只将竹篮选中后,按 Ctrl+C 组合键复制。打开猴子图片,按 Ctrl+V 组合键粘贴竹篮图片,新的图层重命名为“竹篮”,按 Ctrl+T 组

图 5-43　矢量蒙版使用

(a) 猴子　　(b) 竹篮　　(c) 组合图

图 5-44　图组合

合键将竹篮调整到合适大小和位置。

(2) 在“竹篮”图层上使用“钢笔工具”，在其工具选项栏中，设置“选择工具模式”为“路径”，“路径操作”为“减去顶层形状”。单击多次选择竹篮右边与猴子左手交叉的部分区域，再单击多次选择竹篮与猴子肚子交叉的部分区域，如图 5-45(a)所示。

(3) 选择菜单“图层”|“矢量蒙版”|“当前路径”，创建矢量蒙版。在“图层”面板中，单击矢量蒙版缩览图，显示蒙版路径，如图 5-45(b)所示，此时发现蒙版区域不理想。

(4) 利用“直接选择工具”拖动锚点,也可采用“添加锚点工具”和“删除锚点工具”等工具调整路径区域,如图 5-45(c)所示。

(5) 再次单击矢量蒙版缩览图,可不显示路径,直接显示图片组合效果。

(a) 选择交叉的部分区域

(b) 显示蒙版路径

(c) 调整路径区域

图 5-45　矢量蒙版形状修改

5.4.3.3　知识点

可以添加矢量蒙版覆盖在图层上,创建的蒙版是矢量图形。对矢量蒙版可以任意缩放而不必担心产生锯齿。添加矢量蒙版后,在“图层”面板中,图层和矢量蒙版显示在同一层中,左边是图层缩览图,右边是矢量蒙版缩览图。

1. 添加矢量蒙版

图片上用矢量工具(如选择工具、钢笔工具、文本工具、形状工具等)绘制路径后,再选择菜单“图层”|“矢量蒙版”|“当前路径”(或者使用钢笔等工具中的工具选项中的“新建矢量蒙版”按钮也可以),来创建矢量蒙版。

2. 调整修改矢量蒙版

创建矢量蒙版后,单击右边的矢量蒙版缩览图,选中蒙版部分,再使用直接选择工具,利用锚点可对蒙版进行微调,也可采用添加锚点工具和删除锚点工具等工具调整路径区域,此时显示出来的区域也会跟随着调整。

3. 矢量蒙版的其他操作

在矢量蒙版缩览图上右击,有如下快捷菜单选项。

(1) 停用/启用矢量蒙版:相当于暂时隐藏矢量蒙版效果,图片又恢复到原始状态。单击“启用矢量蒙版”可再次启用蒙版。

(2) 删除矢量蒙版:删除蒙版。

(3) 栅格化矢量蒙版:将矢量蒙版转换为图层蒙版。

5.4.4　剪贴蒙版

5.4.4.1　教学案例:马形状图

【要求】 利用剪贴蒙版制作一个马形状的图,如图 5-46 所示。

图 5-46　马形状图

【操作步骤】

(1) 新建一个图片文件，选择自定形状工具“马”(导入 Animal_shapes_2_by_Lucifer017.csh 自定形状)，在其工具选项栏中设置“选择工具模式”为“形状”，在画布上拖动鼠标画出一匹马。可以发现“图层”面板中自动创建了“Forme 32 1”图层。

(2) 打开另外准备填充马身的图片，复制该图片放在“图层 1”上。按 Ctrl+T 组合键变换图片大小使其覆盖马形状。右击“图层 1”，在弹出的快捷菜单中选择“创建剪贴蒙版”，“图层 1”图层缩览图前出现了一个向下的箭头，表示已创建剪贴蒙版。

(3) “图层 1”的图片内容显示在“Forme 32 1”图层中。“Forme 32 1”图层是基层，“图层 1”是内容层。

5.4.4.2　教学案例：填充玫瑰

【要求】 原素材为 iu.jpg 和“玫瑰花.jpg”如图 5-47 所示，利用剪贴蒙版制作填充玫瑰，效果如图 5-48 所示。

iu.jpg

玫瑰花.jpg

图 5-47　原素材

图 5-48　剪贴蒙版效果

【操作步骤】

(1) 在 Photoshop 中打开图片“iu.jpg”，选择“快速选择工具”，拖动鼠标，选中图片中要填充区域，按 Ctrl+C 组合键复制，再按 Ctrl+V 组合键粘贴，会在“图层”面板中“背景”图层上方创建“图层 1”图层。

(2) 打开“玫瑰花.jpg”，按 Ctrl+A 组合键全选图片，再按 Ctrl+C 组合键复制图片。选择图片 iu.jpg，按 Ctrl+V 组合键将其粘贴到图层最上方后自动生成“图层 2”图层。右击

"图层 2",在弹出的快捷菜单中选择"创建剪贴蒙版",如图 5-49 所示。

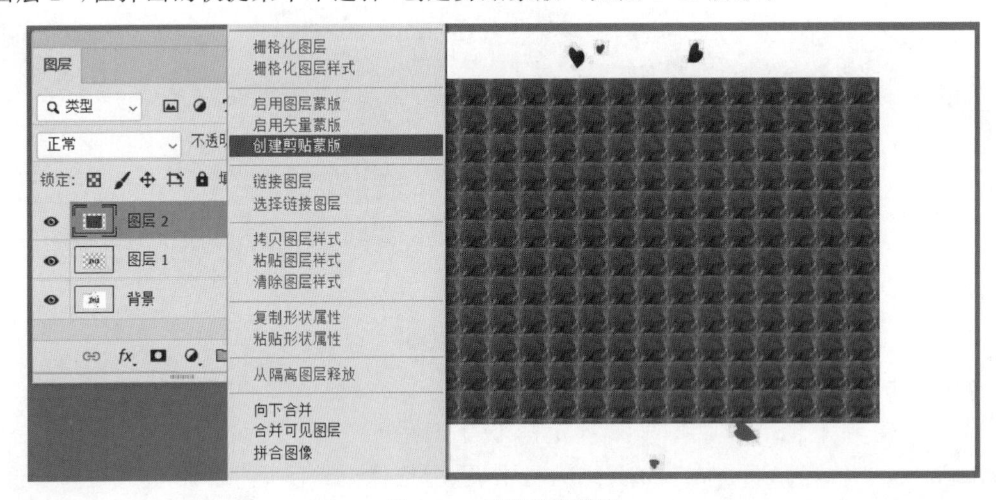

图 5-49 创建剪贴蒙版

思考题:如果要完成如图 5-50 所示的剪贴蒙版效果,应该如何使用剪贴蒙版完成?

图 5-50 剪贴蒙版效果 2

5.4.4.3 知识点

剪贴蒙版由两个或两个以上图层组成。剪贴蒙版最底层一般为基层(不能为"背景"图层)相当于显示的窗口,可以为任意颜色填充;基层上方可以有多个内容层,内容层中的图像只能在基层有颜色的区域显示。如图 5-51 所示,"宁波"文字图层为基层,"图层 1"和"图层 2"均为内容层。

图 5-51 剪贴蒙版

1. 创建剪贴蒙版

创建剪贴蒙版一般方法为:在"背景"图层上方插入一个基层,在基层上绘制或者插入任意形状、图片等,在基层上方再插入至少一个内容层,右击内容层图层名,在弹出的快捷菜单中选择"创建剪贴蒙版"。

2. 调整修改剪贴蒙版

对于剪贴蒙版基层,可以用"画笔工具"以任意颜色进行涂抹操作,涂抹后的区域都将显示出内容层同位置内容。涂抹前,一定要保证选中的是基层,否则可能对内容层造成破坏。

3. 删除剪贴蒙版

对于已创建剪贴蒙版的图层，右击内容层图层名，在弹出的快捷菜单中选择“释放剪贴蒙版”可删除剪贴蒙版。

5.5 Photoshop 路径

5.5.1 教学案例：不同样式文字

【要求】 利用“横排文字工具”、文字工作路径、描边路径和填充路径等，完成“生日快乐”不同样式的设计，效果如图 5-52 所示，第一行为普通华文琥珀文字，第二行为变形填充图案文字，第三行为空心文字。

图 5-52 不同文字样式设计

【操作步骤】

(1) 在 Photoshop 中新建一默认大小图片，创建文字图层“生日快乐”，文字放置在画布中间，字体为华文琥珀，大小为 100，颜色随意。

(2) 选择菜单“文字”|“创建工作路径”，发现在“路径”面板中已创建了“工作路径”，双击它，打开“存储路径”对话框，输入“生日快乐(变)”，单击“确定”按钮，将工作路径保存起来。

(3) 在文字图层上方新建“图层 1”，隐藏文字图层，在“图层 1”中用“直接选择工具”单击路径中的“快”字，再拖动部分锚点；使用钢笔工具组的“添加锚点工具”添加锚点后再调整锚点，完成字形修改，如图 5-53 所示，单击“生日快乐”文字以外区域。

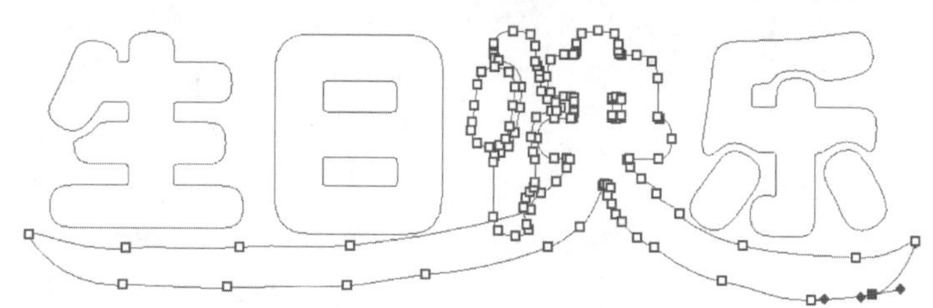

图 5-53 “生日快乐(变)”路径修改

(4) 选择“图层 1”，再单击“路径”面板右边的 ≡ 按钮，或者右击“生日快乐(变)”路径，在弹出的快捷菜单中选择“填充路径”，选择合适的图案填入，隐藏“图层 1”。

(5) 显示并选择文字图层，选择菜单“文字”|“创建工作路径”。查看“路径”面板，可以看到创建了临时“工作路径”。将文字部分移到画布上方，此时效果如图 5-54 所示。

(6) 新建“图层 2”，在“画笔工具”中选择预设“硬边圆”，大小为 15 像素，设置前景色(空心字颜色)为喜欢的颜色。

(7) 在“路径”中面板选择工作路径，右击工作路径，在弹出的快捷菜单中选择“描边路径”，打开“描边路径”对话框，工具选择“画笔”，单击“确定”按钮完成空心字。

(8) 选择“图层 2”，选择“移动工具”，使用键盘中下箭头键移动文字部分到画布下方。

(9) 显示“图层 1”，如果对变形的字不满意，则在“路径”面板中选择“生日快乐(变)”路径，可以对其重新进行编辑修改，然后重新进行填充图案处理。

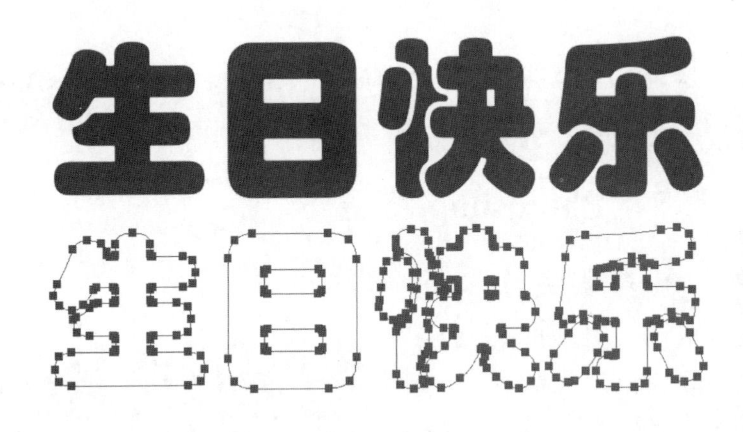

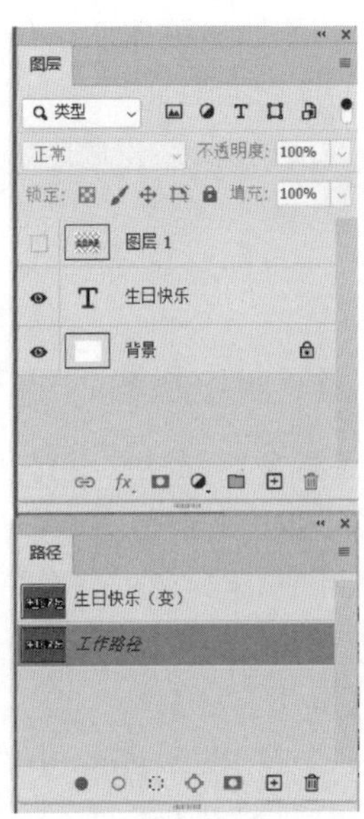

图 5-54　创建工作路径

(10) 全部处理完毕后,可使用键盘中上下箭头键调整各图层文字,保存文档。

5.5.2　教学案例:环绕圆文字

【要求】 利用“椭圆选框工具”和路径,完成环绕圆文字的制作,如图 5-55 所示。

图 5-55　环绕圆文字

【操作步骤】

(1) 在 Photoshop 中新建默认大小图片,选择“椭圆选框工具”,按住 Shift 键,在画布上画一个正圆。

(2) 在“路径”面板上单击“从选区生成工作路径”按钮,将正圆选框变成路径。

(3) 新建一个图层,选择“横排文字工具”,设置字体为华文琥珀,大小为 50 点,将鼠标指针指向路径圆左边起点附近,当鼠标指针变成 时,单击后输入文字“宁波大学信息科学与工程学院”。如果感觉中间圆路径不够大,可以在“路径”面板中选择文字路径后使用 Ctrl+T 组合键变换调整。

(4) 拖动鼠标全选文字,按 Alt+方向箭头键(→、←)放大或缩小字间距,使文字正好环绕整个圆。

当然本案例也可以直接用“椭圆工具”绘制一个正圆路径来完成,请读者自己完成。

5.5.3　知识点

路径是由一条或几条相交或不相交的直线或曲线组合而成的,也就是说路径可以是封闭的、没有起点的;也可以是开放的、有两个不同的端点。路径分为开放路径和闭合路径。

1. 路径的创建

路径的创建一般有如下方法:

(1) 使用“钢笔工具”或“自由钢笔工具”，在其工具选项栏中设置“选择工具模式”为“路径”，绘制没有规则的未知复杂路径。

(2) 使用“矩形工具”“圆角矩形工具”“椭圆工具”“多边形工具”“直线工具”“自定形状工具”等，其工具选项栏中设置“选择工具模式”为“路径”，绘制已知形状的路径。

(3) 将文字转换为路径，先输入文字，然后将文字转换为工作路径。

(4) 将已创建的选区转换为路径。

2. 路径的修改

路径绘制完成后可以使用“钢笔工具”“路径选择工具”“直接选择工具”精确调整修改路径。

要修改路径，必须先显示路径上的锚点。锚点是定义路径中每条线段开始和结束的点。移动和编辑锚点，可以修改路径的形状。用“添加锚点工具”单击路径没有锚点的线段可以添加锚点；用“删除锚点工具”单击某个锚点可以删除此锚点。

路径没有被选择时，锚点都不显示。用“路径选择工具”选中路径后，路径上的锚点都会显示出来。用“直接选择工具”选中某个锚点后可以拖动控制点，改变曲线的形状。用“转换点工具”选中某个锚点，可以完成曲线和直线转角的转换。

3. 路径与选区的相互转换

通过路径存储选取区域，路径与选区之间可以互相转换。以路径形式存储选取区域，需要时再把它们转换为选取区域就可以重新修改图像的某个部分。

1) 将选区转换为路径

在“路径”面板上单击“从选区生成工作路径”按钮，可将用任何选取工具所建立的选区转换为路径。右击选区，在弹出的快捷菜单中选择“创建工作路径”也可完成转换。

2) 将路径转换为选区

在“路径”面板底部单击“将路径作为选区载入”按钮，可将路径转换为选区。右击路径，在弹出的快捷菜单中选择“建立选区”也可完成转换。

4. 路径的用途

(1) 沿着路径写字：路径创建后，鼠标指针指向路径附近，当鼠标指针变成 I 时单击，然后输入文字，即可完成沿着路径写字的效果。

(2) 描边路径：沿着路径边缘使用“画笔工具”或者“铅笔工具”等进行描边，可以完成空心字等效果。

(3) 填充路径：在路径区域内填充前景色、背景色及其他各种颜色和填充图案等。

(4) 矢量蒙版：为矢量蒙版提供当前路径。

5. 路径的特点

(1) 路径是矢量的，可以使用“钢笔工具”“直接选择工具”等变换调整。

(2) 路径是单独存在的，不属于任何图层，需要在哪个图层进行操作，就选择哪个图层使用路径即可。

(3) 必要时可以存储工作路径。使用“钢笔工具”开始描绘路径时，如果没有选取在已有路径上工作，则会在“路径”面板上建立一个暂时的新工作路径。在取消对路径选择后再描绘路径时，新的工作路径会取代原来的。

5.6 图像的变换与动画

5.6.1 教学案例：对称鱼

【要求】 变换图像完成水平对称图像——对称鱼的制作，效果如图 5-56 所示。

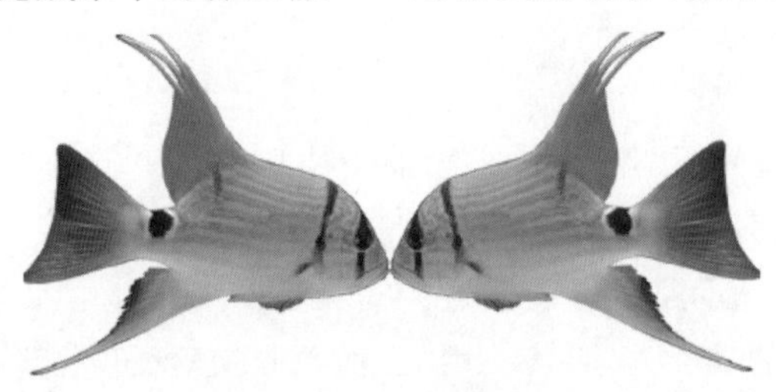

图 5-56 对称鱼制作

【操作步骤】

（1）在 Photoshop 中新建默认大小白色背景的图像，新建“图层 1”图层并复制透明背景图“鱼.png”。

（2）按 Ctrl+T 组合键后，使鱼图片出现 8 个控制点；拖动四角其中一个控制点放大鱼，将鱼调整到合适大小（鱼宽度应该小于图像大小的一半），移动鱼到左边合适位置，按 Enter 键确认。

（3）按 Ctrl+Alt+T 组合键后，在工具选项栏中将“切换参考点”选中，拖动鱼中心参考点到右边中间控制点，如图 5-57 所示。

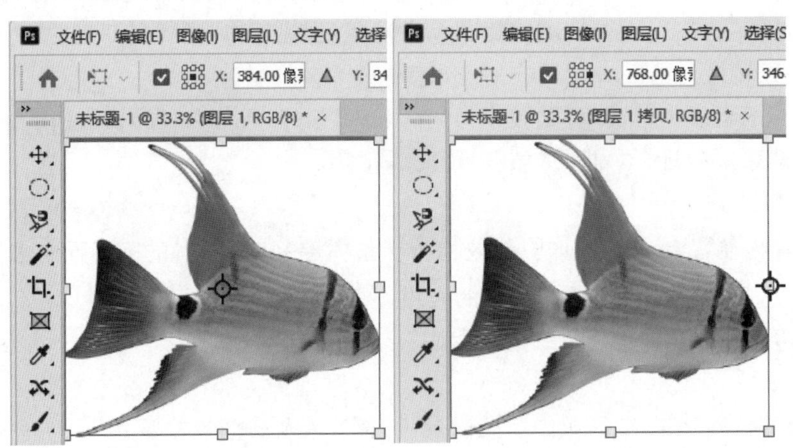

图 5-57 拖动鱼中心参考点

（4）选择菜单“编辑”|“变换”|“水平翻转”，或者右击图片，在弹出的快捷菜单中选择“水平翻转”，按 Enter 键确认，此时会产生一个水平翻转对称的“图层 1 拷贝”图层。

5.6.2 教学案例：自行车倒影

【要求】 利用变换图像，完成自行车倒影的制作，效果如图 5-58 所示。

【操作步骤】

（1）在 Photoshop 中新建默认大小白色背景的图像，新建“图层 1”图层，利用“画笔工具”在画布上画一辆合适大小的自行车(导入“欧式单人和双人自行车 PS 笔刷.abr”画笔笔刷)。

(2) 按 Ctrl+Alt+T 组合键后，拖动自行车中心参考点到下边中间控制点。

(3) 选择菜单“编辑”|“变换”|“垂直翻转”，按 Enter 键确认，新生成“图层 1 拷贝”图层。

(4) 为了让倒影看起来更加真实，选择菜单“滤镜”|“扭曲”|“水波”，选择菜单“滤镜”|“扭曲”|“波纹”，进行适当设置。将“图层 1 拷贝”图层的不透明度设为 50%。

图 5-58 自行车倒影

(5) 按 Ctrl+T 组合键，使倒影图片出现 8 个控制点，结合 Shift 键将其图片适当压扁缩小一点儿。

(6) 选择菜单“图像”|“调整”|“黑白”，将倒影图像变为黑白。

5.6.3 教学案例：自制花

【要求】 利用“钢笔工具”和“路径工具”等先制作花瓣，再利用变换复制图像，完成花的制作，效果如图 5-59 所示。

图 5-59 制作的花

【操作步骤】

(1) 在 Photoshop 中新建默认大小白色背景的图像，选择“椭圆工具”，在其工具选项栏中设置“选择工具模式”为“路径”，在画布中上部画一个椭圆，如图 5-60(a)所示。

(2) 选择路径工具“直接选择工具”，单击其他空白区域后，再单击椭圆，如图 5-60(b)所示。

(3) 选择钢笔工具组的“转换点工具”，单击上顶点锚点和下顶点锚点后，将顶点变成尖角，如图 5-60(c)所示。

(4) 右击路径，在弹出的快捷菜单中选择“建立选区”，在打开的对话框中单击“确定”按钮，此时如图 5-60(d)所示。

(5) 新建“图层 1”图层，选择菜单“编辑”|“描边”，在打开的“描边”对话框中，设置宽度为 8 像素，颜色为红色，单击“确认”按钮。按 Ctrl+D 组合键取消选框，此时如图 5-60(e)所示。

(6) 按 Ctrl+Alt+T 组合键后，拖动中心参考点到下边中间控制点，在工具选项栏中调整旋转角度为 30°，按 Enter 键确认，此时有两片花瓣。

(7) 按 Ctrl+Alt+Shift+T 组合键进行再次变换复制，一共执行 10 次，这样得到一朵非常漂亮的花。

(8) 观察“图层”面板中的各个图层，如果需要制作多朵这样的花，先将“背景”图层删除，然后合并可见图层，复制多朵花，最后加上白色背景，请自行完成。

5.6.4 教学案例：六个芭蕾女孩

【要求】 已有“芭蕾女孩.png”，制作六个女孩(圆形显示)逐个出现的动画效果，如图 5-61 所示。

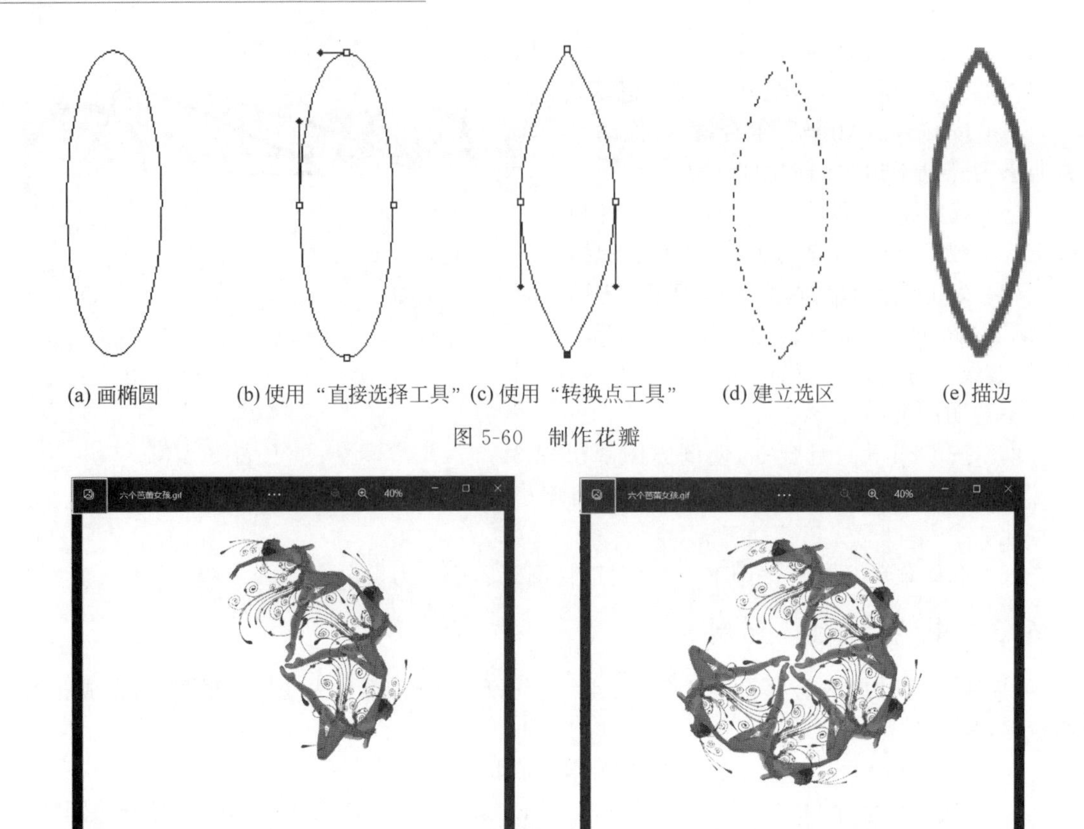

(a) 画椭圆　(b) 使用“直接选择工具”　(c) 使用“转换点工具”　(d) 建立选区　(e) 描边

图 5-60　制作花瓣

图 5-61　六个芭蕾女孩效果

【操作步骤】

(1) 在 Photoshop 中新建默认大小白色背景的图像“六个芭蕾女孩.psd”，新建“图层 1”图层并复制透明背景图“芭蕾女孩.png”，将芭蕾女孩移到图片中上部位置。

(2) 单击“图层 1”图层，按 Ctrl＋Alt＋T 组合键后，拖动中心参考点到下边中间控制点，在工具选项栏中调整旋转角度为 60°，如图 5-62 所示，按 Enter 键确认，此时有两个女孩，“图层 1 拷贝”图层也产生了。

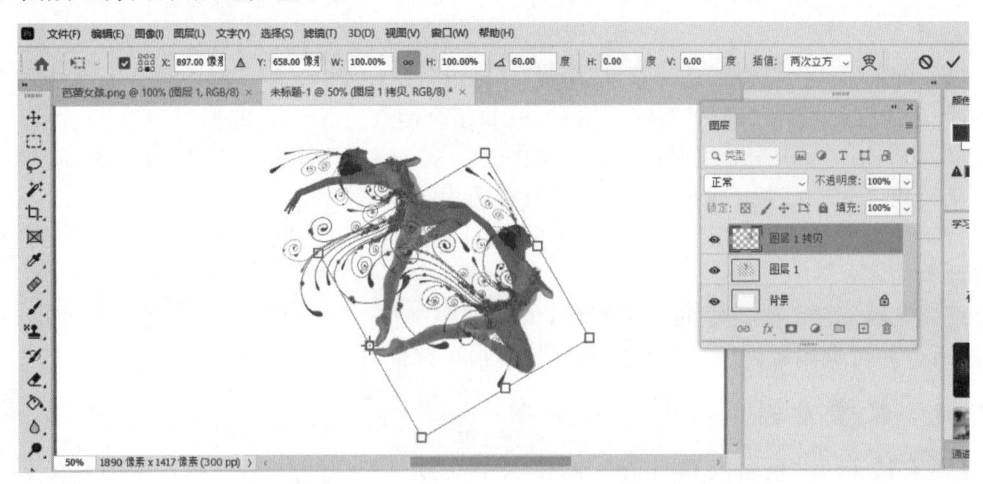

图 5-62　按 Ctrl＋Alt＋T 组合键复制

(3) 按 Ctrl+Alt+Shift+T 组合键进行再次变换复制，一共执行 4 次，这样共六个女孩。“图层 1 拷贝 2”～“图层 1 拷贝 5”图层也产生了。

(4) 选择菜单“窗口”|“时间轴”，左下角产生“时间轴”面板，单击面板中的“创建视频时间轴”下拉列表框，选中“创建帧动画”，再单击“创建帧动画”。

(5) 单击第 1 帧下方“选择帧延迟时间”下拉列表框，选择 0.2；隐藏除“背景”图层以外的所有图层，只显示“背景”图层。

(6) 单击“复制所选帧”，增加显示“图层 1”图层；单击“复制所选帧”，增加显示“图层 1 拷贝”图层。单击“复制所选帧”，增加显示“图层 1 拷贝 2”图层。单击“复制所选帧”，增加显示“图层 1 拷贝 3”图层。单击“复制所选帧”，增加显示“图层 1 拷贝 4”图层。单击“复制所选帧”，增加显示“图层 1 拷贝 5”图层。结果如图 5-63 所示，保存文档。

(7) 选择菜单“文件”|“导出”|“存储为 Web 所用格式(旧版)”，打开“存储为 Web 所用格式”对话框，单击“存储”按钮，打开“将优化结果存储为”对话框，选择合适位置，将文件命名为“六个芭蕾女孩.gif”，单击“保存”按钮。

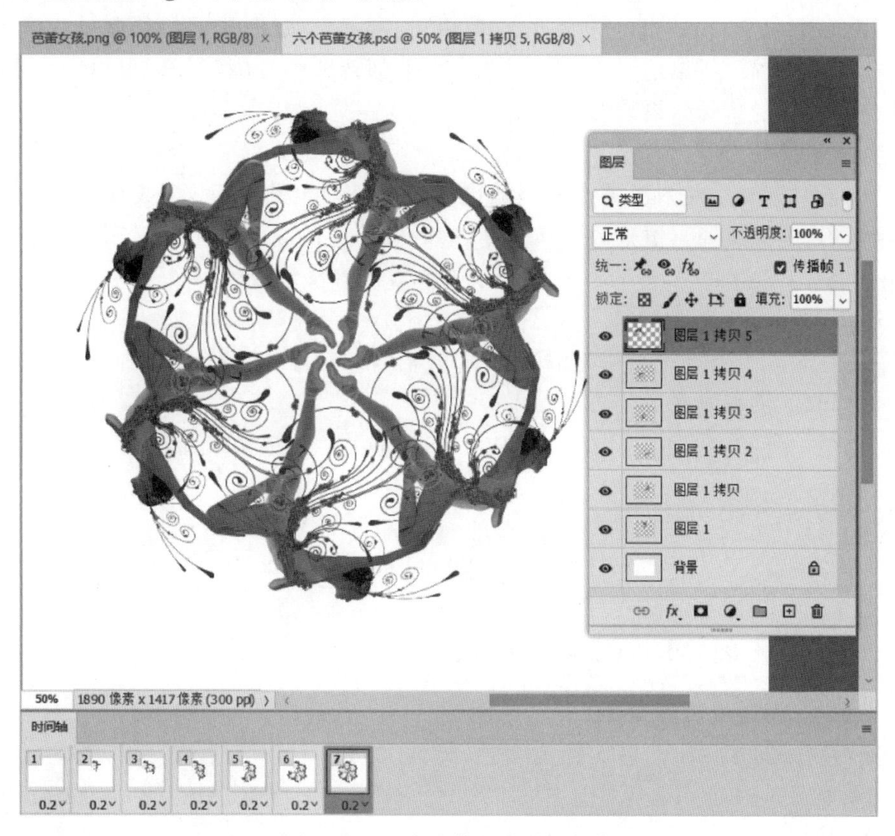

图 5-63　六个芭蕾女孩动画制作

5.6.5　知识点

1. 自由变换和变换

打开菜单栏的“编辑”菜单，会看到“自由变换”和“变换”两个选项(对于“背景”图层不起作用)。

“自由变换”命令是集常规变换之大成之作。它可以在一个连续的操作中应用变换(旋转、缩放、斜切、扭曲和透视),也可以应用变形变换。这个命令的组合键是 Ctrl+T,如果配合使用功能键 Ctrl(控制自由变化)、Shift(控制方向、角度放大缩小)、Alt(控制中心对称),则可以最大限度地发挥自由变换的灵活性。3 个功能键可以组合应用,如按下 Shift+Alt 组合键时,拖动对象四个角的控制点,对象变成以中心点为对称中心的等比例变换的形状。

变换有较多的选项,如缩放、旋转、斜切、扭曲、透视、变形、翻转等。

(1) 选择菜单“编辑”|“变换”|“旋转”,可以对图像进行旋转。旋转时,可以直接在工具选项栏“角度”处输入角度,进行精确的旋转。也可以按住图像上变换框的四个角进行旋转。同时按住 Shift 键进行旋转是按照 15°旋转的。

(2) 选择菜单“编辑”|“变换”|“斜切”,可以对图像进行斜方向的变换。

(3) 选择菜单“编辑”|“变换”|“变形”,可以对图像进行变形,如扇形、拱形、鱼形等。

2. 映射

所谓映射就是复制对称的物体。按 Ctrl+Alt+T 组合键,物体上多了一个变换框。这个变换框看起来和按 Ctrl+T 组合键的效果相同,实际上,这时候已经复制了一个物体,因为和原来的物体重叠,所以还看不出来。结合水平翻转和垂直翻转等即可以制作出对称物品、水中倒影之类的特殊效果。

3. 变换复制

所谓变换复制就是对图形进行复制的同时实施了一定的变换。按 Ctrl+Alt+T 组合键复制物体后,再修改原点位置和变换角度,这时候建立的复制副本就呈现了一定角度,然后按 Ctrl+Alt+Shift+T 组合键,进行再次变换复制多次完成。

4. 动画

在 Photoshop 中也可以制作简单的动画,包括“视频时间轴”和“帧动画”,可以通过菜单“窗口”|“时间轴”进行制作。

选择菜单“文件”|“导出”|“存储为 Web 所用格式(旧版)”,可将动画保存为 gif 动画格式。

5.7 通　　道

5.7.1 教学案例:RGB 三原色圆

【要求】 利用通道制作 RGB 三原色圆(左:红,右:绿,下:蓝,左右之间为黄,红蓝之间为紫色,绿蓝之间为青色),效果如图 5-64 所示。

图 5-64　三原色圆

【操作步骤】

(1) 新建一个背景色为黑色的图片文件“三原色.psd”。打开“通道”面板,只选中并显示红色通道,其他通道隐藏。

(2) 选择画笔工具,将前景色改成白色,在工具选项栏中设置大小为 500 像素的硬边圆,不透明度为 100%,在画布左上部单击,在画布上可以看到有一个白的圆圈,在“图层”面板上看到的是红色的圆圈。

(3) 单击“绿”通道左边的“指示通道可见性”，将“绿”通道显示出来，此时显示“红”通道和“绿”通道，其他通道隐藏，画布上可以看到一个红的圆圈。

(4) 选中“绿”通道，在画布右上部单击画一个绿的圆圈，使绿色和红色圆左右相交。

(5) 显示所有通道，选中“蓝”通道，在画布下中部单击画一个蓝的圆圈，使蓝色、绿色、红色圆相交。可以看到，红色与绿色相交部分为黄色，红色与蓝色相交部分为紫色，三圆相交部分为白色。

(6) 在“通道”面板中，选中 RGB 通道后，按 Ctrl 键再单击“红”通道缩览图，可以选中红色部分；按 Ctrl+Shift 组合键再单击“绿”通道缩览图和“蓝”通道缩览图，选中三个圆。在“通道”面板中单击“将选区存取为通道”按钮，或者选择菜单“选择”|“存储选区”，输入合适的选区名称如“三原色选区”，以供日后使用，如图 5-65 所示，按 Ctrl+D 组合键取消选区。

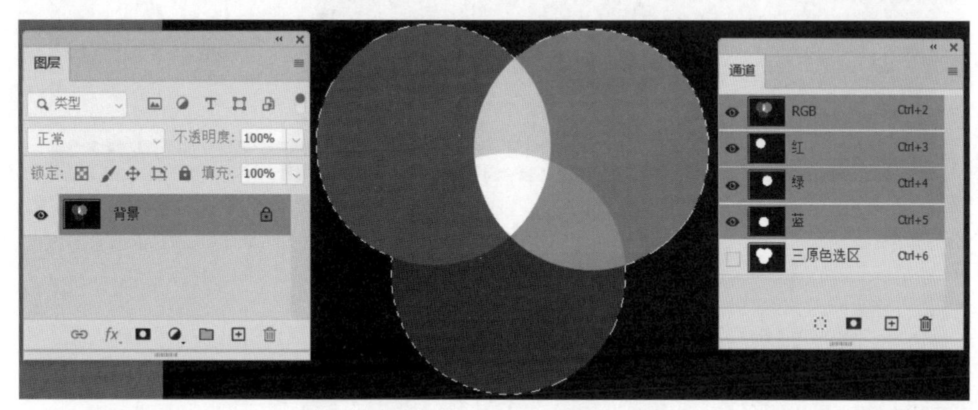

图 5-65　三原色设计

(7) 在“通道”面板中，选中 RGB 通道后，按 Ctrl 键再单击“三原色选区”通道缩览图，按 Ctrl+C 组合键复制到新建的白色背景图片文件中，保存图片为“三原色应用. psd”。

5.7.2　教学案例：移花接木

【要求】 利用通道完成移花接木(将蒲公英移到仙人掌上)。

【分析】 使用工具箱中的“选择工具”很难将如图 5-66 所示的蒲公英选择出来，利用颜色通道提供的通道能够达到选择目的。

【操作步骤】

(1) 打开“蒲公英. jpg”图片，观察“通道”面板各颜色通道，找出最能将对象与背景区分开的颜色通道，此时发现“蓝”通道区分效果最好。

(2) 右击“蓝”通道，复制“蓝”通道为“蓝拷贝”通道。隐藏其他通道，只显示“蓝拷贝”通道。

(3) 选择菜单“图像”|“调整”|“色阶”，打开“色阶”对话框，调整色阶，使得蒲公英能保留纤细的绒毛，同时使背景尽可能变成黑色，如图 5-67 所示，单击“确定”按钮。

(4) 使用“画笔工具”，设置前景色为黑色，将背景色没有变黑的区域涂成黑色。

(5) 用“魔棒工具”选择背景中黑色部分，反向选择后，将前景色设置为白色，按 Alt+Delete 组合键用白色填充选中区域，取消选区。此时“蒲公英”通道已经创建完成，在通道

图 5-66　蒲公英原图

图 5-67　色阶调整通道

中,白色代表选中,黑色代表没选中。

(6) 选中“蓝拷贝”通道,单击“通道”面板下方“将通道作为选区载入”按钮;选中 RGB 通道,隐藏“蓝拷贝”通道,显示其他通道,按 Ctrl+C 组合键复制通道。

(7) 打开“仙人掌.jpg”图片,使用“快速选择工具”选择花部分,如图 5-68 所示,选择菜单“选择”|“修改”|“扩展”,打开“扩展选区”对话框,扩展量设为 5 像素,单击“确定”按钮扩展选区。

(8) 选择菜单“编辑”|“填充”,打开“填充”对话框,使用“内容识别”,单击“确定”按钮,可发现仙人掌花朵已经被其他内容填充。

(9) 按 Ctrl+V 组合键复制选择好的蒲公英花朵,按 Ctrl+T 组合键自由变换,右击蒲公英,在弹出的快捷菜单中选择“扭曲”,调整好大小、形状及位置,如图 5-69 所示。

图 5-68　仙人掌原来的花

图 5-69　移花接木效果

5.7.3　知识点

所谓通道就是在 Photoshop 环境下，将图像的颜色分离成基本的颜色，每个基本的颜色就是一条基本的通道。因此，当打开一幅以颜色模式建立的图像时，通道工作面板将为其色彩模式和组成它的原色分别建立通道。

通道主要是用来存储图像色彩的，多个通道的叠加就可以组成一幅色彩丰富的全彩图像。由于对通道的操作具有独立性，用户可以分别针对每个通道进行色彩、图像的加工。可以将选择的区域存储为一个独立的通道，需要重复使用该选区时就不用重新去选择了，直接将通道中保存的选区载入即可。此外，通道还可以用来保存蒙版，它可以将图像的一部分保护起来，使用户的描绘、着色操作仅仅局限在蒙版之外的区域。

在 Photoshop 中，在不同的图像模式下，通道是不一样的。图像的颜色模式决定了为图像创建颜色通道的数目：

(1) 位图模式仅有一个通道，通道中有黑色和白色 2 个色阶。

(2) 灰度模式的图像有一个通道，该通道表现的是从黑色到白色的 256 个色阶的变化。

(3) RGB 模式的图像有 4 个通道：1 个复合通道(RGB 通道)和 3 个分别代表红色、绿色、蓝色的通道。

(4) CMYK 模式的图像由 5 个通道组成：1 个复合通道(CMYK 通道)和 4 个分别代表青色、洋红色、黄色和黑色的通道。

(5) Lab 模式的图像有 4 个通道：1 个复合通道(Lab 通道)、1 个明度分量通道和 2 个色度分量通道。

打开 RGB 图像文件时，通道工作面板会出现主色彩通道 RGB 和 3 个颜色通道(红、绿、蓝)。单击颜色通道左边的“眼睛”图标将使图像中的该颜色隐藏，单击颜色通道的标注部分，则可以见到能通过该颜色滤光镜的图像。将其中的一种颜色通道删除，RGB 色彩通道也会随之消失，而此时图像将由删除颜色和相邻颜色的混和色组成。而对于 CMYK 模式的图像，删除颜色通道的操作会使一种油墨颜色消失，同时 CMYK 颜色通道消失。这种由两个颜色通道组成的色彩模式称为多通道模式。

图层蒙版、快速蒙版其实是通道的典型应用。为某一图层增加图层蒙版后，会在相应图层的后面增加一个标识，但这个标识并不是图层蒙版本身，真正的图层蒙版其实是一个通道，准确地说，是通道中的一幅灰度图，因此，只有打开“通道”面板，才能看到图层蒙版的庐山真面目。如果在“通道”面板中删除这一通道后，图层中原来的蒙版标识符也随之消失。

习　题　5

一、判断题

1. 饱和度取决于彩色光中白光的含量，掺入白光越多，饱和度越高。（　　）

2. 图像中每单位长度上的像素数目，称为图像的分辨率，其单位为像素/英寸或像素/厘米。（　　）

3. 在 Photoshop 中，如果在不创建选区的情况下填充渐变色，渐变工具将作用于整个图像。（　　）

4. 在 Photoshop 路径中，选择区域是无法转换为路径的。（　　）

5. JPEG 是一种有损压缩的静态图像压缩标准。（　　）

6. 位图图像与分辨率无关，可以将它任意放大，其清晰度保持不变。　（　　）

7. 黑白图片的像素深度为 1。（　　）

8. 色调指的是色彩的明暗深浅程度。（　　）

9. 在 Photoshop 中，路径中的锚点是可以移动的。（　　）

10. 位图图像文件的大小与图像大小无关，只与图像的复杂程度有关。（　　）

二、选择题

1. 计算机显示器所用的三原色指的是________。

　A. HSB　　B. CMY　　C. CMYK　　D. RGB

2. Photoshop 中能够保留图层信息的文件存储格式是________。

　A. JPG　　B. BMP　　C. GIF　　D. PSD

3. 使用 Photoshop 图像处理时，实现图像自由变换的组合键是________。

　A. Ctrl+Z　　B. Ctrl+D　　C. Ctrl+T　　D. Ctrl+J

4. Photoshop 图像处理时，连续的色彩相似区域的选取常使用的工具是________工具。

　A. 钢笔　　B. 魔棒　　C. 套索　　D. 画笔

5. Photoshop 中用来绘制路径的工具是________工具。

　A. 画笔　　B. 喷枪　　C. 钢笔　　D. 套索

6. 在 Photoshop 中，关于“背景”图层的描述正确的是________。

　A. “背景”图层可以设置矢量蒙版

　B. 在“图层”面板上“背景”图层是不能上下移动的，只能在最下面一层

　C. “背景”图层可以设置图层蒙版

　D. “背景”图层不能转换为普通图层

7. 在 Photoshop 中，图层蒙版中________区域部分为正常显示，________区域部分为被隐蔽。

A. 白色　黑色　　B. 灰色　白色　　C. 透明色　黑色　　D. 黑色　白色

8. 某一幅图像其尺寸为 800×600,采用 8 位图像深度,则图像文件大小约为________。

A. 1.37MB　　B. 0.46MB　　C. 3.68MB　　D. 4.8MB

9. 图像数字化不包含________。

A. 采样　　B. 量化　　C. 压缩　　D. 编码

10. 单击"图层"面板上某图层左边的"眼睛"图标,使其变成后,结果是________。

A. 该图层被删除　　B. 该图层被隐藏　　C. 该图层被锁定　　D. 该图层被混合

11. 在 Photoshop 中,下列关于图层的描述中错误的是________。

A. 一幅图像可以有很多图层组成

B. 图层透明的部分是有像素的

C. "背景"图层可以转换为普通的图像图层

D. 图层主要有"背景"图层、普通图层、文字图层、形状图层等

12. 下列不属于色彩三要素的是________。

A. 色调　　B. 亮度　　C. 对比度　　D. 饱和度

13. 在 Photoshop 中用变换命令对图片进行缩放时,按住________键可以实现不等比例缩放。

A. Alt　　B. Ctrl　　C. Shift　　D. Ctrl+Shift

14. 下列关于使用"仿制图章工具"在图像中取样的叙述正确的是________。

A. 在取样的位置单击鼠标并拖拉

B. 按住 Shift 键的同时单击取样位置来选择多个取样像素

C. 按住 Alt 键的同时单击取样位置

D. 按住 Ctrl 键的同时单击取样位置

15. 下面________可以将图案填充到选区内。

A. 画笔工具　　B. 图案图章工具　　C. 橡皮图章工具　　D. 喷枪工具

第6章 动画设计与制作

6.1 动画基础知识

动画由于在多媒体中具有表现手法直观、形象、灵活等诸多特点，因此在多媒体作品中应用十分广泛，同时也深受用户的喜爱。在多媒体作品中，适当使用动画元素，可以增强效果，起到画龙点睛的作用。

6.1.1 动画基本概念

动画是把人和物的表情、动作、变化等分段画成许多静止的画面，每个画面之间都会有一些微小的改变，再以一定的速度连续播放，给视觉造成连续变化的图画。

计算机动画(Computer Animation)是利用人眼视觉暂留的生理特性，采用计算机的图形和图像数字处理技术，借助动画软件直接生成或对一系列人工图形进行一种动态处理后生成的可以实时播放的画面序列。

运动是动画的要素，计算机动画是采用连续显示静态图形或图像的方法产生景物运动的效果的。当画面的刷新频率在每秒24～50帧时，就能使人感觉到运动的效果。在实际计算机动画制作过程中，为了减少存储空间占用和运算数据量，画面的刷新频率常设置在每秒15～30帧。

计算机动画的另一个显著特点是画面的相关性，只有在任意相邻两帧画面的内容差别很小时(或者说是画面局部的微小改变)，才能产生连续的视觉效果。

6.1.2 动画的原理

由于人类的眼睛在分辨视觉信号时，会产生视觉暂留的情形，也就是当一幅画面或者一个物体的景象消失后，在眼睛视网膜上所留的映像还能保留大约1/24s的时间。如果每秒更替24或更多幅画面，那么，前一个画面在人脑中消失之前，下一个画面就进入人脑，从而形成连续的影像。只要将若干幅稍有变化的静止图像顺序地快速播放，而且每两幅图像出现的时间小于人眼视觉惰性时间(每秒传送24幅图像)，人眼就会产生连续动作的感觉(动态图像)，即实现动画和视频效果。

电视、电影和动画就是利用了人类眼睛的视觉暂留效应，只要快速地将一连串图形显示出来，然后在每个图形中做一些小小的改变(如位置或造型)，就可以造成动画的效果。

6.1.3 动画的分类

动画的分类方法较多,从制作技术和手段上分,动画可分为以手工绘制为主的传统动画和以计算机为主的计算机动画。传统的动画用手工方式是在赛璐珞片上绘制各幅图像,然后通过连续拍摄而得到的。赛璐珞是一种透明胶片,可以覆盖在背景上。计算机动画的原理与传统动画基本相同,只是在传统动画的基础上把计算机技术用于动画的处理和应用,并可以达到传统动画所达不到的效果。

按照画面景物的透视效果和真实感程度,计算机动画分为二维(2D)动画和三维(3D)动画。二维动画又叫"平面动画",平面上的画面无论立体感多强,终究是在二维空间上模拟真实三维空间效果。计算机二维动画的制作包括输入和编辑关键帧、计算和生成中间帧、定义和显示运动路径、给画面上色、产生特技效果、实现画面与声音同步、控制运动系列的记录等。三维动画又叫"空间动画",画中的景物有正面、侧面和反面,调整三维空间的观察点,能够看见不同的内容。计算机三维动画是根据数据在计算机内部生成的,而不是简单的外部输入。制作三维动画首先要创建物体模型,然后让这些物体在空间中动起来,如移动、旋转、变形、变色,再通过打灯光等技术生成栩栩如生的画面。

按照计算机处理动画的方式不同,计算机动画分为造型动画(Cast-based Animation)、帧动画(Frame Animation)和算法动画(Algorithmic Animation)三种。

另外,不同的计算机动画制作软件,根据本身所具有的动画制作和表现功能,又将计算机动画分为更加具体的种类,如渐变动画、遮罩动画、逐帧动画、引导动画等。

6.1.4 动画制作流程

计算机二维动画是对手工传统动画的改进,就是将事先由手工制作的原动画逐帧输入计算机,然后由计算机帮助完成绘线和上色等工作,并且由计算机控制完成记录工作。动画制作过程如图 6-1 所示。

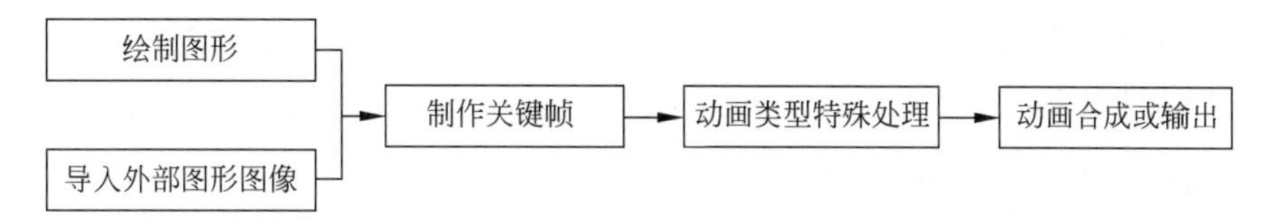

图 6-1 动画制作过程

绘制图形:根据动画制作的需要手工绘制一些必要的图形元素。

导入外部图形图像:直接从外部文件中导入已有的图形和图像。

制作关键帧:根据动画制作的需要制作一些必要的关键帧。

动画类型特殊处理:根据动画制作的需要采用不同的制作方法,以产生特殊的动画效果。

动画合成或输出:进行合成及最终作品的输出,可以将动画转换为所需的类型再输出,以便在多媒体作品中引用。

6.1.5 动画文件格式

动画文件有多种格式,不同的动画软件产生不同的文件格式。下面介绍几种常用的动画文件格式。

1. FLA 格式

FLA 格式是 Adobe Animate CC(简称 An)动画文件源程序格式,程序描述图层、库、时间轴、舞台和场景等对象,可以对描述对象进行多种编辑和加工。

2. SWF 格式

SWF 格式既是 An 动画文件打包后的格式,又是 An 成品动画的格式,也是一种支持矢量图和点阵图的动画文件格式。该格式的动画可以在网络上演播,不能进行修改和加工,数据量小,动画流畅。该格式是矢量动画格式,它采用曲线方程描述其内容,不是由点阵组成内容,因此这种格式的动画在缩放时不会失真,非常适合描述由几何图形组成的动画,如教学演示等。由于这种格式的动画可以与 HTML 文件充分结合,并能添加 MP3 音乐,因此被广泛地应用于网页上,成为一种"准"流式媒体文件。

3. GIF 格式

GIF 格式是一种图像文件格式,几乎所有相关软件都支持。由于采用了无损数据压缩方法中压缩率较高的 LZW 算法,文件尺寸较小,因此被广泛采用。此格式是用于网页的帧动画文件格式,包括单画面图像和多画面图像(256 色,分辨率为 96DPI)。GIF 动画格式可以同时存储若干幅静止图像并进而形成连续的动画。目前 Internet 上大量采用的彩色动画文件多为这种格式的文件。

4. FLIC(FLI/FLC)格式

FLIC(FLI/FLC)格式是 Autodesk 公司在其出品的 Autodesk Animator/Animator Pro/3D Studio 等 2D/3D 动画制作软件中采用的彩色动画文件格式。FLI 是最初的基于 320×200 像素的动画文件格式;FLC 是 FLI 的扩展格式,采用了更高效的数据压缩技术,其分辨率也不再局限于 320×200 像素,每帧 256 色,画面分辨率为 320×200～1600×1280 像素,代码效率高、通用性好,大量用在多媒体产品中。

5. 其他格式

AVI 格式是音频视频交错格式,是将语音和影像同步组合在一起的文件格式,其受视频标准制约,画面分辨率不高。其他格式中,MPG 格式即动态图像专家组格式,MOV 格式即 QuickTime 影片格式。

6.1.6 动画制作软件

计算机动画的关键技术体现在计算机动画制作软件及硬件上。计算机动画软件目前很多,不同的动画效果,取决于不同的计算机动画软、硬件的功能。虽然制作的复杂程度不同,但动画的基本原理是一致的。制作动画的计算机软件包括二维动画制作软件和三维动画制作软件两大类,且每种软件又按自己的格式存放建立的动画文件。制作二维动画的软件有 Adobe Animate、GIF Animator、Animator Pro、Animation Studio 等,制作三维动画的软件有 3D Studio Max、Cool 3D、Maya 等。

6.2 Animate 基础知识

Adobe Animate 是目前应用广泛的一种二维矢量动画制作软件,凭借其文件小、动画清晰、可交互和运行流畅等特点,主要用于制作网页、广告、动画、游戏、电子杂志和多媒体课件等。

Adobe Animate 的前身是 Flash，之前有 Flash CS3、Flash CS4、Flash CS5、Adobe Flash CS5.5、Adobe Flash CC 等版本。Flash 在 2016 年正式更名为 Adobe Animate CC，缩写为 An，目前市场最新版为 Adobe Animate CC 2020。这里将以 Adobe Animate CC 2020 为例介绍 An 的使用。

6.2.1 An 舞台和面板

1. 舞台

An 的工作界面由菜单栏、舞台、“时间轴”面板、工具箱、“属性”面板和浮动面板等组成。菜单栏位于窗口的顶部，主要包括文件、编辑、视图、插入、修改、文本、命令、控制、调试、窗口和帮助共 11 个菜单，如图 6-2 所示。

图 6-2 An 的工作界面

舞台是动画创作的主要工作区域，编辑画面的矩形区域。在 An 中，舞台只有一个，但场景可以有许多个，在播放过程中可以更换不同的场景。在舞台上可以对动画的内容进行绘制和编辑，这些内容包括矢量图形、位图、文本、按钮和视频等。动画在播放时只显示舞台中的内容，对于舞台外灰色区域的内容是不显示的。

2. 面板

面板组是 An 中各种面板的集合。面板上提供了大量的操作选项，可以对当前选定对象进行设置。要打开某个面板，只需选择“窗口”菜单中对应的面板名称命令即可。

1）“时间轴”面板

“时间轴”面板是 An 界面中十分重要的部分。时间轴的功能是管理和控制一定时间内图层的关系以及帧内的文档内容。与电影胶片类似，每一帧相当于每一格胶片，当包含连续静态图像的帧在时间轴上快速播放时，就看到了动画。“时间轴”面板决定了各个场景的切换以及演员出场、表演的时间顺序。

2）“属性”面板

“属性”面板用于显示和更改当前选定文档、文本、帧或工具等的属性，是 An 中变换最丰富的面板，它是一种动态面板，随着用户在舞台中选取对象的不同或者工具箱中选用工具的不同，自动发生变换以显示不同对象或工具的属性。

3）“库”面板

“库”面板包含了所有导入的外部文件以及用户制作的元件，用来管理制作动画时所用的素材。在“库”面板中可以方便地查找、组织和调用资源等。

4）“颜色”面板

使用“颜色”面板可以创建和编辑纯色和渐变填充，调制出大量的颜色，以设置笔触、填充色和透明度等。如果已经在舞台中选定了对象，那么在“颜色”面板中所做的颜色更改就会被应用到该对象。

5）“其他”面板

“对齐”面板：对舞台中的对象进行自动对齐、分布间距等操作。

“变形”面板：精确地对舞台中所选对象进行旋转、变形和缩放等操作。

“动作”面板：用来编写程序。

6.2.2 An 工具箱

An 工具箱中包含一套完整的绘画工具，利用这些工具可以绘制、涂色和设置工具选项等，如图 6-3 所示，要打开或关闭工具箱，可以选择菜单“窗口”|“工具”。

1. 选择工具

选择工具通常用来选取、移动、复制或编辑对象，是使用频率最高的工具。当选中其他工具时（“钢笔工具”除外），按住 Ctrl 键可暂时切换到“选择工具”。

（1）选择“选择工具”，单击舞台上的对象即可选中单个对象；双击舞台上的对象即可选中单个对象同时选中与对象连接在一起的轮廓线；按 Shift 键再单击对象可选择多个对象；拖动鼠标画出一个矩形框，可选中框内的对象。

（2）用“选择工具”选取对象后，拖动鼠标可将对象移动到舞台其他位置。

（3）用“选择工具”选取对象后，按住 Alt 键的同时拖动对象，即可完成选中对象的复制。

（4）选择工具还可以对图形对象快速编辑。把鼠标指针移动到对象边缘处，当鼠标指针变成箭头右下方带有圆弧或者直角（当移到矩形四角）时，拖动鼠标即可对图形进行调整编辑。

2. 部分选取工具

部分选取工具主要用于对路径或者图形对象进行移动、边线锚点移动及形状调整。

（1）使用“部分选取工具”框选对象后，对象框选的边线部分呈现实心锚点，没框选的边线部分呈现空心锚点。使用“部分选取工具”单击对象边线，对象的边线会呈现空心锚点。

（2）出现锚点后，拖动边线可以移动整个对象。

(3) 出现锚点后,拖动实心锚点可以移动多个实心锚点;拖动空心锚点可以移动该锚点。锚点移动会改变图形或者路径形状。

(4) 出现锚点后,按住 Alt 键的同时拖动锚点可以将直线调整为曲线,部分选取工具可以调整控制杆,从而改变对象形状。

3. 任意变形工具及变形

对象的变形主要有缩放、旋转、倾斜、扭曲等,可以通过以下方法实现。

(1) 利用“任意变形工具”来实现。使用该工具时,只要用鼠标选择要变形的对象,当对象上出现 8 个方向控制点时,拖动某个控制点即可进行缩放或旋转等操作。

(2) 按 Ctrl+T 组合键打开“变形”面板,选择某个对象后,可在“变形”面板中设置数据来精确控制对象的变形效果。

(3) 利用菜单“修改”|“变形”可以完成任意变形、扭曲、封套、缩放、旋转与倾斜、缩放和旋转、逆时针旋转 90°、顺时针旋转 90°、垂直翻转、水平翻转。

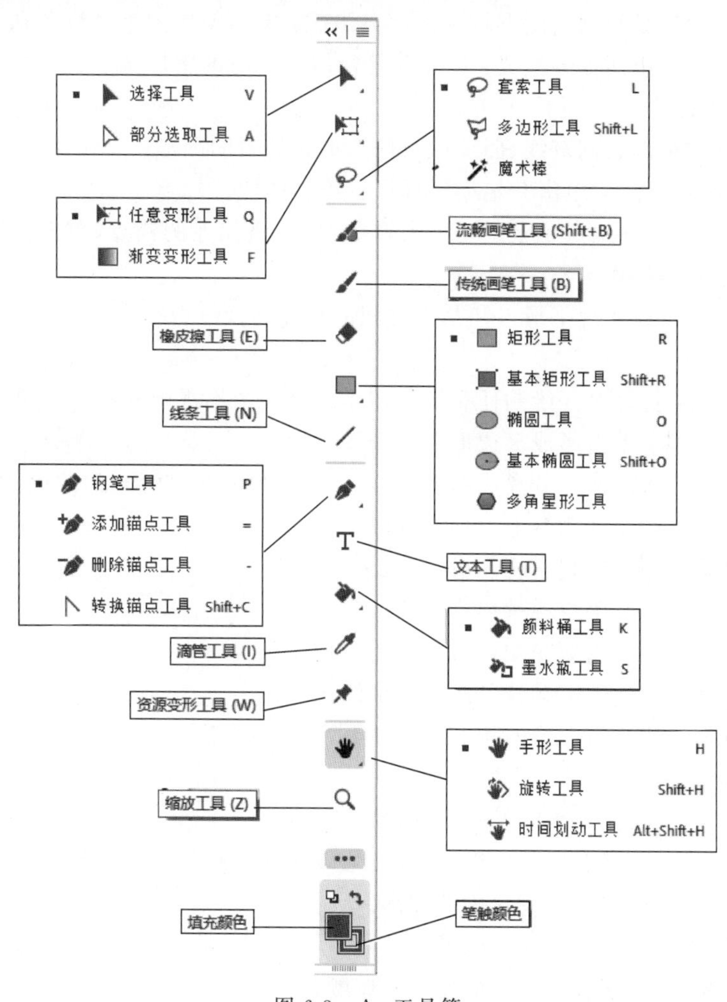

图 6-3 An 工具箱

4. 矩形工具组

矩形工具组中有矩形工具、基本矩形工具、椭圆工具、基本椭圆工具及多角星形工具。

(1) 矩形工具用于绘制矩形和正方形。绘制过程中,按住 Shift 键,可以绘制一个正方形;按住 Alt 键可以绘制一个以拖动起点为中心的矩形或正方形。

(2) 基本矩形工具和矩形工具的最大的区别在于对圆角的设置。运用"基本矩形工具"绘制的矩形,会在四周边框出现控制点。可以直接使用"选择工具"调整矩形四周边框的控制点,也可以在"属性"面板的"矩形"选项中设置圆角。

(3) 椭圆工具可以快速绘制各种比例的圆形。绘制过程中,按住 Shift 键,可以绘制一个正圆;按住 Alt 键可以绘制一个以拖动起点为中心的圆形。

(4) 基本椭圆工具可绘制由圆形组合演变的复合图形。运用该工具绘制的椭圆,会在中心点和周边框出现控制点,可以直接使用"选择工具"调整控制点,也可以通过"属性"面板中选项的设置来完成同心圆、扇形等特殊圆形。

(5) 多角星形工具用于绘制多边形或星形,通过"属性"面板的工具设置选项来选择画多边形及星形。

矩形工具组中工具绘制的图形均由两部分组成:图形轮廓的笔触线条和内部的填充颜色。其"属性"面板也由两部分组成:填充和笔触以及相应的图形选项。

5. 钢笔工具组

钢笔工具通常可以绘制直线、曲线以及任意形状的封闭图形。单击第一个锚点,再单击另一位置,即可绘制直线。单击并拖动鼠标可以绘制曲线。

添加锚点工具、删除锚点工具主要用来增加、减少路径上的锚点,单击图形某区域来完成添加或删除锚点等操作。

转换锚点工具可以实现平滑点和角点之间的相互转换。

6. 其他工具

(1) 套索工具:拖动鼠标绘制任意形状用于选择一个不规则的图形区域。

(2) 多边形工具:单击形成多边形形状选择图形。

(3) 魔术棒:导入图像并分离成图形后,可以使用魔术棒选择相似颜色的区域。

(4) 文本工具:用于在舞台上添加和编辑文本。

(5) 线条工具:用于绘制直线和折线等。

(6) 铅笔工具:可以手绘各种形式的曲线。

(7) 颜料桶工具:使用填充颜色改变封闭区域颜色。

(8) 墨水瓶工具:使用笔触颜色改变图形线条颜色。

(9) 滴管工具:用于将图形的填充颜色或线条属性复制到其他的图形线条上,还可以采集位图作为填充内容。

(10) 橡皮擦工具:用于擦除舞台上的内容。

(11) 手形工具:当舞台上的内容较多时,可以用来平移舞台以及各个部分的内容。

(12) 缩放工具:用于缩放舞台中的图形。

(13) 笔触颜色:用于设置线条的颜色。

(14) 填充颜色:用于设置图形的填充区域颜色。

6.2.3 An 快捷键

An 中常用的快捷键如表 6-1 所示。

表 6-1　An 中常用的快捷键

快　捷　键	功　　能	快　捷　键	功　　能
F5	插入普通帧	Ctrl+A	全选
F6	插入关键帧	Ctrl+C	复制
F7	插入空白关键帧	Ctrl+V	粘贴到中心位置
Ctrl+F8	创建新元件	Ctrl+Shift+V	粘贴到当前位置
F8	图形转换为元件	Ctrl+L	显示/隐藏“库”面板
Ctrl+B	将元件打散为图形	Ctrl+F2	显示/隐藏“工具箱”
Ctrl+Z	撤销	Ctrl+F3	显示/隐藏“属性”面板
Ctrl+Y	重做	Ctrl+’	显示/隐藏网格
Ctrl+D	直接复制	F4	显示/隐藏面板
Ctrl+Shift+A	取消全选	Ctrl+T	显示/隐藏“变形”面板
Ctrl+G	组合	Ctrl+K	显示/隐藏“对齐”面板
Ctrl+Shift+G	取消组合	Ctrl++	放大视图
Ctrl+Enter	测试影片	Ctrl+-	缩小视图

6.3　Animate 对象与图层

6.3.1　教学案例：组装自行车

【要求】　已有素材图片“葱. png”“黄瓜. png”“橘子. png”“辣椒. png”，如图 6-4 所示。请利用已有的图片组装成自行车形状，效果如图 6-5 所示。

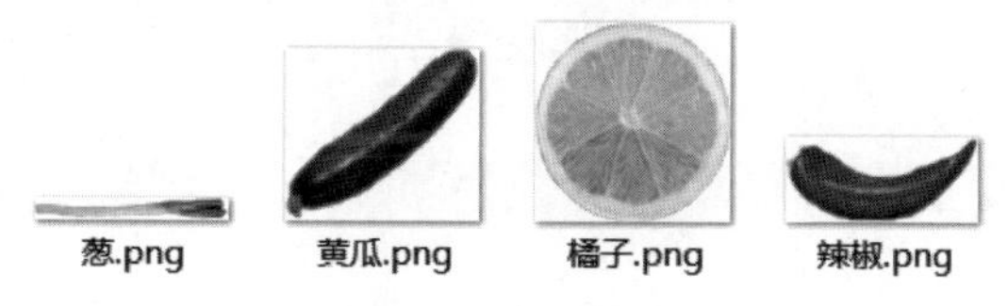

图 6-4　素材图片

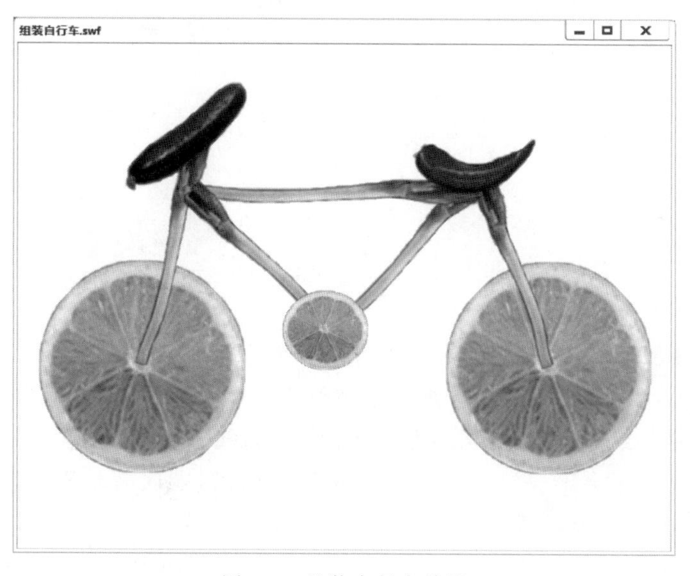

图 6-5　组装自行车效果

【操作步骤】

(1) 打开 An 程序,选择菜单“文件”|“新建”,打开“新建文档”对话框,选择“标准”预设,单击“创建”按钮。选择菜单“文件”|“保存”,将文件保存为“组装自行车. fla”。

(2) 选择菜单“文件”|“导入”|“导入到舞台”,打开“导入”对话框,选择所有图片,单击“打开”按钮。默认状态下,所有图片已全部选中,右击,在弹出的快捷菜单中选择“分散到图层”,此时各图片被放置在“时间轴”面板的不同图层中。

(3) 单击“橘子_png”图层的第一帧,单击“选择工具”,按住 Alt 键拖动橘子到右边复制一个橘子,同样地,再复制一个橘子到右边。

(4) 选中中间的橘子,单击“任意变形工具”,拖动控点缩小橘子。右击小橘子,在弹出的快捷菜单中选择“分散到图层”,并修改该图层为“小橘子”。

(5) 单击“葱_png”图层的第一帧,利用 Alt 键+移动复制四棵葱,再利用“任意变形工具”旋转、缩放或移动完成效果图葱的位置摆放。

(6) 利用“选择工具”移动“黄瓜. png”和“辣椒. png”到合适位置。

(7) 移动各图层位置,从上到下分别为:黄瓜_png、辣椒_png、小橘子、葱_png、橘子_png,“时间轴”面板中图层分布如图 6-6 所示。

(8) 选中所有对象,按 Ctrl+G 组合键组合各对象,拖动控点缩放组合,利用键盘方向键将其移动到舞台合适位置。

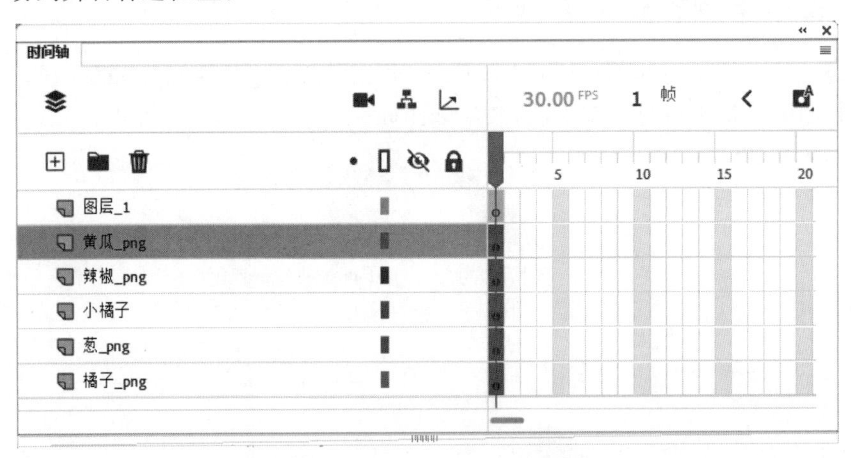

图 6-6 “时间轴”面板中图层分布

6.3.2 知识点

1. 对象

1) 对象的分类

An 中的动画都是由对象组成的,对象可以分为形状对象和非形状对象(绘制对象、位图、文本、元件、组合)两类。An 中,图形的绘制模式主要分为两种,分别为合并绘制模式和对象绘制模式。选择绘图工具(如矩形工具、椭圆工具、线条工具、铅笔工具、钢笔工具、画笔工具等)后,工具箱下方会出现“对象绘制”按钮 ,该按钮默认为非选中状态,称为合并绘制模式,反之称为对象绘制模式。

(1) 形状对象。

选择图形的绘制模式为合并绘制模式时，绘制产生的图形就是形状，当绘制的多个图形重叠时会自动合并。

通过绘图工具绘制产生的圆、矩形、多边形及星形等形状；形状被选中时以网点覆盖。形状不是整体，形状的各部分及其大小都可以改变，其显著特征是用“选择工具”单击选中的图形时，会显示许多点。

(2) 非形状对象。

图形的绘制模式选择对象绘制模式时，绘制产生的图形就是绘制对象。转换为独立的图形对象，重叠时不会相互影响，其显著特征是用选择工具单击选中的绘制对象时，会显示蓝色边框。

导入的位图图像、输入的文本、对象的组合和元件等对象处理方法与绘制对象相同，都是独立的对象，被选中时也会显示蓝色边框。

2) 对象的组合

对象的组合是指将选中的两个或多个对象(可以是形状、位图、元件和文本)组合在一起，进行移动、旋转及缩放等操作时，它们会一同变化。

框选或者按住 Shift 键的同时选择多个要组合的对象后，通过菜单“修改”|“组合”(或者按 Ctrl+G 组合键)即可将选中的对象进行组合。

组合对象内部的子对象是可以编辑的，选中组合后的对象，选择菜单“编辑”|“编辑所选项目”；或使用“选择工具”后双击该组合对象，即可进入组合对象编辑状态，此时可对子对象进行编辑操作。编辑完成后，双击舞台空白区域即可退出编辑状态。

若要取消对象的组合，选中该组合对象后，选择菜单“修改”|“取消组合”进行取消。

3) 对象的分离

对象的分离主要用于将组合的对象以及位图、文字等对象分解成独立的可编辑元素。通过菜单“修改”|“分离”(或者按 Ctrl+B 组合键)即可对所选对象进行分离。

对于不同类型的图形对象分离操作的效果不太一样，列举如下。

- 对于组合，分离操作相当于取消组合；
- 对于形状图形，不需要也不能再进行分离；
- 对于绘制对象、位图等，分离操作将其转换为形状对象；
- 对于元件，分离操作取其中的第 1 帧而舍弃其他帧；
- 对于多个文字的文本对象，分离操作将其分离成单个文字的文本对象；
- 对于单个文字的文本对象，分离操作可以将其转换为形状图形。

分离操作和取消组合命令是两个不同的概念，虽然有时可以实现同样的效果。但取消组合命令只能将组合后的对象重新拆分为组合前的各个部分，而分离操作是将对象分离，生成与原对象不同的对象。

分离操作和组合操作不同，并不是所有的分离操作都是可逆的。将绘制对象分离成形状对象后，可以使用“属性”面板中“对象”|“创建对象”按钮将其恢复成绘制对象。对于文字对象，将其分离成形状对象后，再使用创建对象来恢复，只能将其变成绘制对象，而不能恢复成文字，也就是不能再使用文本工具修改文字了。对于位图和元件，分离操作也是不可逆的。

2. 图层

1）图层的定义

可以把图层看成堆叠在一起的多张透明纸。在工作区中，当图层上没有任何内容时，就可以透过上面的图层看到下面图层的图像。用户可以通过图层组合出各种复杂的动画。

每个图层都有自己的时间轴，且包含了一系列的帧，在各个图层中所使用的帧都是相互独立的。图层与图层之间也是相互独立的，也就是对各图层单独进行编辑不会影响其他图层上的内容。多个图层按一定的顺序叠放在一起则会产生综合的效果。图层位于“时间轴”面板的左侧，An 中的各图层显示及主要的图层类别如图 6-7 所示。

图 6-7　各图层显示及主要的图层类别

通过在“时间轴”面板上单击图层名称可以激活相应图层。在激活的图层上编辑对象和创建动画，不会影响其他图层上的对象。默认情况下，新建图层是按照创建的顺序来命名的，用户可以根据需要对图层进行移动、重命名、删除、隐藏和锁定等操作。

2）引导层和被引导层

引导层是 An 动画中绘制路径的图层。引导层中一般为绘制的图形，主要用来设置对象的运动轨迹。引导层不从影片中输出，所以它不会增加文件的大小，而且它可以多次使用。

创建引导层的方法有两种：一种是右击被引导层图层，在弹出的快捷菜单中选择“添加传统运动引导层”；另一种是需要设置引导层的图层，先右击在弹出的快捷菜单中选择“引导层”，使其自身变成引导层，再将被引导层图层拖曳到引导层中，使其归属于引导层。

任何图层都可以使用引导层，当一个图层为引导层后，图层名称左侧的辅助线图标 表明该层是引导层。

引导层的下面图层就是被引导层。被引导层中一般为运动的对象。一个引导层可对应多个被引导层。

3）遮罩层和被遮罩层

遮罩层是一种特殊的图层。创建遮罩层后，遮罩层下面图层的内容就像透过一个窗口显示出来一样。在遮罩层中绘制对象时，这些对象具有透明效果，可以把图形位置的背景显露出来。在 An 中，使用遮罩层可以制作出一些特殊的动画效果，例如聚光灯效果和过渡效果等。用户可以将多个图层组合放在一个遮罩层下，以创建出多样的效果。

遮罩层动画必须至少有两个图层，上面的一个图层为遮罩层，下面的图层为被遮罩层，这两个图层中只有相重叠的地方才会被显示。也就是说，在遮罩层中有对象的地方就是透明的，可以看到被遮罩层中的对象，而没有对象的地方就是不透明的，被遮罩层中相应位置的对象是看不见的。

6.4 Animate 帧

6.4.1 教学案例：奔跑的兔子

【要求】 使用如图 6-8 所示的图片“兔子 1. png”～“兔子 8. png”，生成“奔跑的兔子”动画。

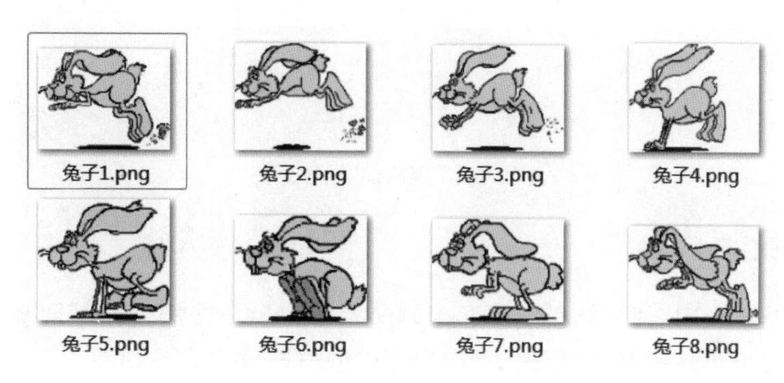

图 6-8 兔子图片

【操作步骤】

(1) 打开 An 程序，选择菜单“文件”|“新建”，打开“新建文档”对话框，选择“标准”预设，单击“创建”按钮。选择菜单“文件”|“保存”，将文档保存为“奔跑的兔子. fla”。

(2) 选择菜单“文件”|“导入”|“导入到舞台”，打开“导入”对话框，选择所有兔子图片，单击“打开”按钮。在默认状态下，兔子已全部选中，右击选中的兔子，在弹出的快捷菜单中选择“分散到图层”，此时各图片被放置在“时间轴”面板的不同图层中。

(3) 单击“兔子 2_png”图层的第一帧，拖动该帧到第 2 帧；单击“兔子 3_png”图层的第一帧，拖动该帧到第 3 帧；以此类推，兔子 1 在第 1 帧，兔子 2 在第 2 帧，……，兔子 8 在第 8 帧。此时舞台和“时间轴”面板内容如图 6-9 所示。

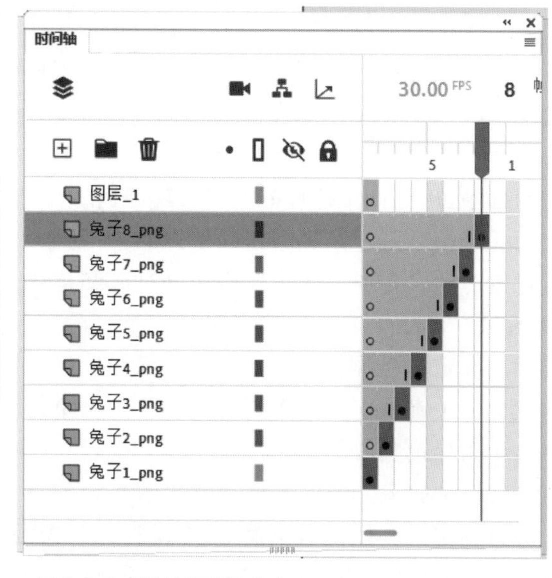

图 6-9 舞台和“时间轴”面板内容

(4) 按 Ctrl+Enter 组合键,预览结果,如图 6-10 所示。保存动画。

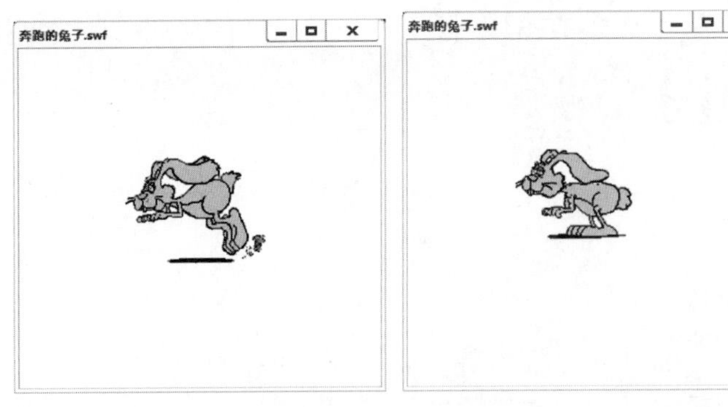

图 6-10 奔跑的兔子效果

6.4.2 知识点

在"时间轴"面板中,使用帧来组织和控制文档的内容。在"时间轴"面板中放置帧的顺序将决定帧内对象最终的显示顺序。不同内容的帧串联就组成了动画。

帧是构成 An 动画的基本元素,"时间轴"面板上的一小格代表一帧,表示动画内容中的一幅画面。这里以如图 6-11 所示的"时间轴"面板为例讲述以下基本术语,"中心"图层中第 30 帧为空白关键帧;"风车"图层中第 24 帧为属性关键帧;"杆"图层中第 23 帧为普通帧;"杆"图层中第 24 帧为关键帧;各图层的第 1 帧均为关键帧;帧速率为 24FPS;当前帧为第 10 帧。

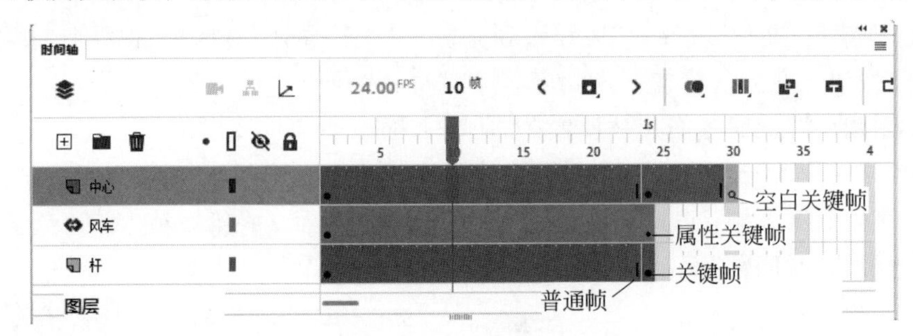

图 6-11 "时间轴"面板

1. 帧类型

1) 普通帧

普通帧即帧,用来计量播放时间或过渡时间。不能手动设置普通帧的内容,它是播放过程中由前后关键帧以及过渡类型自动填充的,手动插入或删除普通帧,会改变前后两个关键帧之间的过渡时间。普通帧的主要作用是过渡和延续关键帧内容的显示。

2) 关键帧

关键帧用来定义动画变化的帧。在动画播放的过程中,关键帧会呈现出主要的动作或内容上的变化。关键帧中的对象与前后帧中的对象的属性一般是不同的。在"时间轴"面板中关键帧显示为黑色实心圆。

3) 空白关键帧

空白关键帧中没有任何对象存在,如果在空白关键帧中添加对象,它会自动转换为关键帧。反过来,如果将某个关键帧中的全部对象删除,则此关键帧会变为空白关键帧。在"时间轴”面板中空白关键帧以空心圆表示。

4）属性关键帧

属性关键帧是指在补间动画内的某一帧。当编辑补间对象的某一属性时，该帧将出现一个黑色实心的菱形，记录下目标对象的属性值变化，如位置、大小、旋转、透明度等。

2. 帧速率

帧速率有时也称为帧频，是动画播放的速度，以每秒播放的帧数来度量。帧速率太小会使动画看起来不连贯，帧速率太大会使动画的细节变得模糊。默认情况下，An动画是每秒30帧的帧速率，表示为30FPS。选择菜单“修改”|“文档”，打开“文档属性”对话框，在对话框的“帧频”文本框中设置帧的速率。或者在“属性”面板的“文档”中的FPS文本框中设置帧的速率。

3. 帧操作

1）选择帧

在“时间轴”面板上单击可以选中某个帧；要选择连续的多个帧，单击第一个帧，再结合Shift键单击最后一个帧；要选择不连续的帧，单击第一个帧，再结合Ctrl键依次单击各个帧。

2）移动或复制帧

选中要操作的帧，右击，在弹出的快捷菜单中选择“剪切帧”或者“复制帧”，然后在目标位置使用“粘贴帧”完成移动或复制帧操作。或者选中要操作的帧后，直接拖动该帧到目标位置可以完成移动，按住Alt键的同时拖动该帧到目标位置可以完成复制。

3）插入帧

通过在动画中插入不同类型的帧，可实现延长关键帧播放时间、添加新动画内容以及分隔两个补间动画等操作。

快捷键插入帧的方法：按F5键插入普通帧；按F6键插入关键帧；按F7键插入空白关键帧；当然也可以右击后使用快捷菜单插入相应的帧。

4）清除帧、删除帧、翻转帧

清除帧用于将选中帧的内容清除，但继续保留该帧所在的位置，在对普通帧或关键帧清除后，可将其转换为空白关键帧。

删除帧用于将选中的帧从“时间轴”面板中完全清除。被删除后，后面的帧会自动前移并填补被删除帧所占的位置。

翻转帧可以将选中的帧的播放顺序进行颠倒。

6.5 元　　件

6.5.1 教学案例：快慢跑兔子

【要求】 制作一个快跑的兔子元件和一个慢跑的兔子元件，然后放到舞台上，效果如图6-12所示，上一排两个兔子（左上方是原来颜色，右上方是红色）跑得慢些，下一排三个兔子（左下方是绿色，下方中间是蓝色，右下方是黄色）跑得快些。

【操作步骤】

（1）新建一个标准大小的动画文件“快慢跑兔子.fla”，选择菜单“插入”|“新建元件”，打

图 6-12　快慢跑兔子效果

开“创建新元件”对话框，在“名称”文本框中输入“慢跑兔子”，“类型”选择“影片剪辑”，如图 6-13 所示，单击“确定”按钮，进入元件编辑状态。

图 6-13　创建新元件

（2）选择菜单“文件”|“导入”|“导入到舞台”，打开“导入”对话框，选择所有兔子图片，单击“打开”按钮。默认状态下，兔子已全部选中，右击选中的兔子，在弹出的快捷菜单中选择“分散到图层”，此时各图片被放置在“时间轴”面板的不同图层中。

（3）单击“兔子 2_png”图层的第一帧，拖动该帧到第 3 帧；单击“兔子 3_png”图层的第一帧，拖动该帧到第 5 帧；以此类推，兔子 1 在第 1 帧，兔子 2 在第 3 帧，……，兔子 8 在第 15 帧。分别单击各个图层每个关键帧后面一帧，按 F5 键插入普通帧，此时舞台和“时间轴”面板内容如图 6-14 所示。

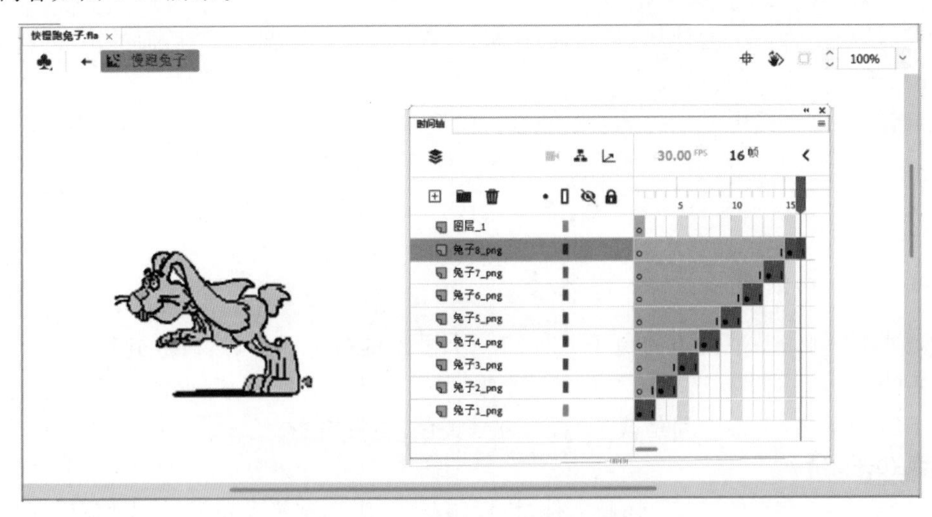

图 6-14　舞台和“时间轴”面板内容

(4) 单击左上角元件编辑窗口左边向左箭头 ←,返回场景 1 舞台。参照上面步骤新建“快跑兔子”元件,与慢跑兔子不同的是,兔子 1 在第 1 帧,兔子 2 在第 2 帧,……,兔子 8 在第 8 帧,不用插入普通帧。

(5) 返回“场景 1”舞台,在“库”面板中拖动“慢跑兔子”元件到舞台左上方,按住 Alt 键,拖动舞台上的实例到右边,完成复制。选中右边的兔子实例,在“属性”面板中设置“色彩效果”下的“色调”为红色,如图 6-15 所示。

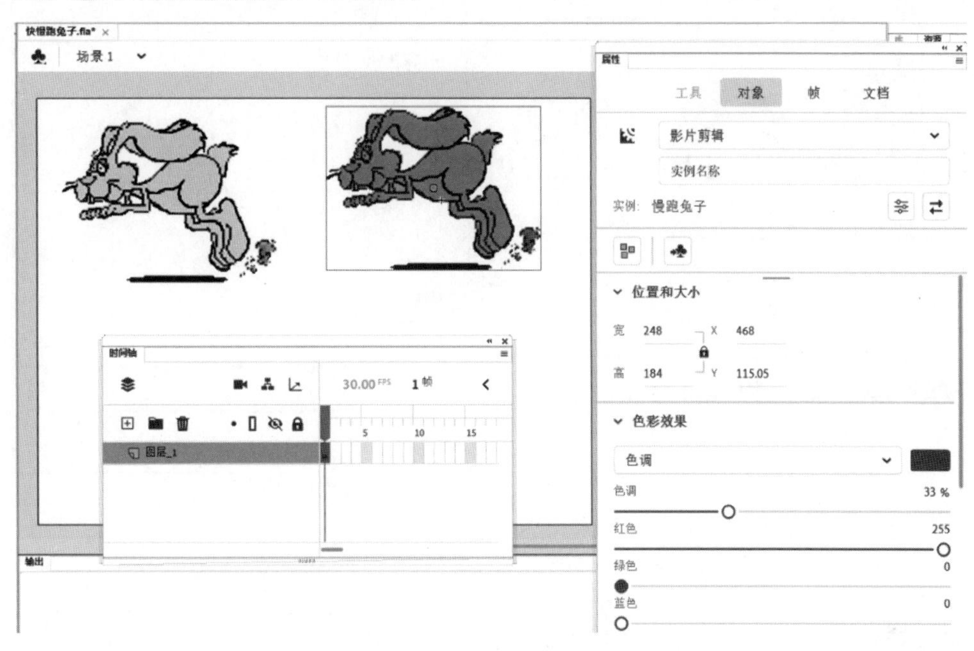

图 6-15 实例设置

(6) 在“库”面板中拖动“快跑兔子”元件到舞台右下方,在“属性”面板中设置保持纵横比(单击宽和高右边的锁,将其锁住),设置宽为 180,按住 Alt 键,拖动舞台上的实例到右边,复制 2 个兔子。分别设置左、中、右兔子实例为绿色、蓝色和黄色,如图 6-16 所示。

(7) 按 Ctrl+Enter 组合键,预览结果,保存动画。

6.5.2 知识点

1. 元件、实例和库

1) 元件

元件是 An 作品中的一个基本单位,是一种可以在 An 中重复使用的特殊的对象。使用元件可以提高动画制作的效率,减小文件的大小。元件一旦创建,就可以反复使用,而原始数据只需要保存一次。

2) 实例

将元件拖放到舞台后称为实例。实例是元件在场景中的应用,它是位于舞台上或者嵌套在另一个元件内的元件副本。

实例与元件的关系:用户可以对实例进行任意修改,而不会影响到元件的任何属性;但对元件自身修改,实例也会随之发生改变。

实例的外观和动作无须和元件一样,每个实例都可以有不同的大小和颜色,并可以提供

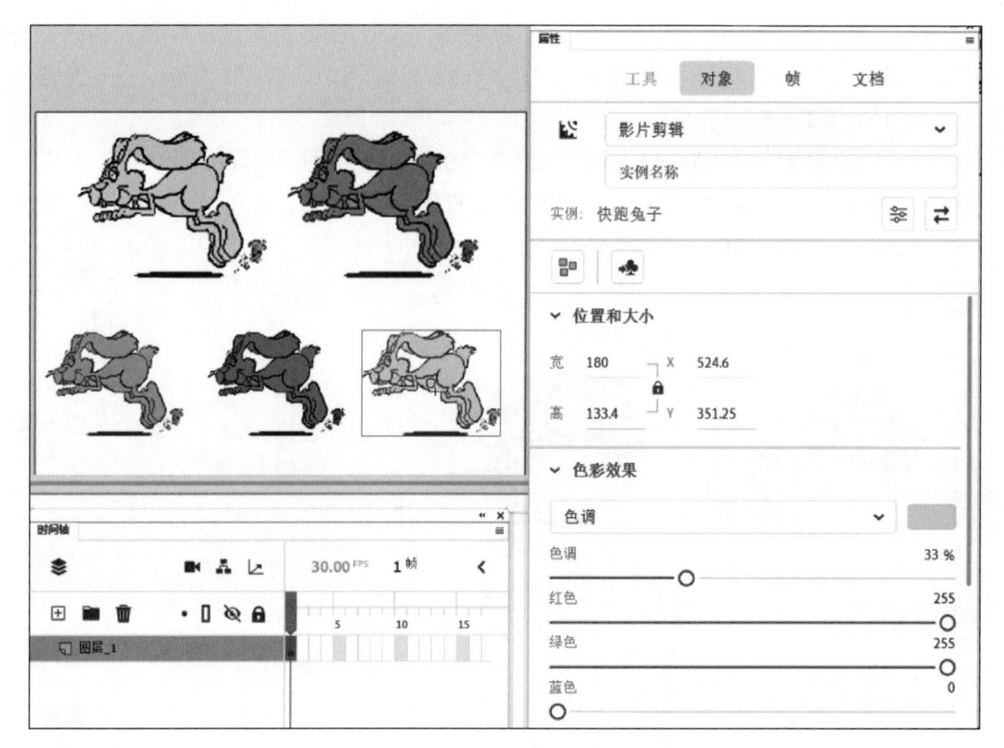

图 6-16　快慢跑兔子实例

不同的交互。

3）库

库是用来存放和管理元件、位图、声音等素材的。“库”面板的列表显示库中所有项目的名称，利用库可以方便地查看、组织和编辑这些内容。

在制作动画时，首先把一个对象定义为“元件”，所有元件都会存储在库中，然后在场景舞台中加入它的“实例”。这样无论一个对象出现几次，在文件中也只需存储一个副本，从而在很大程度上减小了文件的大小。

2. 元件分类

An 元件分为 3 类：图形元件、影片剪辑元件和按钮元件。

1）图形元件

图形元件依赖主时间轴（场景舞台时间轴）播放的动画剪辑，不可以加入动作代码。把图形元件放到主场景不会播放。图形元件一般用于制作静态图像。

图形元件在“库”面板中以一个几何图形构成的图标 表示。

2）影片剪辑元件

影片剪辑元件可以独立于主时间轴播放的动画剪辑，可以加入动作代码。影片剪辑元件中可以存放影片（即动画），当影片剪辑有动画时，把影片剪辑元件放到主场景时，会循环不停地播放。

凡是用按钮元件和图形元件可以实现的效果，影片剪辑元件都可以完成，影片剪辑元件中还能融入多种不同类型的素材，如位图、声音、程序等。

影片剪辑元件在“库”面板中以一个齿轮图标 表示。

3）按钮元件

按钮元件有“弹起”“指针经过”“按下”“点击”4 帧的特殊影片剪辑，可以加入动作代码。按钮元件用来创建影片中的相应鼠标事件的交互按钮，实际上是一个只有 4 帧的影片剪辑，但它的时间轴不能播放，只是根据鼠标指针的动作做出简单的响应，并转到相应的帧。

按钮元件在“库“面板中以一个手指向下按的图标 表示。

6.6 逐帧动画

6.6.1 教学案例：吃苹果

【要求】 创建一个“吃苹果”动画：先画一个苹果，复制关键帧，然后擦除一部分，重复复制和擦除操作，最后只剩一个苹果核，效果如图 6-17 所示。

图 6-17 “吃苹果”动画效果

【操作步骤】

(1) 新建一个标准大小 An 文档“吃苹果. fla”，选择“椭圆工具”，设置填充颜色为红色混合(默认色板最后一行第三个)，笔触设置为无，结合 Shift 键画正圆。

(2) 选择“部分选取工具”，单击正圆边缘后，正圆周边出现 8 个锚点，拖动锚点调整顶、底部分，使之像苹果。

(3) 选择“椭圆工具”，在圆上方画椭圆，选择“任意变形工具”，单击上方的椭圆，椭圆周围出现 8 个控点，鼠标指向四角控点之一，适当旋转并移动，使之像苹果柄。

(4) 按 F6 键插入关键帧，自动在第 2 帧插入和第 1 帧一样的关键帧。

(5) 选择“橡皮擦工具”，在其“属性”面板的“工具”中设置“橡皮擦选项”|“大小”为 50 左右，然后在舞台苹果右边拖动擦去一部分，结果如图 6-18 所示。

(6) 重复步骤(4)和(5)，按 F6 键插入关键帧，再擦去一部分；如此重复多步，直至剩下中心部位。

(7) 选择菜单“修改”|“文档”，打开“文档设置”对话框，设置帧频为 6FPS，按 Ctrl+Enter 组合键测试影片效果，保存文档。

6.6.2 教学案例：圆形文字逐个显示

【要求】 制作“圆形文字逐个显示”动画：新建圆形文字“信息科学与工程学院欢迎你”，将文字填充为多彩色后，再将文字一个一个显示出来，最后全部显示出来，效果如图 6-19 所示。

图 6-18　苹果擦去一部分

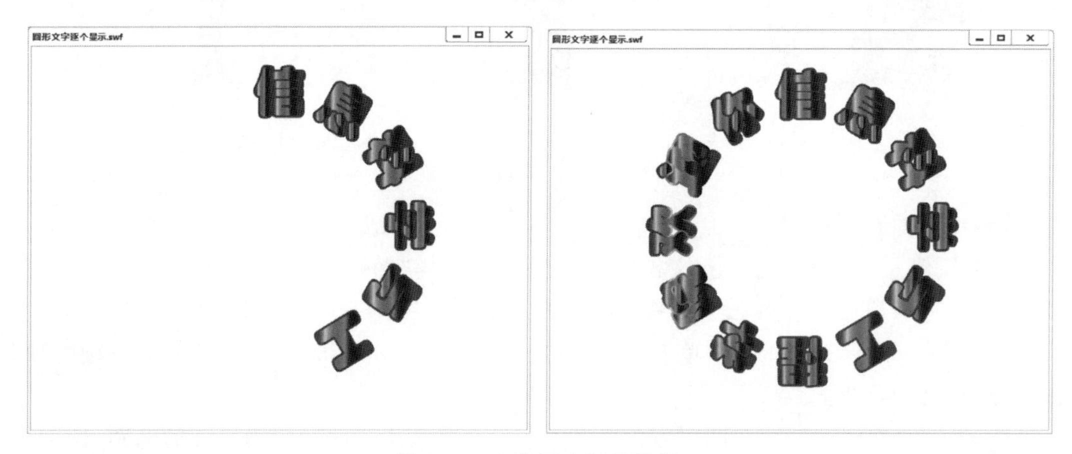

图 6-19　文字逐个显示效果

【操作步骤】

(1) 新建一个标准大小 An 文档，选择“文本工具”，在“属性”面板中，设置“工具”|“字符”为“华文彩云、70pt”，在舞台上方中部位置输入文字“信”。

(2) 选择“选择工具”，拖动文字并移动到合适位置，再选择“任意变形工具”，拖动文字注册点(文字中间的空心点)到舞台中央位置。

(3) 按 Ctrl+T 组合键打开“变形”面板，单击右下角“重置选区和变形” 1 次，此时看起来没什么反应；设置旋转 30°，按 Enter 键后即在 30°方向复制了一个“信”字，再单击“重置选区和变形”10 次，共完成 12 个字组成一个圆形。

(4) 选择“文本工具”，将鼠标指针指向要修改的文字，单击并选中，然后修改文字，原来所有字都是“信”，现在改成“信息科学与工程学院欢迎你”。

(5) 按 Ctrl+A 组合键选中所有文字，右击选中的文字，在弹出的快捷菜单中选择“分散到图层”，删除“图层_1”图层。再次选中所有文字，按 Ctrl+B 组合键分离文字，在“属性”

面板中设置填充颜色为多彩色，使用“颜料桶工具”将文字填充成适合的颜色。

(6) 将“息”第1帧移到第2帧，“科”第1帧移到第3帧，以此类推，“你”第1帧移到第12帧，在每一图层的第20帧按F5键，将文字逐个显示出来，并停顿，舞台与时间轴设计如图6-20所示。

(7) 设置帧频为6FPS，按Ctrl+Enter组合键，预览结果，保存文档。

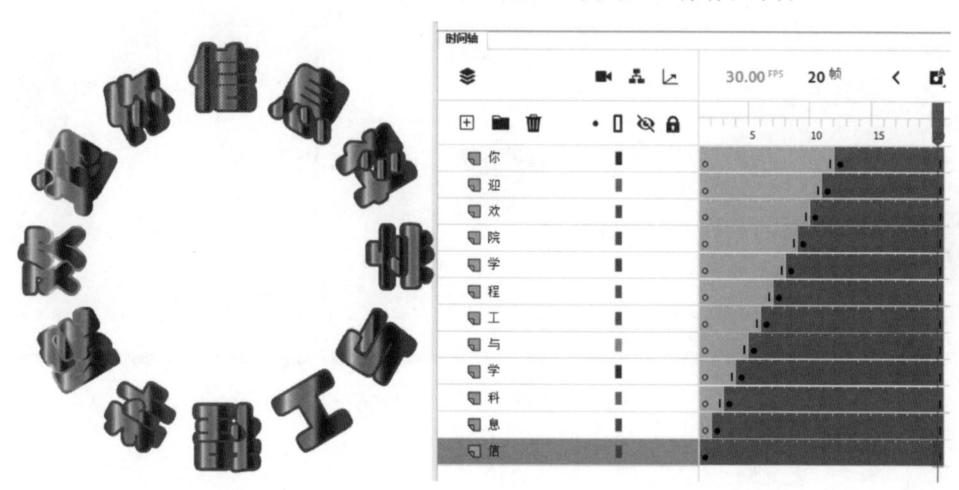

图6-20 文字逐个显示设计

6.6.3 知识点

逐帧动画也称为帧并帧动画，一般来说指的是整个动画的每一帧都是由动画开发者创作而非计算机自动补间而产生的。因为每一帧都不一样，不但给制作增加了负担而且最终输出的文件量也很大，但它的优势也很明显：动画表现非常细腻，尤其对于一些非线性的动画，只能通过逐帧动画来实现。

在An中创建逐帧动画有如下方法。

(1) 导入各静态图片(jpg、png等格式)，并分散到各图层，设置在不同帧中显示；或者直接导入图片到不同帧中显示。

(2) 用工具箱绘制工具在场景中一帧一帧画出帧内容，或者导入图片分离后再修改。

(3) 用文字作为帧中的内容，实现打字、文字跳跃等效果。

(4) 直接导入gif序列图像、swf动画文件产生的动画序列。

6.7 形状补间动画

6.7.1 教学案例：形状变形

【要求】 制作“形状变形”动画：一个蓝色的正圆逐渐变成红色的五角星。

【操作步骤】

(1) 新建一个标准大小An动画文件“形状变形.fla”，选择“椭圆工具”，在“属性”面板中设置填充颜色为蓝色，笔触为无 ⁄ 。在舞台左下角，按住Shift键的同时画一个正圆，用“选择工具”移动其位置。

(2) 单击第 30 帧,按 F7 键插入空白关键帧。选择“多角星形工具”,在“属性”面板中设置填充颜色为红色,笔触为无 ,样式设置为“星形”,边数为 5。在舞台右上角画一个五角星,用“选择工具”移动其位置。

(3) 右击 1～30 部分任意帧,在弹出的快捷菜单中选择“创建补间形状”。观察第 1、15、30 帧效果,如图 6-21 所示。按 Ctrl+Enter 组合键,测试影片效果,保存文档。

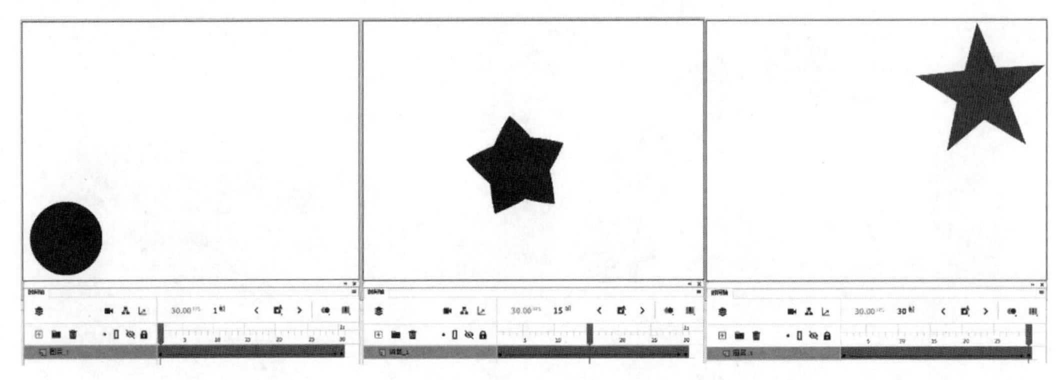

图 6-21 第 1、15、30 帧效果

6.7.2 教学案例:花变形

【要求】 创建一个“花变形”动画:已有一个花图片“花.jpg”,使其渐变成一个“花”字,并停顿一下。

【操作步骤】

(1) 新建一个标准大小 An 文档“花变形.fla”,选择菜单“文件”|“导入”|“导入到舞台”,导入花图片“花.jpg”。

(2) 改变花图片属性宽为 640,高为 480,居中显示。按 Ctrl+B 组合键使其分离。

(3) 在第 30 帧插入空白关键帧(快捷键为 F7),利用“文本工具”输入“花”字(大小为 450,字体为华文琥珀),按 Ctrl+B 组合键使其分离。

(4) 单击第 1 帧,选择“滴管工具”,单击舞台上花图片部分;单击第 30 帧,选中文字部分,此时花的颜色会复制到文字处。

(5) 右击 1～30 部分帧,在弹出的快捷菜单中选择“创建补间形状”。单击第 1、20、30 帧,效果如图 6-22 所示。

(6) 在第 40 帧插入一个普通帧,用来延续字显示时长。按 Ctrl+Enter 组合键,测试影片效果,保存文档。

图 6-22 “花变形”第 1、20、30 帧效果

6.7.3 知识点

1. 形状补间动画的定义

在 An 的“时间轴”面板中，在首关键帧内绘制一个形状，然后在尾关键帧内更改该形状或绘制另一个形状，An 设定的程序可根据两者之间的帧的值自动创建两者之间的帧，这些自动生成的帧叫作补间帧，基于这种机制生成的动画被称为形状补间动画。

2. 形状补间动画的创建

(1) 在首关键帧中导入或绘制形状，如果导入的不是形状对象，需要分离。

(2) 在尾关键帧中导入或绘制不同的形状，如果导入的不是形状对象，需要分离。

(3) 右击首尾关键帧之间的任意位置，然后在弹出的快捷菜单中选择“创建补间形状”，可完成形状补间动画创建。

形状补间动画建好后，“时间轴”面板的该图层背景色变为棕黄色，在首尾关键帧之间有一个长长的箭头。

3. 形状补间动画的对象

形状补间动画使用的对象大多数为鼠标绘制的矢量形状，如果使用图片、元件、文字等非形状对象，则必须选择菜单“修改”|“分离”，或按 Ctrl+B 组合键，将其转换为矢量图形，再行创建形状补间动画。

形状补间动画中的首尾关键帧中的形状一般不是同一对象，而是不同的对象，至少有形状的改变。

4. 形状补间动画的其他操作

可以右击已经创建的形状补间动画，在弹出的快捷菜单中选择“删除形状补间动画”来删除不需要的动画。在快捷菜单中选择“转换为逐帧动画”|“每帧设为关键帧”，可以将形状补间动画转换为逐帧动画。

删除动画操作与转换为逐帧动画操作类似，不再赘述。

6.8 传统补间动画

6.8.1 教学案例：开车

【要求】 已有“城市背景.jpg”和“汽车.png”图片，请使用汽车移动的方法，创建传统补间动画，实现从右向左“开车”动画效果。

【操作步骤】

(1) 新建 An 文档“开车.fla”，选择菜单“文件”|“导入”|“导入到舞台”，在“图层_1”第 1 帧导入“城市背景.jpg”图片，将“图层_1”重命名为“城市背景”。

(2) 选择菜单“修改”|“文档”，打开“文档设置”对话框，选择“匹配内容”，单击“确定”按钮，将舞台大小修改成与图片大小一样。按 Ctrl 键并滚动鼠标，将舞台自由缩放显示，使得图片内容全部显示。

(3) 新建“汽车”图层，将第 1 帧导入“汽车.png”图片，将图片放置在舞台右边，如图 6-23 所示。

(4) 单击“汽车”图层第 30 帧，按 F6 键插入关键帧；移动汽车到舞台左边。

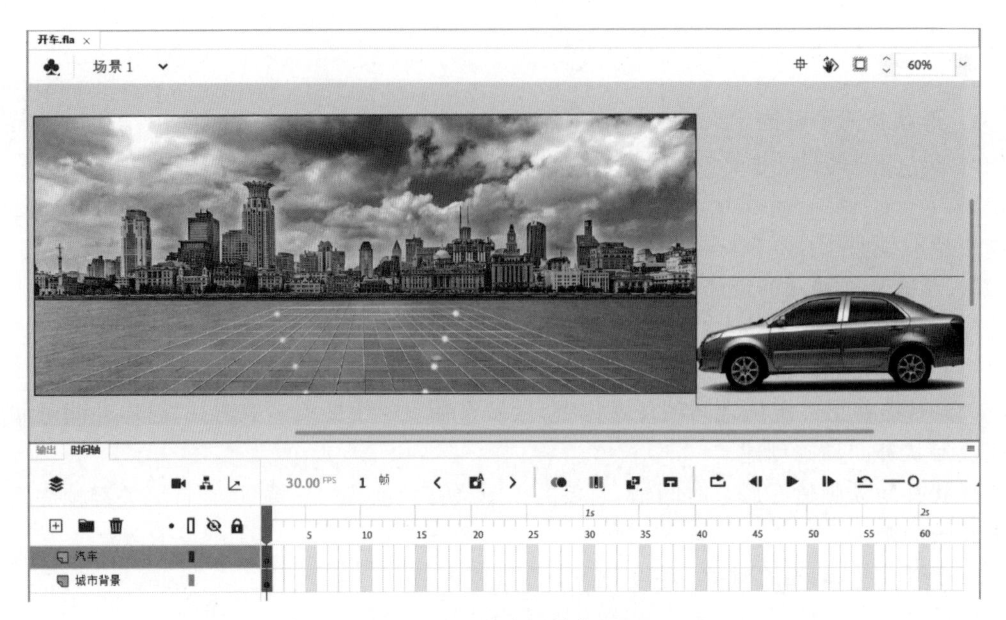

图 6-23　汽车开始位置

(5) 右击“汽车”图层第 1～30 帧任意位置，在弹出的快捷菜单中选择“创建传统补间”，打开“将所选的内容转换为元件以进行补间”对话框，如图 6-24 所示，单击“确定”按钮。如果之前选中“不再显示”复选框，则不会打开该对话框。

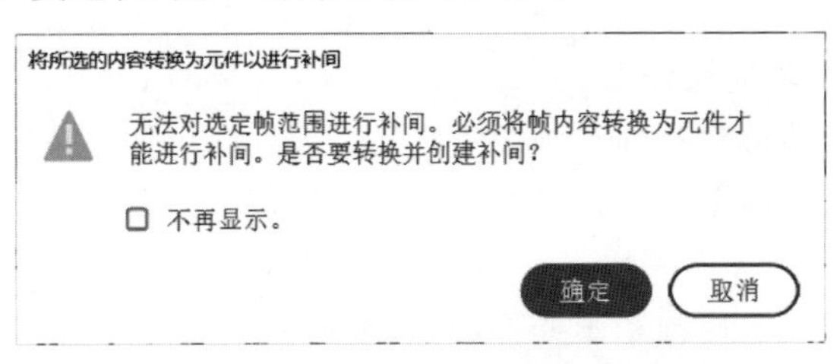

图 6-24　转换为元件并创建补间

(6) 单击“城市背景”图层第 30 帧，按 F5 键插入帧。单击第 15 帧，效果如图 6-25 所示，测试影片效果，保存文档。

6.8.2　知识点

1. 传统补间动画的定义

在 An 的“时间轴”面板中，在首关键帧上放置一个元件，然后在尾关键帧上改变该元件的大小、位置、颜色、透明度、旋转等属性，An 会根据首尾两个关键帧自动创建中间的补间帧，而形成的补间动画被称为传统补间动画。

2. 传统补间动画的创建

(1) 在首关键帧中导入元件，如果导入的不是元件对象，则必须转换为元件。

(2) 在尾关键帧中改变该元件属性。

(3) 右击两个关键帧之间的任意位置，在弹出的快捷菜单中选择“创建传统补间”，可完成传统补间动画创建。

传统补间动画建好后，“时间轴”面板的该图层背景色变为淡紫色，在首尾关键帧之间有

图 6-25 “开车”第 15 帧效果

一个长长的箭头。

3. 传统补间动画的对象

传统补间动画的对象必须是元件，而且首尾关键帧的元件对象一般是相同的，只有属性设置的变化。如果对象是图片、文字和形状等，则都必须转换为元件后才可以制作传统补间动画。

4. 传统补间动画的用途

传统补间动画一般是最简单的点对点平移，没有速度变化，一切其他效果都需要通过后续的其他方式去调整。

传统补间动画可用于引导动画中的被引导层的对象的动画。

6.9 补间动画

6.9.1 教学案例：蝴蝶飞

【要求】 利用一幅静态蝴蝶图片，创建一个“蝴蝶飞”动画。请分别使用补间动画和形状补间动画来实现。

【补间动画操作步骤】

(1) 新建标准大小 An 文档“蝴蝶飞.fla”，选择菜单“文件”|“导入”|“导入到舞台”，导入蝴蝶图片，改变其属性高为 480，保持图片纵横比，并利用“对齐”面板设置对齐方式为“水平居中”。

(2) 右击第 1 帧，在弹出的快捷菜单中选择“创建补间动画”，打开“将所选的内容转换为元件以进行补间”对话框，单击“确定”按钮。

(3) 第 15、30 帧分别按 F6 键插入关键帧。单击第 15 帧，使用“任意变形工具”，将蝴蝶等高收窄缩小。

【形状补间动画操作步骤】

(1) 第(1)步同【补间动画操作步骤】中第(1)步。

(2) 按 Ctrl+B 组合键分离图片。

(3) 第(3)步同【补间动画操作步骤】中第(3)步。

(4) 右击第 1～15 部分帧,在弹出的快捷菜单中选择“创建补间形状”。

(5) 右击第 16～30 部分帧,在弹出的快捷菜单中选择“创建补间形状”。

单击第 1、12、24 帧,效果如图 6-26 所示,测试影片效果,保存文档。

思考: 如果要求将本案例“蝴蝶飞”制作成元件,该如何实现?

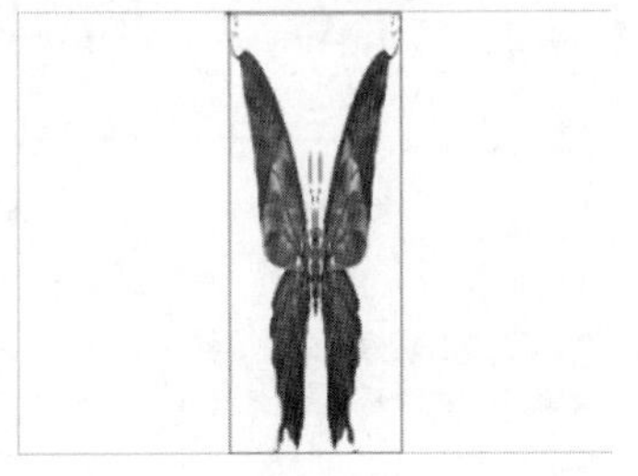

图 6-26 “蝴蝶飞”第 1、12、24 帧效果

6.9.2 教学案例:轮胎转动实现开车

【要求】 已有“城市背景.jpg”和“汽车.png”图片,将汽车放置在舞台中间不动,通过移动“城市背景”来实现开车的效果,如图 6-27 所示,需要制作轮胎转动的效果。

【分析】 需要先制作轮胎转动的影片剪辑元件,再将两转动的轮胎加入汽车。

图 6-27 轮胎转动实现开车效果

【操作步骤】

(1) 新建 640×490 像素大小 An 文档“轮胎动开车.fla”,选择菜单“文件”|“导入”|“导入到舞台”,将“图层 1”第 1 帧导入“城市背景.jpg”图片,“图层 1”命名为“城市背景”。拖动图片,将图片右上角与舞台右上角对准。

(2) 新建“汽车”图层,第 1 帧导入“汽车.png”图片,选择菜单“修改”|“对齐”|“水平居中”,将该图片置于舞台水平居中,再用键盘向下箭头键,将其移到如图 6-28 所示位置。

(3) 右击“城市背景”图层第 1 帧,在弹出的快捷菜单中选择“创建补间动画”,打开“将

图 6-28　汽车位于舞台中间

所选的内容转换为元件以进行补间”对话框，单击“确定”按钮。

（4）拖动“城市背景.jpg”图片，移到图片左上角与舞台左上角对准。单击“汽车”图层第 30 帧，按 F5 键。此时设计效果如图 6-29 所示。预览影片，可以发现中间车子未动，城市背景在动，仔细看车子轮胎未转动。

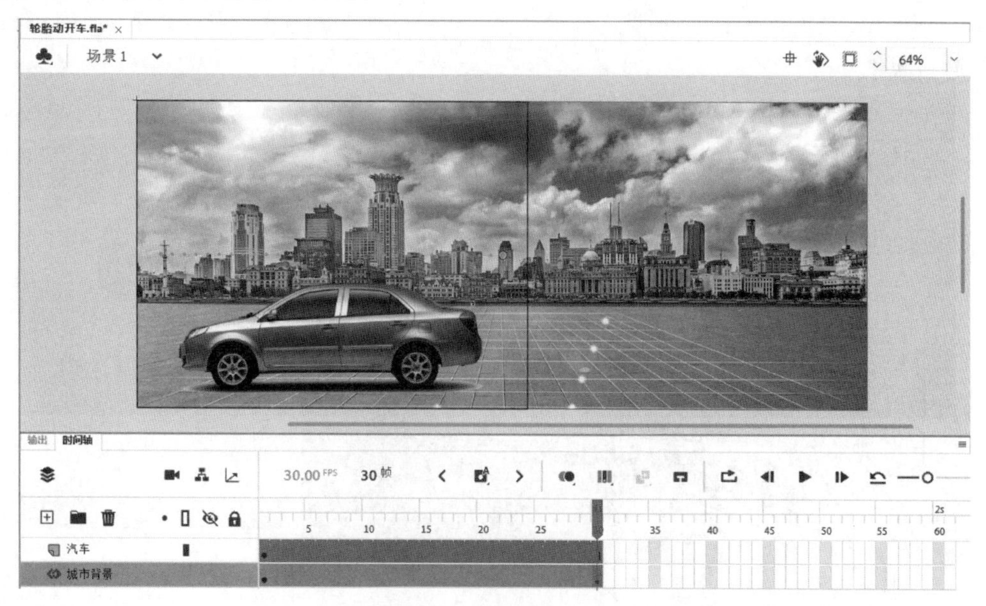

图 6-29　创建补间动画

（5）选择菜单“插入”|“新建元件”，打开“创建新元件”对话框，在“名称”文本框中输入“轮胎转动”，“类型”选择“影片剪辑”，单击“确定”按钮，进入元件编辑状态。

（6）选择菜单“文件”|“导入”|“导入到舞台”，打开“导入”对话框，选择轮胎图片，单击“打开”按钮。右击图层第 1 帧，在弹出的快捷菜单中选择“创建补间动画”，将鼠标指针移到

第 30 帧，当出现左右箭头时将其拖动到第 10 帧，使图层总帧数为 10 帧。

(7) 设置“属性”面板中“帧”|“补间动画”中“旋转”选项设置为“顺时针”，如图 6-30 所示，单击向左箭头，回到场景 1。

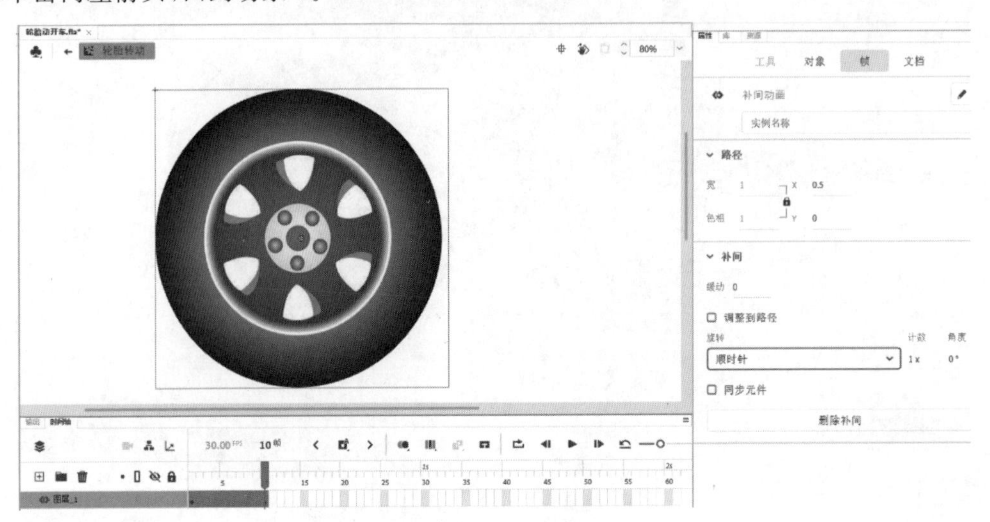

图 6-30　旋转设置

(8) 在“时间轴”面板最上层，新建“轮胎”图层，单击第 1 帧，在“库”面板中将“轮胎转动”拖动到汽车轮胎位置。选择“任意变形工具”，按住 Shift 键的同时拖动四角控点等比例调整轮胎大小，使其与“汽车.png”图片相符，并使用键盘的上、下箭头键微调位置。

(9) 按 Alt 键的同时拖动已调整好的轮胎，复制另外一边轮胎，调好位置，此时设计效果如图 6-31 所示。

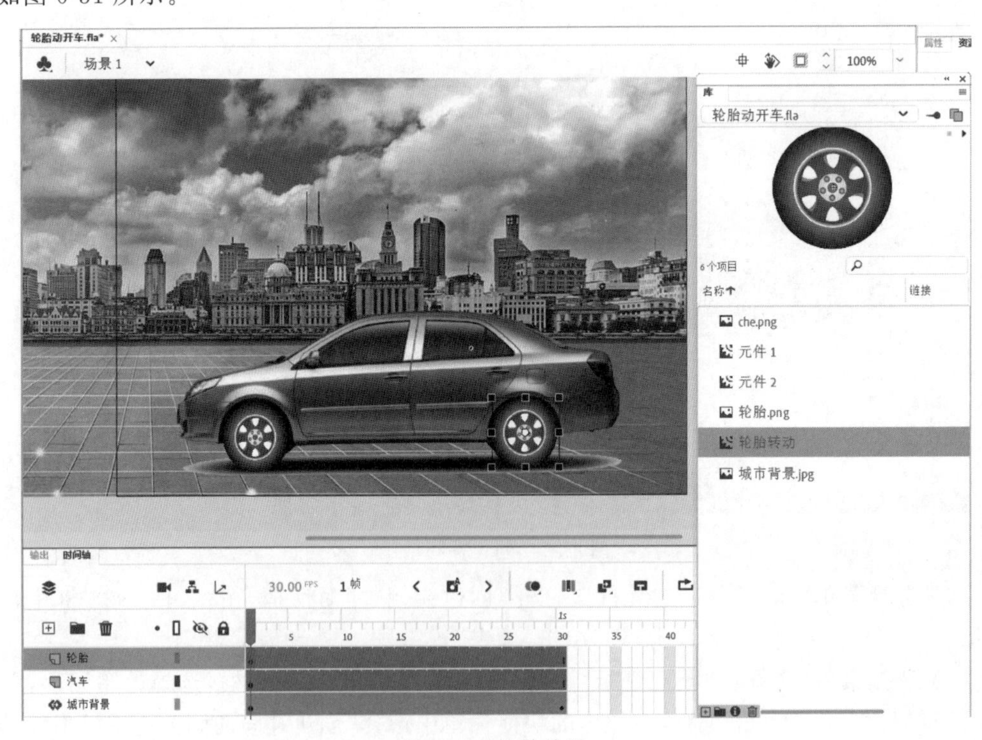

图 6-31　轮胎放置

(10) 按 Ctrl+Enter 组合键，预览结果。如果发现轮胎转动方向不对，则可以通过双击“库”面板中的“轮胎转动”元件，进入元件编辑状态，调整其“旋转”属性是顺时针还是逆时针，符合要求后保存动画。

6.9.3 知识点

1. 补间动画的定义

在 An 的“时间轴”面板中，在一个关键帧上放置一个元件，An 会根据该关键帧自动创建中间的补间帧从而形成的 1s 的动画被称为补间动画。补间动画利用属性关键帧实现动作补间效果，其终止帧使用的是属性关键帧而不是关键帧，实现的是对该对象实例大小、位置、颜色、旋转、透明度等属性值的改变。

2. 补间动画的创建

(1) 在一个关键帧上放置一个元件，如果导入的不是元件对象，则必须转换为元件。

(2) 右击该关键帧，在弹出的快捷菜单中选择“创建补间动画”。

(3) 在需要加关键帧的地方直接修改或者拖动舞台上的元件(也可以插入关键帧后，再处理元件)，就自动形成了补间动画。

补间动画的路径直接显示在舞台上，可以使用“选择工具”变更其路径。补间动画建好后，“时间轴”面板的该图层背景色变为淡黄色，没有箭头符号。

3. 补间动画的对象

补间动画在整个补间范围内由一个对象组成。补间动画的对象必须是元件，通过属性关键帧来设置属性的变化完成动画。如果对象是图片和形状等，则都必须转换为元件后才可以制作补间动画。

4. 补间动画的用途

补间动画是 An 的补间方式，具有强大的功能。补间动画可以实现对象速度变化、路径偏移等复杂操作。

右击已经创建的补间动画，在弹出的快捷菜单中选择“优化补间动画”来优化动画，可以完成缓动等详细设计；在弹出的快捷菜单中选择“另存为动画预设”可以将动画保存起来，以备用于其他对象。

6.10 引导动画

6.10.1 教学案例：游乐园开车

【要求】 利用素材“游乐园.jpg”和“车.psd”文档，创建一个“游乐园开车”动画，要求车绕着指定线路(前面虚线)开，开车效果如图 6-32 所示。

【操作步骤】

(1) 新建标准大小 An 文档“游乐园开车”，导入“游乐园.jpg”图片，选中该图片，在“属性”面板中设置图片宽度为 640(保持图片纵横比)，将导入的图层名改为“游乐园”。

(2) 选择菜单“文件”|“导入”|“导入到舞台”，在打开的“导入”对话框中选择“车.psd”，再单击“打开”按钮，打开“将‘车.psd’导入到舞台”对话框，选择“图层 1”，然后单击“导入”按钮，将导入的图层名改为“车”。

图 6-32　游乐园开车效果

(3) 用“任意变形工具”将导入的玩具车适当变小放在舞台左上角。单击“车”图层第 30 帧,按 F6 键插入关键帧。右击“车”第 1～30 帧中任意帧,在弹出的快捷菜单中选择“创建传统补间”。单击“游乐园”图层第 30 帧,按 F5 键插入帧。

(4) 右击“车”图层,在弹出的快捷菜单中选择“添加传统运动引导层”,此时会多出一个图层“引导层:车”。

(5) 单击图层“引导层:车”第 1 帧,用“钢笔工具”(也可以用“铅笔工具”,如果找不到“钢笔工具”则需要选择菜单“编辑”|“工具栏”,找到“钢笔工具”,将其拖动到工具箱中)顺着左下部分虚线画引导线,如图 6-33 所示。

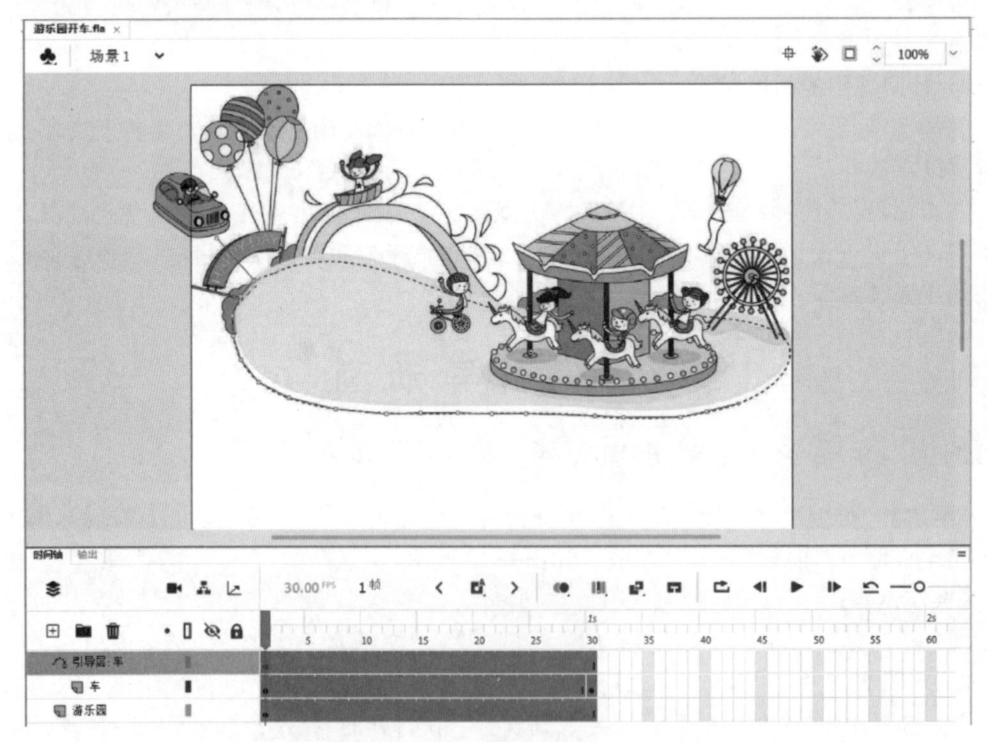

图 6-33　画引导线

(6) 单击“车”第 1 帧,使用“选择工具”将车中心点与引导线起始点重合。

(7) 单击“车”第 30 帧,使用“选择工具”将车中心点与引导线终点重合,用“任意变形工具”适当旋转车,使车顺着引导线开车。单击第 1～30 帧中间的帧,应该能发现车已经顺着引导线开了。

(8) 单击“车”图层已制作传统补间的任意帧,在“属性”面板中,选中“调整到路径”复选框,此时定位到第 6 帧,效果如图 6-34 所示。预览效果,保存动画文件。

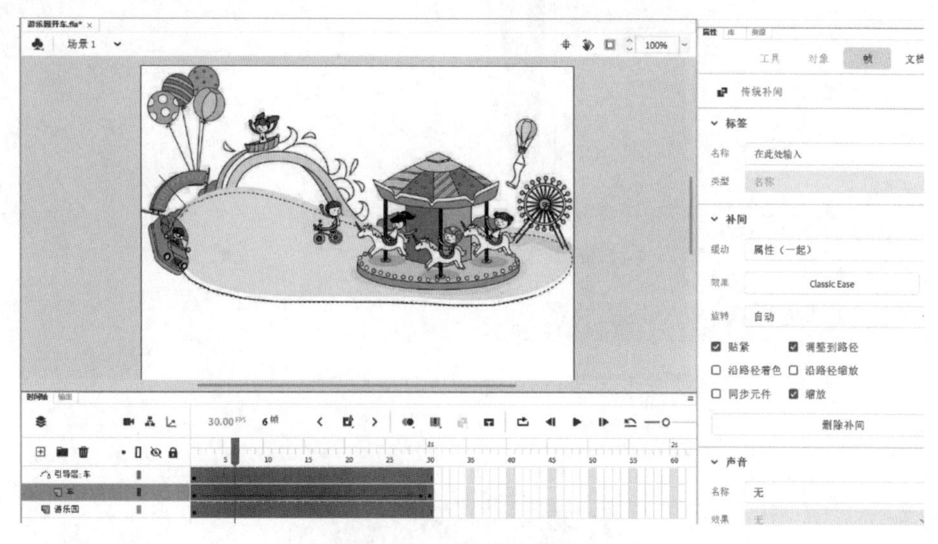

图 6-34　调整到路径设置

6.10.2　教学案例：蝴蝶环绕飞

【要求】 已有图片“蝴蝶.png”和“花环.jpg”,创建一个“蝴蝶环绕飞”动画,要求蝴蝶翅膀会挥舞,蝴蝶环绕着花环飞行。

【操作步骤】

(1) 新建标准大小 An 文档,选择菜单“文件”|“导入”|“导入到舞台”,导入“花环.jpg”图片,改变花环图片属性宽为 640、高为 480,使其与舞台相符。

(2) 选择菜单“插入”|“新建元件”,打开“创建新元件”对话框,在“名称”文本框中输入“蝴蝶飞”,“类型”选择“影片剪辑”,单击“确定”按钮。

(3) 进入“蝴蝶飞”元件编辑界面,导入“蝴蝶.png”图片,右击“图层_1”第 1 帧,创建补间动画,将鼠标指针指向第 30 帧,当鼠标指针出现双向箭头时,拖动鼠标到第 10 帧。在第 5、10 帧插入关键帧,并将第 5 帧等高变窄缩小,如图 6-35 所示。

(4) 单击舞台左上角向左箭头 ←,切换回场景 1。新建“蝴蝶”图层,选中第 1 帧,拖动“库”面板中的“蝴蝶飞”元件到舞台中间,使用“任意变形工具”将其变小、旋转。

(5) 右击“蝴蝶”图层,在弹出的快捷菜单中选择“添加传统运动引导层”,“蝴蝶”图层上方出现“引导层:蝴蝶”图层。

(6) 单击“引导层:蝴蝶”图层第 1 帧,选择“椭圆工具”,在“属性”面板中设置笔触大小为 1,笔触颜色任意,填充颜色为无,在舞台上画一个椭圆,使用“任意变形工具”调整椭圆,使与花环基本吻合,用“橡皮擦工具”在左下角任一位置擦除一部分,使椭圆有个小缺口,如图 6-36 所示。

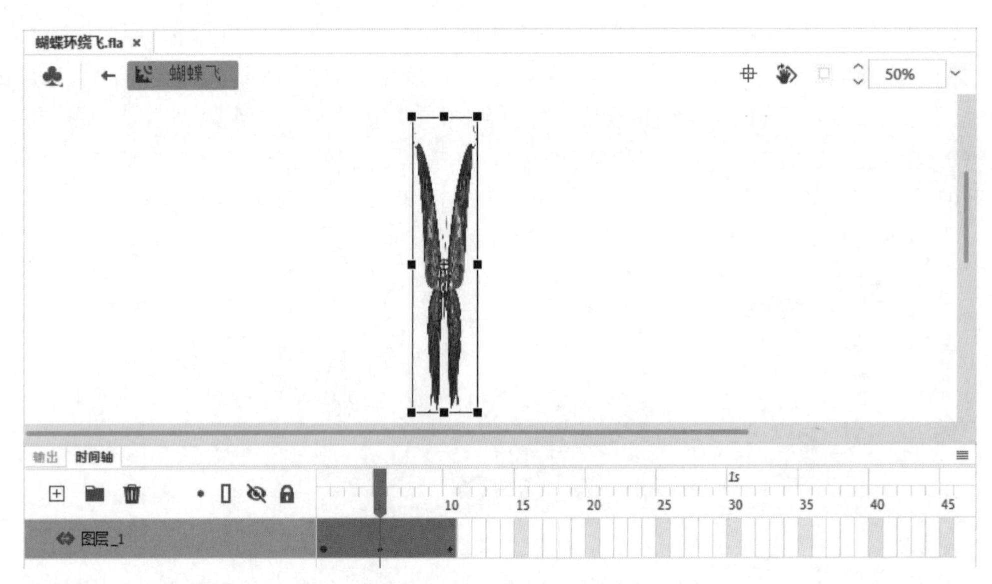

图 6-35 “蝴蝶飞”元件编辑界面

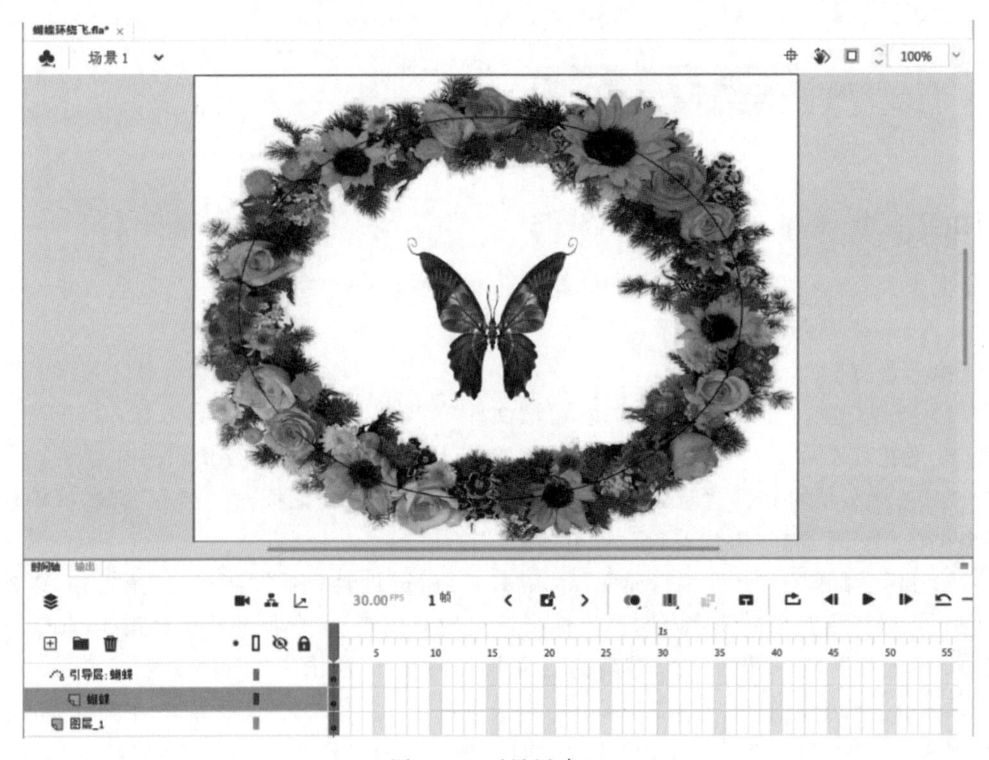

图 6-36 引导层建立

(7) 在“蝴蝶”图层第 50 帧插入关键帧，在其他图层第 50 帧插入帧。右击“蝴蝶”图层第 1～50 帧中任意帧，在弹出的快捷菜单中选择“创建传统补间”，设置传统补间属性，选中“调整到路径”复选框。

(8) 单击“蝴蝶”图层第 1 帧，移动蝴蝶到左下角上端缺口位置，使蝴蝶中心点与椭圆引导线缺口上端贴合。使用“任意变形工具”旋转蝴蝶，调整蝴蝶飞行方向，如图 6-37 所示。

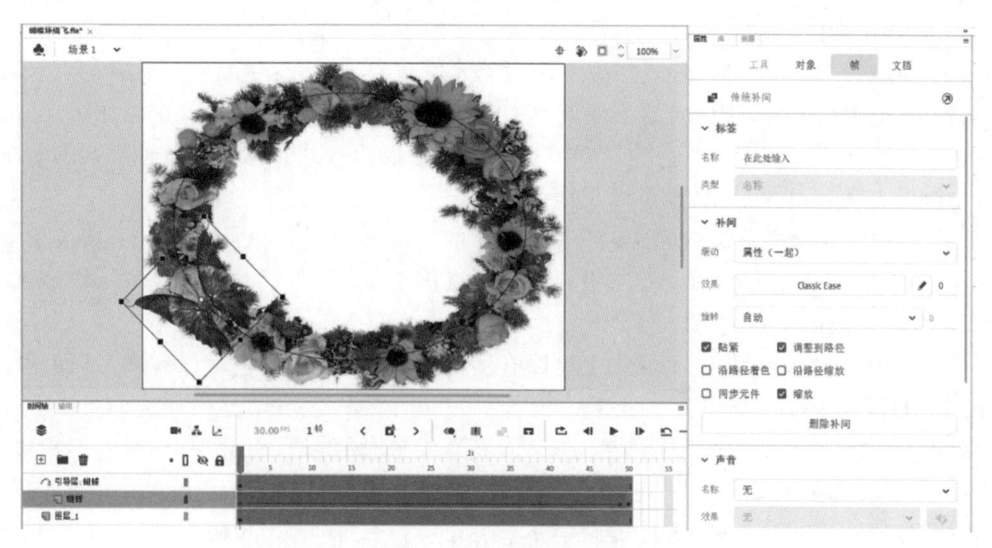

图 6-37　蝴蝶中心点和椭圆引导线上端贴合

(9) 单击“蝴蝶”图层第 50 帧，移动蝴蝶到左下角缺口下端位置，使蝴蝶中心点与椭圆缺口下端贴合，调整蝴蝶飞行方向。

(10) 测试影片，可以发现蝴蝶以顺时针方向沿着花环飞行，效果如图 6-38 所示。

思考：如果要蝴蝶以逆时针方向沿着花环飞行应该如何实现？

图 6-38　“蝴蝶环绕飞”动画效果

6.10.3　知识点

1. 引导动画的定义

引导动画是沿着一定的轨迹进行运动的一种动画，它由引导层和被引导层组成。引导动画实际上是在传统补间动画的基础上添加一个引导图层，该图层有一条可以引导运动路径的引导线，使被引导层中的对象依据此引导线进行运动。

引导层是用来指示元件运动路径(路径是用“钢笔工具”“铅笔工具”“椭圆工具”等工具绘制的引导线)的。被引导层中的对象是跟着引导层中的引导线走的，对象可以使用影片剪辑元件、图形元件、文字等，但不能是矢量图形。

2. 引导动画的创建

(1) 创建一个被引导层,导入被引导的运动元件对象,并制作传统补间动画。

(2) 右击被引导层,在弹出的快捷菜单中选择"添加传统运动引导层"来添加引导层。

(3) 在引导层上使用"钢笔工具""铅笔工具"等绘制引导线;或者在各种规则形状的轮廓线上擦除部分使其不封闭,也可以用作引导线。

(4) 在被引导层的首关键帧中,将运动元件的中心与引导线起始点重合;在被引导层的尾关键帧中,将运动元件的中心与引导线终止点重合。

3. 引导动画的复杂例子

在一个引导动画中,一个引导层中可以有多条路径,被引导层也可以有多个,即一个引导图层下方可以附带多个被引导图层。

例如,如图 6-39 所示的蝴蝶花丛飞(一个引导层)动画例子,引导层"引导层:蝴蝶"下方有两个被引导层"红蝴蝶"和"蓝蝴蝶"。第二个被引导层可以拖动到引导层下方,与第一个引导层同一级,引导线处理方法类同第一个引导层。

当然,该例子也可以使用两个引导动画来完成,如图 6-40 所示,引导层"引导层:红蝴蝶"下方有一个被引导层"红蝴蝶";引导层"引导层:蓝蝴蝶"下方有一个被引导层"蓝蝴蝶"。

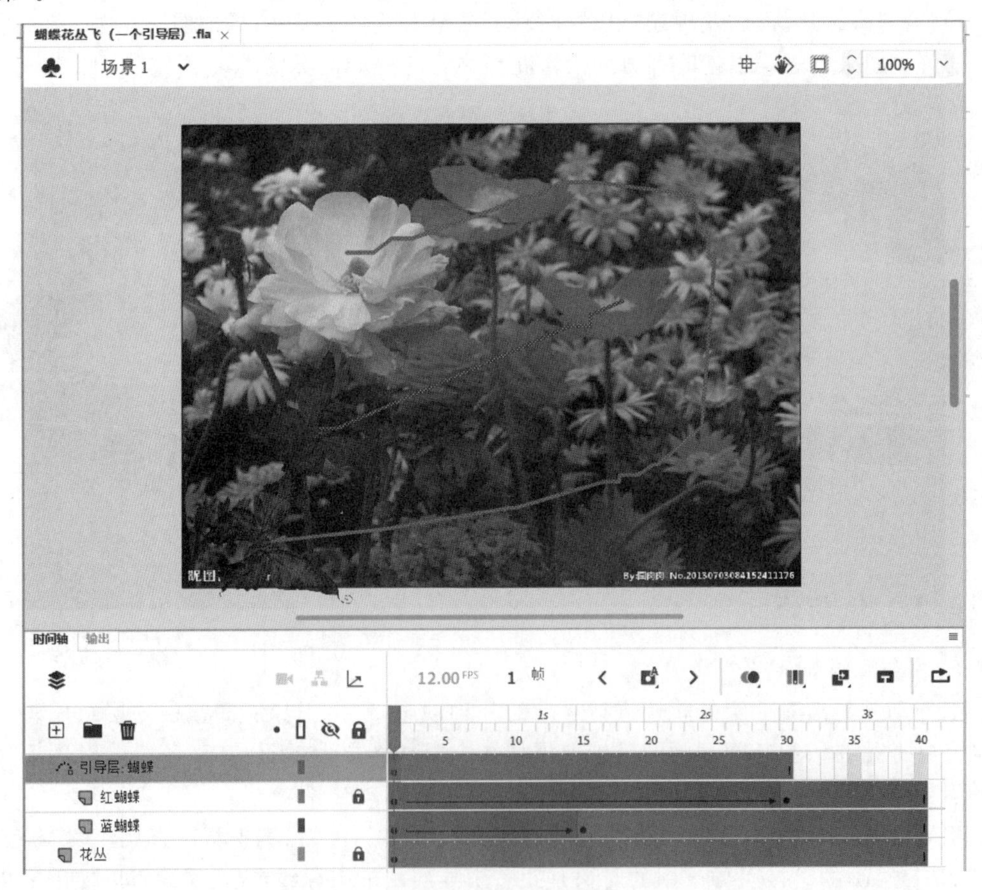

图 6-39 蝴蝶花丛飞(一个引导层)

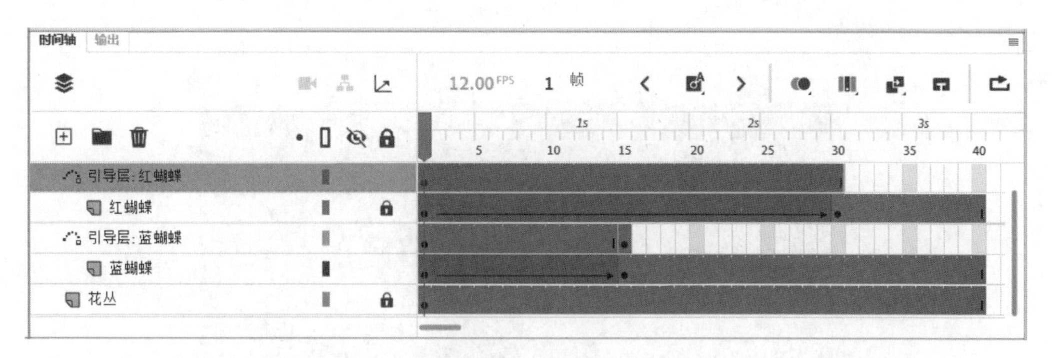

图 6-40　蝴蝶花丛飞（两个引导层）

6.11　遮罩动画

6.11.1　教学案例：望远镜

【要求】 利用已有图片“风景图.jpg”，创建一个“望远镜”动画效果，遮罩层为望远镜镜头，被遮罩层为风景图，效果如图 6-41 所示。

图 6-41　“望远镜”效果

【操作步骤】

（1）新建 An 文档“望远镜.fla”，将“图层_1”重命名为“风景图”，将鼠标指针定位到“时间轴”面板第 1 帧，选择菜单“文件”|“导入”|“导入到舞台”，选择图片文件“风景图.jpg”，将其导入到舞台上，利用文档设置中的匹配内容将舞台大小调整到与风景图相同。

（2）将鼠标指针定位到“时间轴”面板第 30 帧，按 F5 键插入普通帧。锁定“风景图”图层。

（3）在“时间轴”面板中单击“新建图层”按钮，将新图层命名为“望远镜镜头”，将鼠标指针定位到该图层第 1 帧，选择“椭圆工具”，设置笔触颜色为无，填充颜色任意，按住 Shift 键在舞台左边位置绘制一个正圆，如图 6-42 所示。

（4）将鼠标指针定位到“望远镜镜头”图层第 30 帧，按 F6 键插入关键帧。按键盘方向键→将正圆移动到右边，如图 6-43 所示。

图 6-42　正圆在左边

图 6-43　正圆移动到右边

(5) 右击“望远镜镜头”图层第 1～30 帧中任意帧，在弹出的快捷菜单中选择“创建传统补间”。思考：该图层如何用补间动画实现？

(6) 右击“望远镜镜头”图层，在弹出的快捷菜单中选择“遮罩层”，第 15 帧遮罩效果如图 6-44 所示。按 Ctrl+Enter 组合键测试影片的播放效果。

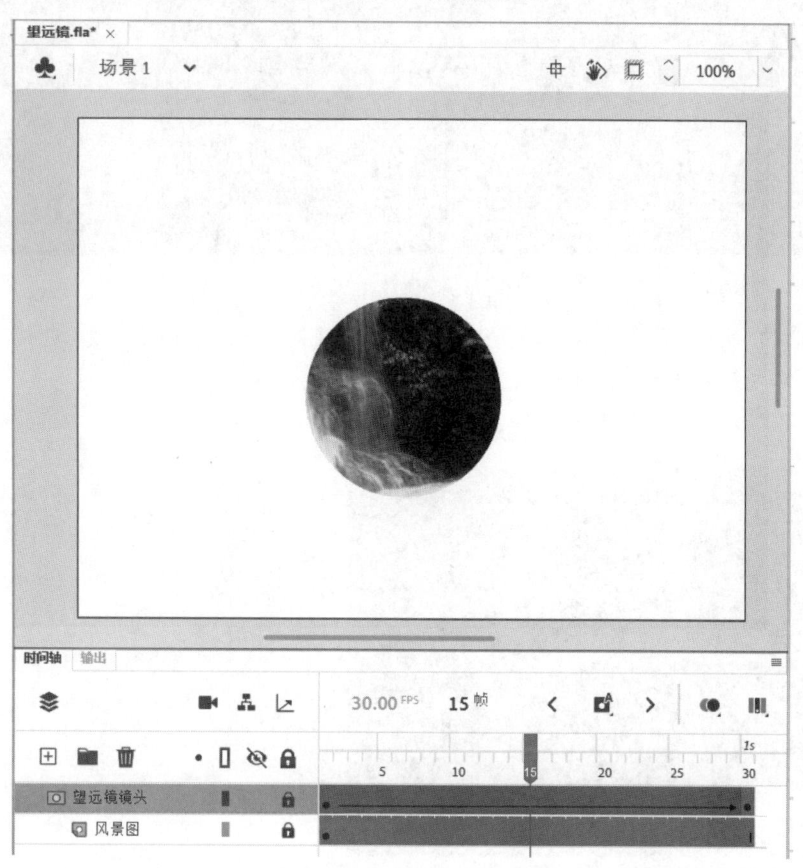

图 6-44　第 15 帧望远镜遮罩效果

6.11.2　教学案例：探照灯

【要求】 利用已有图片文件“探照对象.jpg”，创建一个“探照灯”动画效果，遮罩层为探照灯光，被遮罩层为探照对象，效果如图 6-45 所示，除了探照灯照到的地方为亮色显示外，其他区域为暗色显示。

【操作步骤】

(1) 新建 An 文档“探照灯.fla”，将“图层_1”重命名为“背景”，将鼠标指针定位到该图层第 1 帧，选择菜单“文件”|“导入”|“导入到舞台”，选择图片文件“探照对象.jpg”，将其导入到舞台上，设置舞台与图片相同大小。在第 50 帧插入普通帧。

(2) 右击“背景”图层，在弹出的快捷菜单中选择“复制图层”，新图层命名为“探照对象”，隐藏“探照对象”图层。

(3) 选择“背景”图层第 1 帧，右击舞台上图片，在弹出的快捷菜单中选择“转换为元件”，打开“转换为元件”对话框，设置名称为“背景”、类型为“图形”，单击“确定”按钮。在“背

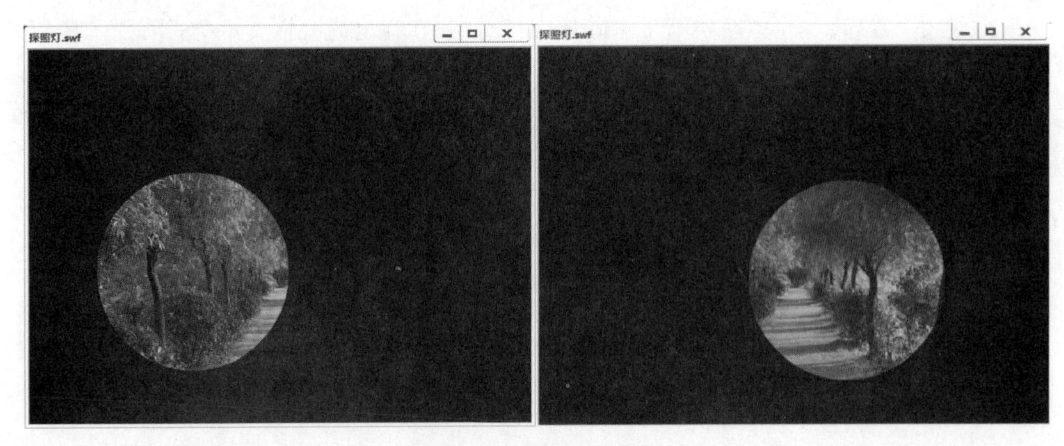

图 6-45 “探照灯”效果

景”元件实例的“属性”面板中设置色彩效果的亮度，将其亮度条往左边移动，调小亮度(大概−70%)，使图片只能朦胧看到一点，如图 6-46 所示。

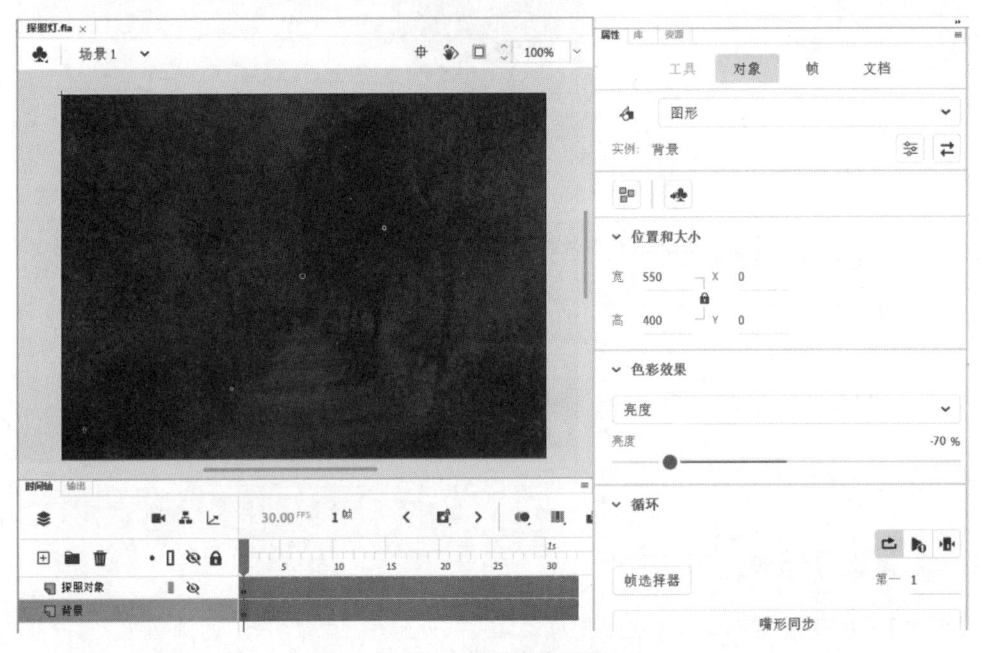

图 6-46 背景亮度设置

(4) 在最上层新建一个图层“探照灯光”，选择“椭圆工具”，设置笔触颜色为无，填充颜色任意，按住 Shift 键在该层第 1 帧舞台左边位置绘制一个正圆。

(5) 右击“探照灯光”图层时间轴第 1 帧，在弹出的快捷菜单中选择“创建补间动画”，将补间动画延长至 50 帧。

(6) 在“时间轴”面板中右击“探照灯光”图层第 50 帧，在弹出的快捷菜单中选择“插入关键帧”|“位置”插入属性关键帧。单击“探照灯光”图层第 50 帧，在舞台上拖动正圆到右侧，舞台上出现虚线位移路径，用“选择工具”拖动路径使其向下弯曲，如图 6-47 所示。

(7) 显示“探照对象”图层。右击“探照灯光”图层，在弹出的快捷菜单中选择“遮罩层”，第 25 帧遮罩效果如图 6-48 所示。按 Ctrl+Enter 组合键测试影片的播放效果，测试并保存文档。

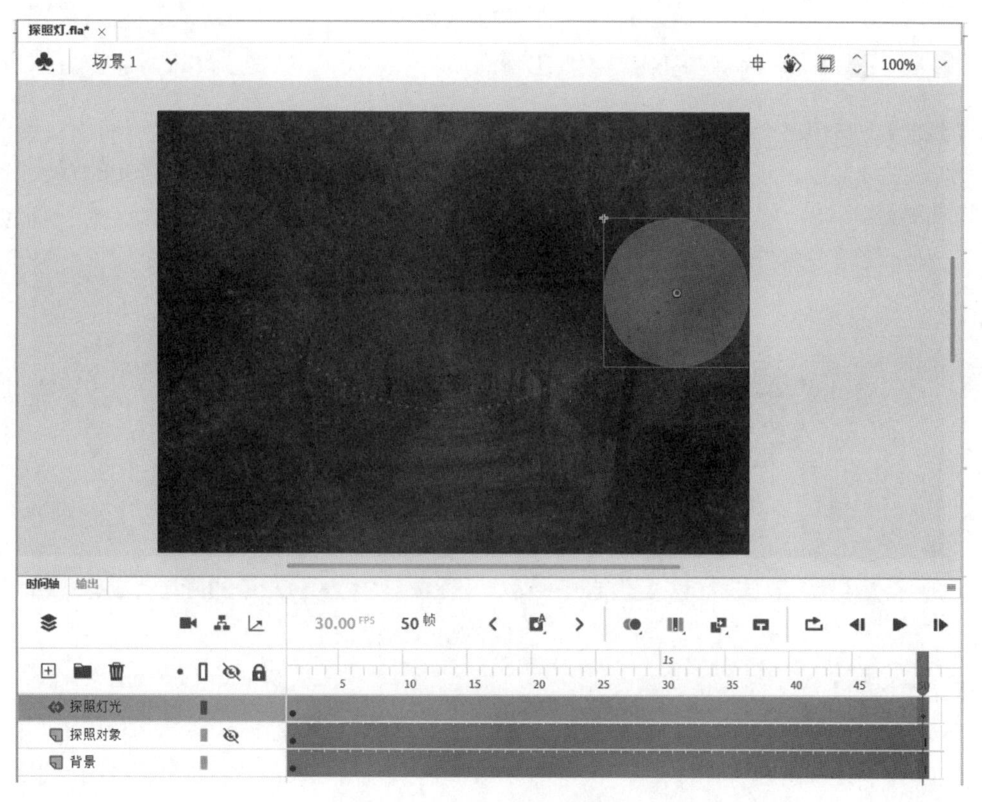

图 6-47　补间动画路径调整

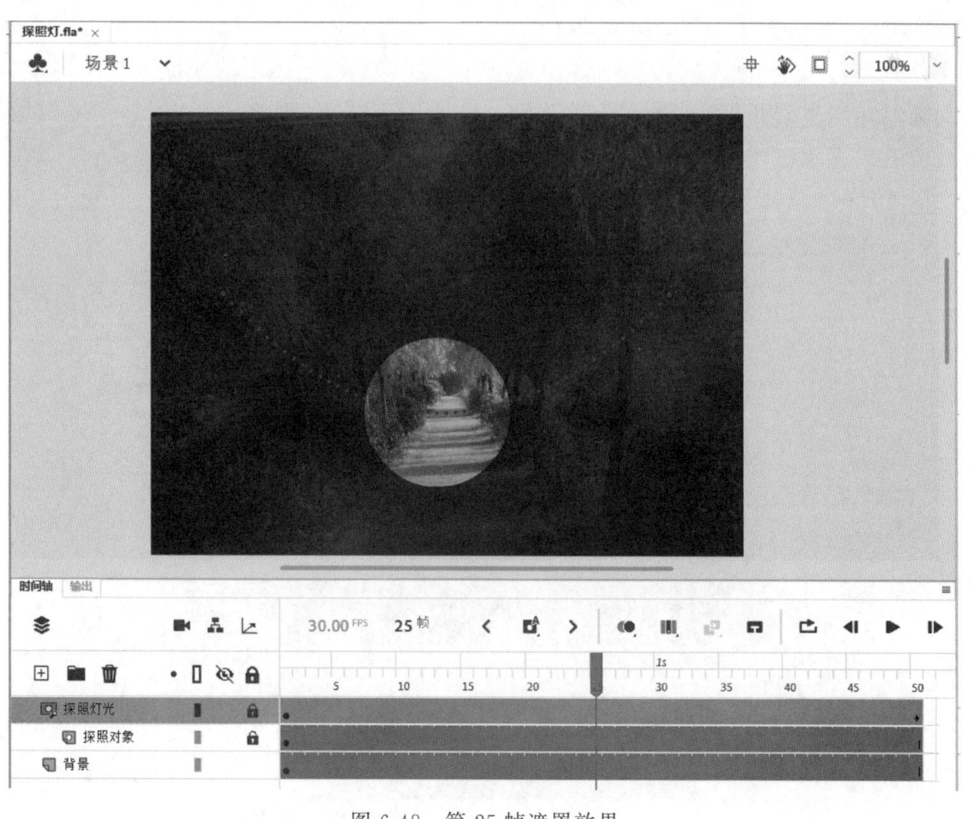

图 6-48　第 25 帧遮罩效果

6.11.3 教学案例：飞机穿越山峰

【要求】 利用已有图片"飞机.png"和"山峰.jpg"，制作"飞机穿越山峰"动画：飞机从左边水平飞到右边，当经过山峰耸立的石头时，飞机不全部显示出来，显示耸立的石头，效果如图6-49所示。

图6-49　飞机穿越山峰效果

【操作步骤】

(1) 新建标准大小An文档"飞机穿越山峰.fla"，导入"山峰.jpg"图片，选中该图片，在"属性"面板中设置图片宽度为640(保持图片纵横比)，位置x和y均设为0，将导入图片的图层名称改为"山峰"，在该层第30帧插入帧。

(2) 新建"飞机"图层，单击该层第1帧，导入"飞机.png"图片，适当缩小飞机图片，将其放置在舞台左边(还没进入舞台)。右击"飞机"图层第1帧，在弹出的快捷菜单中选择"创建补间动画"；单击"飞机"图层第30帧，移动飞机到舞台右边，刚好出舞台，如图6-50所示。此时预览效果显示已经完成飞机从左到右飞行效果。锁定已有的两个图层。

图6-50　飞机创建补间动画

(3) 在"时间轴"面板最上层,新建"遮罩层"图层,单击第1帧,选择"钢笔工具",从左下角开始沿逆时针方向,将飞机能显示的区域勾勒出来(石头边缘部分尽量精准,其他区域范围可以画广些),并用"颜料桶工具"填充任意颜色,如图6-51所示。

图6-51　画出飞机显示区域

(4) 右击"遮罩层"图层,在弹出的快捷菜单中选择"遮罩层"。预览效果,保存动画。

6.11.4　知识点

1. 遮罩动画的定义

"遮罩"顾名思义就是遮挡住下面的对象。在An中,遮罩动画是通过"遮罩层"来达到有选择地显示位于其下方的"被遮罩层"内容的目的。

在An的图层中有一个遮罩图层类型,为了得到特殊的显示效果,可以在遮罩层上创建一个任意形状的"视窗",被遮罩层可以通过该"视窗"显示出来,而"视窗"之外的对象将不会显示。对于那些处于遮罩层下方的对象而言,只有那些被遮盖的部分才能被看到,没有被遮罩的区域反而看不到。

遮罩层决定显示形状,被遮罩层决定显示内容,被遮罩层可以为多个图层。也就是说,在一个遮罩动画中,遮罩层只有一个,被遮罩层可以有任意个。

2. 遮罩动画的创建

(1) 创建一个被遮罩层,导入对象,制作各种类型的动画。

(2) 创建一个遮罩层,绘制遮罩形状,并填充颜色,也可以在该层制作动画。

(3) 右击遮罩层,在弹出的快捷菜单中选择"遮罩层"完成遮罩动画效果。

3. 遮罩动画的复杂例子

例如"多个被遮罩层"动画设计中,如图6-52所示,"五角星"图层完成五角星从小变大(中心点不变,可以结合Shift键拖动变大)显示动画,"城市"图层是一张只有城市建筑的无背景的图片，“爱心”图层是一张普通图片。对于第二个被遮罩层，可以直接将其拖动到第一个遮罩层下方，与之同一级。

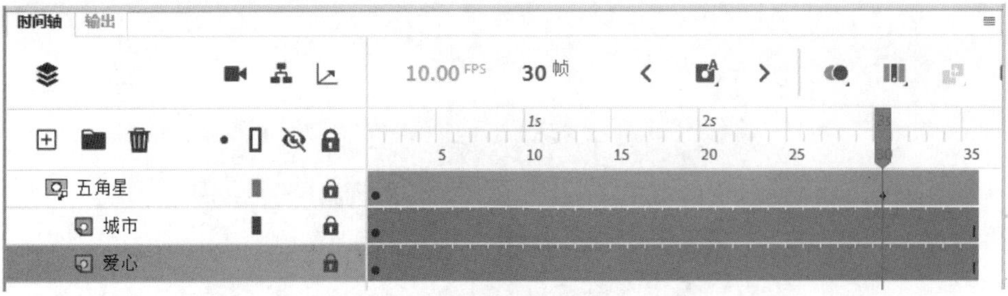

图 6-52 “多个被遮罩层”动画设计

“多个被遮罩层”动画例子中“五角星”图层是遮罩层，“城市”和“爱心”图层均为被遮罩层，效果如图 6-53 所示。

图 6-53 “多个被遮罩层”效果

6.12 混合案例

6.12.1 教学案例：蜜蜂与向日葵

【要求】 已有图片“蜜蜂.png”和“向日葵.jpg”，请使用 An 完成“蜜蜂向日葵”动画，效果如图 6-54 所示。具体要求如下。

图 6-54 蜜蜂与向日葵效果

(1) 蜜蜂翅膀会动。

(2) 蜜蜂从杆右边开始先逆时针绕着向日葵飞行,再沿着杆飞入向日葵中并停顿。

(3) 向日葵圆心区域从左到右滚动显示“采蜜啰”文字。

【操作分析】

(1) 蜜蜂翅膀会动,要制作蜜蜂飞元件。

(2) 蜜蜂按特定路线飞行使用引导动画完成。

(3) “采蜜啰”文字在一定区域滚动显示需使用遮罩动画完成。

【操作步骤】

(1) 打开 An 程序,创建一个任意宽高的文档,保存为“蜜蜂向日葵”。导入“向日葵.jpg”图片,将文档与图片大小匹配。修改“图层_1”为“向日葵”。

(2) 新建“蜜蜂飞”影片剪辑元件,在“蜜蜂飞”元件编辑状态下,导入“蜜蜂.png”图片,右击“图层_1”第 1 帧,在弹出的快捷菜单中选择“创建补间动画”,缩短到 10 帧实现,在第 5、10 帧时,按 F6 键,单击第 5 帧,用“任意变形工具”左右压缩“蜜蜂.png”图片。“蜜蜂飞”元件制作完成。

(3) 回到场景 1,新建“蜜蜂”图层,单击第 1 帧,拖动“库”面板中的“蜜蜂飞”元件到舞台右边,缩小蜜蜂。单击“蜜蜂”图层第 30 帧,按 F6 键。单击“向日葵”图层第 30 帧,按 F5 键。

(4) 右击“蜜蜂”图层第 1~30 帧中任意帧,在弹出的快捷菜单中选择“创建传统补间”。

(5) 右击“蜜蜂”图层,在弹出的快捷菜单中选择“添加传统运动引导层”,单击“引导层:蜜蜂”图层第 1 帧,用“钢笔工具”从杆右上位置开始以逆时针方向沿着向日葵画一个引导线,如图 6-55 所示。

图 6-55 引导线制作

(6) 单击“蜜蜂”图层第 1 帧,用“选择工具”拖动白云中心与引导线开始端重合,单击“蜜蜂”图层第 30 帧,用“选择工具”拖动蜜蜂中心与引导线末端重合,利用“任意变形工具”适当旋转蜜蜂使蜂蜜头部顺着引导线前进。单击“蜜蜂”图层第 1~30 帧中任意帧,在“传统补间”属性面板中选中“调整到路径”复选框。预览效果，蜜蜂会顺着引导线运动。

(7) 单击每一图层的第 45 帧，按 F5 键延长帧，使蜜蜂在向日葵中心停顿。

(8) 在图层最上方新建“文字”图层，单击第 1 帧，输入文字“采蜜啰”，大小设置为 88，放置在向日葵左边。右击“文字”图层第 1 帧创建补间动画，在第 45 帧时拖动文字到向日葵右方。

(9) 在图层最上方新建“文字遮罩”图层，单击第 1 帧，在向日葵中心画一个实心圆，如图 6-56 所示。右击“文字遮罩”图层，在弹出的快捷菜单中选择“遮罩层”即可完成制作，预览观察效果，保存动画文件。

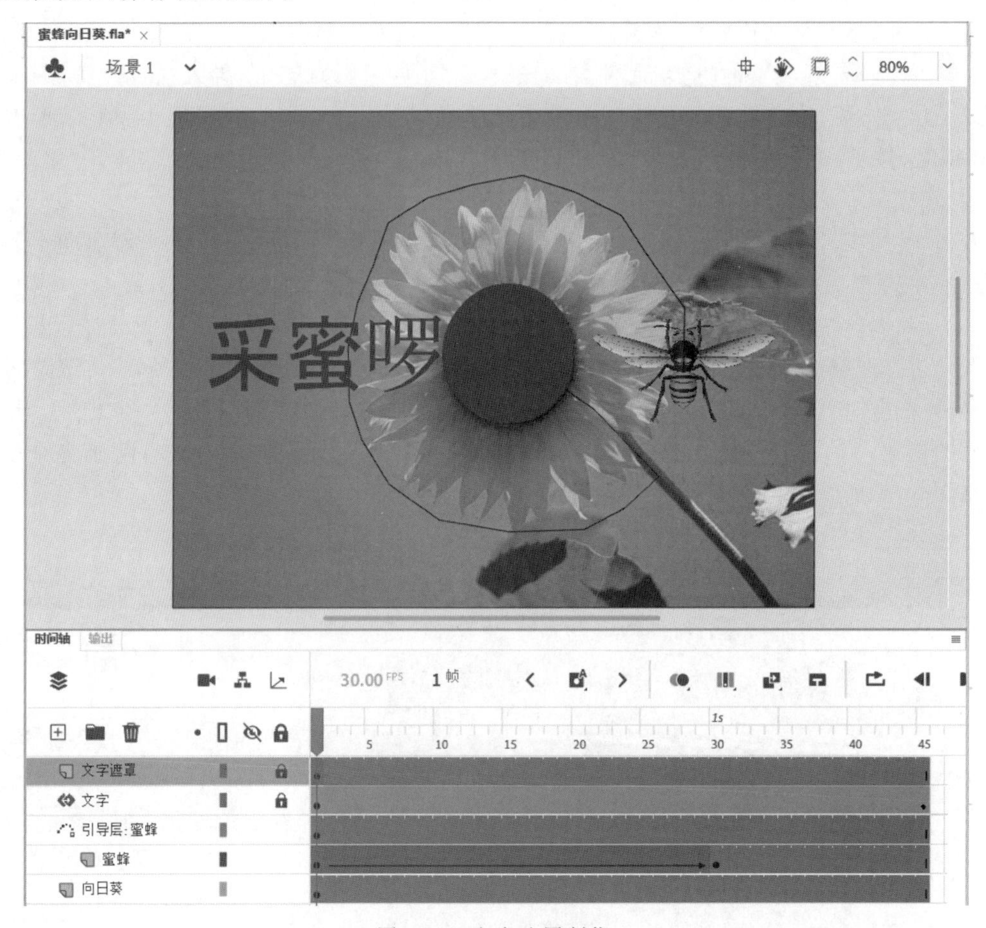

图 6-56 文字遮罩制作

6.12.2 教学案例：梅花变色白云飘

【要求】 已有“梅花白云.psd”文件，该文件中有“白云”和“梅花背景”两个图层。请使用 An 完成梅花从左向右逐渐由红色变成绿色和两朵白云从右向左飘动的动画。效果如图 6-57 所示。

【操作分析】

虽然在一个 An 时间轴中同一个对象不能完成同时使用引导动画和遮罩动画，也不能完成遮罩动画嵌套，但是我们将其先制作成元件，然后组合。

图 6-57　梅花变色白云飘效果

如在本案例中，白云既需要按照特定引导线完成引导动画，又不能显示在某些区域，就需要遮罩来完成，在一个“时间轴”面板中，如果先完成引导动画又马上作为被遮罩层，被遮罩是无法实现的。为了解决这个问题，本案例制作了“白云飘”元件来完成引导动画，然后放在舞台中当作被遮罩层就可以了。

具体实现分析如下。

(1) 制作“梅花变色”元件：先在梅花背景中使用遮罩动画完成中间圆选取，然后变色。

(2) 梅花从左向右实现渐变再使用遮罩动画完成：遮罩层从细长矩形开始，矩形宽度不变，长度慢慢变长，直至梅花全部显示。

(3) 白云从右向左飘动，因为路径没有规则，所以采用引导动画完成，该操作用“白云飘”元件完成。这样两朵白云实现就很容易了。

(4) 白云与梅花部分还有重叠关系，白云要在梅花后面实现飘动，所以再次使用遮罩动画实现。

【操作步骤】

(1) 打开 An 程序，创建一个任意宽高的文档，保存为“梅花变色白云飘”。选择菜单“文件”|“导入”|“导入到舞台”，打开“导入”对话框，导入“梅花白云.psd”，选择所有图层，并选中“将舞台大小设置为与 Photoshop 画布同样大小”复选框，如图 6-58 所示，单击“导入”按钮，删除“白云”和“图层_1”图层。

(2) 新建“梅花变色”图形元件，在该元件编辑状态，将“库”面板中“梅花白云.psd 资源”下的梅花背景拖入，单击舞台右上角“舞台居中”按钮⊕，修改“图层_1”为“梅花”。

(3) 在“梅花”图层上方，新建一个图层“梅花遮罩”，在此图层第 1 帧中，按住 Shift 键画一个没有笔触的正圆。

(4) 右击“梅花遮罩”图层，在弹出的快捷菜单中选择“属性”，打开“图层属性”对话框，“可见性”选择“不透明度 50%”，如图 6-59 所示，单击“确定”按钮。

(5) 选择“任意变形工具”，单击正圆，移动正圆，将下方控点先对准，再按住 Alt 键，调整其他控点，使该圆正好覆盖“梅花”图层中间的圆，如图 6-60 所示。

(6) 右击“梅花遮罩”图层，在弹出的快捷菜单中选择“遮罩层”，此后“梅花变色”元件舞台只显示中间梅花部分。

(7) 选中“梅花”图层，在“属性”面板中添加“调整颜色”滤镜，“色相”设置为 180，“亮度”设置为 100，“饱和度”设置为 3，如图 6-61 所示，此时梅花由原来的红色变成了绿色。

(8) 单击舞台左上角左箭头回到场景 1 舞台，新建一个“梅花变色”图层，该层第 1 帧将“库”面板中的“梅花变色”元件放入其中，移动并调整使梅花圆与背景部分重叠。

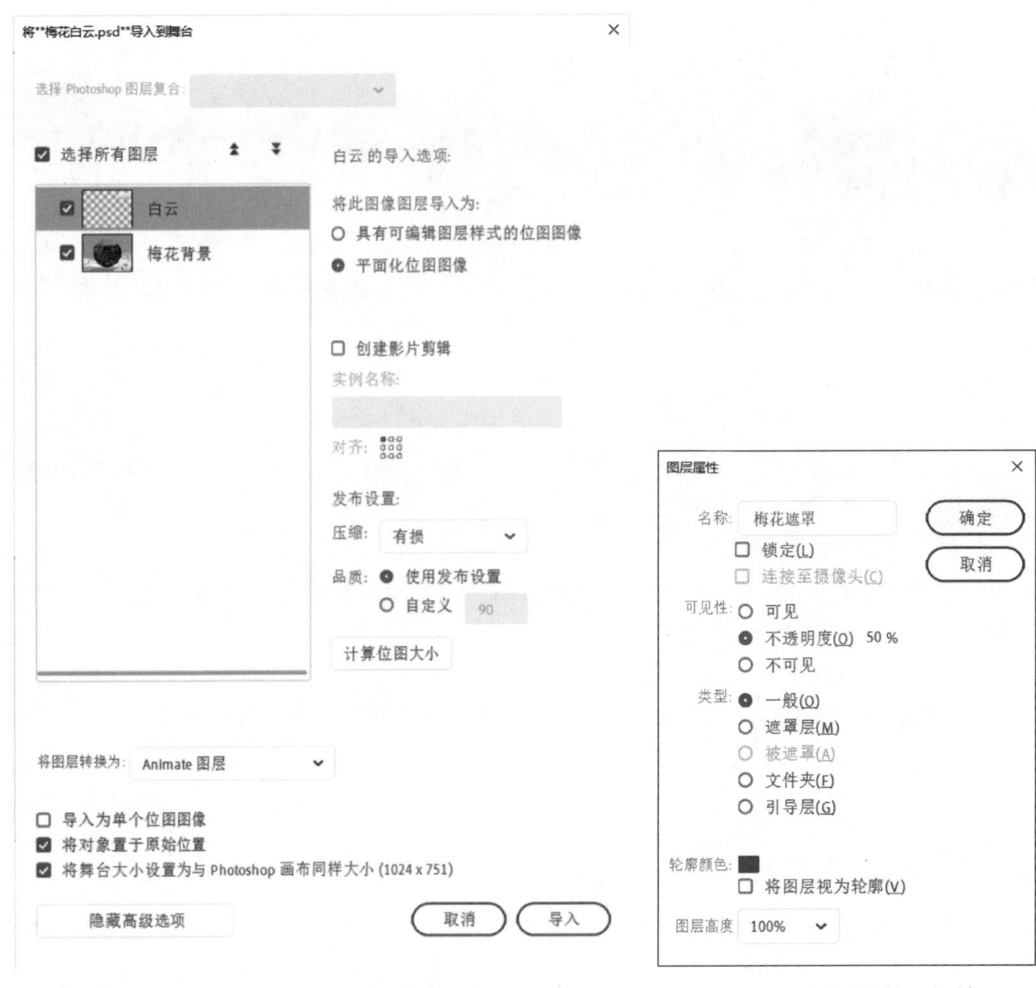

图 6-58　导入 PSD 图层　　　　图 6-59　“图层属性”对话框

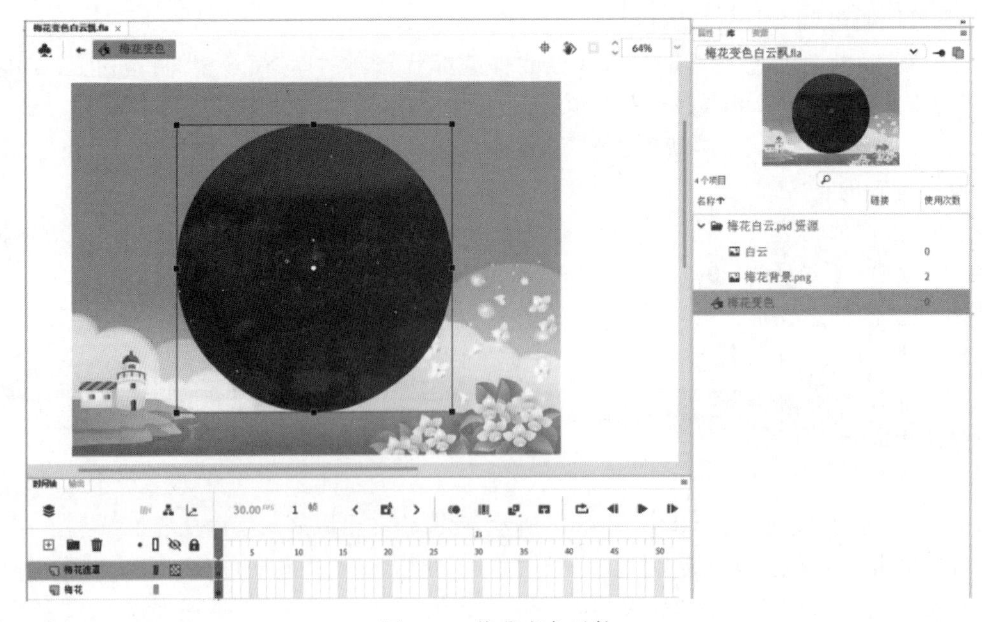

图 6-60　梅花变色元件

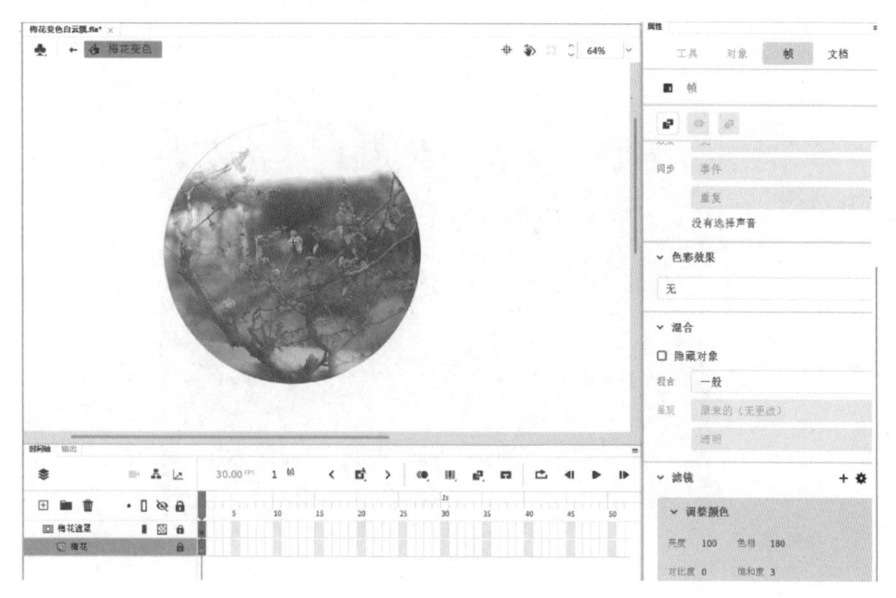

图 6-61　颜色调整

(9) 新建一个"渐变遮罩"图层，选中第 1 帧，在舞台最左边画一个矩形，矩形宽度要超过梅花圆部分，长度小一点。右击第 1 帧，在弹出的快捷菜单中选择"创建补间动画"，在第 30 帧时选择"任意变形工具"，按 Alt 键，拖动矩形右边控点，直至矩形长度与舞台相当。

(10) 分别设置"梅花变色"和"梅花背景"图层，使其第 1 帧延长到第 30 帧，此时第 1 帧效果如图 6-62 所示，第 30 帧效果如图 6-63 所示。

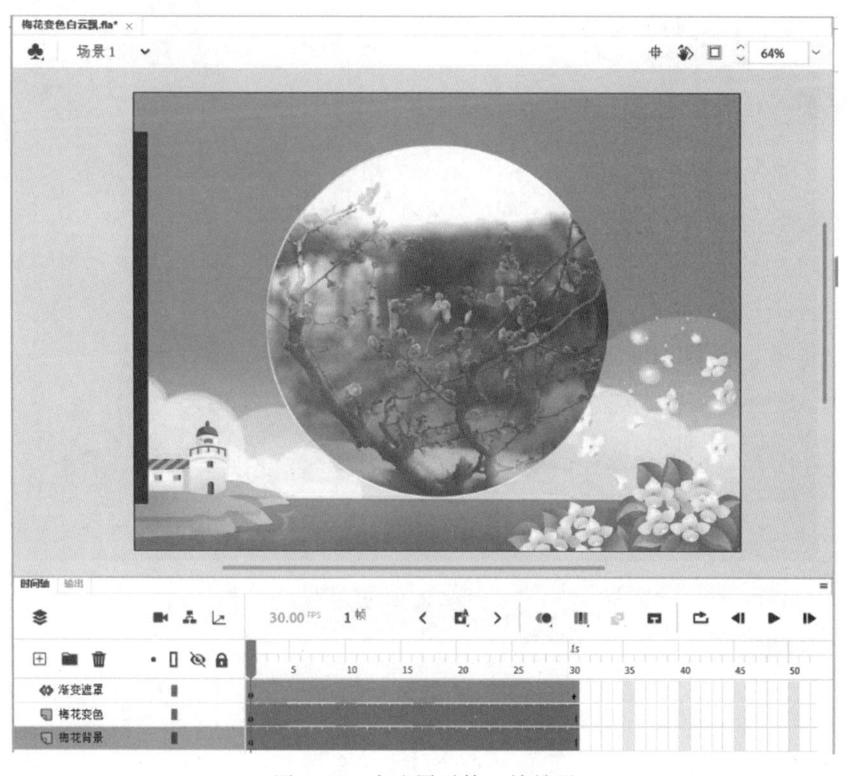

图 6-62　未遮罩时第 1 帧效果

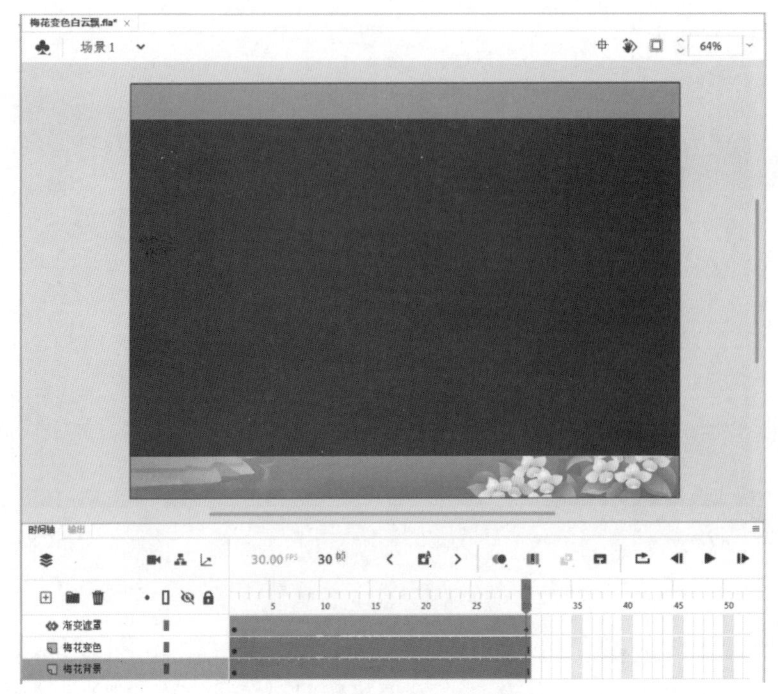

图 6-63　未遮罩时第 30 帧效果

(11) 右击“渐变遮罩”,在弹出的快捷菜单中选择“遮罩层”,预览效果可以观察到梅花渐渐变色的过程。此时第 15 帧效果如图 6-64 所示。

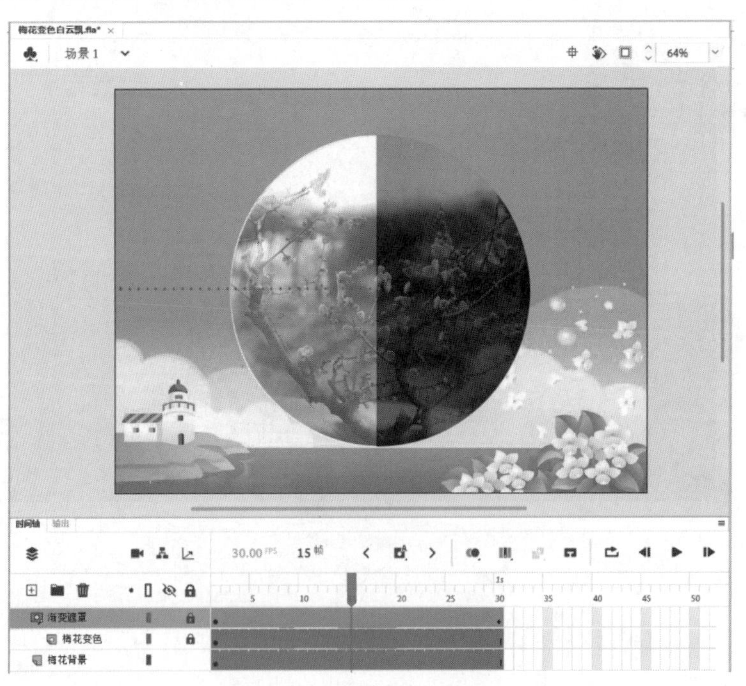

图 6-64　遮罩时第 15 帧效果

(12) 新建“白云飘”影片剪辑元件,将“库”面板中“梅花白云.psd 资源”下的“白云”拖入到舞台右边,图层改为“白云”,在第 60 帧按 F6 键复制关键帧,右击第 1~60 帧中任意帧,在弹出的快捷菜单中选择“创建传统补间”。

（13）右击“白云”图层，在弹出的快捷菜单中选择“添加传统运动引导层”，单击“引导层：白云”图层第1帧，用“铅笔工具”从右到左画一条类似正弦波曲线。

（14）单击“白云”图层第1帧，用“选择工具”拖动白云中心到与曲线右端重合，单击“白云”图层第60帧，用“选择工具”拖动白云中心与曲线左端重合。观察第30帧，效果如图6-65所示。白云会顺着曲线运动。

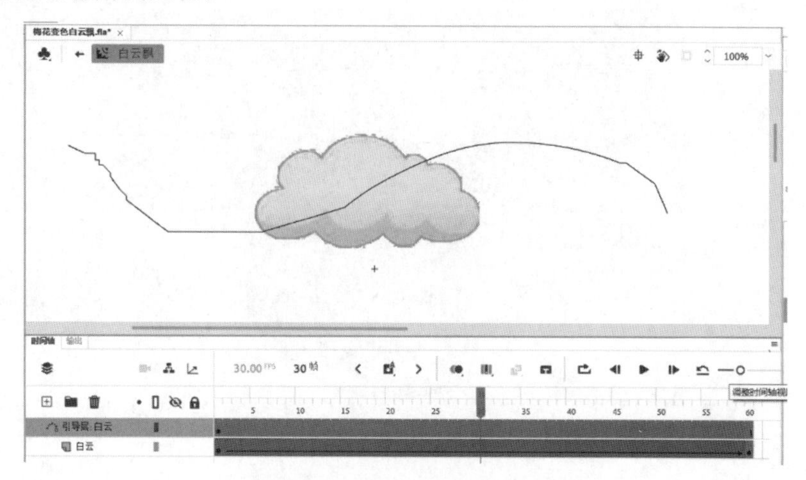

图 6-65　引导动画第30帧效果

（15）回到场景1，在“时间轴”面板最上方新建“白云”图层，在第1帧时，拖动“库”面板中“白云飘”元件到舞台右边。右击“白云”图层，在弹出的快捷菜单中选择“复制图层”，此时会增加“白云_复制”图层。移动并缩小“白云_复制”图层中云的大小，且使其部分遮住梅花圆，如图6-66所示，此时预览效果，发现白云会飘在梅花圆前方。

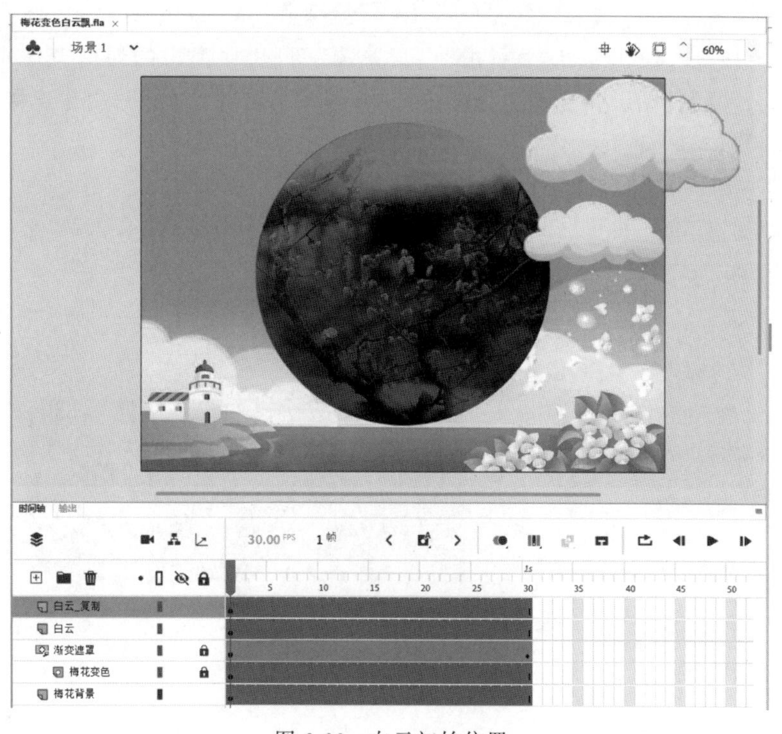

图 6-66　白云初始位置

(16) 在“时间轴”面板最上方,新建“白云遮罩”图层,隐藏“白云_复制”图层。选择“白云遮罩”图层第1帧时,用“钢笔工具”画出白云可以显示的区域轮廓,然后用“颜料桶工具”填充颜色,如图6-67所示。

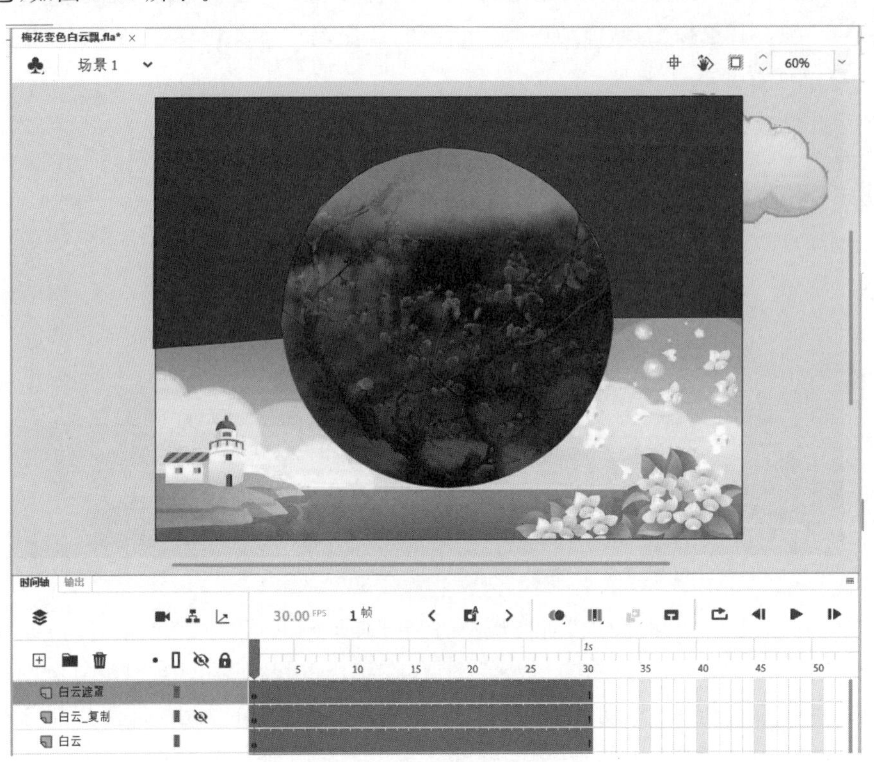

图6-67 遮罩区域制作

(17) 显示“白云_复制”图层。右击“白云遮罩”图层,在弹出的快捷菜单中选择“遮罩层”,此时“白云_复制”图层会自动成为被遮罩层,拖动“白云”图层到“白云遮罩”下面,使之也成为被遮罩层。

(18) 此时“时间轴”面板如图6-68所示,“白云遮罩”为遮罩层,“白云”与“白云_复制”图层为被遮罩层。“渐变遮罩”图层为遮罩层,“梅花变色”图层为被遮罩层。

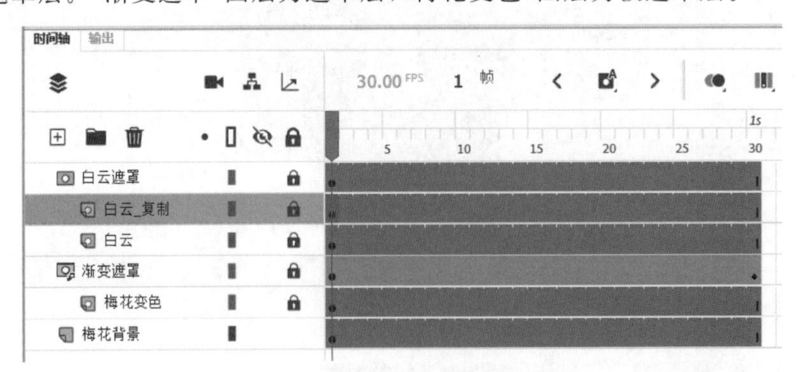

图6-68 设计完成的“时间轴”面板

(19) 按Ctrl+Enter组合键测试影片的播放效果,测试并保存动画文件。

习 题 6

一、判断题

1. 设置帧速率就是设置动画的播放速度，帧速率越大，播放速度越慢；帧速率越小，播放速度越快。(　　)

2. 按 F5 键可创建普通帧，按 F6 键可创建关键帧，按 F7 键可创建空白关键帧。(　　)

3. MP3 格式的声音文件不可以被导入 An 中。(　　)

4. 如果想让一个图形元件从可见到不可见，应将其 Alpha 值从 0 调节到 100。(　　)

5. 在画 An 引导线时，可以使用“铅笔工具”“钢笔工具”等。(　　)

6. 在 An 遮罩动画中，被遮罩物遮盖的部分看不到，没有被遮罩的区域可以看到。(　　)

二、选择题

1. 在 An 的“时间轴”面板上，选取连续的多帧或选取不连续的多帧时，分别需要按________键后，再使用鼠标进行选取。

　A. Shift、Alt　　B. Shift、Ctrl　　C. Ctrl、Shift　　D. Esc、Tab

2. 以下关于逐帧动画和补间动画的说法正确的是________。

　A. 两种动画模式 An 都必须记录完整的各帧信息
　B. 前者必须记录各帧的完整记录，而后者不用
　C. 前者不必记录各帧的完整记录，而后者必须记录完整的各帧记录
　D. 以上说法均不对

3. 在 An 中，如果要对字符设置形状补间，必须按________组合键将字符打散。

　A. Ctrl+J　　B. Ctrl+O　　C. Ctrl+B　　D. Ctrl+S

4. 在 An 中，帧速率表示________。

　A. 每秒显示的帧数　　B. 每帧显示的秒数
　C. 每分钟显示的帧数　　D. 动画的总时长

5. 下列关于工作区、舞台的说法不正确的是________。

　A. 舞台是编辑动画的地方
　B. 影片生成发布后，观众看到的内容只局限于舞台上的内容
　C. 工作区和舞台上内容在影片发布后均可见
　D. 工作区是指舞台周围的区域

6. 下列关于元件和库的叙述不正确的是________。

　A. An 中的元件有三种类型
　B. 元件从元件库拖到工作区就成了实例，实例可以进行复制、缩放等各种操作
　C. 对实例的操作，库中的元件会同步变更
　D. 对元件的修改，舞台上的实例会同步变更

7. An 源文件和影片文件的扩展名分别为________。

　A. .FLA、.FLV　　B. .FLA、.SWF
　C. .FLV、.SWF　　D. .DOC、.GIF

8. “时间轴”面板上用空心小圆点表示的帧是________。

A. 普通帧　　B. 关键帧　　C. 空白关键帧　　D. 过渡帧

9. 测试影片的组合键是________。

A. Ctrl+ Enter　　B. Ctrl+ Alt+Enter

C. Ctrl+Shift+Enter　　D. Alt+Shift+Enter

10. 在一个新建的An文档的舞台中输入文本TEAM后,将其打散成4个单独的字母,再对这4个字母执行一次“分散到图层”操作,则________。

A. 该文档将包含有4个图层　　B. 该文档只包含有1个图层

C. 该文档将包含有5个图层　　D. 该文档将包含有3个图层

11. 下列关于An引导层说法正确的是________。

A. 为了在绘画时帮助对齐对象,可以为其添加传统运动引导层

B. 所添加的传统运动引导层的层名前4个字符一定是“引导层:”,且不能更改

C. 一个引导层可以引导多个层

D. 传统运动引导层必须放置于最顶层

12. 在制作引导动画时,运动元件的________要与引导线两端分别重合。

A. 顶点　　B. 中心点　　C. 下端点　　D. 任意一点

13. 一个An动画有两个图层:“图层1”是一幅风景画,“图层2”是一个红色五角星;“图层1”为被遮罩层,“图层2”为遮罩层。则测试影片最终看到的动画效果是________。

A. 看到红色的五角星　　B. 看到里边是风景画的五角星

C. 看到整个风景画　　D. 看到部分风景画与红色五角星

14. 在新An文档中仅进行两个操作:在第1帧画一个正圆,第20帧按下F7键,则第10帧上显示的内容是________。

A. 不能确定　　B. 空白

C. 一个正圆　　D. 有图形,但不是正圆

15. 在引导层动画中,被引导层对象只可添加________类型。

A. 传统补间动画　　B. 补间动画　　C. 逐帧动画　　D. 形状补间动画

16. 在An中,插入帧的作用是________。

A. 等于插入了一张白纸

B. 延时

C. 完整的复制前一个关键帧的所有内容

D. 插入一个空白关键帧

17. 元件和与它对应的实例直接的关系是________。

A. 改变元件,则相应实例一定会改变

B. 改变元件,则相应实例不一定会改变

C. 改变实例,则相应元件一定会改变

D. 改变实例,则相应元件可能会改变

18. 在An中,如果想把一段较复杂的动画做成元件,这个元件是________元件。

A. 图形元件　　B. 按钮元件　　C. 影片剪辑元件　　D. 以上都是

第7章 音频编辑与处理

7.1 音频基础知识

自然界中存在各种各样的声音，声音是携带信息的重要媒体，也是多媒体的重要组成部分。声音是人们传递信息、交流感情时最方便、最熟悉的方式之一，在多媒体作品中加入数字化声音，能唤起人们在听觉上的共鸣，增强多媒体作品的趣味性和表现力。通常所说的数字化声音是数字化语音、声响和音乐的总称。

7.1.1 音频的基本概念

1. 认识声音

声音是由物体振动产生的，声音是一种机械纵波，波是能量的传递形式。声音有能量，所以能产生效果，但是它不同于光，光有质量、能量、动量，声音在物理上只有压力，没有质量。一切声音都是由物体振动而产生的，声源实际是一个振动源，它使周围的媒介如气体、液体、固体等产生振动，并以波的形式从声源向四周传播，人耳如果能感觉到这种传来的振动，再反映到大脑，就听到了声音。

正常人耳能够听见20Hz～20 000Hz的声音，而老年人的高频声音减少到10 000Hz或6000Hz左右。人们把频率高于20 000Hz的声音称为超声波，低于20Hz的称为次声波。

音频是一个专业术语，人类能够听到的所有声音都称为音频。声音被录制下来以后，无论是说话声、歌声、乐器都可以通过数字音乐软件处理，或是把它制作成CD，音频是存储在计算机中的声音。

音频信息用数字信号表示，实际上人耳听不到数字信号，只有模拟信号才能被人耳感知，但模拟信号在录制和处理过程中损失很大，计算机一般采用数字信号来表示声音。计算机在输出音频文件时，一般首先利用数模转换器(D/A转换器)把数字格式的音频文件通过一次D/A转换将其转换为模拟信号进行输出，从而产生人耳听到的各种声音。

数字音频(Audio)可分为波形声音、语音和音乐。

(1) 波形声音实际上已经包含了所有的声音形式，它可以将任何声音都进行采样量化，相应的文件格式是WAV或VOC。

(2) 语音也是一种波形，所以和波形声音的文件格式相同。

(3) 音乐是符号化了的声音，乐谱可转换为符号媒体形式。对应的文件格式是MID或CMF。

2. 声音三要素

声音的三要素是音调、音色和音强。就听觉特性而言，声音的三要素决定了声音的质量。

1）音调

音调代表声音的高低，也称音高。声音的高低由“频率”决定，频率越高音调越高，频率的单位是 Hz(赫兹)。人的耳朵所能感知的范围一般为 20Hz～20kHz。频率高的声音被称为高音，频率低的声音被称为低音。男高音女高音是指声音的音调。

2）音色

音色是指声音的感觉特性，具有特色的声音，表示声音的品质。两个声音的音调和音强相等的情况下，其声音有不同的感觉。音色是由声音中所包含的谐波成分所决定的，与声音的频谱、波形、声压等参数有关。声压是由声波使空气的大气压发生变化的幅度，单位是 Pa。声压变动的幅度越大，声音就越大。不同的发声体由于材料、结构不同，发出声音的音色也就不同，如二胡和笛子的音色就不同。

3）音强

音强即声音的强度、声音的大小，有时也被称为声音的响度，也就是常说的音量。音强是声音信号中主音调的强弱程度，是判别乐音的基础。衡量声音强弱有一个标准尺度，就是表示声音强弱的单位，通常使用 dB(Decibel，分贝)来表示。

7.1.2 音频数字化

当物体在空气中震动时发出的连续波称为声波。这种波传到人的耳朵，引起耳膜震动，就是人们听到的声音。声波在时间上和幅度(振幅)上都是连续变化的模拟信号，可用模拟正弦波形表示。模拟声音的录制是将代表声音波形的电信号转换到适当的媒体上，如磁带或唱片。播放时将记录在媒体上的信号还原为波形。模拟音频技术应用广泛，使用方便。但模拟的声音信号在多次重复转录后，会使模拟信号衰弱，造成失真。

音频数字化就是将模拟的(连续的)声音波形数字化(离散化)，通过采样和量化两个过程把模拟量表示的音频信号转换为由二进制数 1 和 0 组成的数字音频文件，如图 7-1 所示。

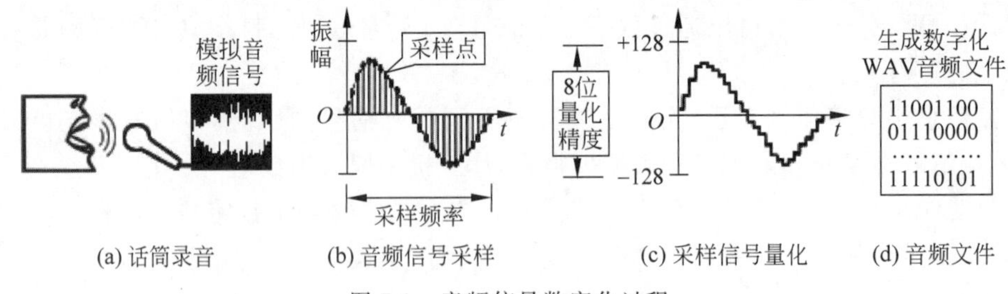

图 7-1 音频信号数字化过程

1. 采样

以适当的时间间隔观测模拟信号波形幅值的过程叫作采样。采样的目的是在时间轴上对信号数字化。

采样频率是将模拟声音波形转换为数字时，每秒所抽取声波幅度样本的次数；也就是每秒对声音波形进行采样的次数，单位是 Hz(赫兹)。

当前常用的采样频率一般为11.025kHz、22.05kHz、44.1kHz和48kHz等。11.025kHz的采样率获得的声音称为电话音质，基本上能分辨出通话人的声音；22.05kHz称为广播音质；44.1kHz称为CD音质。采样频率越高，声音失真越小，音频数据量也越大。

2. 量化

将采样时刻的信号幅值归整(四舍五入)到与其最接近的整数标度叫作量化。量化的目的是在幅度轴上对信号数字化。

量化数据位数(也称量化级)是能够用来表示每个采样点的数据范围，经常采用的有8位、16位、24位和32位。

例如，8位量化级表示每个采样点可以表示成256(0～255)个不同量化值，而16位量化级则是指每个采样点可表示成65 536个不同量化值。量化位数越高，表示区别声音的差别更细致，所以音质越好，数据量也越大。

3. 编码

量化后的整数即存储在计算机中的数字化声音并不是声音的真正幅值，而是幅值代码。用一个二进制数码序列来表示量化后的整数称为编码。

4. 声道数

声道数是声音通道的个数，指一次采样的声音波形个数。记录声音时，如果每次生成一个声道波形数据，称为单声道；每次生成两个声波数据，称为立体声(双声道)。四声道环绕(4.1声道)是为了适应三维音效技术而产生的，四声道环绕规定了4个发音点：前左、前右、后左、后右，并建议增加一个低音音箱，以加强对低频信号的回放处理。

5. 数字音频的存储量

可用以下公式估算声音数字化后每秒所需的存储量(未经压缩的)：

存储数据量(字节/秒)=(采样频率×量化位数×声道数)/8

例如，数字激光唱盘(CD-DA)的标准采样频率为44.1kHz，量化位数为16位，立体声。每秒CD-DA音乐所需的存储量为44 100×16×2÷8B=176 400B(约合172KB)。

7.1.3 音频文件格式

1. CD格式

CD是标准的激光唱片文件，文件扩展名为.cda。该格式的文件音质好，大多数音频播放软件都支持该格式。在播放软件的“打开文件类型”中，都可以看到“*.cda”格式，这就是CD音轨。标准CD格式是44.1kHz的采样频率，16位量化级，因此CD音轨近似无损，从而数据量很大。CD音轨通常被认为是具有最好音质的音频格式。

2. WAV格式

WAV格式是微软公司开发的一种声音文件格式，也称波形文件。文件扩展名为.wav，Windows平台的音频信息资源都是WAV格式，几乎所有的音频软件都支持WAV格式。WAV格式的声音文件质量和CD相差无几，但由于存储时不经过压缩，占用存储空间也很大，因此，不适合长时间记录高质量声音。WAV格式被称为“无损的音乐”，它直接记录了真实声音的二进制采样数据。

3. MP3格式

MP3是MPEG Layer 3的简称，是目前最热门的音乐文件。MP3是MPEG标准中的音频部分,也就是 MPEG 音频层。根据压缩质量和编码处理的不同分为 3 层,分别对应“*.mp1”“*.mp2”“*.mp3”。MPEG 音频文件的压缩是一种有损压缩,MP3 音频编码具有 10∶1～12∶1 的高压缩率,同时基本保持低音频部分不失真,但是牺牲了声音文件中 12～16kHz 高音频部分的质量来换取文件的尺寸,相同长度的音乐文件,用 MP3 格式来存储,一般只有 WAV 文件的 1/10,当然,音质要次于 CD 格式或 WAV 格式的声音文件。MP3 因为具有压缩比高、音质接近 CD、制作简单和便于交换等优点,非常适合在网上传播,是目前使用最多的音频格式文件。

4. MIDI 格式

MIDI 是 Musical Instrument Digital Interface(乐器数字接口)的缩写。它是由世界上主要电子乐器制造厂商建立起来的一个通信标准,并于 1988 年正式提交给 MIDI 制造商协会,已成为数字音乐的一个国际标准。MIDI 标准规定了电子乐器与计算机连接的电缆硬件以及电子乐器之间、乐器与计算机之间传送数据的通信协议等规范。MIDI 标准使不同厂家生产的电子合成乐器可以互相发送和接收音乐数据。

MIDI 记录的不是完整的声音波形,而是像记乐谱一样地记录下演奏的音乐特征,特别适合于记录电子乐器的演奏信息,通常称为电子音乐。其最大优点是文件非常小,缺点是由于不是真正的记录数字化声音,因此只能播放简单的电子音乐。MIDI 文件主要用于原始乐器作品、流行歌曲的业余表演、游戏音轨以及电子贺卡等。

同样半小时的立体声音乐,MID 文件只有 200KB 左右,而 WAV 文件则要差不多 300MB。MIDI 格式的主要限制是缺乏重现真实自然声音的能力。MIDI 只能记录标准所规定的有限种乐器的组合,而且回放质量受声卡上合成芯片的限制,难以产生真实的音乐演奏效果。

5. RM 格式

RM(Real Media)是 Real Networks 公司开发的网络流媒体文件格式,是目前在 Internet 上相当流行的跨平台的客户/服务器(C/S)结构多媒体应用标准,它采用音视频流和同步回放技术来实现在 Intranet 上全带宽地提供最优质的多媒体,同时也能够在 Internet 上以 28.8kb/s 的传输速率提供立体声和连续视频。

RM 格式文件小但质量损失不大,适合在互联网上传输。该文件格式是 Real 文件的主要格式,可以随网络带宽的不同而改变声音的质量,在保证大多数人听到流畅声音的前提下,令带宽较充裕的听众获得较好的音质。

6. APE 格式

APE 是目前流行的数字音乐文件格式之一。与 MP3 不同,APE 是一种无损压缩音频技术,庞大的 WAV 音频文件可以通过 Monkey's Audio 这个软件压缩为 APE。音频数据文件压缩成 APE 格式后,可以再还原,而还原后的音频文件与压缩前相比没有任何损失。APE 的文件大小大概为 CD 的一半,可以节约大量的资源。随着宽带的普及,APE 也成为最有前途的网络无损格式,因此,APE 格式受到了许多音乐爱好者的青睐。

7. VQF 格式

VQF 的音频压缩率比标准的 MPEG 音频压缩率高出近一倍,可以达到 18∶1 左右甚至更高。一首 4min 的 WAV 文件的歌曲压缩成 MP3,大约需要 4MB 的硬盘空间,使用 VQF 音频压缩技术,只需要 2MB 左右的硬盘空间。相同情况下压缩后 VQF 的文件体积比

MP3 小 30%～50%，更便利于网上传播，同时音质较好，接近 CD 音质。它是 YAMAHA 公司的专用音频格式。采用减少数据流量但保持音质的方法来达到更高的压缩比，该文件格式并不常见。

8. WMA 格式

WMA (Windows Media Audio)和日本 YAMAHA 公司开发的 VQF 格式一样，是以减少数据流量但保持音质的方法来达到比 MP3 压缩率更高的目的，WMA 的压缩率一般都可以达到 18∶1 左右。WMA 的另一个优点是内容提供商可以通过 DRM(Digital Rights Management)方案，如 Windows Media Rights Manager 7，加入防复制保护。这种格式内置了版权保护技术，可以限制播放时间和播放次数，甚至播放的机器等。另外，WMA 还支持音频流(Stream)技术，适合在互联网上在线播放。

9. OGGVorbis 格式

OGGVorbis 是一种新的音频压缩格式，类似于 MP3 等现有的音乐格式。但有一点不同的是，它是完全免费、开放和没有专利限制的。OGGVorbis 文件的扩展名是. OGG。OGGVorbis 采用有损压缩，但通过使用更加先进的声学模型减少了损失，因此，相同码率编码的 OGGVorbis 比 MP3 音质更好一些，文件也更小一些。目前，OGGVorbis 虽然还不普及，但在音乐软件、游戏音效、便携播放器、网络浏览器上已得到广泛支持。

10. AMR 格式

自适应多速率宽带编码(Adaptive Multi-Rate，AMR)采样频率为 16kHz，是一种同时被国际标准化组织 ITU-T 和 3GPP 采用的宽带语音编码标准，也称为 G722.2 标准。AMR 提供语音带宽范围达到 50～7000Hz，用户可主观感受到话音比以前更加自然、舒适和易于分辨。AMR 格式主要用于移动设备的音频，压缩比率较大，但相对于其他的压缩格式来说质量较差。

11. FLAC 格式

FLAC(Free Lossless Audio Codec)是一种自由音频压缩编码技术，同时也是一种无损压缩技术。不同于其他有损压缩编码如 MP3，它不会破坏任何原有的音频资讯，所以可以还原音乐光盘音质，现在它已被很多软件及硬件音频产品所支持。

7.1.4 常用声音编辑软件

1. 声音数字化转换软件

声音数字化转换软件的主要功能是把声音转换为数字化音频文件。

代表性的声音数字化转换软件有：

(1) Easy CD-DA Extractor——把光盘音轨转换为 WAV 格式的数字画音频文件。

(2) Exact Audio Copy——把多种格式的光盘音轨转换为 WAV 格式的数字化音频文件。

(3) Real Jukebox——在互联网上录制、编辑、播放数字音频信号。

2. 声音编辑处理软件

声音编辑处理软件可对数字化声音进行剪辑、编辑、合成和处理，还可以对声音进行声道模式变换、频率范围调整、生成各种特殊效果、采样频率变换、文件格式转换等。

典型的声音编辑处理软件有：

(1) Adobe Audition(前身是 Cool Edit Pro)——带有数字录音、编辑功能强大、系统庞大的声音处理软件。

(2) Gold wave——带有数字录音、编辑、合成等功能的声音处理软件。

(3) Acid WAV——声音编辑与合成器。

3. 声音压缩软件

声音压缩软件的主要功能是通过某种压缩算法,把普通的数字化声音进行压缩,在音质变化不大的前提下,大幅度减少数据量,以利于网络传输和保存。

常见的声音压缩软件有:

(1) L3Enc——将 WAV 格式的普通音频文件转换为 MP3 格式的文件。

(2) Xingmp3 Encoder——把 WAV 格式的音频文件转换为 MP3 格式的文件。

(3) WinDAC32——把光盘音轨直接转换并压缩为 MP3 格式的文件。

7.2 教学案例:变声和消除人声

【要求】 将朗诵诗歌“做最好的自己.mp3”进行变声处理,将女声变为童声;将“红旗飘飘.mp3”歌曲消除人声,变成卡拉 ok 伴奏。

【操作步骤】

(1) 打开 Adobe Audition 软件,选择菜单“文件”|“新建”|“多轨会话”,打开“新建多轨会话”对话框,将“会话名称”改为“变声与消除人声”,设置合适的文件夹位置,如图 7-2 所示,单击“确定”按钮。

(2) 选择菜单“文件”|“导入”|“文件”,打开“导入文件”对话框,将“做最好的自己.mp3”和“红旗飘飘.mp3”导入项目中。此时两文件都显示在“文件”面板中。

(3) 拖动“文件”面板中的“做最好的自己.mp3”到轨道 1 最开始位置,选择菜单“效果”|“时间与变调”|“音高换挡器”,在“效果组”面板中显示“音高换挡器”,同时打开“组合效果-音高换挡器”对话框,“预设”选择“愤怒的沙鼠”,如图 7-3 所示,单击“播放”按钮,或者按空格键播放诗歌朗诵。微调“组合效果-音高换挡器”对话框中的半音阶到 5 左右,可以边听边调整。

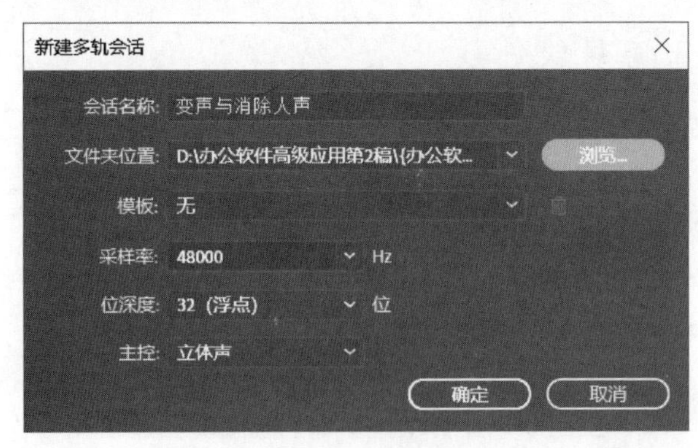

图 7-2 新建会话项目

(4) 关闭“组合效果-音高换挡器”对话框,选择菜单“文件”|“导出”|“多轨混音”|“整个会话”,打开“导出多轨混音”对话框,将“文件名”改为“变声”,“格式”设为“MP3 音频”,如图 7-4 所示,单击“确定”按钮。

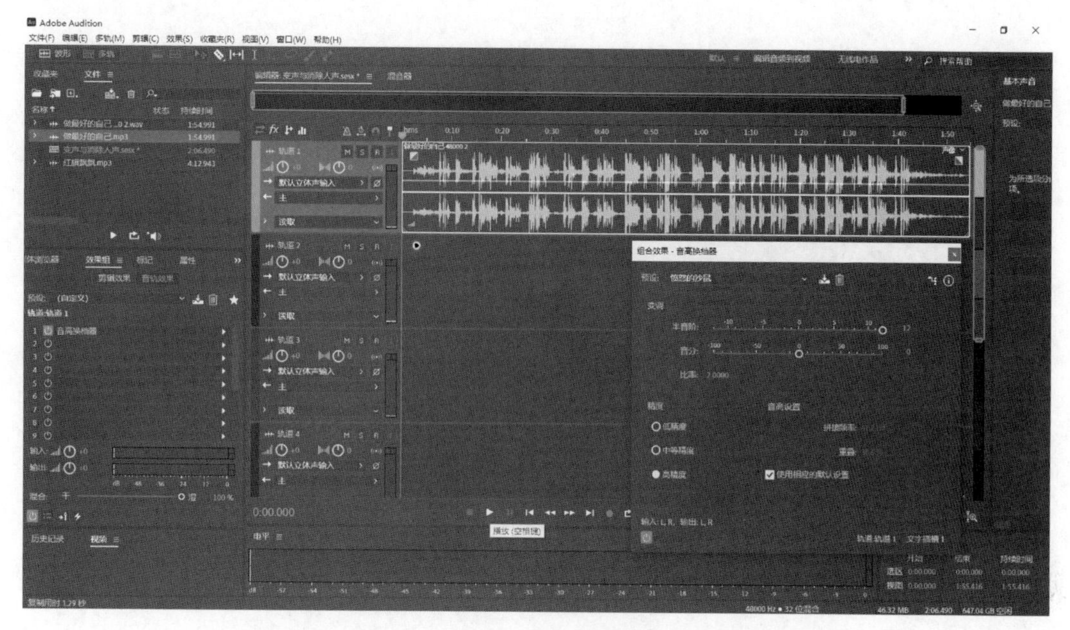

图 7-3 音高换挡器

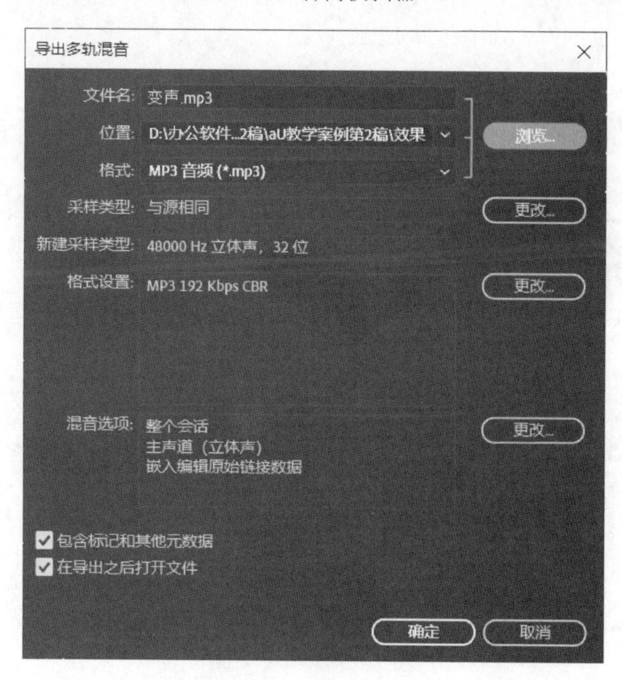

图 7-4 导出 MP3

(5) 选中轨道 1 的诗歌朗诵,按 Delete 键删除。将"红旗飘飘. mp3"拖入轨道 1 中最开始位置。单击效果组面板中第一个效果右边的下拉列表框,在弹出的下拉菜单中选择"立体声声像"|"中置声道提取器"。当然也可以先删除原来的第一个效果,然后选择菜单"效果"|"立体声声像"|"中置声道提取器",将第一个效果变为"中置声道提取"。

(6) 打开"组合效果-中置声道提取"对话框,"预设"选择"人声移除",如图 7-5 所示。

(7) 播放歌曲,单击"组合效果-中置声道提取"对话框中"鉴别"选项卡,边播放边微调

图 7-5　组合效果-中置声道提取

“交叉渗透”和“相位鉴别”等,如图 7-6 所示。

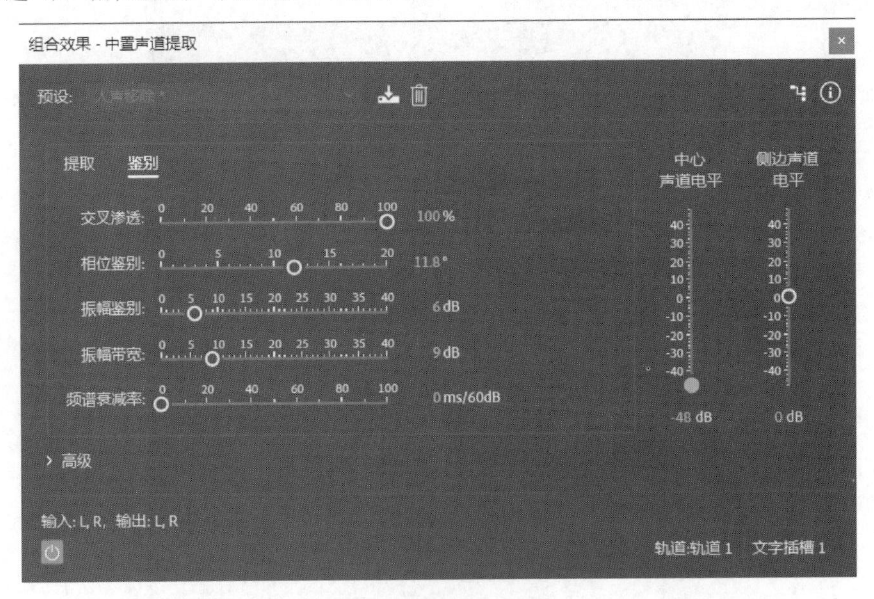

图 7-6　鉴别等设置

（8）“组合效果-中置声道提取”对话框中,通俗地说“中心声道电平”就是人声轨道,“侧边声道电平”则是伴奏轨道,都可以根据需要微调。微调完毕,停止播放音乐。

（9）关闭“组合效果-中置声道提取”对话框,选择菜单“文件”|“导出”|“多轨混音”|“整个会话”,打开“导出多轨混音”对话框,将文件名改为“红旗飘飘卡拉 ok 伴奏”,格式设为“MP3 音频”,单击“确定”按钮。

说明：上述案例的人声消除方法,这里称为方法一。方法二可以不建立多轨会话,直接双击声音文件进行编辑,利用菜单“效果”|“立体声声像”|“中置声道提取器”,在打开的对话

框中选择“人声移除”,然后单击“应用”按钮。

比较一下两方法,方法一占用比较多的硬件,但是预览时效果比较好;方法二直接在“效果”菜单中添加效果时,硬件占用小,但是预览时音频波形有损伤。所以建议用方法一调好参数进行预览,找到最佳参数,预览没问题之后,用方法二添加效果,并修改参数,然后应用。

7.3 Audition 相关知识

Adobe 公司推出 Adobe Audition(简称 Audition)软件,这是一个完整的、应用于运行 Windows 系统的个人计算机上的多音轨唱片工作室。Audition 是一款功能强大、效果出色的多轨录音和音频处理软件,是一个非常出色的数字音乐编辑器和 MP3 制作软件。不少人把它形容为音频“绘画”程序。

Adobe Audition 提供了高级混音、编辑、控制和特效处理能力,是一个专业级的音频工具,允许用户编辑个性化的音频文件、创建循环,引进了 45 个以上的 DSP 特效以及高达 128 个音轨;拥有集成的多音轨和编辑视图、实时特效、环绕支持、分析工具、恢复特性和视频支持等功能,为音乐、视频、音频和声音设计专业人员提供全面集成的音频编辑和混音解决方案。它包括了灵活的循环工具和数千个高质量、免除专利使用费(royalty-free)的音乐循环,有助于音乐跟踪和音乐创作;提供了直觉的、客户化的界面,允许用户删减和调整窗口的大小,创建一个高效率的音频工作范围。一个窗口管理器能够利用跳跃跟踪打开的文件、特效和各种爱好,批处理工具可以高效率处理诸如对多个文件的所有声音进行匹配、把它们转换为标准文件格式之类的日常工作。

Adobe Audition 为视频项目提供了高品质的音频,允许用户对能够观看影片重放的 AVI 声音音轨进行编辑、混合和增加特效;广泛支持工业标准音频文件格式,包括 WAV、AIFF、MP3、MP3PRO 和 WMA;还能够利用达 32 位的位深度来处理文件,采样频率超过 192kHz,从而能够以最高品质的声音输出磁带、CD、DVD 或 DVD 音频。

习 题 7

一、判断题

1. 正常人耳能听见的声音频率是 20～20 000kHz。(　　)

2. 按照在时间上和幅度上是否连续,音频可以分为模拟音频和数字音频两种。(　　)

3. 波形声音实际上已经包含了所有的声音形式,它相应的文件格式是 WAV 或者 MID。(　　)

二、选择题

1. 下列不属于声音三要素的是________。

A. 音调　　B. 音色　　C. 音频　　D. 音强

2. 下列不属于音频文件格式的是________。

A. MP3　　B. WAV　　C. MP4　　D. MIDI

3. 记录声音时,每次生成两个声波数据,称为________。

A. 共振　　B. 单声道　　C. 立体声　　D. 共鸣

4. 一般来说，要求声音的质量越高，则________

A. 量化级数越低和采样频率越低

B. 量化级数越低和采样频率越高

C. 量化级数越高和采样频率越低

D. 量化级数越高和采样频率越高

5. 下列文件格式中，不属于音频格式的是________。

A. MP3　　B. WAV　　C. JPG　　D. CDA

6. 下列不属于音频相关的计算机硬件的是________。

A. 显卡　　B. 麦克风　　C. 声卡　　D. 音响

7. 在 Adobe Audition 中，调节波形的幅度将会影响声音的________。

A. 频率　　B. 音量　　C. 声道　　D. 噪声

8. 在 Adobe Audition 中，声音的变调是通过调节声音的________实现的。

A. 频率　　B. 音量　　C. 声道　　D. 幅度

9. 30s 声音，四声道，8 位量化位数，采样频率为 11.025kHz，数据量（未经压缩）为________。

A. 10.09MB　　B. 0.66MB　　C. 2.6MB　　D. 1.26MB

10. 为迎接歌咏比赛，音乐教师将班内的学生分为“高音声部”和“低音声部”。这里“高”和“低”是指声音的________。

A. 音调　　B. 音色　　C. 音强　　D. 振幅

第8章 视频编辑与特效合成

8.1 视频基础知识

动画一般是由绘制的画面组成的，视频一般是由摄像机摄制的画面组成的。视频来源于数字摄像机、数字化的模拟摄像资料、视频素材库等。

8.1.1 视频概述

1. 视频的定义

视频(Video)是一组连续画面信息的集合，连续的图像变化每秒超过24帧(Frame)画面以上时，根据视觉暂留原理，人眼无法辨别单幅的静态画面，看上去是平滑连续的视觉效果，这样连续的画面叫作视频。

视频是由一系列静态图像按一定顺序排列组成的，每一幅称为一帧。当这些图像以一定速率连续地投射到屏幕上时，由于人眼视觉滞留效应，便产生了运动的效果。当速率达到12帧/秒(12f/s)以上时，就可以产生连续视频效果，典型的帧速率为24～30f/s，这样的视频图像看起来既是连续的又是平滑的。

2. 视频的分类

按照信号组成和存储方式的不同，视频分为模拟视频和数字视频。

模拟视频是由连续的模拟信号组成的图像，如电影、VCD。用普通摄像机摄制的视频信号也是模拟视频信号。NTSC、PAL和SECAM制式的电视信号均是模拟视频信号。

数字视频是由一系列连续的数字图像和一段同时播放的数字伴音共同组成的多媒体文件。HDTV制式的电视信号和用数字摄像机摄制的视频信号是数字视频信号。一般用手机录制的视频是数字视频。

3. 电视制式

电视制式即电视的播放标准。不同的电视制式对电视信号的编码、解码、扫描频率以及画面的分辨率均不相同。常见的电视制式有如下几种。

1) NTSC(国家电视标准委员会)制式

NTSC制式是美国研制的一种与黑白电视兼容的彩色电视制式，它规定每秒播放30帧画面，每帧图像有525行像素，场扫描频率为60Hz，隔行扫描，屏幕的宽高比为4∶3。美国、加拿大和日本采用这种制式。

2) PAL(逐行倒相)制式

PAL制式是前联邦德国研制的一种与黑白电视兼容的彩色电视制式，它规定每秒播放

25 帧画面，每帧图像有 625 行像素，场扫描频率为 50Hz，隔行扫描，屏幕的宽高比为 4∶3。中国和欧洲的多数国家采用这种制式。

3）SECAM（按顺序传送彩色与存储）制式

SECAM 制式是法国研制的一种与黑白电视兼容的彩色电视制式，它规定每秒播放 25 帧画面，每帧图像有 625 行像素，场扫描频率为 50Hz，隔行扫描，屏幕的宽高比为 4∶3。它采用的编码和解码方式与 PAL 制式完全不同。法国、俄罗斯和东欧的一些国家采用这种制式。

4）HDTV（高清晰度电视）制式

HDTV 制式的电视信号是数字视频信号。数字视频信号也可以通过对模拟视频信号进行采样、模/数转换、色彩空间变换等处理后转换为数字视频信号。它规定，传输的信号全部数字化，每帧的扫描行数在 1000 行以上，逐行扫描，屏幕的宽高比为 16∶9。它是正在发展的电视制式。

4. 视频分辨率

习惯上人们说的分辨率是指图像的长/宽像素值，严格意义上的分辨率是指单位长度内的有效像素值 ppi（pixel per inch，每英寸像素）。

视频分辨率一般是指视频成像产品所成图像的大小或尺寸。视频分辨率 1024×768，前者数字为图片长度（横向），后者为图片的宽度（纵向），两者相乘得出的是图像的总有效像素，长宽比为 4∶3。窗口小时 ppi 值较高，看起来清晰；窗口放大时，由于没有那么多有效像素填充窗口，有效像素 ppi 值下降，就模糊了。

目前视频行业中的视频分辨率的规范如下：

（1）标清（Standard Definition，SD）是物理分辨率在 720P 以下的一种视频格式，如 720×576 像素。

（2）高清（High Definition，HD）是物理分辨率为 720P 的一种视频格式。720P 一般是 1280×720 像素，就是横向有 1280 个像素点，纵向有 720 个像素点。

（3）全高清（Full High Definition，FHD）是物理分辨率为 1080P 的一种视频格式。1080P 一般是 1920×1080 像素。说明：720P 和 1080P 等表示的是视频像素的总行数，P 本身表示的是逐行扫描（Progressive 的简写，相对于隔行扫描 Interlaced）。

（4）超高清（Ultra High Definition，UHD）是物理分辨率在 4K 及以上的一种视频格式。4K 格式分辨率是 1080P 的 4 倍，一般是 3840×2160 像素（影片的格式一般是 4096×2160 像素，而电视一般则是 3840×2160 像素）。4K 并没有确定的数字，但是像素点会在 4000 左右。图 8-1 所示为不同的分辨率。

超高清也适用于 8K 分辨率（7680×4320 像素），8K 格式分辨率是 4K 的 4 倍。

5. 视频码率和帧率

1）码率

视频码率就是数据传输时单位时间传送的数据位数，一般用的单位是 kb/s 即千位每秒，也指编码器每秒产生的数据大小。如 800kb/s 代表编码器每秒产生 800kb 的数据。码率也可以理解成把每秒显示的图片进行压缩后的数据量。

通俗一点，码率就是取样率，单位时间内取样率越大，精度就越高，处理的文件就越接近原始文件，但是文件体积与取样率是成正比的（文件体积＝码率 * 时间）。

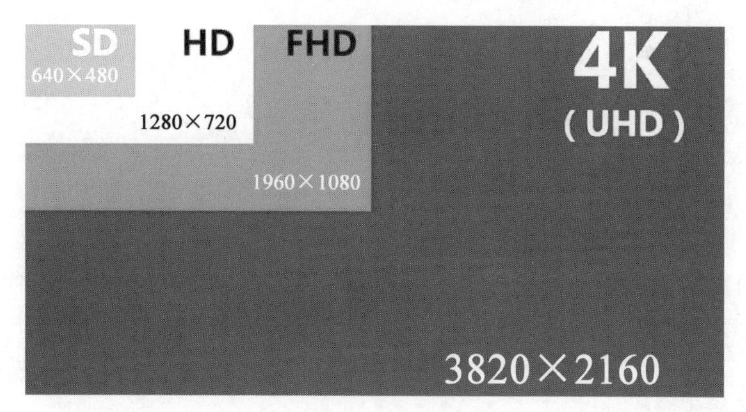

图 8-1 不同的分辨率

所以几乎所有的编码格式重视的都是如何用最低的码率达到最少的失真，围绕这个核心衍生出来 cbr（固定码率）和 vbr（可变码率），码率越高越清晰，反之则画面粗糙。

2）帧率

帧率就是在每秒传输的图片的帧数，也可以理解为图形处理器每秒能够刷新几次，单位为 FPS。帧率影响画面流畅度，与画面流畅度成正比：帧率越大，画面越流畅；帧率越小，画面越有跳动感。

如果码率为变量，则帧率也会影响文件体积，帧率越高，每秒经过的画面越多，需要的码率也越高，文件体积也越大。

3）分辨率、码率、帧率与清晰度之间的关系

分辨率是单位英寸所包含的像素点数，与图像大小成正比：分辨率越高，图像越大；分辨率越低，图像越小。

在码率一定的情况下，分辨率与清晰度成反比：分辨率越高，图像越不清晰；分辨率越低，图像越清晰。

在分辨率一定的情况下，码率与清晰度成正比：码率越高，图像越清晰；码率越低，图像越不清晰。

好的画质是分辨率、帧率和码率三者之间的平衡：码率不是越大越好，如果不做码率大小上的限制，那么分辨率越高，画质越细腻；帧率越高，视频也越流畅，但相应的码率也会很大，因为每秒需要用更多的数据来承载较高的清晰度和流畅度。

如果限定一个码率，如 800kb/s，那么帧率越高，编码器就必须加大对单帧画面的压缩比，也就是通过降低画质来承载足够多的帧数。如果视频源来自摄像头，24FPS 已经是肉眼极限，所以一般 20 帧的 FPS 就已经可以达到很好的用户体验了。

总结一下，帧率是每秒图像的数量，分辨率表示每幅图像的尺寸即像素数量，码率是经过视频压缩后每秒产生的数据量，而压缩是去掉图像的空间冗余和视频的时间冗余，所以，对于静止的场景，可以用很低的码率获得较好的图像质量，而对于剧烈运动的场景，可能用很高的码率也达不到好的图像质量。结论是设置帧率表示实时性，设置分辨率表示图像尺寸大小，而码率的设置取决于摄像机即场景的情况，通过现场调试，直到取得一个可以接受的图像质量，就可以确定码率的大小。

8.1.2 视频制作的过程

一般完整的视频需要经过烦琐的编制过程，下面列举其主要过程。

1. 素材采集

素材采集就是收集原始素材或者收集未处理的视频及音频文件。用户可以通过录像机、数码相机、扫描仪、录音机及手机等设备进行收集。

2. 整理与策划

有了众多的素材后，用户需要做的事情就是整理杂乱的素材，并通过手中的素材策划一个视频片段的思路。策划是一个简单的编剧过程。

3. 剪辑与编辑

素材剪辑与编辑是剪辑者从结构、节奏、场面转换等方面，选择合适的剪辑点，并对素材进行合理的顺序组接的过程。视频的剪辑与编辑是整个制作过程中最重要的一个项目，而且还决定着最终的视频效果。因此用户除了需要准备充足的素材外，还要对视频编辑软件有一定的熟练程度。

4. 后期加工特效处理

经过剪辑和编辑后，用户可以为视频添加一些特效、转场动画及合成叠加等。这些后期加工可以增加视频的艺术效果，可以让平淡的影片产生炫酷的效果。

5. 添加字幕

众多视频编辑软件中都提供了独特的文字编辑功能，用户可以展现自己的想象空间，利用这些工具添加各种字幕效果。

6. 后期配音

大多数视频制作都会将配音放在最后一步，这样可以很直观地传达视频中的情感和氛围。

7. 输出播放

完成视频作品的剪辑、加工处理和配音等后，最后按照需求渲染生成适合的视频文件格式，以便用于网络发布或刻录成 DVD 光盘等。

8.1.3 视频信息表示

要想使用计算机对视频信息进行处理，必须将模拟视频图像数字化。视频数字化过程同音频相似，在一定时间内以一定速度对单帧视频图像进行采样、量化和编码等过程，实现模数转换、彩色空间变换和编码压缩等，这些通过视频捕捉卡和相应软件来实现。在数字化后，如果视频信息不加以压缩，其数据量为：

$$\text{数据量} = \text{帧速率} \times \text{每幅图像的数据量}$$

例如，要在计算机连续显示分辨率为 1280×1024 像素的 24 位真彩色高质量电视图像，按每秒 30 帧计算，显示 1 秒，则需要：

$$1280 \times 1024 \times 24 \div 8 \times 30 \approx 112.6(\text{MB})$$

一张 650MB 光盘只能存放 6 秒左右电视图像，可见在所有媒体中，数字视频数据量最大，而且视频捕捉和回放要求很高的数据传输速率，因此视频压缩和解压缩是需要解决的关键技术之一。数字视频数据量巨大，通常采用特定的算法对数据进行压缩，根据压缩算法的不同，保存数字视频信息的文件格式也不同。

8.1.4 视频文件格式

1. MPEG 文件格式

MPEG(Moving Pictures Experts Group)即活动图像专家组，始建于1988年，专门负责为CD建立视频和音频标准，其成员均为视频、音频及系统领域的技术专家。目前MPEG已完成MPEG-1、MPEG-2、MPEG-4、MPEG-7以及MPEG-21等多个标准版本的制定，适用于不同带宽和数字影像质量的要求。

MPEG文件格式是运动图像压缩算法的国际标准，它采用有损压缩方法减少运动图像中的冗余信息，同时保证每秒30帧的图像动态刷新率，已被几乎所有的计算机平台共同支持。MPEG标准包括MPEG视频、MPEG音频和MPEG系统(视频、音频同步)三部分。MP3音频文件就是MPEG音频的一个典型应用。

使用MPEG方法进行压缩的全运动视频图像，在适当的条件下，可在1024×768像素的分辨率下以每秒24、25或30帧的速率播放128 000种颜色的全运动视频图像和同步CD音质的伴音。大多数视频处理软件都支持MPG格式的视频文件。

MPEG-4格式是一种非常先进的多媒体文件格式，能够在不损失画质的前提下大大缩小文件的尺寸，将DVD格式压缩为MPEG-4以后，体积缩小到只有原来的1/4，但是画质没有任何损害。

MPG格式文件扩展名是.mpg。MPG还有两个变种：MPV和MPA。MPV只有视频不含音频，MPA是不包含视频的音频。

2. AVI 文件格式

AVI是音频视频交错(Audio Video Interleaved)的英文缩写，它是Microsoft公司开发的一种符合RIFF文件规范的数字音频与视频文件格式，最早用于Microsoft Video for Windows，现在Windows、OS/2等多数操作系统都直接支持该格式。

该格式文件是一种不需要专门硬件支持就能实现音频与视频压缩处理、播放和存储的文件，AVI格式文件的扩展名是.avi。AVI文件将视频和音频信号混合交错地存储在一起，较好地解决了音频信息与视频信息同步的问题。

AVI数字视频的特点：提供无硬件视频回放功能；可实现同步控制和实时播放；可以高效地播放存储在硬盘和光盘上地AVI文件；提供了开放的AVI数字视频文件结构；AVI文件可以再编辑。

AVI文件使用的压缩方法有好几种，主要使用有损压缩方法，压缩比较高。文件结构通用、开放，调用、编辑该类文件十分方便，视频的画面图像质量好，是目前个人计算机上最常用的视频格式。

3. MOV 文件格式

MOV文件格式是Apple计算机公司开发的一种音频、视频文件格式，是数字媒体领域事实上的工业标准，是创建3D动画、实时效果、虚拟现实、音频、视频和其他数字流媒体的重要基础。MOV文件格式用于保存音频和视频信息，具有先进的视频和音频功能，被包括Apple Mac OS、Microsoft Windows在内的所有主流计算机平台支持，使用QuickTime播放器播放。

MOV 流媒体视频格式采用十分优良的视频编码技术，支持 25 位彩色。在保持视频质量的同时具有很高的压缩比。MOV 格式文件的扩展名是.mov，可以合成视频、音频、动画和静止图像等多种素材；也采用有损压缩算法，在相同版本的压缩算法下，MOV 格式的画面质量要好于 AVI 格式的画面质量。

4. MP4 文件格式

MP4 文件格式是视频文件的一种格式，泛指带有图像、声音的视频格式。MP4 文件格式又被称为 MPEG-4 Part 14，出自 MPEG-4 标准第 14 部分。它是一种多媒体格式容器，广泛用于包装视频和音频数据流、海报、字幕和元数据等。MP4 文件格式基于 Apple 公司的 QuickTime 格式。

5. ASF/WMV 流媒体文件格式

Microsoft 公司推出的 Advanced Streaming Format（ASF，高级流格式），也是一个在 Internet 上实时传播多媒体的技术标准，ASF 的主要优点包括本地或网络回放、可扩充的媒体类型、部件下载等。

ASF 是网上实时观看的视频文件压缩格式，属于 Windows Media 流媒体系统，是由 Microsoft 公司推出的一种可以直接在网上实时观看的视频文件压缩格式，使用的是 MPEG-4 压缩算法。

WMV 英文全称为 Windows Media Video，也是 Microsoft 推出的一种采用独立编码方式，并且是可以直接在网上实时观看视频节目的文件压缩格式。MMV 格式的主要优点是本地或网络回放、可扩充的媒体类型、部件下载、可伸缩的媒体类型、流的优先级化、多语言支持、环境独立性、丰富的流间关系以及扩展性等。

6. DivX

DivX 视频编码格式是一种新生视频压缩格式，是由 MPEG-4 衍生出的另一种视频编码(压缩)标准，也即通常所说的 DVDrip 格式，它采用了 MPEG-4 的压缩算法同时又综合了 MPEG-4 与 MP3 各方面的技术，这种格式是使用 DivX 压缩技术对 DVD 盘片的视频图像进行高质量压缩，同时用 MP3 或 AC3 对音频进行压缩，然后将视频与音频合成并加上相应的外挂字幕文件而形成的视频格式。其画质直逼 DVD 并且体积远小于 DVD。这种编码对机器的要求也不高，所以 DivX 视频编码格式可以说是一种对 DVD 造成威胁最大的新生视频压缩格式，号称 DVD 杀手或 DVD 终结者。

7. DAT 格式

DAT 格式是 VCD 影碟使用的视频文件格式，也是采用 MPEG 方法压缩而成。它是 VCD 专用的格式文件，文件结构与 MPG 文件格式基本相同，DAT 格式文件的扩展名是.dat。

8.1.5 常用的视频编辑和特效合成软件

视频编辑除了对有用的影视画面进行截取和顺序组接外，还包括对画面的美化、声音的处理等多方面。这些技术让人们感受到梦幻般的虚拟情境，把人们的视野扩展得更远更深，与此同时，也省去了大量的人力物力消耗，节省了视频制作的成本。

视频编辑包括两个层面的操作含义：其一是传统意义上简单的画面拼接；其二是当前在影视界技术含金量高的后期节目包装即影视特效制作。

视频编辑处理技术在视频后期合成、特效制作等方面发挥着巨大作用，利用各种视频处理软件可以实现对视频的编辑处理。

以下列举比较常用的视频编辑软件。

(1) Adobe Premiere 是 Adobe 公司推出的产品，它是非常优秀的视频编辑软件，能对视频、声音、动画、图片、文本进行编辑加工，并最终生成电影文件。

(2) After Effects 是 Adobe 公司推出的一款图形图像视频处理软件，属于影视后期特效合成软件，能与其他 Adobe 系列软件无缝链接。

(3) Ulead MediaStudio Pro 是 Ulead 公司开发的一款专业级数字视频和音频处理软件，可以配合硬件进行视频信号的捕捉、编辑和输出，进行数字音频的编辑。

(4) 会声会影是 Ulead 公司开发的一款业余的数字视频处理软件，界面简洁，操作简单。

(5) Final Cut Pro 是 Apple 公司推出的一款专业视频非线性编辑软件，包含进行后期制作所需的一切功能。

8.2 Premiere 相关知识

Adobe Premiere 是一款非线性视频编辑软件，提供了一个视频编辑系统，支持最新技术，拥有大量功能强大且易于使用的工具，借助这些工具，Adobe Premiere 几乎可以集成所有视频采集源。

类似于文字处理程序，Adobe Premiere 允许在视频编辑项目中任意放置、替换、移动视频、音频、图像，调整时无须按照特定顺序进行，并且允许随时调整项目的任意部分，这些都是非线性编辑的优势所在，在 Adobe Premiere 中组织视频剪辑就像组织计算机中的文件一样简单。

在 Adobe Premiere 中，可以将多个视频片段(称为"剪辑")组合起来，创建一个序列，并且可以按照任意顺序编辑序列的任意部分，然后更改内容或移动视频剪辑，控制这些剪辑的播放顺序，也可以把多个视频图层混合在一起，更改图像大小、调整颜色、添加特殊效果、做混音等。

本书以 Adobe Premiere 2020 为例进行讲解。

8.2.1 Premiere 基本概念

1. 项目与序列

任何的视频均需要通过载体进行编辑，在 Premiere 2020 中载体就是项目与序列。

Adobe Premiere 项目是为视频文件编辑处理而提供的框架，在该框架中可以导入各种媒体素材，并创建各种视频中的元素。项目文件中保存有所导入的视频、图像、音频文件的链接。每个素材作为一个剪辑显示在"项目"面板中。

编辑项目时，首先必须创建一个序列(由一系列可播放的剪辑组成，这些剪辑前后相连，有时有重叠，并带有特效、标题、声音等)来形成创作。Premiere 2020 内所有组接在一起的素材，以及这些素材所应用的各种滤镜和自定义设置，都必须被放置在一个被称为"序列"的项目元素内。只有当项目内拥有序列时，用户才可以进行影片的编辑操作。

创建序列时,需要选择播放设置(如帧速率、帧尺寸),并向其中添加多个剪辑。为了提高工作效率,可以使用序列预设,快速选择这些设置,然后做必要的调整。若剪辑的帧速率和帧尺寸与序列不同,则播放期间会将剪辑的帧速率和帧尺寸转换为序列中设置的大小。

对于较为复杂的视频效果,在制作过程中可以通过建立多个序列来简化操作步骤,从而使源文件中的素材与项目更为明朗化。

一个项目中可以包含多个序列(包括嵌套序列),而每个序列内则装载着各种视频素材。嵌套序列可以简单理解为一个序列中包含其他一些子序列,而这个序列是这些子序列的父层级。用户可以将多个相关联的剪辑片段进行嵌套后,再对嵌套的序列进行编辑。

2. 自动匹配序列

Premiere 2020 中有两种方式可以创建序列:一种是根据素材自动匹配创建序列;另一种是手动创建序列。

其中自动匹配创建序列功能不仅可以方便、快捷地将所选素材添加至序列中,还能够在各素材之间添加一种默认的过渡效果。若要使用该功能,主要有三个方法:

(1) 只需从“项目”面板内选择适当的素材后,单击“自动匹配序列”按钮,将打开“序列自动化”对话框,可以调整匹配顺序与过渡方式的应用设置。

(2) 直接将“项目”面板中的素材视频拖曳到“时间轴”面板的空白轨道上,就会创建一个匹配设置的序列。

(3) 选择“项目”面板中的一个或多个剪辑,在剪辑上右击,在弹出的快捷菜单中选择“从剪辑新建序列”。

3. “时间轴”面板

“时间轴”面板是视频素材编辑与剪辑的载体,只有将素材放置在该面板中,才能进行后期的一系列操作。在该面板中,不仅能够将不同的素材按照一定顺序进行排列,还能够设置其播放时间。

轨道是“时间轴”面板最为重要的组成部分,其原因在于这些轨道能够以可视化的方式显示音视频素材、过渡和效果。利用“时间轴”面板可以控制轨道的显示方式或添加、删除轨道,并在导出项目时决定是否输出特定轨道。

在 Premiere 中,直接将“项目”面板中的一个或多个素材拖曳至“时间轴”面板中的某一个轨道,可完成将所选素材添加至相应的轨道。

4. 监视器面板

Premiere 2020 中的监视器有源监视器和节目监视器,其首要作用是用来查看视频效果的,同时还可以进行简单的素材剪辑。

1) 源监视器面板

源监视器面板的主要作用是预览和修剪素材,编辑影片时,只要双击“项目”面板中的素材,即可在源监视器面板中预览其效果。在该面板中,素材画面预览区的下方为时间标尺,底部则为播放控制区。

控制区中主要有标记入点、标记出点、跳转入点、跳转出点、后退一帧、前进一帧、插入、覆盖、导出帧等。

(1) 入点是剪辑在序列中的起始位置。每个剪辑或序列只有一个入点,新入点会自动替换原来的入点。除了单击“标记入点”按钮外,也可以按键盘上的 I 键。清除入点可以使用 Ctrl+Shift+I 组合键。

(2) 出点是剪辑在序列中的结束位置。每个剪辑或序列只有一个出点，新入点会自动替换原来的出点。除了单击“标记出点”按钮外，也可以按键盘上的 O 键。清除出点可以使用 Ctrl+Shift+O 组合键。

入点和出点的功能是标识素材可用部分的起始时间与结束时间，以便 Premiere 能有选择地调用素材，即只使用入点与出点区间内的素材片段。简单来说，入点和出点的作用是在添加素材之前，将素材内符合影片需求的部分挑选出来后直接使用。

对于同一素材源来说，清除出点与入点(同时清除入点和出点可以使用 Ctrl+Shift+X 组合键)的操作不会影响已添加至“时间轴”面板上的素材副本，但当用户再次将素材从“项目”面板添加至“时间轴”面板时，Premiere 会按新的出入点来应用该素材。

2) 节目监视器面板与源监视器面板的不同

从外观来看，节目监视器面板与源监视器面板基本一致，不同的是以下几点。

(1) 源监视器面板显示的是剪辑的内容，而节目监视器面板显示的是“时间轴”面板中当前显示的，是序列的内容。尤其要注意的是，节目监视器面板会显示“时间轴”面板中播放滑块下的一切内容。

(2) 在添加剪辑(或剪辑的一部分)到序列时，源监视器面板提供了“插入”和“覆盖”按钮。而节目监视器面板提供了“提取”和“提升”按钮。节目监视器面板中的“提升”按钮是将轨道上入点与出点之间的内容删除，删除之后仍然保留原空间；“提取”按钮是将轨道上入点与出点之间的内容删除，删除之后不保留空间，后面的素材会自动连接前面的素材。

(3) 两个监视器面板都有时间标尺。节目监视器面板上的播放滑块和“时间轴”面板中当前序列的播放滑块是一致的。

(4) 应用效果后，一般只能在节目监视器面板中看到应用效果。

(5) 在节目监视器面板或者“时间轴”面板中添加的入点和出点只适用于当前的序列，也会一直存于当前序列中。

5. “效果”面板和“效果控件”面板

“效果”面板存放着 Premiere 自带的各种音频视频特效。按照功能效果分为预设、音频效果、音频过渡、视频效果、视频过渡等。

“效果控件”面板主要用于控制对象的运动、不透明度、时间重映射等。当为某一段素材添加了音频、视频或转场特效后，就需要在该面板中进行相应的参数设置和添加关键帧；画面的运动特效也是在该面板中进行设置，该面板会根据素材和特效的不同显示不同的内容。

6. 多机位视频剪辑

在多机位拍摄同一幅画面的前提下，使用多机位剪辑更加便捷，提高剪辑的效率。多机位剪辑手法常用于剪辑一些分镜画面，如会议视频、晚会活动、MV 画面及电影等，剪辑时最好在同一个音频下将音频声波对齐，这样才能更准确地将画面剪辑转换。

8.2.2 Premiere 常用工具

1. 选择工具

选择工具用于选择、移动素材，还可控制素材的长度，快捷键为 V 键。选择工具是选择对象的工具，可对素材视频、图形、文字等对象进行选择或者出入点编辑处理。

移动鼠标至素材上方，按住鼠标左键不放，即可移动素材。按住 Alt 键的同时，拖动素材，可复制素材。

将鼠标放置在“时间轴”面板中素材两端，按住鼠标左键向左或向右移动可以改变其播放长度，相当于出入点编辑处理，这里需要注意的是视频与音频的内容长度不可超过其实际长度。

对音视频素材，按住 Alt 键，可单独选择音频或者视频。

2. 轨道选择工具

用于对轨道中的素材进行选择、移动，快捷键为 A 键。轨道选择工具分为“向前轨道选择工具”和“向后轨道选择工具”两种，可选择目标文件左侧或右侧的所有素材文件，当“时间轴”面板素材过多时，使用该种工具选择文件更加方便快捷。

单击“向前轨道选择工具”即选中向右边所有轨道，单击“向后轨道选择工具”即选中向左边所有轨道。按住 Shift 键的同时单击“向后轨道选择工具”或“向前轨道选择工具”可选中单个轨道。

3. 波纹编辑工具

波纹编辑工具用于编辑单个素材的出点或入点，快捷键为 B 键。波纹编辑工具可调整选中素材片段的持续时间，在调整素材时素材的前方或后方可能会有空位出现，此时相邻的素材会自动向前移动进行空位的填补。波纹编辑工具可用于改变某个素材片段的长度，而不影响轨道其他素材的长度；相邻素材会自动适应移动，吸附在该素材左右，不需要再单独移动。

利用波纹编辑工具在进行调整时，根据预览效果可实时观察效果，确定移动的位置。其主要目的是在改变当前素材出点或入点时能够实时处理相邻素材的衔接。

4. 滚动编辑工具

滚动编辑工具的快捷键是 N 键。在素材文件总长度不变的情况下，可控制素材自身的长度，并可适当调整剪切点。调整滚动的是前后挨在一起的两个素材，向前滚动时前者的持续时间减少，后者的持续时间增加，但二者总的时间不会改变。使用滚动编辑工具时，预览窗口的效果与使用波纹编辑工具效果类似。

5. 剃刀工具

剃刀工具用于分割素材，快捷键为 C 键。可将一段视频裁剪为多个视频片段，按住 Shift 键则可以将同一个时间点的多个轨道中的所有素材切断。单击“剃刀工具”，将鼠标指针定位在素材文件的上方，按下鼠标左键即可进行裁剪。

对于需要精确剪辑的时间点选择菜单“序列”|“添加编辑”，快捷键为 Ctrl＋K；若需要对所有轨道进行操作。则可以选择菜单“序列”|“添加编辑到所有轨道”，快捷键为 Ctrl＋Shift＋K。

6. 滑动工具

内滑工具用于素材位置的挪动调整，是用于三段以上素材的剪辑，在保持某一素材片段的出入点和长度不变的情况下，改变该素材片段在序列中位置的剪辑方法。单击“内滑工具”拖动素材，可以改变相连素材的出入点，快捷键为 U 键。与滚动编辑工具不同，内滑工具移动的是整个素材，改变的是相邻素材的出入点，即改变的是左边素材的出点和右边素材的入点，其总长度不变。

外滑工具用于素材内容调整,是用于三段以上素材的剪辑,可以同时改变某一个素材片段的入点和出点,不改变其在轨道中的位置,保持该素材出入点之间的长度不变,且不影响序列中其他素材的长度。

7. 钢笔工具

钢笔工具用于添加、编辑关键顿,快捷键为 P 键。展开视频轨道或者音频轨道,素材会出现黄色线条,利用钢笔工具单击黄色线条可添加关键帧,选中关键帧可进行自由移动。

8. 比率拉伸工具

比率拉伸工具用于调节素材的长度,但不改变素材入点、出点间的画面内容,而是改变素材的播放速度。在需要用素材撑满不等长的空隙时,如果调节速率百分比是非常困难的,运用此工具就变得方便,直接拖动改变长度即可。

为精确控制素材播放速度可采用菜单方法,右击素材,在弹出的快捷菜单中选择"速度/持续时间",在打开的"剪辑速度/持续时间"对话框中可以设置序列的播放速度。默认情况下,"速度"为 100%,表示序列采用原有速度进行播放。"速度"和"持续时间"两个参数默认情况下是关联的,只要修改其中一个参数,另一个也会相应发生改变。勾选"倒放速度"复选框后,整个序列的播放顺序会完全相反,原来在起始部分的内容会镜像移动到序列末尾。

8.2.3 Premiere 视频效果

8.2.3.1 教学案例:人物马赛克

【要求】 已有"人物视频.mp4"视频文档,现将视频中间人物的脸打上马赛克,播放效果如图 8-2 所示,导出播放效果视频"人物马赛克.mp4",保存并收集整个工程。

图 8-2 人物马赛克效果

【操作步骤】

(1) 打开 Premiere 程序,新建"人物马赛克"项目文件,选择菜单"文件"|"导入",将"人物视频.mp4"视频导入"项目"面板,拖动该视频到"时间轴"面板,自动创建"人物视频"序列。

(2) 在"效果"面板中,选择"视频效果"|"风格化"|"马赛克",拖动该效果到"时间轴"面板中的"人物视频.mp4",应用到该视频,此时视频图片都打上了马赛克。

(3) 选择"效果控件"面板中"人物视频"|"fx 马赛克"|"创建 4 点多边形蒙版",拖动 4 个控点覆盖中间人物的脸部位置,如图 8-3 所示。如果接下来的步骤中发现跟踪效果不满意,可按 Ctrl+Z 组合键撤销后,回到播放指示器到 0 位置,重新拖动控点调整覆盖脸部区域再进行操作。

(4) 选择"fx 马赛克"|"蒙版(1)"|"蒙版路径"|"向前跟踪所选蒙版",待完成跟踪,可以发现蒙版路径已经制作了关键帧动画。效果如果不尽如人意重回第(3)步。

图 8-3　马赛克蒙版应用

（5）将“fx 马赛克”中的“水平块”和“垂直块”都设置为 50。

（6）播放观察效果，保存工程文件。选择菜单“文件”|“导出”|“媒体”，打开“导出设置”对话框，“格式”设置为“H.264”，“输出名称”设置为“人物马赛克.mp4”，如图 8-4 所示，单击“导出”按钮即可完成 MP4 视频制作。

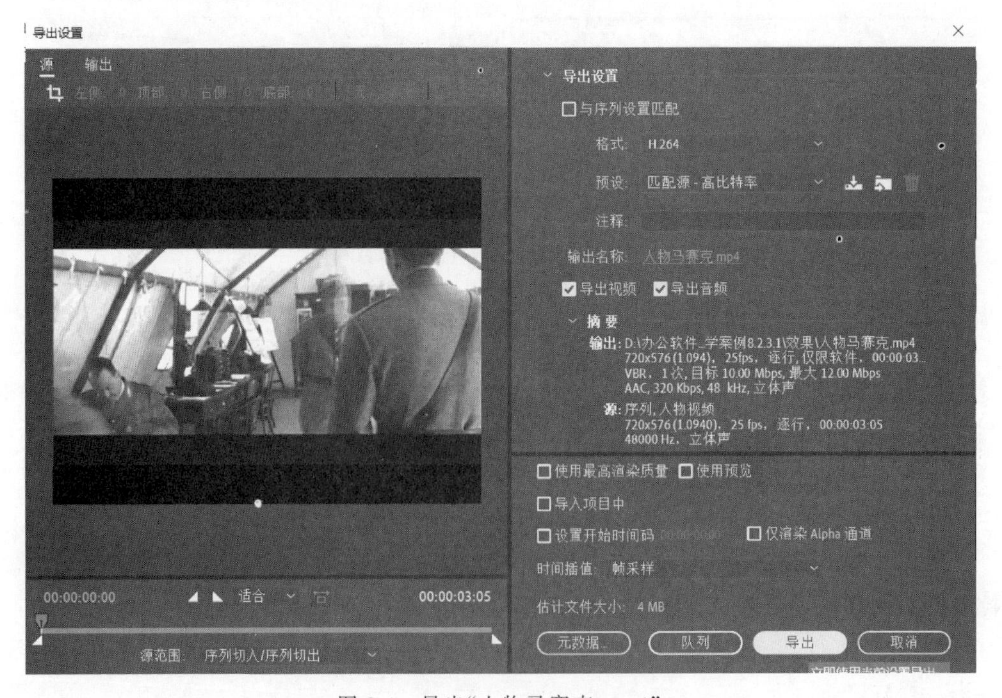

图 8-4　导出“人物马赛克.mp4”

（7）选择菜单“文件”|“项目管理”，打开“项目管理器”对话框，选中“收集文件并复制到

新位置”单选按钮，设置“目标路径”，如图 8-5 所示，单击“确定”按钮完成收集。这个操作可以将项目文件包括素材完整地收集并保留下来。

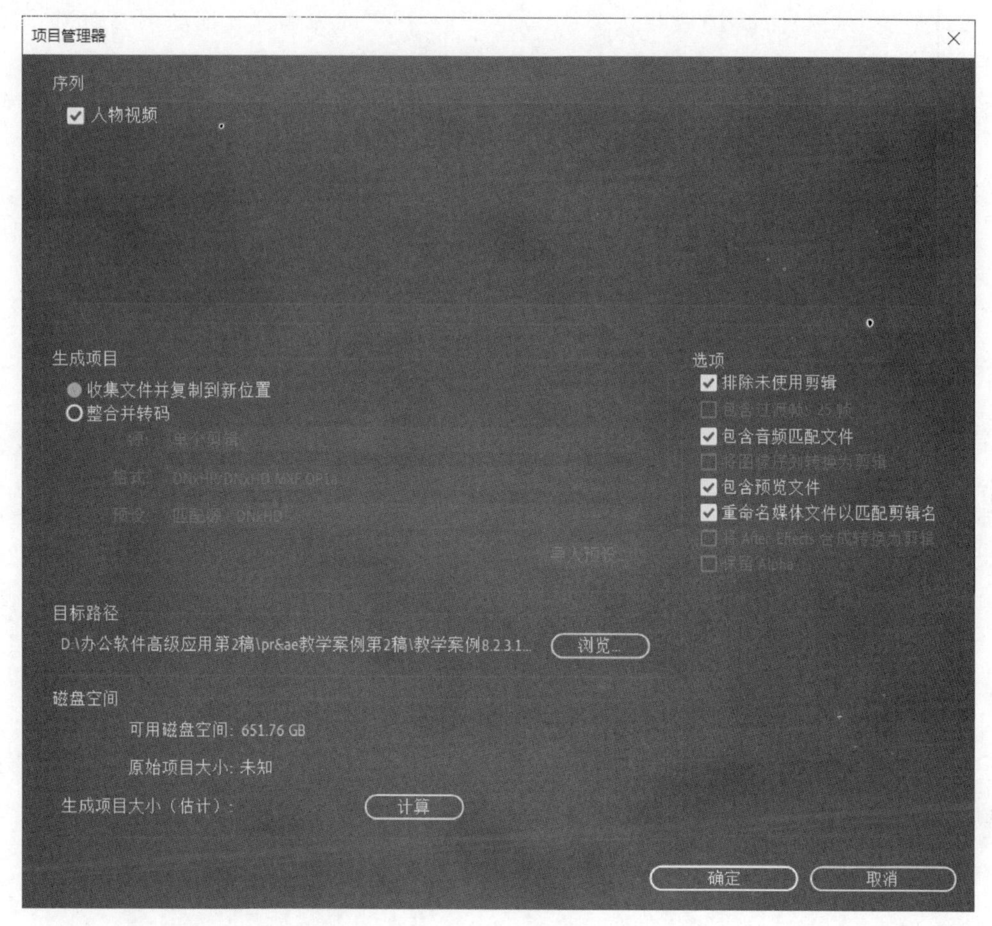

图 8-5　项目收集

8.2.3.2　教学案例：变色汽车

【要求】　已有“汽车.png”（红色）和“背景.jpg”文档，现将汽车颜色完成黄绿蓝紫颜色渐变，播放效果如图 8-6 所示。

图 8-6　变色汽车效果（左边为蓝色，右边为紫色）

【操作步骤】

(1) 打开 Premiere 程序，新建“变色汽车”项目文件，双击“项目”面板空白区域，导入

“汽车.png”和“背景.jpg”，拖动“背景.jpg”到“时间轴”面板，自动创建“背景”序列。拖动汽车到“背景”序列的V2轨道。

(2) 选择“效果”面板中“视频效果”|“颜色校正”|“更改为颜色”，拖动该项到“时间轴”面板的汽车中。在“效果控件”面板中，出现“fx更改为颜色”。

(3) 将“播放指示器位置”设置为0，在“fx更改为颜色”中，选中“至”前面的“切换动画”，码表由变为，并将“至”设置为黄色，“容差”|“色相”设置为100%，此时汽车变为黄色，并添加了关键帧。

(4) 将“播放指示器位置”设置为2s(输入200后按Enter键)，“至”设置为绿色，此时汽车变为绿色。将“播放指示器位置”设置为4s(输入400后按Enter键)，“至”设置为蓝色，此时汽车变为蓝色。将“播放指示器位置”设置到最后，“至”设置为紫色。此时设计状态如图8-7所示。

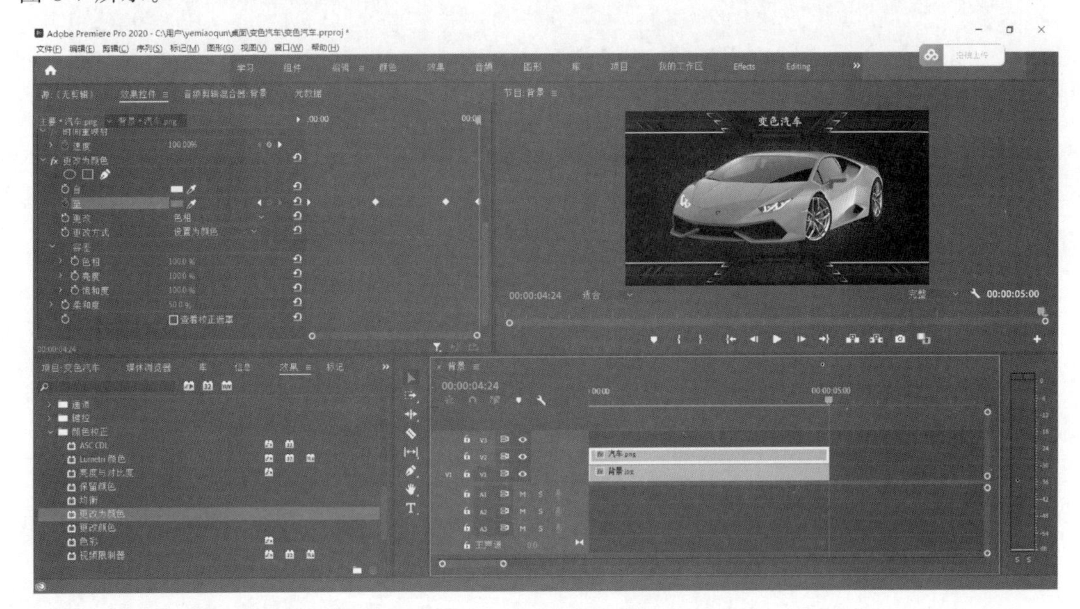

图8-7　更改为颜色设置

(5) 选择菜单“文件”|“导出”|“媒体”，打开“导出设置”对话框，“格式”设置为“H.264”，“输出名称”设置为“变色汽车.mp4”，单击“导出”按钮完成MP4视频制作。

8.2.3.3 知识点

Premiere视频效果种类众多，可模拟各种质感、风格、调色、效果等，有100余种视频效果，被广泛用于视频、电视、电影、广告制作等设计领域。Premiere的强大视频效果功能，使用户可以在原有素材的基础上创建各种各样的艺术效果。视频效果的添加与设置，是用来改变画面本身的特效，能够为素材添加不同类型的画面效果，例如增强视觉效果的特效、弥补视觉缺陷的特效以及辅助视频合成的特效等。

用户可以为任意轨道中的视频素材添加一个或多个效果。添加视频效果后，在“效果控件”面板中都可以观察到，也可以进行各种设置。

1. 添加视频效果

为素材添加视频效果的方法主要列举如下。

(1) 利用“时间轴”面板。在“效果”面板的“视频效果”内选择所要添加的视频效果后，将其拖曳至“时间轴”面板视频轨道中的相应素材上即可。

(2) 利用“效果控件”面板。选中素材并打开“效果控件”面板，拖动“效果”面板上所需的“视频效果”到已显示的“效果控件”面板或者直接双击要添加的视频效果。

(3) 通过复制、粘贴添加视频效果。先复制含有所需视频效果的素材，右击目标素材，在弹出的快捷菜单中选择“粘贴属性”，选择所需的效果即可。

(4) 当多个影片剪辑使用相同的视频效果时，还可以使用调整图层。在调整图层中添加视频效果后，其效果可以显示在调整图层下方的所有素材片段中。该图层能随时删除、显示和隐藏，而不会破坏素材文件。可使用“项目”面板底部的“新建项”|“调整图层”来添加调整图层。

2. “效果控件”面板参数调整

“效果控件”面板主要用于修改该效果的参数，添加效果成功后，在“效果控件”面板中就可以看到该效果的参数。如图 8-8 所示，“效果控件”面板中，每个素材都有“运动”“不透明度”“时间重映射”效果，“球面化”效果是后来加上的效果。

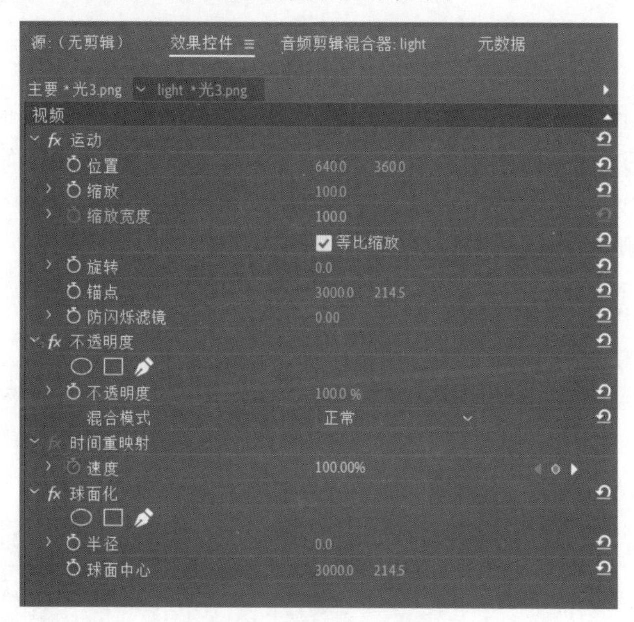

图 8-8 “效果控件”面板

大多数视频效果选项中均会出现蒙版形状工具，包括“创建椭圆形蒙版”“创建 4 点多边形蒙版”和“自由绘制贝塞尔曲线”钢笔工具。当单击其中一个蒙版形状工具后，节目监视器面板中即可显示该工具的默认形状，形状内部为更改后的效果，形状外部为原画面的效果。一般地，利用“不透明度”效果中的蒙版形状工具来完成类似 Photoshop 中的矢量蒙版效果。

3. 关键帧动画

Premiere 中，为图层添加关键帧动画，可产生基本的位置、缩放、旋转、不透明度等动画效果，还可以为已经添加了视频效果的素材设置关键帧动画，产生效果的变化。关键帧动画常用于影视制作、微电影、广告等动态设计中。

在 Premiere 中创建关键帧的方法主要有两种：在“效果控件”面板中单击“切换动画”按钮添加关键帧和单击“添加/移除关键帧”按钮 。

4. 常用的视频效果

(1)“变形稳定器”效果可以消除因摄像机移动而导致的画面抖动,将抖动效果转换为稳定的平滑拍摄效果。

(2)“水平翻转”效果可使素材产生水平翻转效果。类似地还有“垂直翻转”效果。

(3)“裁剪”效果对影片剪辑的画面进行切割处理,通过参数来调整画面裁剪的大小。

(4)“球面化”效果可使素材产生类似放大镜的球形效果。

(5)“边角定位”效果可重新设置素材的左上、右上、左下、右下4个位置的参数,从而调整素材的四角位置,使画面产生倾斜和透视效果。

(6)“镜像”效果可以使素材制作出对称翻转效果,可以使素材画面沿分割线进行任意角度地反射操作。“效果控件”面板中的“反射中心”属性用于设置镜像反射的中心位置(分割线),而“反射角度”用于设置镜像反射的角度。

(7)“镜头光晕”效果可模拟在自然光下拍摄时所遇到的强光,从而使画面产生光晕效果。

(8)“闪电”效果可模拟天空中的闪电形态。

(9)“复制”效果可将原始画面复制多个画面,且在每个画面中都显示整个图像。其中的“计数”属性可以设置复制的个数。

(10)“马赛克”效果可将画面自动转换为以像素块为单位拼凑的画面。

(11)“颜色替换”效果可将所选择的“目标颜色”替换为所选择的“替换颜色”中的颜色。

(12)“更改为颜色”效果可将画面中的一种颜色变为另外一种颜色。

8.2.4 Premiere 蒙版和视频过渡

8.2.4.1 教学案例:玩球

【要求】 已有“玩球.mp4”“玩球背景.jpg”文档,先将视频中的三个部分剪辑下来,再组合在一个序列中。每个视频片段要求处理部分不需要显示区域,视频片段之间加上视频过渡效果,最后加上字幕。具体效果如图8-9所示。

图8-9 玩球效果

【操作步骤】

(1) 打开 Premiere 程序,新建“玩球”项目文件,双击“项目”面板空白区域,导入所有素材;双击“玩球. mp4”,源监视器中会显示视频。

(2) 在源监视器中,单击“播放指示器位置”输入 0017 后按 Enter 键,单击“标记入点”按钮;单击“播放指示器位置”输入 3600 后按 Enter 键,单击“标记出点”按钮;拖动视频到右下角时间轴,会生成“玩球”序列,这样出入点剪辑的视频被放置在该序列。

(3) 右击 V1 轨道上的视频片段,在弹出的快捷菜单中选择“重命名”,将其命名为“足玩球”。右边节目监视器时间播放调整到“00:00:10:18”时,效果如图 8-10 所示。

(4) 在源监视器中,单击“播放指示器位置”输入 10900 后按 Enter 键,单击“标记入点”按钮;单击“播放指示器位置”输入 13700 后按 Enter 键,单击“标记出点”按钮。

(5) 单击节目监视器中“转到出点”按钮;选中 V1 轨道和 A1 轨道“切换轨道锁定”左边的“对插入和覆盖进行源修补”选项,单击源监视器中“覆盖”按钮,将第二个片段插入“玩球”序列,将在 V1 轨道的这段视频片段重命名为“脱衣玩球”。

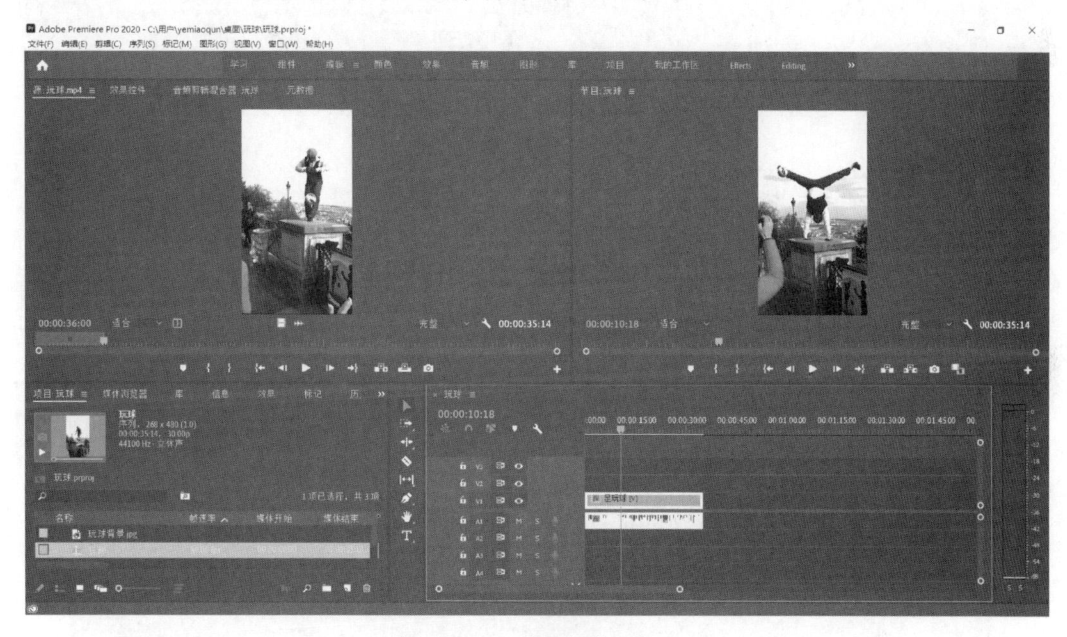

图 8-10　一个视频片段加入

(6) 在源监视器中,单击“播放指示器位置”输入 30300 后按 Enter 键,单击“标记入点”按钮;单击“播放指示器位置”输入 42000 后按 Enter 键,单击“标记出点”按钮。

(7) 单击节目监视器中“转到出点”按钮;单击源监视器中“覆盖”按钮,将第三个片段插入,将在 V1 轨道的这段视频片段重命名为“爬杆玩球”。

(8) 单击“向前选择轨道工具”,单击“足玩球”片段,可以将所有片段选中,将选中的片段拖动到 V2 轨道。拖动“玩球背景. jpg”到 V1 轨道。单击“选择工具”,拖动玩球背景图片右边,延长图片播放时长到视频播放结束位置。

(9) 只选中“足玩球”片段,将节目监视器中播放指示器设置为 0,打开“效果控件”面板,选择“玩球 * 足玩球”|“fx 不透明度”|“创建椭圆形蒙版”,在节目监视器中拖动椭圆 4 个控点到效果图位置,选中“蒙版路径”前面的码表建立关键帧,将“蒙版羽化”设置为 30,单击

“效果控件”面板中的“蒙版(1)”,使蒙版控点显示,效果如图 8-11 所示。

图 8-11　椭圆蒙版建立

(10) 将节目监视器中播放指示器设置为 11:15,将椭圆蒙版移动到右边一点儿,使得左边手和人脸看不见;将节目监视器中播放指示器设置为 35:01,将椭圆蒙版移回来;用鼠标在 11:15～35:01 拖动播放指示器,如果发现有其他人物出现,将椭圆蒙版进行微调,使得左下角其他人物尽量不要显示出来。这样每一次调整都会在蒙版路径中建立一个关键帧,如图 8-12 所示。

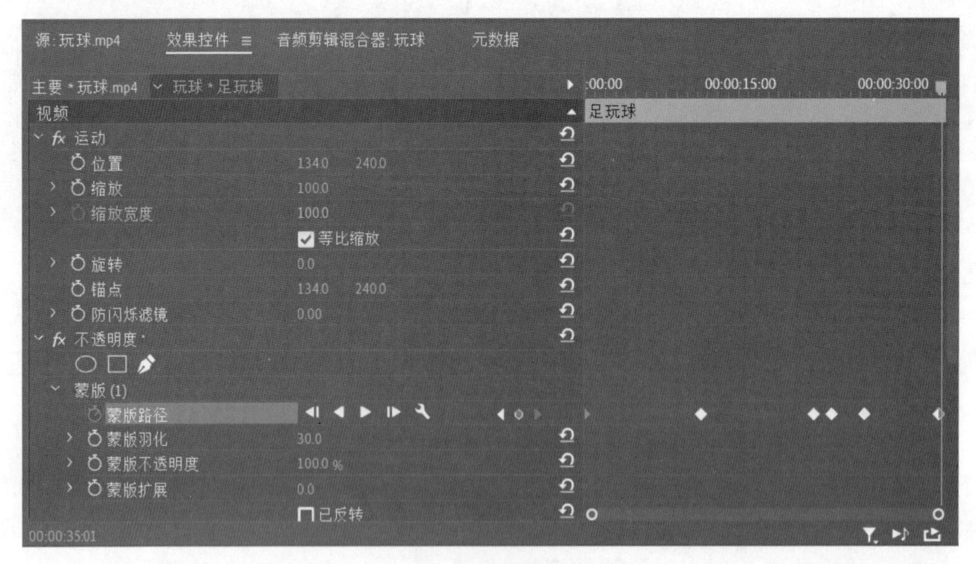

图 8-12　蒙版路径调整

(11) 选中“脱衣玩球”片段,将节目监视器中播放指示器设置为 35:13,打开“效果控件”面板,选择“玩球 * 脱衣玩球”|“fx 不透明度”|“创建 4 点多边形蒙版”,在节目监视器中拖

动 4 个控点，将“蒙版羽化”设置为 30，效果如图 8-13 所示。

图 8-13　创建 4 点多边形蒙版

（12）选中“爬杆玩球”片段，将节目监视器中播放指示器设置为 00:01:03:14，打开“效果控件”面板，选择“玩球 * 爬杆玩球”|“fx 不透明度”|“创建 4 点多边形蒙版”，在节目监视器中拖动 4 个控点，将“蒙版羽化”设置为 30，效果如图 8-14 所示。

（13）选中“足玩球”片段，将节目监视器中播放指示器设置为 0，选中“文字工具”，在节目监视器下方输入文字“足玩球”，打开“效果控件”面板，在“玩球 * 图形”|“文本”|“源文本”中设置文本字体及字体大小等。

（14）使用“选择工具”移动文字到合适位置。V3 轨道中自动出现文字，将文字延长到“足玩球”视频片段末尾，如图 8-15 所示。

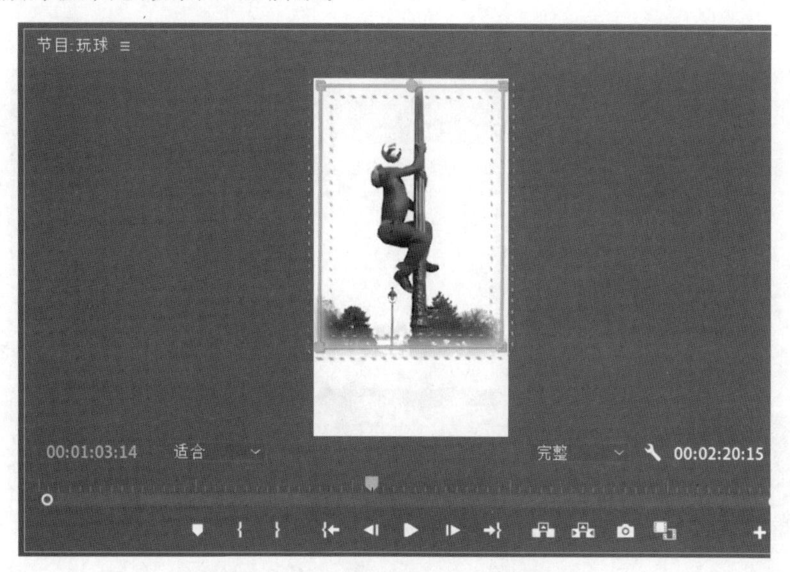

图 8-14　“爬杆玩球”片段做蒙版

（15）选中“脱衣玩球”片段，将节目监视器中播放指示器设置为 35:13，选中“文字工

图 8-15　文字添加

具”，在节目监视器下方单击输入文字“边脱衣边玩球”，字体及大小等自己设置，将文字延长到“脱衣玩球”视频片段末尾。

（16）选中“爬杆玩球”片段，将节目监视器中播放指示器设置为 00：01：03：14，选中“文字工具”，在节目监视器下方输入文字“爬杆玩球”，字体及大小等自己设置，将文字延长到“爬杆玩球”视频片段末尾。

（17）打开“效果”面板，选择“视频过渡”|“擦除”|“划出”，将“划出”效果拖动到“足玩球”和“脱衣玩球”之间；选择“视频过渡”|“溶解”|“胶片溶解”，将“胶片溶解”效果拖动到“脱衣玩球”和“爬杆玩球”之间，观察效果，如图 8-16 所示。

图 8-16　视频过渡效果

(18) 保存工程文件,选择菜单“文件”|“导出”|“媒体”,导出设置格式为“H.264”,导出文件“玩球效果.mp4”。

8.2.4.2 知识点

1. 蒙版

Premiere 中的蒙版类似于 Photoshop 中的矢量蒙版,以形状(路径)来表示显示或不显示的区域。使用 Premiere 中的蒙版,可以在剪辑中定义要模糊、覆盖、高光显示、应用效果或校正颜色等的特定区域。蒙版表现为某个区域,区域内的蒙版起作用,区域外的蒙版不起作用。Premiere 中的大多数效果控件中都有绘制蒙版的三个工具:椭圆工具、矩形工具与钢笔工具。

1) 改变蒙版形状

方法一:使用选择工具拖动顶点,可以框选多个顶点,或者按住 Shift 键单击以多选顶点。要取消选择所有选定的顶点,可在当前活动的蒙版外单击。

方法二:使用键盘上的箭头键可将所选顶点微移一个距离单位。加按 Shift 键可微移 5 个距离单位。

2) 蒙版追踪

Premiere 中将蒙版应用到对象后,可单击“向前跟踪所选蒙版”按钮,Premiere 会使蒙版自动跟随对象移动,自动跟踪时,如果跟踪效果不好,可以随时单击停止,然后手动调节蒙版,调节后再次自动跟踪。当然也可以向后跟踪所选蒙版。

3) 蒙版的应用

蒙版可以理解为局部显示画面或者局部添加效果。

(1) 局部遮挡。可以用于模糊人物的脸部以保护其身份,例如,通过应用模糊效果或马赛克效果来遮挡人物的脸部;可以用于遮住画面上的一些特殊对象,如标志等;可以通过遮挡画面来达到裁切画面的目的,如使得画面呈现为 16∶9 的比例,或者制作双画面效果;对于画面中不想要的物体,可以使用蒙版简单移除。

(2) 分区校色。应用蒙版以调整特定区域的颜色,也可使用反转蒙版,将蒙版区域排除在其余部分所应用的颜色校正之外。一般操作步骤:复制,剪辑,上下叠放,然后对上面的剪辑使用蒙版并调色。

2. 视频过渡

当将多个视频进行组合时,为了使视频之间播放自然,此时视频过渡特效就显得尤为重要。视频过渡是电视节目、电影或视频编辑时,不同的镜头与镜头切换中加入的过渡效果。视频过渡可针对两个素材之间进行效果处理,也可针对单独素材的首尾部分进行过渡处理。

过渡就是指前一个素材逐渐消失,后一个素材逐渐出现的过程。视频过渡效果也可以称为视频转场或视频切换,主要用于素材与素材之间的画面场景切换。通常在影视制作中将视频过渡效果添加在两个相邻素材之间,在播放时可产生相对平缓或连贯的视觉效果,可以吸引观者眼球,增强画面氛围感。

并不是每个场景转换中都要使用过渡效果。大多数电视节目和剧情片制作时只做剪接编辑,很少使用过渡效果。一般使用过渡效果都有特定目的。在跳跃剪辑中,过渡效果很有用。前后两个镜头有突兀、不自然,甚至不正常的视觉跳动感,它们之间好像缺了一段,造成故事不连续。这时通过在两个镜头之间添加过渡效果,使观众知道这是一个有意为之的跳切，从而集中注意力。

Premiere 提供了多种视频过渡效果，保存在“效果”面板的“视频过渡”文件夹的 7 个子文件夹中。欲在两端素材之间添加过渡效果，这两段素材必须在同一轨道上，且其间没有间隙，只需将某一个过渡效果拖曳至“时间轴”面板的两段素材之间即可。

在默认情况下，转场的持续时间为 1s，持续时间越长，速度越慢；持续时间越短，速度越快。若想更改转场的持续时间和速度，在“时间轴”面板中选择该转场效果，然后右击，在弹出的快捷菜单中选择“设置过渡持续时间”，接着在弹出的窗口中即可更改转场的持续时间；或者在“效果控件”面板中更改转场的持续时间及速度。

8.2.5 Premiere 遮罩及抠像

8.2.5.1 教学案例：玫瑰花开花谢

【要求】 已有“背景光.mp4”“nbu.png”（透明背景）、“aixin.png”（透明背景）、“玫瑰花开.mp4”文档，如图 8-17 所示。请完成如下要求。

（1）将“背景光.mp4”视频放在“宁波大学”文字里面显示，实现发光文字效果。

（2）“玫瑰花开.mp4”视频在爱心图片中播放。

（3）发光文字实现从左到右滚动。

（4）“玫瑰花开.mp4”视频在爱心图片中倒序播放，发光文字实现从右到左滚动。

最后效果如图 8-18 所示。

图 8-17　原始素材

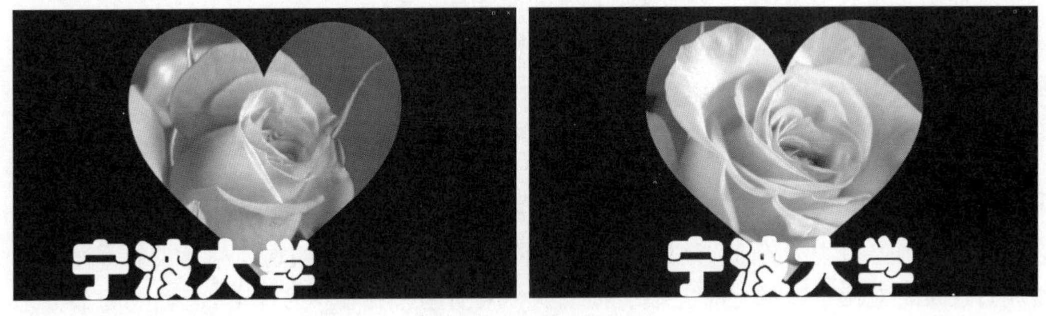

图 8-18　遮罩效果

【操作步骤】

（1）打开 Premiere 程序，新建“玫瑰花开花谢”项目文件，双击“项目”面板空白区域，导入所有素材，拖动“背景光.mp4”到“时间轴”面板，创建了“背景光”序列。在“时间轴”面板中选中“背景光.mp4”，找到“效果”面板中“视频效果”|“键控”|“图像遮罩键”，双击即可将此效果应用到“背景光.mp4”中。

（2）在“效果控件”面板中，选择“背景光 * 背景光.mp4”中的“fx 图像遮罩键”，单击右边的“设置”按钮，打开“选择遮罩图像”对话框，找到 nbu.png 图片（注意，如果该图片放在中文文件夹中，可复制到桌面，因为此操作不支持中文文件夹)，如图 8-19 所示。“fx 图像遮罩键”中“合成使用”设置为“Alpha 遮罩”。

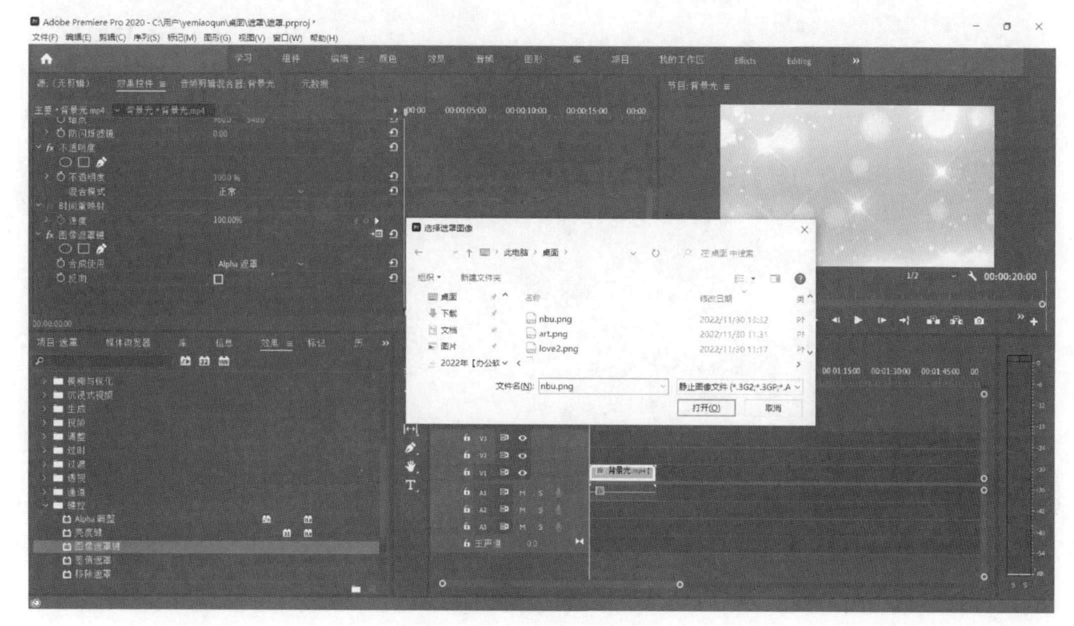

图 8-19　设置遮罩图像

(3) 单击“打开”按钮完成后，“背景光. mp4”视频放在“宁波大学”文字里面显示了，关闭“背景光”时间轴序列，此时“时间轴”面板中无序列。

(4) 在“项目”面板中拖动“玫瑰花开. mp4”到“时间轴”面板，创建了“玫瑰花开”序列。将“aixin. png”图片拖到“玫瑰花开”序列 V2 轨道，延长图片播放持续时间，使之与 V1 轨道视频相同。在时间轴中单击“aixin. png”，在“效果控件”面板中调整其缩放属性，适当放大。

(5) 在“时间轴”面板中选中“玫瑰花开. mp4”，找到“效果”面板中“视频效果”|“键控”|“轨道遮罩键”，双击。

(6) 在“效果控件”面板中，选择“玫瑰花开 * 玫瑰花开. mp4”中的“fx 轨道遮罩键”，设置“遮罩”为“视频 2”，“合成方式”为“Alpha 遮罩”，此时完成了“玫瑰花开. mp4”视频在爱心图片中播放，默认地，爱心图片以外的部分是黑色背景。右击节目监视器右下角的“设置”按钮，在弹出的快捷菜单中选择“透明网格”，此时效果如图 8-20 所示。

(7) 将“项目”面板中的“背景光”序列拖到 V3 轨道，删除音频部分。选中该轨道视频部分，在“效果控件”面板中，调整“背景光”的“缩放”属性为 30；调整“位置”属性(拖动数字，数字变化即可调整)，使其靠左下角，并将“位置”前面的码表打开。

(8) 右击 V3 轨道的“背景光”序列，在弹出的快捷菜单中选择“速度/持续时间”，打开“剪辑速度/持续时间”对话框，设置持续时间为 00:00:10:21，如图 8-21 所示，单击“确定”按钮。此时背景光持续时间与其他轨道相同。

(9) 在节目监视器播放指示器位置输入 1020 后按 Enter 键，调整“背景光”的“位置”属性，将文字靠右对齐，如图 8-22 所示。

(10) 关闭“玫瑰花开”序列时间轴。在“项目”面板中，右击“玫瑰花开”序列，在弹出的快捷菜单中选择“从剪辑新建序列”，再次生成一个“玫瑰花开”序列，修改该序列为“玫瑰花

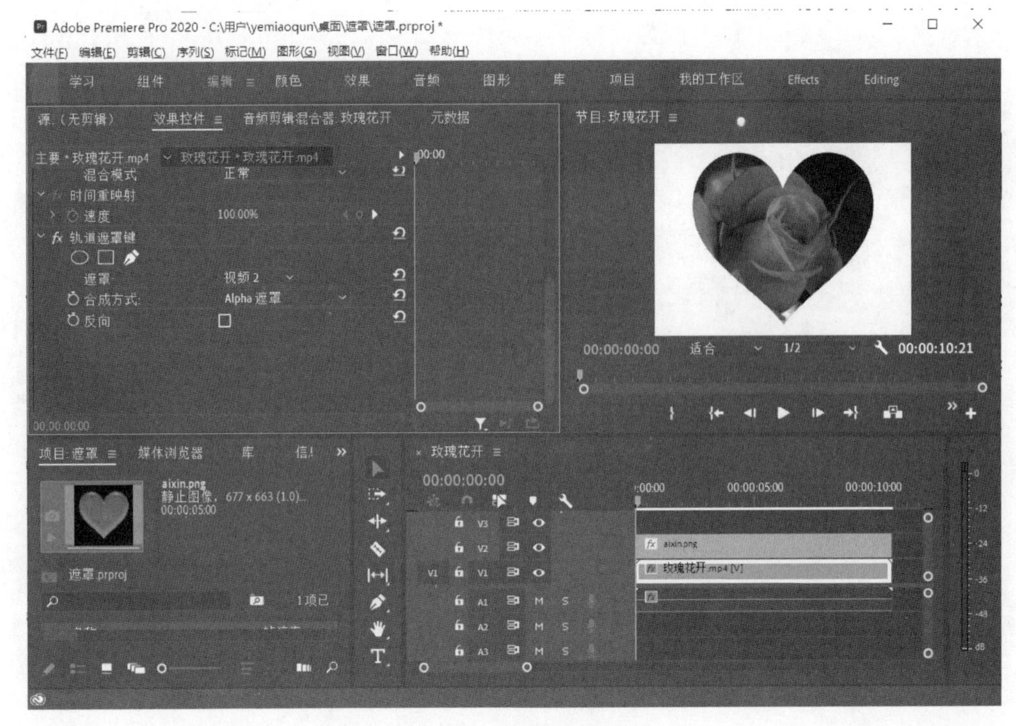

图 8-20 轨道遮罩设置

图 8-21 速度/持续时间设置

开花谢”序列。

(11) 在“时间轴”面板中,按住 Alt 键并拖动“玫瑰花开”序列到原来序列的右边,这样就会复制出一个序列,右击复制的序列,在弹出的快捷菜单中选择“速度/持续时间”,打开“剪辑速度/持续时间”对话框,选中“倒放速度”复选框,单击“确定”按钮,此时时间轴如图 8-23 所示。

(12) 预览播放效果,保存工程文件。

图 8-22　位置属性改变

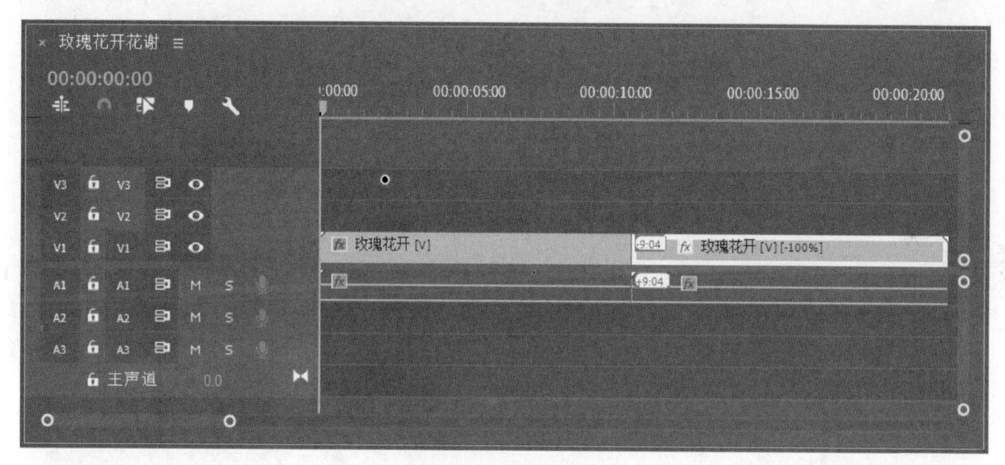

图 8-23　倒放设置

（13）选择菜单“文件”|“导出”|“媒体”，打开“导出设置”对话框，“格式”设置为“H. 264”，“输出名称”设置为“玫瑰花开花谢. mp4”，单击“导出”按钮即可完成 MP4 视频制作。

8.2.5.2　教学案例：星空舞台共舞

【要求】　已有“星空舞台. mp4”和“跳舞. mov”，现将跳舞者图像抠出来放到星空舞台中跳舞，并复制两个到舞台前面稍微放大并一起跳舞，效果如图 8-24 所示。

【操作步骤】

（1）打开 Premiere 程序，新建“星空舞台共舞”项目文件，将所有素材导入，将“跳舞. mov”拖入“时间轴”面板，生成了“跳舞”序列。

（2）选中 V1 轨道中的“跳舞. mov”，选中“效果控件”面板中的“fx 不透明度”的“自由绘制贝塞尔曲线”钢笔工具，沿着人物周围绿布以内单击绘制，如图 8-25 所示，最后封闭路径，将选择以外的部分隐藏。

图 8-24　星空舞台共舞效果

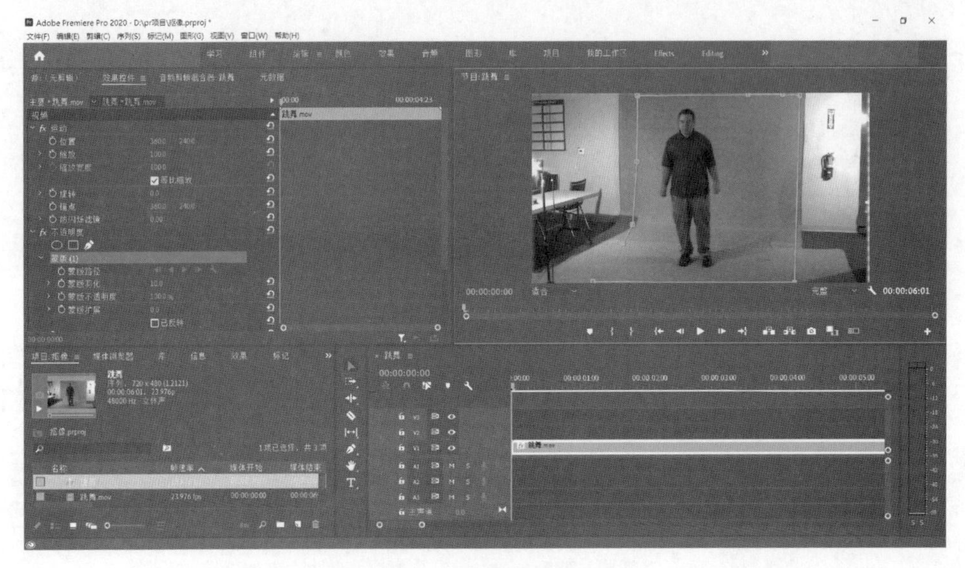

图 8-25　蒙版范围选择

（3）在“效果”面板中搜索“超级键”，将其拖动到 V1 轨道中的“跳舞.mov”。单击“效果控件”面板中的“fx 超级键”的“主要颜色”右边的吸管工具，再单击节目监视器中的绿色，“fx 超级键”的“设置”选择“强效”，如图 8-26 所示。此时已经完成跳舞者抠像。

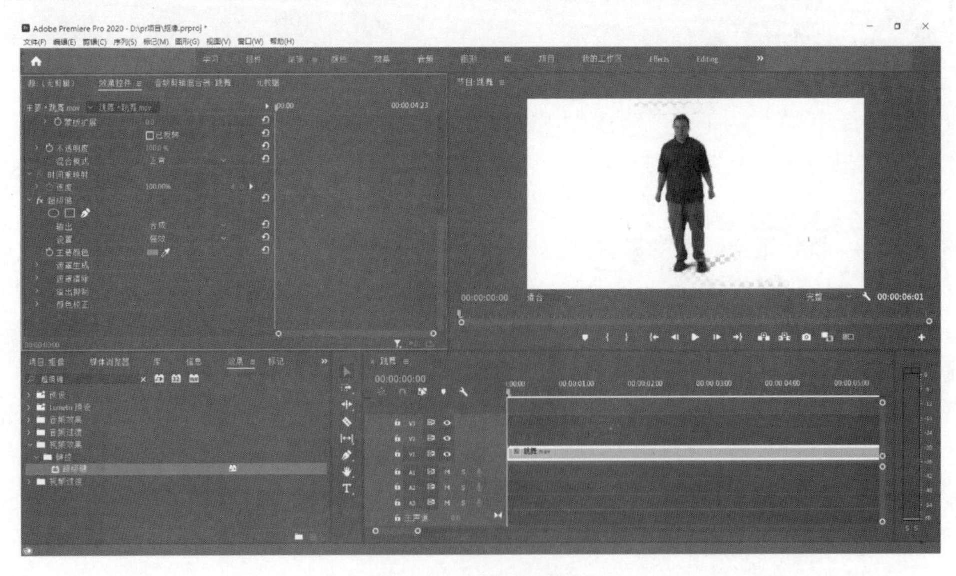

图 8-26　跳舞者抠像

(4) 关闭“时间轴”面板中的“跳舞”序列，将“项目”面板中的“星空舞台.mp4”拖动到空白的“时间轴”面板，生成了“星空舞台”序列。将“项目”面板中的“跳舞”序列拖动到“星空舞台”序列的V2轨道。将“星空舞台”缩短播放时间，使其与“跳舞”序列相同。

(5) 按住Alt键再拖动V2中的“跳舞”序列到V3轨道。选中V3轨道中的“跳舞”，在“效果控件”面板中设置其位置及缩放属性，使其在舞台左前方显示，如图8-27所示。

图8-27 复制一个舞者

(6) 参照第(5)步，再复制已经放大的舞者，调整其“效果控件”面板中的位置及缩放属性，使其在舞台右前方。

(7) 保存项目文件，在“项目”面板中选中“星空舞台”序列，导出“星空舞台共舞.mp4”效果视频。

8.2.5.3 知识点

在影视作品中，常常可以看到很多夸张的、震撼的、虚拟的镜头画面，尤其是好莱坞的特效电影。例如有些特效电影中的人物在高楼间来回穿梭、跳跃，这是演员无法完成的动作，此时可以借助一些技术手段处理画面，达到相应的效果。

抠像是指人或物在绿棚或蓝棚中表演，然后在Premiere等后期处理软件中抠除绿色或蓝色背景，更换为合适的背景画面，进而将人和背景很好地结合在一起，制作出更具视觉冲击力的画面效果。

抠像可以使用键控来实现。键控是运用虚拟技术将背景进行特殊透明叠加的一种技术，根据像素的颜色或亮度，有选择地把某些像素变透明。在“键控”效果组中，不仅能够通过遮罩点进行局部遮罩，还可以通过矢量图形、明暗关系等因素来设置遮罩效果，例如，图像遮罩键、超级键、轨道遮罩键、差异遮罩等效果。

1. 图像遮罩键

图像遮罩键有亮度和Alpha通道(记录像素的不透明度)两种模式，可以选择一张有亮暗区域的图片做亮度遮罩，或选择带通道的图片做Alpha遮罩。图像遮罩键效果根据静止图像剪辑(充当遮罩)的亮度值抠出剪辑图像的区域。透明区域显示下方轨道中的剪辑产生的图像。

可以指定项目中充当遮罩的任何静止图像剪辑,它不必位于序列中。用于遮罩的静止图像建议选择一幅灰度图像,因为彩色静止图像会基于图像的每通道移除同样的色阶,所以可能带来剪辑颜色的变化(通常是互补色)。可以使用标题文字作为遮罩的形状。

特别提示:图像遮罩的素材的名称一定要是英文名字,在英文文件夹中,否则效果是黑色的。

2. 超级键

超级键也称“极致键”,可将指定颜色的像素设置为透明。主要的属性设置如下。

输出:抠像结果的视图模式,包括合成、Alpha 通道和颜色通道。

设置:可尝试选择默认、强效、弱效等模式。不同模式下,遮罩生成、遮罩清除、溢出抑制等控件有不同的调整强度。

主要颜色:指定要抠像的颜色。如果不是纯色背景,用吸管工具选取颜色时,可以按住 Ctrl 键来选取,这样选取范围会由 1×1 变为 5×5,效果会更好。使用吸管工具时,建议在画面上多处单击,以确定最佳的抠像颜色。

3. 轨道遮罩键

轨道遮罩键可以使用一个轨道上任意剪辑的亮度信息或 Alpha 通道为叠加剪辑(应用此效果控件的剪辑)定义一个遮罩。作为遮罩的剪辑须置于上方轨道。遮罩剪辑中的白色区域将完全显示叠加剪辑对应的区域,黑色区域隐藏叠加剪辑对应的区域,而灰色区域是部分透明的。

例如,制作轨道蒙版文字,文字要放到上方轨道,要填充的视频或图片文件放到下方轨道,再给下方轨道视频添加轨道遮罩键,然后将轨道遮罩键的“遮罩”选项修改为文字所在的视频轨道。

轨道遮罩键主要的属性设置如下。

遮罩:指定要作为遮罩的剪辑所在的轨道。

合成方式:指定使用遮罩剪辑的 Alpha 通道还是亮度通道来抠像。

从效果及实现原理来看,轨道遮罩键实现效果与图像遮罩键效果相同,都是将其他素材作为遮罩后隐藏或显示目标素材的部分内容,但从实现方式来看,前者是将图像添加至时间轴后作为遮罩素材使用的,而后者则是直接将遮罩素材附加在目标素材上。

4. 亮度键

亮度键基于剪辑的亮度通道进行抠像。当主体与背景有显著不同的明亮度时,可使用此效果。该效果设计的初衷是为暗背景抠图。亮度键主要的属性设置如下。

阈值:抠像后暗部像素的不透明度。值越低,暗色像素越透明。

屏蔽度:抠像后不透明区域(亮色像素)的不透明度。值越大,不透明区域的不透明度越大。当“阈值”为 0%时,增加屏蔽度值,画面较亮的像素会先变透明;而当“阈值”为 100%时,则相当于增加较暗值的容差。

暗背景抠像一般设置较高的阈值和较低的屏蔽度;亮背景抠像一般设置较低的阈值和较高的屏蔽度。

5. 差值遮罩

差值遮罩主要用于复杂背景抠像，但需要一个背景相似的图层，将源剪辑和差值剪辑进行比较，然后在源剪辑中抠出与差值图像中的位置和颜色有差异的像素，而将无差异的像素设置为透明。差值遮罩主要用于抠除移动物体后面的静态背景，最适合使用固定摄像机和静止背景拍摄的场景。

当在不同的轨道中导入素材后，需要同时选中这两个素材，并将差值遮罩效果同时添加至两个素材中，然后在上方素材添加的效果中设置差值图层（指定要作为差异匹配的图像所在的轨道）。一般要隐藏此轨道。

6. 非红色键

非红色键视频效果的作用是同时去除视频画面内的蓝色和绿色背景，在广播电视制作领域内通常用于广播员与视频画面的拼合。在需要控制混合时，或在"颜色键"效果无法产生满意结果时，可使用"非红色键"效果来抠除绿屏或蓝屏。此效果基于绿色或蓝色来创建透明度，还允许混合两个剪辑。非红色键主要的属性设置如下。

阈值：抠像后透明像素（蓝色或绿色）的不透明度。值越小，透明度越大。

屏蔽度：抠像后不透明区域的不透明度。值越大，不透明区域的不透明度越大。当"阈值"为 0%时，增加屏蔽度值，画面上非蓝色或非绿色的像素会先变透明。

去边：用于去除抠像边缘残余的绿色或蓝色。

8.2.6 Premiere 字幕制作

8.2.6.1 教学案例：红旗飘飘

【要求】 已有"红旗飘飘片段.mp4""歌词.txt"文档，为视频加上字幕，使字幕中文字从左到右逐个显示。

【操作步骤】

(1) 打开 Premiere 程序，新建"红旗飘飘"项目文件，双击"项目"面板，导入"红旗飘飘片段.mp4"；拖动该视频到右下角的时间轴，会生成"红旗飘飘片段"序列。

(2) 在时间轴播放指示器位置输入 3300 后按 Enter 键，打开"歌词.txt"文档复制第一句"那是从旭日上采下的红"，选择"文字工具"后，单击节目监视器左下方位置，粘贴复制的文本。

(3) 在"效果控件"面板中可以展开相应文本属性，设置字体、字号、外观颜色等，如图 8-28 所示。利用"选择工具"移动文字到合适的位置。听声音调整文字字幕播放时长。

(4) 播放指示器位置还是在文字开始处，打开"效果"面板，在搜索框中输入"裁剪"，将其拖动到 V2 轨道中的文本。"效果控件"面板中出现 fx 裁剪，单击其下方"右侧"码表"切换动画"，再向右拖动其右方数字，使文字只显示一个字"那"，如图 8-29 所示。

(5) 拖动播放帧到文本末尾，设置"右侧"数字为 0，使文字全部显示。

(6) 按 Alt 键并拖动 V2 轨道第一个文字到右边，复制出第二个文字片段。拖动播放帧到第二个文字末尾，复制"歌词.txt"文档中第二句"没有人不爱你的色彩"，选择"文字工具"后，单击原来的文字，粘贴后替换它。用选择工具调整文字位置，听声音调整文字字幕播放时长。

(7) 重复第(6)步就可以完成所有字幕添加，并实现文字从左到右逐个出来。

图 8-28　加入字幕文字

图 8-29　文字裁剪效果设置

8.2.6.2　知识点

1. 旧版标题

制作方法：选择菜单“文件”|“新建”|“旧版标题”，在旧版标题窗口用文字工具输入文字、调节属性、对齐方式等。

批量制作：在“项目”面板中复制、粘贴第一个字幕文件得到多份同样格式的字幕文件，双击文件输入文字即可。

2. 开放式字幕

制作方法：选择菜单“文件”|“新建”|“字幕”或者选择“项目”面板右下角“新建项”|“字

幕”，在弹出窗口的标准选项上选择开放式字幕，在“项目”面板中找到新建立的开放式字幕，双击进入字幕窗口修改各项属性。

批量制作：双击开放式字幕文件进入字幕窗口，可单击下方的＋按钮生成同格式的多个空白字幕，在框内输入文字即可；可以导入字幕文件。

3. 图形字幕

制作方法：拖曳到想要加字幕的画面，使用文字工具在节目窗口单击输入文字即可。

批量制作：制作完第一个图形字幕后可以看到视频上方轨道出现一个代表字幕的条块，按住 Alt 键拖曳第一个字幕条块可以复制出多个同样格式的字幕条块。

8.2.7 Premiere 导入和导出

1. Premiere 支持的常见文件类型

(1) 视频格式：AVI、MPEG、ASF、WMV、MP4、QuickTime、RA、RAM 等。

(2) 音频格式：WAV、MIDI、MP3、WMA、MP4、RealAudio、ACC 等。

(3) 图像格式：JPG、GIF、PNG、BMP、TIFF 等。

(4) 序列文件格式：BMP 序列、GIF 序列、Targa 序列、TIFF 序列等。

2. 导入注意事项

1) 导入图层文件

在“导入”对话框中选择 Photoshop、Illustrator 等含有图层的文件格式时，选择需要导入的文件后，单击“打开”按钮，会打开“导入分层文件”对话框，在“导入为”下拉菜单中有合并所有图层、合并的图层、各个图层和序列 4 种类型，可根据制作需要进行选择。在“素材尺寸”下拉列表中还可以选择“文档大小”和“图层大小”导入。

2) 导入序列图片

序列图片是一种非常重要的素材源，由若干幅按序排列的图片组成，记录活动影片，每幅图片代表 1 帧，以数字序号为序进行排列。当导入序列图片时，应在“首选项”对话框中设置图片的帧速率，也可以在导入序列文件后，在“解释素材”对话框中改变帧速率。在“导入”对话框中选择序列文件中的第一个文件，再选中“图像序列”复选框，单击“打开”按钮即可。

3) 导入文件夹

当有许多素材时，还可以直接以文件夹的形式将素材导入项目，以方便管理。在“导入”对话框中选择需要导入的文件夹，单击“导入文件夹”按钮即可。

3. 解释素材

对于项目的素材文件，可以通过解释素材来修改其属性。在“项目”面板中选中素材并右击，在弹出的快捷菜单中选择菜单“修改”|“解释素材”，打开“修改剪辑”对话框，其中有如下选项。

帧速率：影片中的帧速率，可以通过“帧速率”选项区域进行设置，选中“使用文件中的帧速率”单选按钮，则使用影片的原始帧速率。选中“使用此帧速率”单选按钮，可以在文本框中输入新的帧速率，使影片按照新设定的帧速率进行播放。下方的“持续时间”显示影片的播放时间长度，改变帧速率后影片的时间长度也会发生改变。

像素长宽比：影片的像素长、宽之间的比率，可通过“像素长宽比”选项区域进行设置。一般情况下选中“使用文件中的像素长宽比”单选按钮，则使用影片原来的像素长、宽比。也可以选中“符合”单选按钮，在“符合”下拉列表中重新设定影片的像素长宽比。

Alpha通道：影片素材的透明通道，可通过“Alpha 通道”选项区城进行设置。在 Premiere 中导入带有透明通道的文件时，会自动识别该通道。选中“忽略 Alpha 通道”复选框，忽略 Alpha 通道。选中“反转 Alpha 通道”复选框，则保存透明通道中的信息，同时也保存可见的 RGB 通道中的相同信息。

8.2.8 Premiere 与其他 Adobe 产品

1. Premiere 与 After Effects

Premiere 与 After Effects 同为 Adobe 家族的产品，它们之间的互动非常良好。通过 Premiere“项目”面板中的一个素材可以动态链接 Dynamic Link 到 After Effects 项目文件中的一个合成。利用 After Effects 的特长，让 Premiere 如虎添翼完成难以完成的特效，并通过动态链接实时同步，从而在 Premiere 和 After Effects 之间快速、高效地共享媒体资源。

Premiere 中使用菜单“文件”|Adobe Dynamic Link|“新建 After Effects 合成图像”(或者“导入 After Effects 合成图像”)，实质上就是打开并运行 After Effects，并将在 After Effects 中新做的合成作为 Premiere“项目”面板中的“After Effects 合成素材”。

2. Premiere 与 Adobe Media Encoder

Adobe Media Encoder(简称 AME)是一款用于视频和音频的编码程序，用于渲染输出不同格式的文件。只有安装了与 Premiere 相同版本的 Adobe Media Encoder，才可以在 Premiere 中直接打开。在 Premiere 中选择菜单“文件”|“导出”|“媒体”，在打开的“导出设置”对话框中单击“队列”按钮，系统会自动打开 Adobe Media Encoder 软件，在该软件的“队列”面板中就可以找到导入的序列文件，选择对应的格式，单击“启动队列”按钮即可渲染输出效果文件。

使用 Adobe Media Encoder 的好处是可以在空闲时间批量渲染序列文件，在 Premiere 中将其导出到 Adobe Media Encoder 队列后，又可以编辑、剪辑其他视频了，从而能够节省很多的时间，提高工作效率。

8.3 After Effects 相关知识

After Effects 简称 AE，作为 Adobe 公司一款影视后期特效制作合成的软件，它有着专业性强、操作简便、高效等优势，在影视后期制作这个领域得到广泛使用。影视后期制作是前期先拍摄视频之后，然后根据脚本需要，把现实中无法拍摄的事物后期用 After Effects 制作合成，最后把虚拟的效果与拍摄现实的场景相结合起来。简单来说，即要对拍摄之后的影片或者软件所做动画做后期的效果处理，如影片的剪辑、动画特效、文字包装等。

After Effects 可以支持多种视频格式的编辑，将 Photoshop 图层的概念引入，可以对多图层的合成图像进行分图层编辑。除了对视频进行剪辑、修复外，After Effects 还提供了高级的关键帧运动控制、路径动画、变形特效、粒子特效等功能。

可以说，Photoshop 是处理静态图像的软件，而 After Effects 是处理动态视频的软件，两款软件都是 Adobe 公司的产品，都是基于图层的方式编辑。在工作中，可以把 After Effects 看作“动态的 Photoshop”。在 Photoshop 中的许多想法完全可以应用到 After

Effects 中来编辑处理。

本书以 Adobe After Effects 2020 为例进行讲解。

8.3.1 After Effects 面板和合成

1. 工具面板

After Effects 包含的工具用于修改合成图像中的元素，如图 8-30 所示。

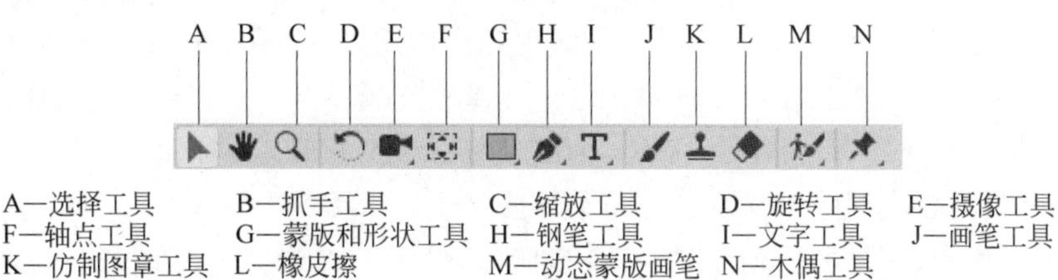

图 8-30　After Effects 工具

After Effects 大部分工具与 Photoshop 工具类似，个别工具介绍下。摄像工具只有在使用摄像机时才使用，主要用于调整摄像机的大小、方向以及角度。蒙版和形状工具的主要作用是在窗口中勾画蒙版，有矩形工具、圆角矩形工具、椭圆工具、多边形工具和星形工具。

2. "项目"面板和"时间轴"面板

"项目"面板起着放置和管理素材、合成的作用。"项目"面板列有"名称""类型""大小""媒体持续时间""文件路径"等。

"时间轴"面板是主要的设置图层属性和动画的面板。可以使用"时间轴"面板动态改变图层的属性，并设置图层的入点和出点(入点和出点是合成图像中一个图层的开始点和结束点)。"时间轴"面板的许多控件是按功能分栏组织的，每个功能区各有其特定作用，如图 8-31 所示。

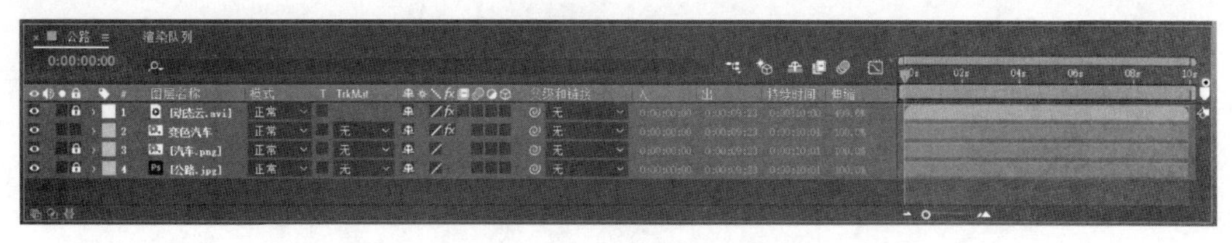

图 8-31　"时间轴"面板

在"时间轴"面板左侧，通过对图层各栏的开关，可以切换各图层的使用状态。

(1) 打开(独奏) 栏开关，在合成中排除其他层，只启用当前层或打开相同标记的层。

(2) 打开(锁定) 栏开关，可以锁定层，防止对该层进行意外操作，关闭后才能对其修改。

(3) 打开(隐藏) 栏开关，可以隐藏层，这个标记的图层在合成中隐藏。

单击"时间轴"面板左下部的(图层开关)、(转换控制) 和 ("入点"/"出点"/"持续时间"/"伸缩")窗格，可以切换这些栏的显示和关闭，其中图层开关和转换控制比较常用，一般在制作中都可显示出来。

在"时间轴"面板中可以为图层或图层效果改变一个或多个属性，并把这些变化记录下来，就可以创建关键帧动画。每个可以制作动画的属性参数前面都有一个"时间变化秒表"按钮，单击该按钮图标变成，即可制作关键帧动画。单击该按钮后，在"时间轴"面板中任何属性的变化都将产生新的关键帧,在"时间轴"面板中将出现关键帧图标。当用户再次单击"时间变化秒表"按钮时,将会停用记录关键帧功能,所有已经设置的关键帧将自动取消。在"时间轴"面板中单击"图表编辑器"按钮,即可显示关键帧曲线。在图表编辑器中,每个属性都通过它自己的曲线表示,用户可以方便地观察和处理一个或多个关键帧。

3. 合成面板

1)合成

After Effects 通过合成来组织素材的呈现和制作动画。After Effects 编辑操作必须要在一个合成中进行,一个工程项目内可创建一个或多个合成,每一个合成都能作为一个新的素材应用到其他合成中。也就是说,在 After Effects 中,可以在"项目"面板中创建多个合成,同时也可以将合成当作素材继续进行使用。

合成是影片的框架。每个合成均有其自己的时间轴,是建立影片的诸如音视频、动画、文本、矢量图形、静止图像等素材的容器。合成可包括多个图层,将素材分别放在图层中,通过时间轴安排素材的显示时间,通过关键帧设置素材的位置,并使用透明度功能来确定底层图层的哪些部分将穿过堆叠在其上的图层进行显示。创建合成是视频制作的基础,通过合成的堆叠可以制作出丰富的动画效果。

合成面板下方选项如图 8-32 所示。

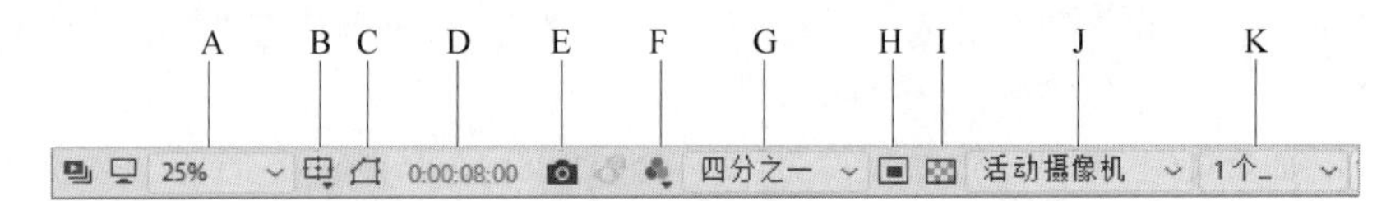

A—放大率弹出式菜单　B—选择网格和参考线选项　C—切换蒙版和形状路径可见性
D—预览时间　E—拍摄快照　F—显示通道及色彩管理设置　G—分辨率　H—目标区域
I—透明网格　J—3D视图弹出菜单　K—选择视图布局

图 8-32　合成面板

2)新建合成

新建合成的方法主要有以下几种。

- 选择菜单"合成"|"新建合成"。
- 通过在"项目"面板空白处右击,在弹出的快捷菜单中选择"新建合成"。
- 通过组合键 Ctrl+N,快速完成新建合成。
- 基于素材创建合成是以素材的尺寸和时间长度为依据进行合成的创建。在"项目"面板中选中需要合成的素材,选择菜单"文件"|"基于所选项新建合成",完成单个素材或多个素材的新建合成。

3)合成嵌套

合成嵌套是一个合成包含在另一个合成中。当对多个图层使用相同特效或对合成的图层分组时,可以使用合成嵌套。合成嵌套也被称为预合成,是将合成后的图层包含在新的合成中,这会把原始的合成图层替换掉,而新的合成嵌套又成为原始的单个图层源。

8.3.2 After Effects 导入与渲染输出

1. 导入

After Effects 作为影视后期制作软件,在进行特效制作时,素材是必不可少的,需要将所需素材导入“项目”面板，它主要用于素材的存放及分类管理。除了软件本身的图形制作和添加的滤镜效果外，大量的素材是通过外部媒介导入获取的，而这些外部素材则是后期合成的基础。

After Effects 可以导入多种类型与格式的素材。

(1) 图片素材：指各种设计、摄影的图片，是影视后期制作最常用的素材。常用的图片素材格式有 JPEG、TGA、PNG、BMP、PSD 等。

(2) 视频素材：指一系列单独的图像组成的视频素材形式，而一幅单独的图像就是一帧。常用的视频素材格式有 AVI、WMV、MOV、MPG 等。

(3) 音频素材：指一些字幕的配音、背景音乐和特效的声音等。常用的音频格式主要有 WAV、MP3 等。

2. 渲染输出

After Effects 中编辑、制作、保存的文件的扩展名为.aep，该文件是该软件生成的项目文件，仅可在 After Effects 软件中进行观看和编辑，并不适用于其他媒体平台。要想将 After Effects 中编辑好的作品转换为通用的媒体格式就需要通过渲染输出这个操作步骤来完成。

影片的渲染是将合成中的图像逐帧渲染，从已经创建的合成变成影片的过程。可以制作成包含所有已渲染的单个视频文件（如 *.avi 或 *.mov 文件），也可以制作成静止图像序列。

在 After Effects 中，通过选择菜单“文件”|“导出”|“添加到渲染队列”，After Effects 会打开“渲染队列”面板，该面板是对最终视频的渲染输出进行设置的面板。“渲染队列”面板中可以添加多个渲染任务，从而自动进行多次渲染或是渲染不同的格式尺寸。单击“渲染”按钮后即可开始渲染。

After Effects 渲染输出一般有两种用途。

(1) 将渲染输出的文件作为其他合成的素材使用，如将 After Effects 中输出的文件用于 Premiere 的素材，这种方式对于输出文件的质量要求比较高，一般要求为图像序列或高品质的影片，素材文件相对较大。

(2) 将渲染输出的文件用于媒体播放、光盘制作、视频预览等，用户就需要通过 Adobe Media Encoder 对影片进行压缩处理。此操作即可通过在 After Effects 中使用渲染队列完成，也可将合成导入 Adobe Media Encoder 完成。

Adobe Media Encoder 是一款专为 Premiere 与 After Effects 进行渲染的软件。使用 Adobe Media Encoder 可渲染出 After Effects 无法渲染的格式。使用 Adobe Media Encoder 进行渲染的另一个好处是，如果需要渲染多个视频文件，可以将它们一起放入 Adobe Media Encoder 中的队列中，这样可以集中渲染而不用用户每次等待一个视频渲染完成后才能进行下一个视频的渲染，以此达到节省时间的目的。

3. 收集文件

“收集文件”命令是把 After Effects 中某项目中使用的文件都收集到一个文件夹中，应用该命令以后，就不必再担心找不到数据。对于初学者来说，由于文件管理不当，在项目中显示彩条的情况时有发生。特别是将数据转移到其他计算机上时，会更经常出现这种问题。因此，希望在完成制作以后，使用“收集文件”命令将文件集中到一个文件夹中，然后再转移数据。

选择菜单“文件”|“整理工程文件”|“收集文件”完成收集文件操作。

8.3.3 After Effects 图层

8.3.3.1 教学案例：飞人跨火焰

【要求】 已有“飞人.gif”“火焰.mp4”“风云变幻.mp4”素材，实现飞人跨过火焰的效果，如图 8-33 所示，要求导出 AVI 和 MP4 两种格式的视频效果。

图 8-33　飞人跨火焰效果

【操作步骤】

(1) 新建 After Effects“飞人跨火焰”项目文件，将原素材全部拖入“项目”面板，再将“风云变幻.mp4”拖入“时间轴”面板，生成了“风云变幻”合成。

(2) 将“火焰.mp4”拖入“时间轴”面板图层“[风云变幻.mp4]”上方，单击“[火焰.mp4]”图层前面的>标记，展开“变换”中的“缩放”属性，设置为 30，将该图层缩小至 30%，图层混合模式设置为“屏幕”，如图 8-34 所示。

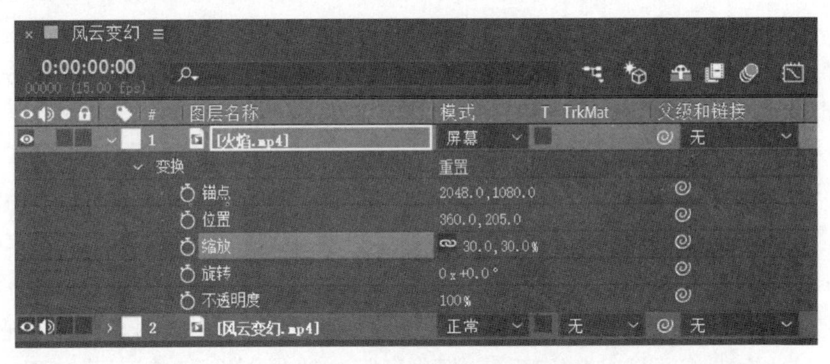

图 8-34　缩放与模式设置

(3) 右击“项目”面板中的“飞人.gif”，在弹出的快捷菜单中选择“解释素材”|“主要”，在打开的“解释素材”对话框中设置循环 3 次，拖动该文件到“时间轴”面板最上方。

(4) 右击“时间轴”面板左下方第 3 个按钮“展开或折叠入点/出点/持续时间/伸缩窗格”，使其处于选中状态。

(5) 在“[飞人.gif]”图层中，鼠标指针指向伸缩数字部分，按住鼠标左键向右拖动，该数字会变大，使该图层持续至时间线结束，如图 8-35 所示。该图层混合模式设置为“变暗”。

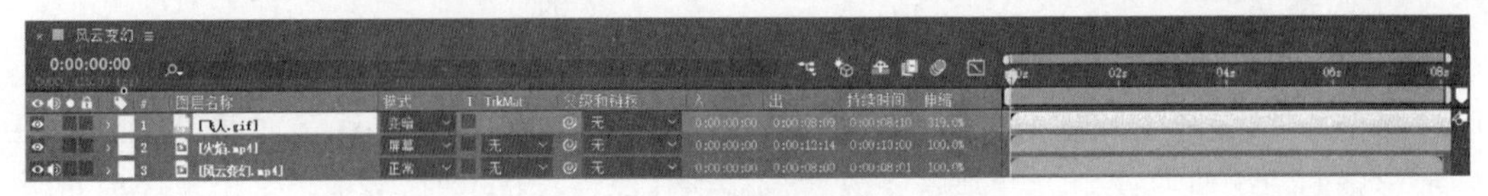

图 8-35　伸缩设置

(6) 定位当前时间指示器到 0,选中“[飞人.gif]”图层中的“位置”属性前面的时间变化秒表,拖动鼠标移动飞人到右下角。

(7) 定位当前时间指示器到 2s(即 0:00:02:00),拖动飞人到火焰右上方,定位当前时间指示器到 4s,拖动飞人到火焰中间上方,如图 8-36 所示。

图 8-36　飞人位于火焰上方

(8) 定位当前时间指示器到 6s,拖动飞人到树前方,定位当前时间指示器到 8s,拖动飞人刚好离开显示窗口左下角。

(9) 在“时间轴”面板中,移动飞人图层到火焰图层下方,按空格键预览效果。

(10) 选择菜单“文件”|“导出”|“添加到渲染队列”,出现“渲染队列”面板,设置“输出模块”为 AVI 格式,“输出到”为“飞人跨火焰.avi”,如图 8-37 所示,单击“渲染”按钮导出 AVI 视频结果。

图 8-37　After Effects 渲染队列

(11) 导出 MP4 格式视频,有两种方法。一种方法是将上面已经生成的 AVI 格式视频通过“格式工厂”软件,转换为 MP4 格式保存,这样存储空间减少些。这里采用第二种方法,选择菜单“文件”|“导出”|“添加到 Adobe Media Encoder 队列”,打开 Adobe Media Encoder 软件,将“风云变幻.mp4”项目自动加入该软件“队列”面板,如图 8-38 所示,设置“格式”为“H.264”,“输出文件”为“飞人跨火焰.mp4”,单击右上角绿色三角形“启动队列”按钮,导出 MP4 视频,比较两种视频格式文件大小。

8.3.3.2　知识点

1. 图层的定义

在 Adobe 公司开发的图形图像软件中,对图层的概念都有很好的解释,而 After Effects

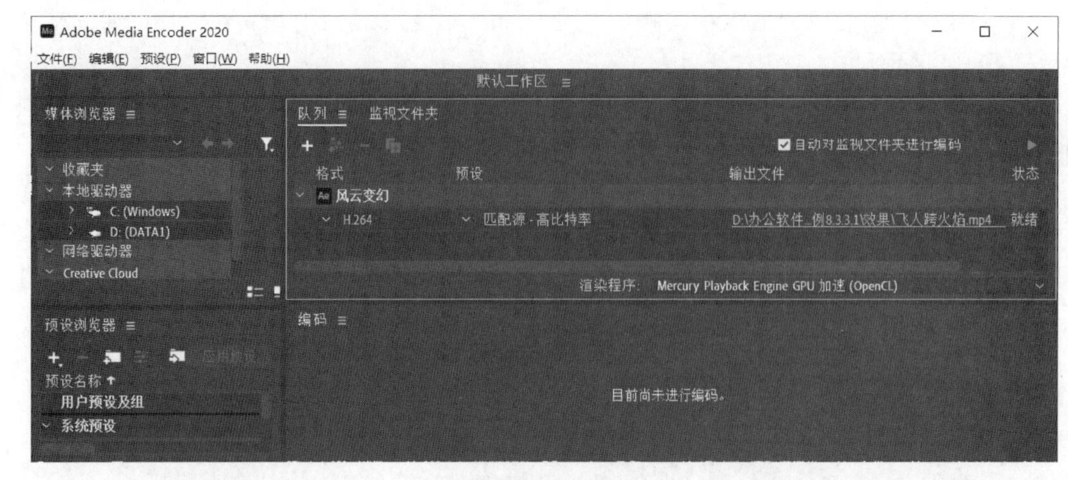

图 8-38　导出 MP4 格式

中的图层大多是用于实现动画，因此与图层相关的大部分命令都是为了让动画更丰富。After Effects 中包含的元素比 Photoshop 中的图层所包含的丰富得多，不仅包含图像文件，还包含摄影机、灯光、声音等。在 After Effects 中，相关的图层操作是在“时间轴”面板中进行的，所以图层与时间是相关的，都建立在素材编辑中。

After Effects 中的图层是基于动画制作的一个后期平台，所有的特效和动画都是在基础图层上进行制作和实现的。图层的定义就等同于是在一张透明的纸上进行制作，透过一层纸可以看到下一层纸的内容，但是不会影响每一个图层上的内容。最后将每层纸进行叠加，通过改变图层位置及创建新的图层，即可达到最后想要的制作效果。

图层是构成合成的元素。如果没有图层，合成就是一个空的帧，在后期制作时，可以根据需求通过新建图层进行合成创建，有些合成中包含众多图层，而有些合成仅仅包含一个图层。

用户可以在“时间轴”面板中调整图层的分布，图层的堆叠顺序会影响合成的最终效果，在默认设置下，图层按照从上到下的顺序依次叠放，上层图层的图像会遮盖下层图层的图像。用户也可以调整图层混合模式，使上下层进行各种混合，产生特殊的效果。

2. 图层的操作

1）创建图层

（1）选择菜单“图层”|“新建”，再选择相关的图层类型创建图层。

（2）右击“时间轴”面板空白区域，在弹出的快捷菜单中选择“新建”，再选择相关的图层类型创建图层。

（3）拖动“项目”面板中的素材到“时间轴”面板中相应位置，即完成了图层创建。

2）复制图层

（1）在“时间轴”面板中选择需要复制的图层，选择菜单“编辑”|“重复”，即可在当前的合成位置上复制一个图层。

（2）在“时间轴”面板中选择需要复制的图层，直接按组合键 Ctrl+D，即可在当前的合成位置上复制一个图层。

（3）如在指定位置复制与粘贴图层，在“时间轴”面板中选择需要复制的图层，选择菜单

"编辑"|"复制",或按组合键 Ctrl+C 直接复制。在选择要粘贴的位置,选择菜单"编辑"|"粘贴",或直接按组合键 Ctrl+V 进行粘贴。

3) 图层预合成

在进行项目制作时,有时需要将几个图层合并在一起,便于整体的动画制作。图层合并的方法是:在"时间轴"面板中选择想要合并的多个图层,然后右击,在弹出的快捷菜单中选择"预合成",或者直接按组合键 Ctrl+Shift+C。在弹出的"预合成"设置框中可设置预合成的名称,然后单击"确定"按钮将所选择的几个图层合并到一个新的图层中。

4) 拆分图层

在 After Effects 中可对"时间轴"面板中的图层进行拆分,即在图层上的任何一个时间点进行切分。具体拆分方法是:在"时间轴"面板中选择需拆分的图层,将当前时间指示器定位到需拆分的位置,选择菜单"编辑"|"拆分",或直接按组合键 Ctrl+Shift+D,将所选图层拆分开为两个单个图层。

5) 父子图层

在对某一个图层进行基础属性设置时,若想对其他图层产生相同的效果,可以通过设置父子图层的方式来实现。当父级图层的基础属性发生变化时,子级图层除透明度以外的属性随父级图层发生改变。一个父级图层可以同时拥有多个子级图层,但是一个子级图层只能有一个父级图层。可以在"时间轴"面板的"父级和链接"中指定图层的父级图层。

6) 删除图层

在项目制作过程中,需要将不需要的图层进行删除,删除图层的方法很简单,具体操作方法是:选中"时间轴"面板中需要删除的一个或多个图层,选择菜单"编辑"|"清除",或按快捷键 Delete 直接进行删除。

3. 图层的出入点

在进行图层编辑时,用户可在"时间轴"面板中对图层的时间出入点进行设置,也可通过手动调节的方法完成出入点的设置。具体操作是:

(1) 在"时间轴"面板中,按鼠标左键拖动图层的左侧边缘位置,或直接将"时间指示器"调整到相对应位置,使用 Alt+[组合键调整图层的入点。

(2) 在"时间轴"面板中,按鼠标左键拖动图层右侧的边缘位置,或直接将"时间指示器"调整到相对应位置,使用 Alt+]组合键调整图层的出点。

4. 图层的播放速度

图层素材的播放速度可以根据需要调整,设置"时间轴"面板中"伸缩"的数值大于100%时,素材为慢镜头素材;设置"伸缩"的数值小于 100%时,素材为快镜头素材;设置"伸缩"的数值等于 100%时,素材为正常播放速度;设置"伸缩"的数值等于-100%时为倒放素材。

5. 图层的"变换"属性

在 Adobe Effects 中,图层的属性是基础关键帧动画的设置。除了音频图层是单独之外,其他的所有图层都包含 5 个基本的"变换"属性,分别是"锚点""位置""缩放""旋转""不透明度"属性等。

(1) "锚点"属性即用来控制图层的中心点,不管是调整图层的位置、缩放和旋转都是在锚点的基础上来操作的,按 A 键可以展开"锚点"属性设置。不同位置的锚点通过调整图层的位置、缩放和旋转来达到不同的视觉效果。

(2)“位置”属性则是可控制素材在画面中的位置,主要用来进行位移动画,按 P 键可展开位置属性设置。

(3)“缩放”属性即用来控制图层的大小,按 S 键可展开缩放的属性设置。默认是等比例缩放图层,也可选择非等比例缩放图层,可单击“约束比例”按钮将其锁定解除,即对图层的长宽进行调节;若将缩放属性设置为负值,则会翻转图层。

(4)“旋转”属性用于控制图层在合成画面中的旋转角度,按 R 键可展开旋转属性设置,旋转属性的参数设置主要由“圈数”和“度数”组成,以设置不同旋转参数的素材效果。

(5)“不透明度”属性主要用来对素材图像进行不透明的效果设置,按 T 键可展开不透明度的属性设置。当数值达到 100%时,即图像完全不透明,也就是全显示;而当数值为 0%时,即图像完全透明,也就是不显示。

6. 图层的类型

After Effects 中合成的元素种类很多,但都是在图层的基础上进行的。在项目制作时可创建各种图层,也可直接导入不同素材作为素材层,而 After Effects 为其提供了 10 种新建图层的类型,下面列出主要的图层类型。

(1) 文本:通过新建文本的方式为场景添加文字素材。

(2) 纯色:可创建任何尺寸和颜色都不相同的纯色层。纯色层和其他层一样,可用来制作蒙版遮罩,也可修改图层的变化属性,对其制作各种效果。

(3) 灯光:可模拟不同类型的真实灯光源,还可模拟出真实的阴影效果。

(4) 摄像机:有固定视角的作用,并可制作摄像机的动画。在项目制作时,可通过摄像机来创造一些空间场景或者浏览合成空间。

(5) 空对象:有辅助动画制作的作用,可对相应的素材进行动画和效果的设置。

(6) 形状图层:常用来创建各种形状图形,可以配合钢笔工具、椭圆工具、多边形工具等在合成窗口绘制出想要的形状。

(7) 调整图层:在通常情况下不可见,主要作用是使它下面的图层附加调整图层中的同样的效果,可辅助场景进行色彩上和效果上的调整。

7. 图层的混合模式

图层的混合模式就是将当前图层与下层图层相互混合、叠加或交互,通过计算的方式将几个图像进行混合,以产生新的图像画面效果。

在 Adobe Effects 中,有 8 组共 38 种混合模式,混合模式可通过选择菜单“图层”|“混合模式”进行设置,也可通过“时间轴”面板,右击,在弹出的快捷菜单中选择“混合模式”,还可直接在“时间轴”面板的“模式”中设置。

(1) 普通模式组:根据当前图层素材与下层图层素材的不透明度变化而产生相应的变化效果,包括正常、溶解和动态抖动溶解。

正常:这是图层混合模式的默认方式,较为常用。当不透明设置为 100%时,此合成模式将根据 Alpha 通道正常显示当前层,并且图层的显示不受其他层的影响;当不透明度设置小于 100%时,当前图层的每一个像素点的颜色将受到其他层的影响,根据当前的不透明度值和其他层的色彩来确定显示的颜色。

(2) 变暗模式组:使当前图层素材颜色整体加深变暗,包括变暗、相乘、颜色加深、经典颜色加深、线性加深和较深的颜色。

- 变暗：该模式是混合两图层像素的颜色时，对这二者的 RGB 值（即 RGB 通道中的颜色亮度值）分别进行比较，取二者中低的值再组合成为混合后的颜色，所以总的颜色灰度级降低，造成变暗的效果。谁暗谁保留。
- 颜色加深：使用这种模式时，会加暗图层的颜色值，加上的颜色越亮，效果越细腻。它让底层的颜色变暗，有点类似于正片叠底，但不同的是，它会根据叠加的像素颜色相应增加底层的对比度。它和白色混合没有效果。

（3）变亮模式组：使当前图层素材颜色整体变亮，包括相加、变亮、屏幕、颜色减淡、经典颜色减淡、线性减淡和较浅的颜色。

- 相加：指将基色与混合色相加，得到更为明亮的颜色。
- 变亮：通过选择基础色与混合色中的较明亮的颜色作为结果颜色，从而提高画面的颜色亮度。谁亮谁保留。
- 屏幕：合成图层的效果是显现两图层中较高的灰阶，而较低的灰阶则不显现（即浅色出现，深色不出现），产生一幅更加明亮的图像。

（4）叠加模式组：将当前图层素材与下层图层素材的颜色亮度进行比较，查看灰度后，选择合适的模式叠加效果，包括叠加、柔光、强光、线性光、亮光、点光和纯色混合。

- 叠加：采用此模式合并图像时，综合了相乘和屏幕模式的方法。即根据底层的色彩决定将目标层的哪些像素以相乘模式合成，哪些像素以屏幕模式合成。合成后有些区域图变暗，有些区域变亮。一般来说，发生变化的都是中间色调，高色和暗色区域基本保持不变。
- 柔光：作用效果如同打上一层色调柔和的光，因而称为柔光。作用时将上层图像以柔光的方式施加到下层。
- 强光：作用效果如同打上一层色调强烈的光，所以称为强光。所以如果两层中颜色的灰阶是偏向低灰阶，作用与正片叠底模式类似；而当偏向高灰阶时，则与屏幕模式类似；中间阶调作用不明显。该模式能为图像添加阴影。

（5）差值模式组：基于当前图层与下层图层的颜色值来产生差异效果，包括差值、经典差值、排除、相减和相除。

- 差值：从基色或混合色中相互减去，对于每个颜色通道，当透明度值为 100%时，当前图层的白色区域会进行反转，黑色区域不会有变化，而白色与黑色之间会有不用程度的反转效果。作用时，将要混合图层双方的 RGB 值中每个值分别进行比较，用高值减去低值作为合成后的颜色。所以这种模式也常使用，例如通常用白色图层合成一图像时，可以得到负片效果的反相图像。
- 相除：除法运算，即下方图层各通道值除以本图层的对应通道值，从而得到结果色。

（6）颜色模式组：改变下层颜色的色相、饱和度和明度等信息，包括色相、饱和度、颜色和发光度。

- 色相：用当前图层的色相值替换下层图像的色相值，而饱和度与亮度不变。
- 饱和度：用当前图层的饱和度替换下层图像的饱和度，而色相值与亮度不变。
- 颜色：兼有以上两种模式，用当前图层的色相值与饱和度替换下层图像的色相值和饱和度，而亮度保持不变。

(7) 模板模式组：可以将源图层转换为下层图层的遮罩，包括模板 Alpha、模板亮度、轮廓 Alpha 和轮廓亮度。

- 模板 Alpha：使用图层的 Alpha 通道创建模板。它是利用本身的 Alpha 通道与底部图层的内容相叠加，将底部图层都显示出来，从而达到使用蒙版的制作效果。
- 模板亮度：使用图层的亮度值创建模板。图层的浅色像素比深色像素更不透明。

(8) 共享模式组：可以使下层图层与源图层的 Alpha 通道或透明区域像素产生相互作用，包括 Alpha 添加和冷光预乘。

Alpha 添加：通过为合成添加色彩互补的 Alpha 通道来创建无缝的透明区域，用于从两个相互反转的 Alpha 通道或从两个接触的动画图层的 Alpha 通道边缘删除可见边缘。

8.3.4 After Effects 遮罩

8.3.4.1 教学案例：花开剪影

【要求】 已有“花开.mov”与“黑白剪影.mp4”素材，将素材合成，具体要求如下。

(1) 第一段实现“花开.mov”视频在黑白剪影中的黑色部分播放。

(2) 第二段实现“花开.mov”视频倒序播放，黑白剪影图层混合模式改为“相除”。

(3) 第三段实现“花开.mov”视频在“宁波大学欢迎你”文字中播放。

效果如图 8-39 所示。

图 8-39 花开剪影效果

【操作步骤】

(1) 新建 After Effects“花开剪影”项目文件，双击“项目”面板将原素材全部导入，将“黑白剪影.mp4”拖入“时间轴”面板，生成了“黑白剪影”合成。

(2) 将“花开.mov”拖入“时间轴”面板“黑白剪影.mp4”图层的下方，选择菜单“图层”|“变换”|“适合复合”(或者按 Ctrl+Alt+F 组合键)。

(3) 单击“时间轴”面板下方“展开或折叠转换控制窗格”，结合“切换开关/模式”按钮，使“时间轴”面板中显示“模式”，将“黑白剪影.mp4”图层的混合模式改为“屏幕”。定位当前时间指示器到 5s，效果如图 8-40 所示。

(4) 选中“花开.mov”图层，按 2 次 Ctrl+D 组合键复制两个图层，分别命名为“花谢”“花再开”。

(5) 右击“花谢”图层，在弹出的快捷菜单中选择“时间”|“时间反向图层”，将该图层反序播放。

(6) 将“花谢”图层中视频移动到 11:02 处开始，将“花再开”图层中视频移动到 21:19 处开始。

(7) 定位当前时间指示器到 11:02，选中“黑白剪影.mp4”图层，选择菜单“编辑”|“拆分图层”，“黑白剪影.mp4”被拆分成前后两段视频，分别将图层命名为“黑白剪影后”和“黑白

图 8-40　混合模式为“屏幕”效果

剪影前”。将“黑白剪影后”图层的图层混合模式改为“相除”。第 18 秒效果如图 8-41 所示。

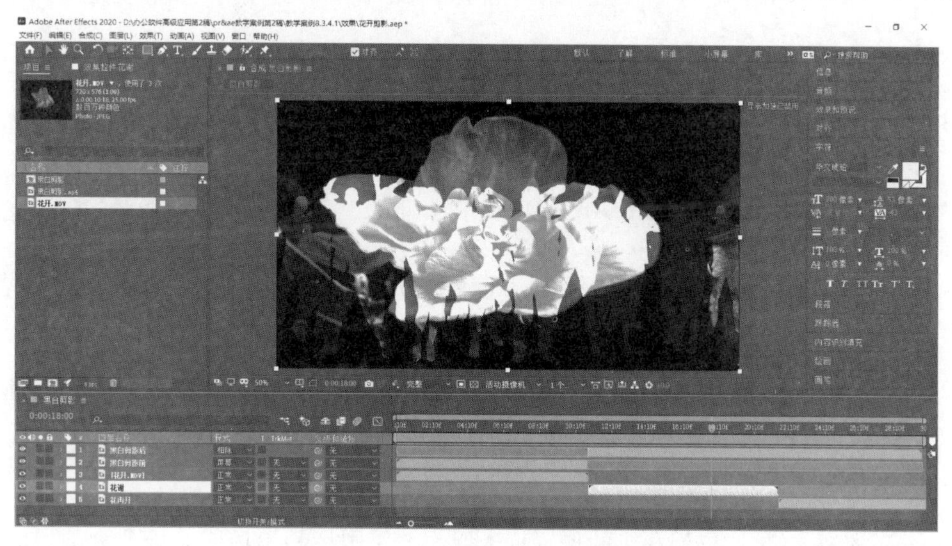

图 8-41　混合模式为“相除”效果

(8) 定位当前时间指示器到 21:19,选中“花再开”图层,使用“横排文字工具”在屏幕上输入“宁波大学欢迎你”,选中该文字图层的“独奏”按钮,调整字体为华文琥珀,大小为 266,在舞台中间显示。选中该文字图层,按 Alt+[组合键,将之前的文字删除。关闭文字图层的“独奏”按钮。

(9) 选中“花再开”图层,TrkMat 轨道遮罩选择“Alpha 遮罩‘宁波大学欢迎你’”,此时“花开. mov”视频在文字中播放。第 28 秒效果如图 8-42 所示。

(10) 选择菜单“文件”|“导出”|“添加到 Adobe Media Encoder 队列”,打开 Adobe Media Encoder 软件,输出文件到“花开剪影. mp4”。

(11) 选择菜单“文件”|“保存”,保存文件,然后选择菜单“文件”|“整理工程文件”|“收集文件”,将文件进行打包。

图 8-42　轨道遮罩效果

8.3.4.2　知识点

1. 轨道遮罩

轨道遮罩即遮挡、遮盖部分图像内容,并显示特定区域的图像内容,相当于一个窗口。不同于蒙版,轨道遮罩是作为一个单独的图层存在的,并且通常是上对下遮挡的关系。

轨道遮罩类型有 Alpha 遮罩、Alpha 反转遮罩、亮度遮罩和亮度反转遮罩。在创建轨道遮罩时要注意以下 3 个规则:

(1) 遮罩图层必须直接放置在影片图层(被遮罩层)的上方。

(2) 设置影片图层的轨道遮罩弹出菜单选项,而不是遮罩图层。

(3) 遮罩图层的视频开关保持关闭,也就是隐藏该图层。

2. Alpha 遮罩和 Alpha 反转遮罩

Alpha 遮罩读取的是遮罩层的不透明度信息。Alpha 遮罩指以遮罩层的 Alpha 通道透明信息做遮罩。对于遮罩层(上层)不透明的地方,被遮罩层(下层)位置的地方也会不透明;遮罩层透明的地方,被遮罩层相应的位置也透明。上层图层的不透明区域即为下层的显示窗口。

Alpha 反转遮罩则相反,遮罩层透明的位置被遮罩层不透明,遮罩层不透明的位置被遮罩层透明。

使用 Alpha 遮罩之后,遮罩的透显程度受到自身不透明度影响,但是不受亮度影响。遮罩层不透明度和透显程度成正比,也就是不透明度越高,显示的内容越清晰。Alpha 反转遮罩是将选区进行反转。

3. 亮度遮罩和亮度反转遮罩

与 Alpha 遮罩不同,亮度遮罩读取的是遮罩层的亮度信息,以遮罩层的黑白亮度信息来做遮罩。简单来说,遮罩层的亮度决定了被遮罩层的透明程度,黑色、暗色信息是透明的,白色、亮色信息是不透明的，根据遮罩层的黑白亮度分布信息决定被遮罩层相应位置是否透明。

亮度遮罩中，根据上层的亮度显示下层，上层纯白色的地方下层不透明，上层纯黑色的地方下层透明。即白色的部分（亮度为 255 时）透显程度最高，图片最清晰。黑色的部分（亮度为 0 时）图片完全不显示，图片最暗。灰色部分（亮度为 255/2＝127.5 时），清晰度为原图的一半，介于白色和黑色之间。也就是说遮罩层亮度值越大，显示出的图片越亮越清晰，反之越暗。

亮度反转遮罩是将选区进行反转，原理都是相同的。亮度反转遮罩中，根据上层的亮度显示下层，上层纯白色的地方下层透明，上层纯黑色的地方下层不透明。

亮度遮罩模式下，遮罩层不透明度不变的情况下，修改其亮度信息，透显出的图像清晰度会随之改变；遮罩层的透显程度，也会受到遮罩层的不透明度影响，不透明度越高，显示图像越清晰。

4. Alpha 遮罩、亮度遮罩与模板 Alpha、模板亮度的区别

Alpha 遮罩和亮度遮罩两个归属于轨道遮罩，而模板 Alpha 和模板亮度两个归属于图层混合模式，都起到遮罩的作用。前两者和后两者的区别仅在于作用方式以及作用图层的数量。

Alpha 遮罩和亮度遮罩是在被遮罩层上添加效果，仅对下方的一个图层起作用，使用时遮罩层不显示。而模板 Alpha 和模板亮度是在遮罩层上添加效果，并对下方的所有图层起作用，使用时遮罩层显示。

8.3.5 After Effects 抠像与蒙版

8.3.5.1 教学案例：爆炸模拟

【要求】 已有“爆炸火焰.mov”“街道.jpg”“路人.mov”素材，行走的路人需要从“路人.mov”视频中抠取出来，并组合另外两素材形成爆炸模拟现场，爆炸效果如图 8-43 所示。

图 8-43 爆炸效果

【操作步骤】

(1) 新建 After Effects“爆炸模拟”项目文件，将原素材所有内容导入，将“路人.mov”拖入“时间轴”面板，生成了“路人”合成。

(2) 在“路人.mov”图层中，定位当前时间指示器到 1s，按 Alt＋[组合键，将前面部分裁剪，拖动后面部分到前面，展开伸缩窗格，将伸缩设置为 125%。

(3) 单击“路人.mov”图层，使用钢笔工具沿着绿布周围选择，如图 8-44 所示，最后将其封闭，将选择以外的部分隐藏。展开“路人.mov”图层，可以看到“蒙版 1”，单击该蒙版，可以显示各锚点，拖动各锚点可以调整蒙版区域大小。

(4) 选中“路人.mov”图层，选择菜单“效果”|Keying|Keylight(1.2)，出现“效果控件路人.mov”面板。

(5) 在“效果控件”面板 fx“Keylight(1.2)”中，选择 Screen Colour 右边的吸管工具，在“路人.mov”视频的绿背景上单击，这时视频绿色区域大部分绿色清除了。

图 8-44　用钢笔工具制作蒙版

(6) 在“效果控件”面板 fx“Keylight(1.2)”中，View 选择 Screen Matte；单击 Screen Matte，设置 Clip Black 为 40 左右，Clip White 为 50 左右，使得绿背景变成纯黑，人物部分尽量变成纯白，如图 8-45 所示。View 恢复成 Final Result。经过设置后，绿色背景已经被清除。

(7) 将“项目”面板中的“街道.jpg”拖动到“时间轴”面板最下方，此时效果如图 8-46 所示，此时街道和路人已经合成。

(8) 拖动“项目”面板中的“爆炸火焰.mov”到“时间轴”面板“路人.mov”图层下方，图层混合模式改为“相加”。将时间指示器定位到 1:16 处，在时间线中，将“爆炸火焰.mov”移动到时间指示器 1:16 处开始。在“时间轴”面板中，设置“爆炸火焰”图层的“伸缩”至 327%左右，使得播放时间扩展到结束。

(9) 打开“爆炸火焰.mov”图层的“缩放”属性前面的码表，如图 8-47 所示。1:16 处“缩放”属性设置为 100；2:16 处“缩放”设置为 156；3:08 处“缩放”设置为 217；4:00 处“缩放”设置为 236。

(10) 选中“路人.mov”图层，打开该图层“缩放”和“位置(x,y)”属性前面的码表。2:16

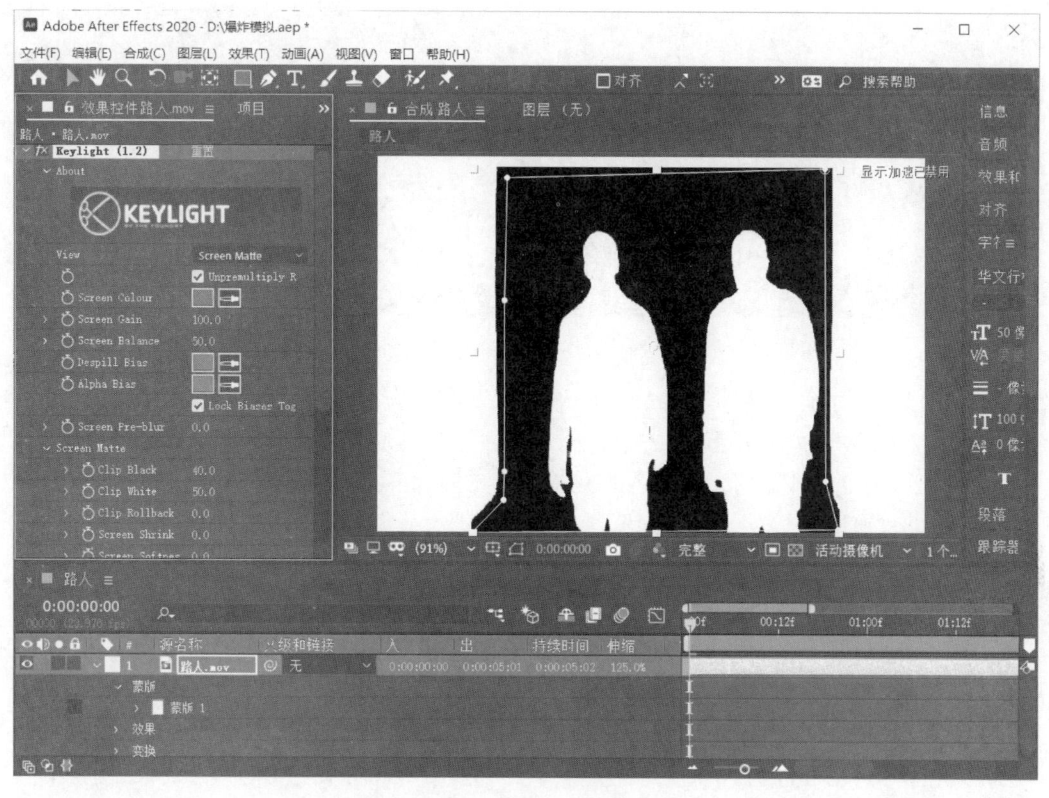

图 8-45　微调抠像效果

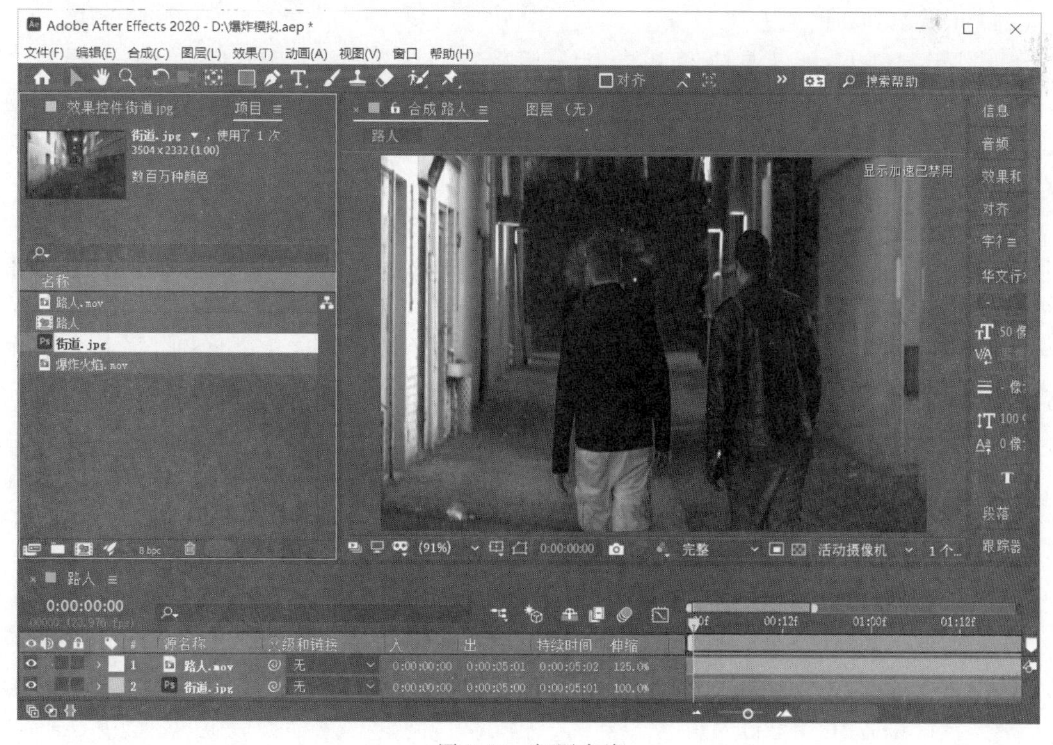

图 8-46　抠图完毕

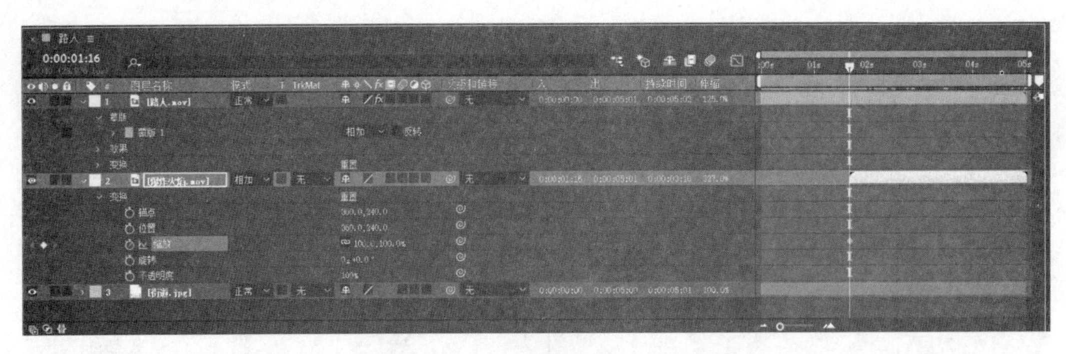

图 8-47　缩放动画设置

处“缩放”设置为 100,“位置 y”为 240；3:08 处“缩放”设置为 144,“位置 y”为 141；4:00 处“缩放”设置为 208,“位置 y”为 35；5:00 处,“位置 y”为 133。

(11) 按空格键预览效果,结合 Adobe Media Encoder 导出“爆炸模拟.mp4”效果视频。

8.3.5.2　知识点

1. 蒙版

After Effects 合成中,有时需要将图层的一部分遮盖或去除,从而突出或抹去一部分内容,这时就用到了蒙版。使用蒙版可以使图像中的某些部分局部显示或隐藏,用户可以使用矢量绘制工具进行蒙版的绘制。

蒙版是对图层绘制的一个区域或路径,控制图层的透明和不透明区域。封闭的蒙版对图层有遮盖作用,也可以提取或抠出需要显示的部分。蒙版依附于图层,与效果、变换一样,作为图层的属性存在,不是单独的图层。

1) 形状工具和钢笔工具

形状工具包括矩形工具、圆角矩形工具、椭圆工具、多边形工具和星形工具。

使用形状工具不仅可以创建形状图层,同时也可以创建蒙版图形。在未选择任何图层的模式下,使用形状工具将自动创建形状图层；如果选择的图层为纯色图层或普通素材图层等,将为该图层自动创建图层蒙版效果。

使用钢笔工具可以绘制出不规则的路径和蒙版。用钢笔工具绘制闭合路径时,绘制即将完成时,将指针放置在第一个顶点上,并且在一个闭合的圆图标出现在指针旁边时,单击该顶点即可。

After Effects 中的矢量图形元素包括蒙版路径、形状图层的形状和文本图层的文本,不仅可以使用矢量图形工具绘制出矢量形状,同时可以为这些形状制作动画效果。

2) 蒙版的创建

使用形状工具创建蒙版时,需要先在“时间轴”面板中创建蒙版的图层,在工具栏中选择形状工具,然后在图层合成中进行拖曳绘制即可。

使用钢笔工具可以创建任意形状的蒙版,所绘制的路径必须为闭合路径。使用钢笔工具创建蒙版时,需要先在“时间轴”面板中选择创建蒙版的图层,在工具栏中选择钢笔工具,然后在图层合成中绘制出一个闭合的路径即可。

After Effects 可以从第三方软件创建蒙版。例如,在 Photoshop 中先绘制一个自定形状路径,再按 Ctrl+C 组合键复制,然后在 After Effects 中选择需要创建蒙版的图层按 Ctrl+V 组合键粘贴,复制过来的形状路径还可以使用 Ctrl+T 组合键变换路径。

3）蒙版的作用

蒙版的作用主要有以下几点：

(1) 蒙版常用于修改图层的属性，如不透明度。

(2) 蒙版是可以添加效果的。有些效果可以同时作用到闭合路径和开放路径，如涂写、描边、路径文本等。而有些效果只能作用到闭合路径上，如填充、改变形状以及内部/外部键等。

(3) 蒙版可以作为特定对象的运动路径，如文字的路径等。

2. 抠像

抠像特效是 After Effects 中最具代表性的一类特效，主要用于去除素材的背景，也就是将主场景以外的背景通过这类特效转换为透明状态，从而可以与其他背景相融合。抠像是影视制作领域较为常用的技术手段。当看见演员在绿色或者蓝色的背景前表演，而在影片中看不到这些背景时，这就是运用了抠像的技术手段。

“抠像”一词是从早期电视制作中得来的，让演员在蓝色背景或者绿色背景前进行表演，将拍摄得到的素材采集到计算机中，然后利用抠像技术吸取画面中某一种颜色作为透明色，将它从画面中抠去使背景变得透明，最后与计算机制作的场景或者实拍场景进行叠加合成。这样，在室内拍摄的人物经抠像处理后与各种景物叠加在一起，能节省大量的制作成本，不但使得电影特效的制作更加方便，而且效果更加出色。

在 After Effects 中包含多个不同的抠像效果，可以方便地对一些素材根据颜色和亮度等进行较好的抠像，常用的抠像效果包括颜色键、Keylight(1.2)、溢出和抑制等。

Keylight 是一款工业级别的蓝屏或绿屏键控器，曾获得过多项大奖，其核心算法由 Computer Film 公司开发，并由 The Foundry 公司进一步开发移植到 After Effects 中。Keylight 易于使用，并且非常擅长处理反射、半透明区域和头发。由于抑制颜色溢出是内置的，因此抠像结果看起来更加像照片而不是合成。可以利用 Keylight(1.2)抠像技术完成许多令人叹为观止的作品。

8.3.6 After Effects 效果特效

8.3.6.1 教学案例：战斗机炸毁

【要求】 已有“导弹.png”“天空.avi”“战斗机 1.png”“战斗机 2.png”素材，如图 8-48 所示。组合所有素材模拟实现如下要求。

(1) 在战斗机 2 左下角位置发射导弹，再从左到右飞行。

(2) 战斗机 1 从右向左飞行，途中被导弹炸毁。

(3) 效果视频导出为“战斗机炸毁.gif”动画文档。

效果如图 8-49 所示。

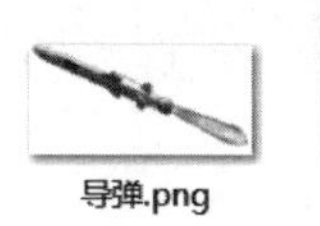
导弹.png

天空.avi

战斗机1.png

战斗机2.png

图 8-48 战斗机被炸毁案例素材

【操作步骤】

(1) 新建 After Effects“战斗机炸毁”项目文件，将所有原素材导入“项目”面板，再将

图 8-49　战斗机被炸毁效果

“天空.avi”拖到“时间轴”面板，生成了“天空”合成。

（2）按序拖入“导弹.png”“战斗机 2.png”“战斗机 1.png”到“时间轴”面板，从下到上图层为“天空.avi”“导弹.png”“战斗机 2.png”“战斗机 1.png”。

（3）选中所有图层，按 S 键显示“缩放”属性。单击空白区域，再单击“导弹.png”图层，设置其“缩放”属性为“－40,40”(负号完成水平翻转，取消选中前面的“约束比例”复选框)；设置“战斗机 2.png”的“缩放”属性为“40,40”；设置“战斗机 1.png”的“缩放”属性为“60,60”。

（4）定位时间指示器为第 15 帧时，移动各对象到如图 8-50 所示位置。

图 8-50　缩放设置

（5）分别选中各图层，按 P 键显示“位置”属性，选中前面的码表，创建位置关键帧。定位时间指示器为 0 时，移动战斗机 1 到查看器右边，只露出一点；移动战斗机 2 到查看器左边，露出一点，移动导弹到战斗机 2 左下方一点，此时看不到导弹，如图 8-51 所示。

图 8-51　位置属性设置

（6）定位时间指示器为第 25 帧时，移动战斗机 1 正好在查看器右边显示出来，移动战斗机 2 到查看器右边刚好看不到的位置，移动导弹到查看器右上角看不见的位置。

（7）拖动“当前时间指示器”当前帧从 15 帧到 25 帧，观察效果，微调战斗机 1 和导弹位置，使得导弹有射中战斗机 1 并移出查看器的效果，导弹射中战斗机 1 后被其挡住看不见了。

（8）定位时间指示器为 1:05 处时，移动战斗机 1 往下往左位置一些，大概在查看器中间上部区域。

（9）选中“战斗机 1”图层，选择菜单“效果”|“模拟”|“碎片”，添加碎片效果，“效果控件战斗机 1.png”出现“fx 碎片”，其中的“视图”设置为“已渲染”，“形状”中的图案设置为“玻璃”，如图 8-52 所示。

图 8-52　碎片效果设置

(10) 找到“fx 碎片”中的“作用力 1”中的“半径”属性，选中其码表，创建关键帧。定位时间指示器为 1:05 处时，设置“半径”为 0；定位时间指示器为 1:20 处时，设置“半径”为 0.12，移动飞机使其下坠，如图 8-53(a)所示；定位时间指示器为 1:29 处时，设置“半径”为 0.6，继续移动飞机使其下坠，如图 8-53(b)所示。

(a) “半径”为0.12

(b) “半径”为0.6

图 8-53 战斗机炸毁效果

(11) 按空格键预览效果，保存项目文件。选择菜单“文件”|“导出”|“添加到 Adobe Media Encoder 队列”，打开 Adobe Media Encoder 软件，“天空. avi”项目自动加入该软件“队列”面板，设置格式为“动画 GIF”，预设为“动画 GIF(匹配源)”，输出文件到“战斗机炸毁. gif”效果，单击“启动队列”渲染输出文档。

8.3.6.2 教学案例：地球旋转

【要求】 已有“地球贴图. jpg”和“视频素材. mp4”，完成地球由远及近和地球自转等效果，地球旋转效果如图 8-54 所示。

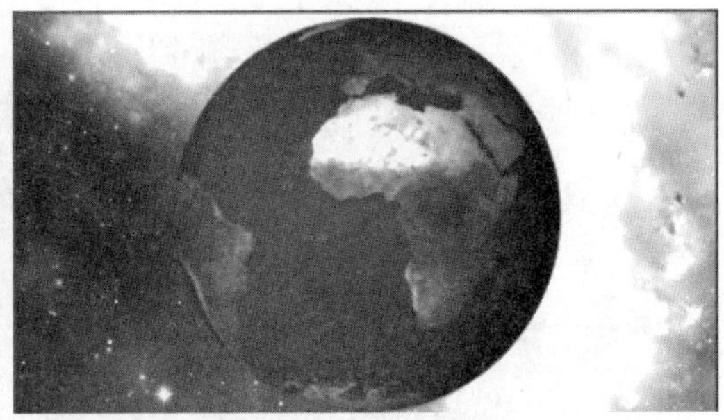

图 8-54 地球旋转效果

【操作步骤】

(1) 新建 Adobe Effects“地球”项目文件，双击导入所有素材，拖动“视频素材. mp4”到“时间轴”面板，右击该图层，在弹出的快捷菜单中选择“时间”|“时间伸缩”，打开“时间伸缩”对话框，将“伸缩因数”设置为 50。

(2) 右击“项目”面板中的“视频素材”合成，在弹出的快捷菜单中选择“合成设置”，打开“合成设置”对话框，设置合成的持续时间为 10s(0:00:10:00)。

(3) 拖动“地球贴图. jpg”到图层最上方，选择菜单“窗口”|“效果和预设”，在“效果和预设”面板中搜索 CC Sphere 找到该效果，将其拖动到“地球贴图. jpg”图层。

(4) 选中“时间轴”面板左下方“展开或折叠图层开关窗格”项，打开“地球贴图.jpg”图层的 3D 图层开关。

(5) 右击“时间轴”面板空白区域，在弹出的快捷菜单中选择“新建”|“摄像机”，打开“摄像机设置”对话框，“类型”选择“单节点摄像机”，“预设”选择“35 毫米”，如图 8-55 所示，单击“确定”按钮。

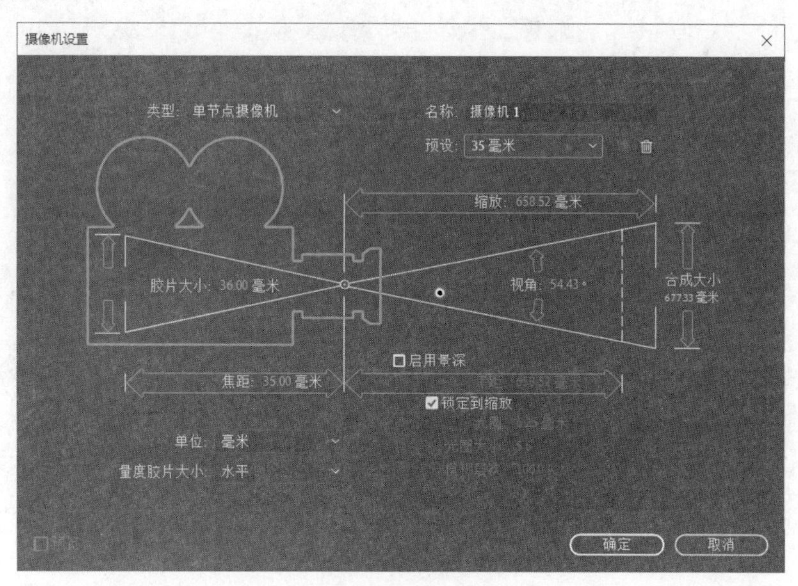

图 8-55　摄像机设置

(6) 选择“地球贴图.jpg”图层，定位当前时间指示器为 0 秒，找到并选中效果控件 fx CC Sphere|Rotation|Rotation Y 属性前面的时间变化秒表，记录关键帧。

(7) 移动“当前时间指示器”到最后一帧。设置 Rotation Y 属性为 2x+0。设置效果控件 fx CC Sphere|Light|Light Height 为 70，此时设计界面如图 8-56 所示，预览效果可发现地球已经可以自转。

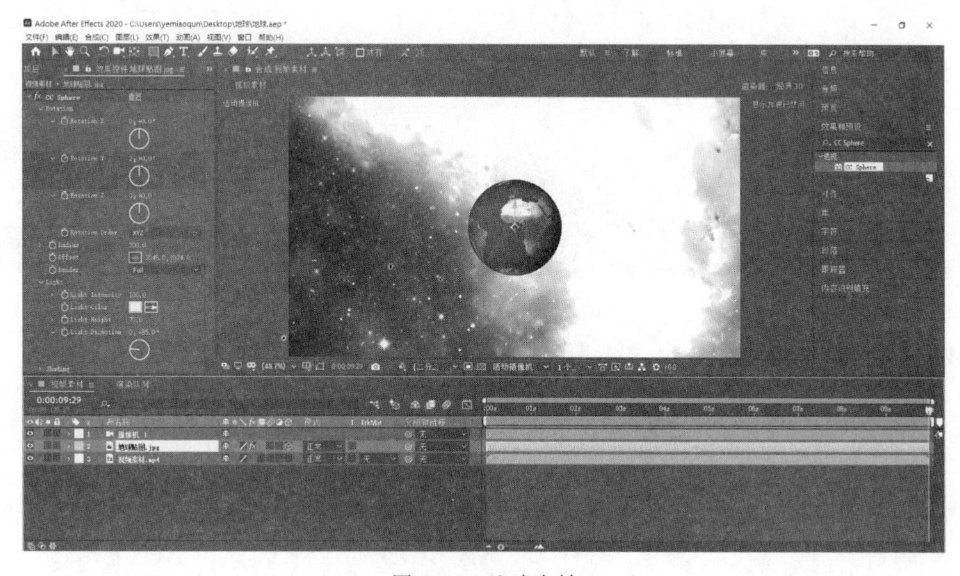

图 8-56　地球自转

(8) 选择“摄像机 1”图层，定位当前时间指示器为 0 秒，选中其位置(x,y,z)属性前面的码表，记录关键帧，设置其 z 轴在 −10 000 左右；时间线移动到最后帧时，设置其 z 轴在 −700 左右。在 9 秒时，设计效果如图 8-57 所示。

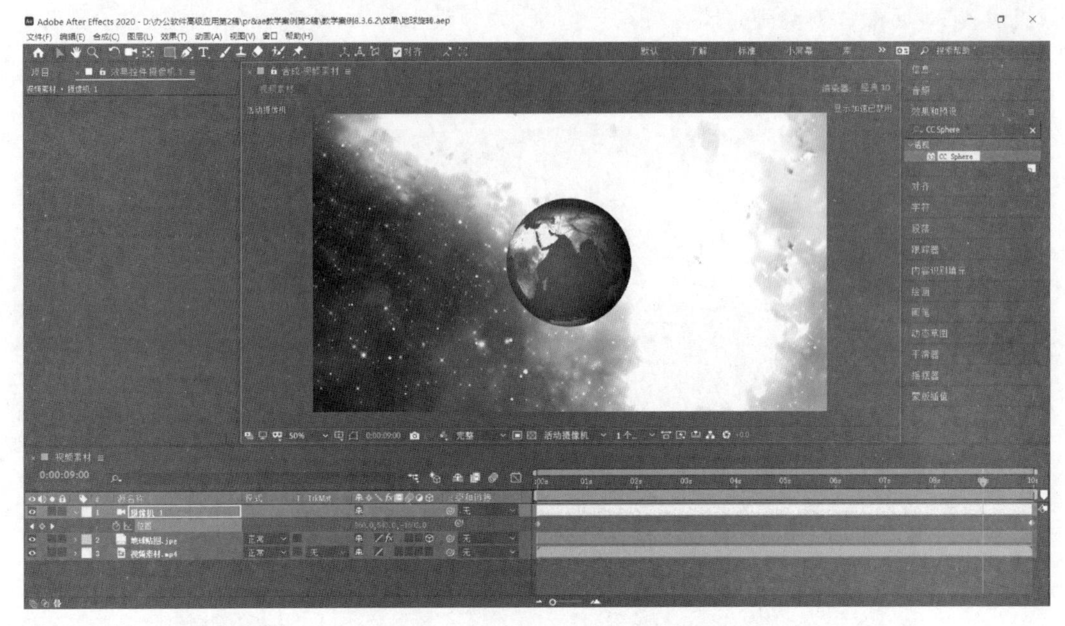

图 8-57　摄像机位置动画设置

(9) 预览并保存效果“地球旋转. mp4”，保存项目文件。

8.3.6.3　教学案例：渐变色汽车行驶

【要求】 已有“公路. jpg”“汽车. png”“动态云. avi”素材，完成汽车在公路上行驶，汽车分部分由黄色变为绿色，“公路. jpg”图片中的天空部分内容用“动态云. avi”视频替换，效果如图 8-58 所示。

图 8-58　汽车行驶效果

【操作步骤】

(1) 新建 Adobe Effects 项目文件，双击导入所有素材，拖动“公路. jpg”到“时间轴”面板，生成“公路”合成，设置合成的持续时间为 10 秒，延长公路图片一直到结束。

(2) 拖动“汽车. png”到最上层图层，定位当前时间指示器为 0 秒，拖动汽车到右边，设置汽车“位置”属性为(970,281)，设置“缩放”属性为 40。选中“位置”和“缩放”属性前面的时间变化秒表，记录关键帧。

(3) 移动“当前时间指示器”到最后一帧，拖动汽车到左边，设置汽车“位置”属性为(200,455)，设置“缩放”属性为85。选中“汽车”图层，按Ctrl+D组合键复制一个一样的图层，上层的“汽车”图层命名为“变色汽车”。

(4) 选中“变色汽车”图层，选择菜单“效果”|“颜色校正”|“色相/饱和度”，在“效果控件变色汽车”中设置主色相为0x+90，将汽车变为绿色。

(5) 定位时间指示器为1:08处时，选中“变色汽车”图层，选择“矩形工具”在汽车右边画一个矩形蒙版(矩形宽度要超过汽车高度一点)，打开该蒙版(蒙版1)属性，选中“蒙版扩展”属性前面的时间变化秒表，一开始“蒙版扩展”属性为0，如图8-59所示，此时只有矩形覆盖的车部分为绿色，其他车部分为黄色。

图8-59 变色汽车蒙版设置

(6) 移动“当前时间指示器”到最后一帧，设置“蒙版扩展”属性为450左右(可以进行调整，使得汽车全部为绿色)。锁定所有图层。

(7) 将“项目”面板中的“动态云.avi”拖动到图层最上方。当前时间指示器为0秒，按Ctrl+Alt+F组合键使得和查看器大小适合，或者右击“动态云.avi”图层，在弹出的快捷菜单中选择“变换”|“适合复合”。

(8) 单击“时间轴”面板左下方第3个按钮“展开或折叠入点/出点/持续时间/伸缩窗格”，使其呈选中状态。单击“动态云”图层中的“持续时间”，在打开的对话框中设置“新持续时间”为10s(0:00:10:00)。

(9) 设置“动态云”图层中“变换”下的“不透明度”属性为50。使用钢笔工具将天空部分勾画出来，如图8-60所示。

(10) 将“不透明度”属性恢复为100。选择菜单“效果”|“颜色校正”|“亮度和对比度”，在“效果控件”面板中设置亮度为80左右。

(11) 展开“动态云”图层中的蒙版(蒙版1)属性，找到“蒙版羽化”属性将其设置为20左

图 8-60 天空部分勾画

右。按空格键预览效果。保存项目“渐变色汽车行驶”,导出最后效果文件“渐变色汽车行驶.mp4”。

8.3.6.4 知识点

效果也就是特效,在 After Effects 中内置了上百种不同类型的效果,效果可以单独使用,也可以多个同时使用,通过添加效果,用户可以制作出绚丽的视觉特效。

特效是 After Effects 中一项非常重要的功能,要想用 After Effects 做出优秀的作品,就一定要熟练地掌握各种特效的使用方法。在 After Effects 中,用户可以通过两种方式来添加特效:一种是通过“效果”菜单来添加效果;另一种是通过“效果和预设”面板来选择添加。

当用户需要对多个图层运用同一个特效或对同一图层多次运用同一个特效时,可以先对某个图层添加特效并调整好参数,然后将设置好的特效复制到其他图层上。

After Effects 效果位于“效果”菜单或“效果和预设”面板的不同分组中,内置效果分组有 3D 通道、CINEMA 4D、Synthetic Aperture、实用工具、扭曲组、抠像组、文本组、时间组、杂色和颗粒组、模拟组、模糊和锐化组、沉浸式视频组、生成组、表达式控制组、过时组、过渡组、透视组、通道组、遮罩组、音频组、颜色校正组、风格化组。下面列举一些常用的特效。

(1) 路径文字特效可以在指定图层中输入顺着某路径排列的文字。

(2) CC Kaleida(万花筒)特效可以将图像转换为透过万花筒看到的效果。

(3) CC Glass(玻璃)特效可以通过对图像属性分析,添加高光、阴影以及一些微小的变形来模拟玻璃效果。

(4) CC Rainfall(降雨)特效可以模拟有折射和运动的降雨效果。

(5) CC Sphere(球面)特效可将图层映射到可光线跟踪的球体上。

(6) 马赛克特效可以将画面分成若干网格,每一格都用本格内所有颜色的平均色进行填充，使画面产生分块式的马赛克效果。

(7) 发光特效经常用于图像中的文字、logo或带有Alpha通道的图像，产生发光的效果。

(8) 镜头光晕特效可以合成镜头光晕的效果，常用于制作日光光晕。

(9) 粒子运动场特效可以通过物理设置和其他参数设置产生大量类似于物体独立运动的效果，主要用于制作星星、下雪、爆炸和喷泉等效果。

(10) 泡沫特效可以模拟各种类型的气泡、水珠效果。

(11) 碎片特效可以对图像模拟粉碎或爆炸处理，并且对爆炸的位置、力量、半径等参数进行控制。

(12) 四色渐变特效可以模拟霓虹灯、流光溢彩等迷幻效果。

(13) 更改颜色特效用于改变图像中的某种颜色区域的色调饱和度以及亮度。

(14) CC Particle World(粒子世界)特效用于制作粒子效果。

(15) 色相/饱和度特效可以用作更改对象的色相即饱和度。

8.3.7 跟踪与稳定运动

8.3.7.1 教学案例：气球汽车

【要求】 已有“汽车.mov”视频文档和“气球.png”图片文件。先将“汽车.mov”视频画面抖动消除，再使气球跟着汽车行驶，好像满载气球的汽车在行驶一样。效果如图8-61所示。

图8-61 满载气球的汽车行驶效果

【操作步骤】

(1) 打开After Effects程序，新建“气球汽车”项目文件，双击“项目”面板，导入所有素材，拖动“汽车.mov”到“时间轴”面板，生成“汽车”合成。利用菜单“窗口”|“跟踪器”打开“跟踪器”面板，单击“变形稳定器”按钮，等待数秒完成稳定操作。

(2) 在“项目”面板中，将“汽车”合成改名为“稳定汽车”合成。关闭“稳定汽车”“时间轴”面板。

(3) 右击“项目”面板中的“稳定汽车”合成，在弹出的快捷菜单中选择“基于所选项新建合成”，或者拖动“稳定汽车”合成到“项目”面板下方的“新建合成”按钮上，“时间轴”面板生成“稳定汽车2”合成。

(4) 右击“稳定汽车 2”,在弹出的快捷菜单中选择“合成设置”,再在打开的“合成设置”对话框中将合成名称修改为“气球汽车”,持续时间为 2s(0:00:02:00)。这样完成后,“气球汽车”合成中就嵌套了“稳定汽车”合成。

(5) “气球汽车”合成中,新建“纯色”图层,颜色任意,假设为白色,即生成“白色 纯色 1”图层。隐藏该图层,选中的图层还是该图层。

(6) 当前时间指示器设置为 0,选择“钢笔工具”,在查看器中照着汽车轮廓绘制封闭区域,如图 8-62 所示,在“白色 纯色 1”图层中形成“蒙版 1”蒙版。

图 8-62 在“白色 纯色 1”图层中绘制汽车轮廓蒙版

(7) 将“气球.png”拖动到“气球汽车”合成面板中间位置,设置“气球.png”图层的“缩放”属性(大概 60%)和“位置”属性[大概在(461,182)]。

(8) 将“气球.png”图层 Trkmat 轨道遮罩设置为“Alpha 反转遮罩‘白色 纯色 1’”,使得汽车满载气球的感觉,如图 8-63 所示。

图 8-63 气球设置

(9) 新建“空对象”图层“空 1”,将该图层放在最上面,将“白色 纯色 1”和“气球.png”图层的“父级和链接”都设置为“1.空 1”,如图 8-64 所示。

× ■ 气球汽车 ≡
0:00:00:00
00000 (23.980 fps)

#	源名称	模式	T TrkMat	父级和链接
1	空 1	正常		无
2	白色 纯色 1	正常	无	1.空 1
3	气球.png	正常	Alpha 反转遮罩	1.空 1
4	稳定汽车	正常	无	无

图 8-64 “空 1”空对象创建

(10) 选中“稳定汽车”图层,单击“跟踪器”面板中的“跟踪运动”按钮,查看器中出现“跟踪点 1”,其位置比较合适可以不用移动,运动目标已自动锁定为“空 1”。

(11) 当前时间指示器设置为 0,单击“跟踪器”面板的“向前分析”按钮,完成分析后,单击“跟踪器”面板的“应用”按钮,打开“动态跟踪器应用选项”对话框,应用维度选择“X 和 Y”,单击“确定”按钮。

(12) 按空格键预览效果。效果满意的话,下面制作成 GIF 动画。选择菜单“文件”|“导出”|“添加到 Adobe Media Encoder 队列”,进入 Adobe Media Encoder 程序,设置输出格式为“动画 GIF”,预设为“动画 GIF(匹配源)”,输出文件为“气球汽车.gif”,单击“启动队列”按钮渲染。

(13) 选择菜单“文件”|“整理工程(文件)”|“收集文件”,将所有文件收集到目标文件夹。

8.3.7.2 教学案例:电脑屏幕替换

【要求】 已有“电脑.mp4”视频文档,播放效果如图 8-65 所示。请将“电脑.mp4”视频中电脑的屏幕内容替换成“媒体.mp4”视频的内容,最后播放效果如图 8-66 所示。

图 8-65 原来“电脑.mp4”视频播放效果

图 8-66 替换屏幕后“电脑.mp4”视频播放效果

【操作步骤】

(1) 打开 After Effects 程序，新建“电脑屏幕替换”项目，双击“项目”面板，导入“电脑.mp4”视频，右击该视频文件，在弹出的快捷菜单中选择“基于所选项新建合成”，新建“电脑”合成。

(2) 选择菜单“窗口”|“跟踪器”，打开“跟踪器”面板，单击“跟踪器”面板的“跟踪运动”按钮，“跟踪类型”选择“透视边角定位”，界面如图 8-67 所示，此时查看器中出现四个跟踪点。

图 8-67　电脑屏幕初始状态

(3) 滚动鼠标放大视频内容，按空格键当鼠标形状变为手形时，可拖动鼠标移动视频图片内容显示看不见的图片区域。时间指示器定位到 0。鼠标指针定位在跟踪点 3 内矩形空白位置或者两矩形交界空白位置，拖动跟踪点 3 到视频的电脑屏幕左下角。同样，拖动跟踪点 4 到图中屏幕右下角，拖动跟踪点 1 到图中屏幕左上角，拖动跟踪点 2 到图中屏幕右上角，滚动鼠标缩小图片，此时跟踪点定位在屏幕四周，如图 8-68 所示。

图 8-68　跟踪点移动到四周

（4）在“跟踪器”面板中单击“向前分析”按钮，分析完成后选中该图层。如果分析过程中发现各跟踪点位置变化不符合在屏幕四周，那么可以移动到偏离时间点，重新纠正跟踪点，然后单击“向前分析”或者“向后分析”按钮，重新处理下。

（5）导入“媒体. mp4”视频，将其拖动到“电脑”图层上方，双击“电脑. mp4”图层，在“跟踪器”面板中单击“编辑目标”按钮，打开“运动目标”对话框，图层选择“1. 媒体. mp4”，如图 8-69 所示。

（6）在“跟踪器”面板中单击“应用”按钮，完成后发现电脑屏幕已经替换，如图 8-70 所示。预览视频结果，保存效果视频为“电脑屏幕替换. mp4”，保存项目文件。

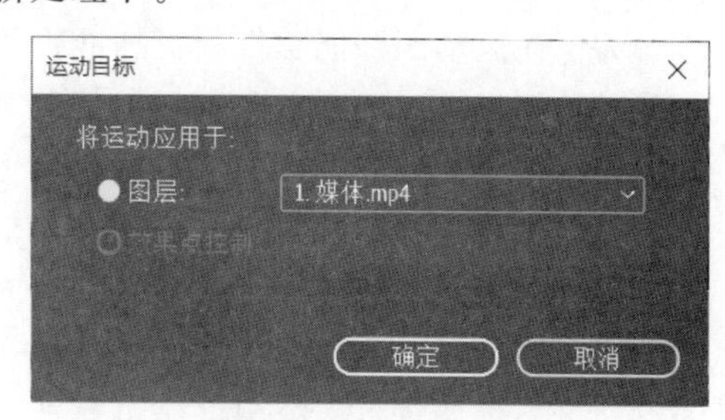

图 8-69　目标选择

图 8-70　屏幕替换完成

8.3.7.3　知识点

1. 跟踪运动

利用跟踪运动技术，用户可以跟踪对象的运动，然后将该运动的跟踪数据应用于另一个对象，创建图像和效果在其中跟随运动的合成。跟踪数据可以用来使被跟踪的图层动态化，以针对该图层中对象的运动进行补偿，还可以实现画面稳定的作用。

在 After Effects 软件中使用视频跟踪动态技术，实质上就是利用跟踪物体在动态的图像上对某一特征点进行跟踪，软件应用以后自动生成跟踪运动关键帧动画，这样跟踪物体就会产生贴在被跟踪的动态图像上一起运动的效果。

使用跟踪运动技术，可以降低影片拍摄的成本，在影视制作中的应用非常广泛，有些镜头在拍摄中很难达到，但利用运动跟踪技术却可以轻易地完成。

跟踪运动通过在图层画面中设置跟踪点来指定要跟踪的区域。每个跟踪点包含一个特性区域、一个搜索区域和一个附加点。点跟踪是运动跟踪的一种，根据跟踪点不同来划分跟踪方式，一般分为单点跟踪、两点跟踪、四点跟踪和多点跟踪。使用单点跟踪可以跟踪物体的位置，使用双点跟踪可以跟踪物体的位置、缩放或旋转，使用四点跟踪可以进行透视边角定位。

为了使运动跟踪能够得到更加准确的数据，被选择的跟踪目标必须具备明显的特征区域，拍摄对象的色相、明度和饱和度信息尤为重要，因为在 After Effects 中是将一个帧的图像数据与下一帧的图像数据进行对比来生成跟踪信息。被跟踪的区域在整个视频中需要保持形状、大小和颜色上的相似，同时有别于周围的区域。在整个视频中，要尽量保持跟踪区域的可见性。

2. 变形稳定器

变形稳定器可以消除因摄像机移动而导致的画面抖动，将抖动效果变为稳定的平滑拍摄效果，在添加该效果后，会在后台立即开始分析剪辑，当分析完成时，画面会显示稳定化的效果。

8.3.8 三维空间动画

8.3.8.1 教学案例：三维魔方动画

【要求】 已有“1. png”～“6. png”色子魔方图，分别为红、蓝、黄、青、紫、绿不同颜色，图片大小 600×600 像素，如图 8-71 所示。现要求在背景中实现此 6 个图拼成 6 个面的立体魔方，并设置从上到下左右微移、从小到大不停旋转等动画，效果如图 8-72 所示。

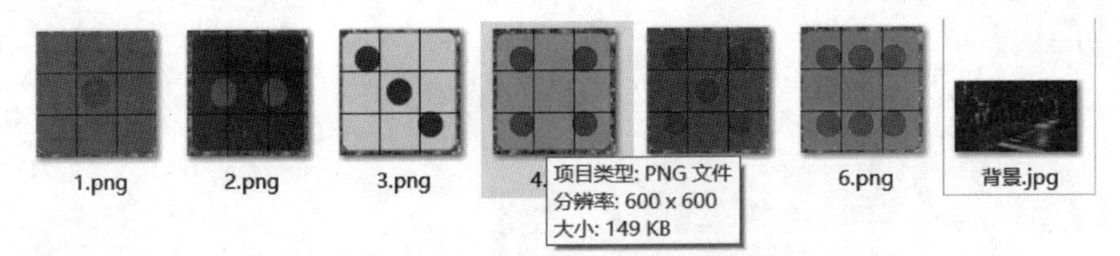

图 8-71 色子魔方图原素材

图 8-72 三维魔方效果

【操作步骤】

(1) 新建 After Effects“三维魔方动画”项目文件，双击“项目”面板空白区域，导入所有素材，将“背景. jpg”图片拖入“时间轴”面板，建立“背景”合成，设置合成持续时间为 10s，合成背景为白色，将“背景. jpg”图片播放时间延长至 10s。

(2) 同时选择“1. png”～“6. png”，拖动到“时间轴”面板中“背景. jpg”图片上方，打开 3D 图层开关，将“3d 视图弹出式菜单”原来的“活动摄像机”变为“自定义视图 1”。

(3) 只选择“1. png”图层，设置其“位置”属性中的 z 值(“位置”属性中第三个数字)由 0

变为 300(图片大小的一半)，如图 8-73 所示。此时“1. png”完成后面位置放置。

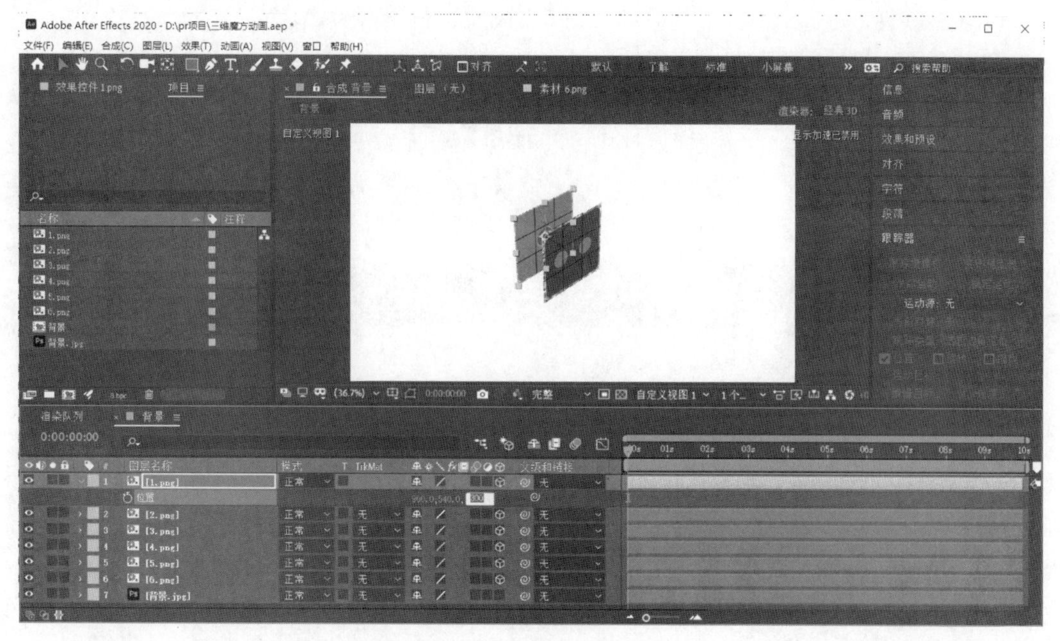

图 8-73　位置视图等变化

（4）将“6. png”图层的“位置”属性中的 z 值由 0 变为－300。此时“6. png”完成前面位置放置。

（5）将“2. png”图层的“方向”属性中的 y 值(“位置”属性中第二个数字)由 0 变为 90；“位置”属性中的 x 值(“位置”属性中第一个数字)由 960 变为 1260(原来的 960 加上 300)，如图 8-74 所示。此时“2. png”完成右边位置放置。

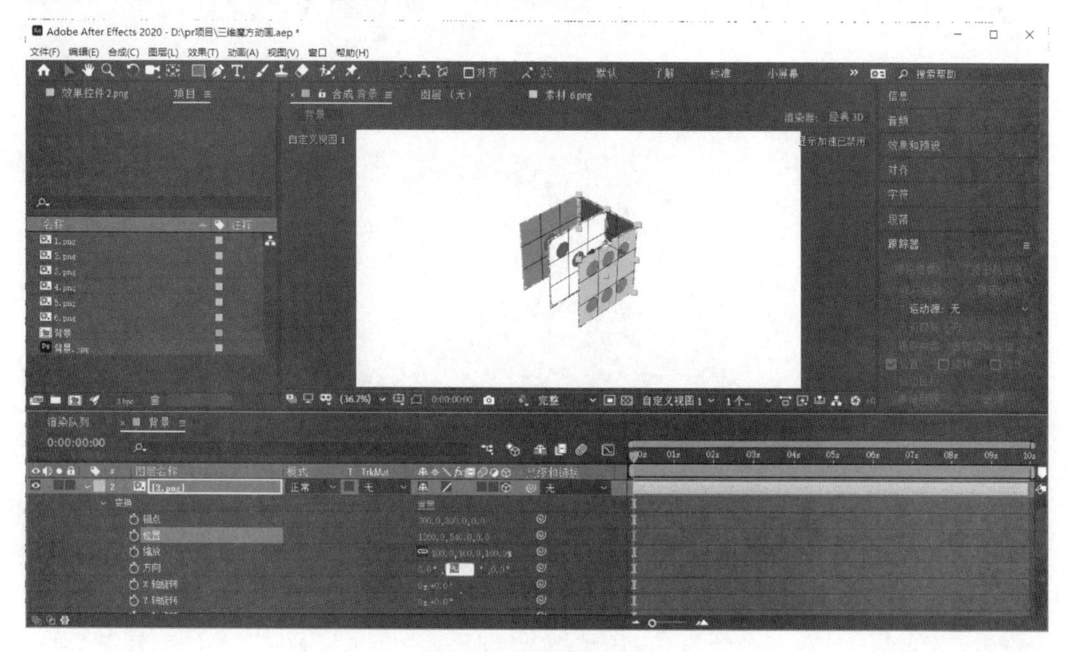

图 8-74　方向属性设置

(6) 将“5. png”图层的“方向”属性中的 y 值由 0 变为 90,“位置”属性中的 x 值由 960 变为 660(原来的 960 减去 300)。此时“5. png”完成左边位置放置。

(7) 将“3. png”图层的“方向”属性中的 x 值由 0 变为 90,“位置”属性中的 y 值由 540 变为 840(原来的 540 加上 300)。此时“3. png”完成下方位置放置。

(8) 将“4. png”图层的“方向”属性中的 x 值由 0 变为 90,“位置”属性中的 y 值由 540 变为 240(原来的 540 减去 300)。此时“4. png”完成上方位置放置,所有立方体的面已经构造完毕,如图 8-75 所示。

图 8-75　三维魔方完成

(9) 在“时间轴”面板中选中除背景外的 6 个图片,右击,在弹出的快捷菜单中选择“预合成”,打开“预合成”对话框,将“新合成名称”改为“魔方”,取消选中“打开新合成”复选框,选中“将所有属性移动到新合成”单选按钮,如图 8-76 所示,单击“确定”按钮。这样在“时间轴”面板中就出现了“魔方”图层,6 个图片已经合成到它里面了。

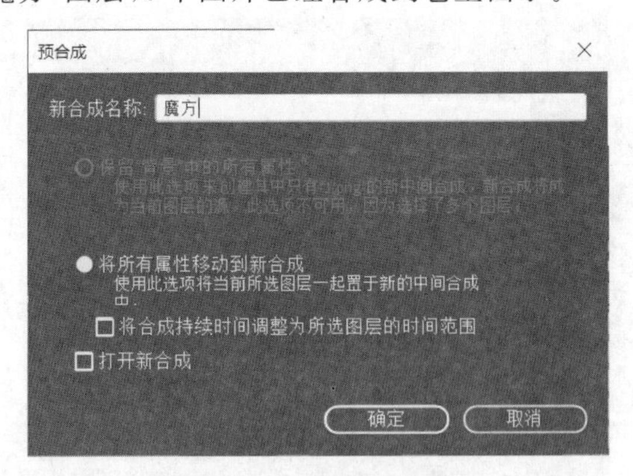

图 8-76　“预合成”对话框

(10) 打开“时间轴”面板中“魔方”图层的 3D 图层开关,将“3d 视图弹出式菜单”原来的“自定义视图 1”变为“活动摄像机”。打开“魔方”图层的“折叠变换”按钮,此时“魔方”图层显示为 1 魔方 。

(11) 定位当前时间指示器为 0,打开“魔方”图层的“位置”“缩放”“X 轴旋转”“Y 轴旋转”“Z 轴旋转”各属性前面的“时间变化秒表”,分别拖动“X 轴旋转”“Y 轴旋转”“Z 轴旋转”

右边的数字，任意设置各属性，如图 8-77 所示（效果可不同）。

(12) 定位当前时间指示器为 4s(0:00:04:00)，单击“位置”“缩放”“X 轴旋转”“Y 轴旋转”“Z 轴旋转”前面的“在当前时间添加/移除关键帧”，添加关键帧（颜色会变蓝），将当前状态记录下来。当前时间指示器为 8s 时，同样操作一遍。

(13) 定位当前时间指示器为 0，用“选取工具”拖动魔方到上方，可以发现“位置”属性会随之变化。“缩放”属性设置为 50 左右，其他旋转属性可随意设置。此时预览效果如图 8-78 所示（效果可不同）。

(14) 定位当前时间指示器为 8s，用“选取工具”拖动魔方到右方一点，可以发现“位置”属性会随之变化。“缩放”属性设置为 150 左右，其他旋转属性可随意设置。此时预览效果如图 8-79 所示（效果可不同）。保存效果视频为“三维魔方动画.mp4”，保存项目文件。

图 8-77　旋转魔方

图 8-78　魔方效果 1

图 8-79　魔方效果 2

8.3.8.2　教学案例：特写一家人

【要求】 已有“人物 1.png”～“人物 4.png”与“背景.jpg”素材，如图 8-80 所示。在“背景.jpg”图片中使用摄像机完成各人物依次特写放大出现，效果如图 8-81 所示。

图 8-80　原素材

图 8-81　特写一家人效果

【操作步骤】

(1) 新建 After Effects“特写一家人”项目文件，将所有素材导入，将“背景.jpg”拖入“时间轴”面板，生成了“背景”合成，在“项目”面板中右击该合成，在弹出的快捷菜单中选择“合成设置”，将背景颜色设置为白色，持续时间为 6s。

(2) 打开 3D 图层开关 ，在“合成背景”查看器中，“选择视图布局”为“2 个视图-水平”，此时查看器出现左右 2 个视图。

(3) 单击左边视图，将其“3d 视图弹出式菜单”变为“顶部”，滚动鼠标缩小视图显示，使“放大率弹出式菜单”为 1.5%。

(4) 单击右边视图，将其“3d 视图弹出式菜单”设为“活动摄像机”，滚动鼠标缩小视图显示，使“放大率弹出式菜单”为 12.5%。

(5) 选中左边“顶部”视图，右击“时间轴”面板空白区域，在弹出的快捷菜单中选择“新建”|“摄像机”，打开“摄像机设置”对话框，类型选择“单节点摄像机”，预设选择“35 毫米”，单击“确定”按钮。

(6) 按键盘中向下箭头键将摄像机拖动到下方，可以发现右边视图中的“背景.jpg”图片逐步变小，如图 8-82 所示，移动摄像机到底部左右。

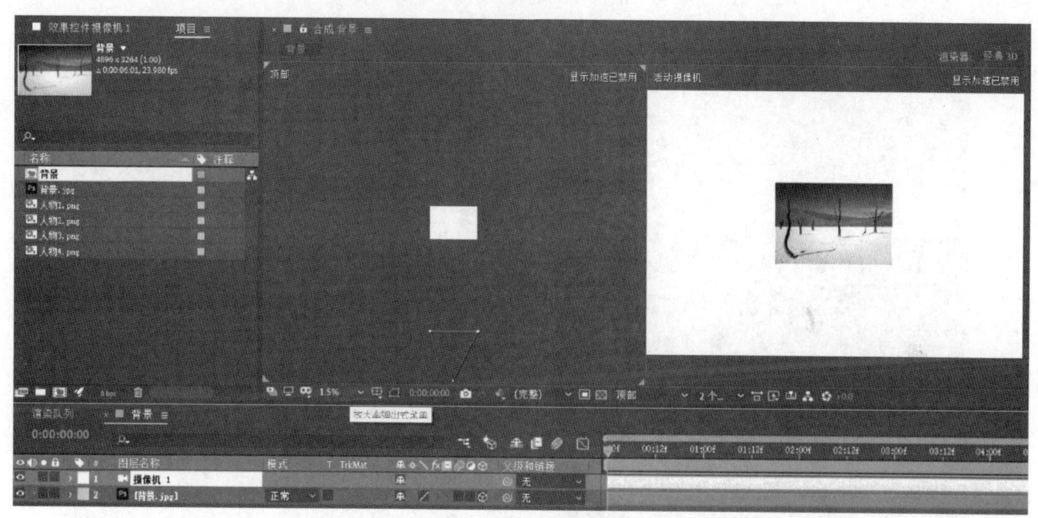

图 8-82　摄像机插入

(7) 选中右视图中图片，将鼠标指针指向左视图坐标轴标记区域(滚动鼠标可以放大查看)，微微移动(当围绕坐标轴轴移动鼠标时，会出现 X、Y 和 Z 轴。X 代表左右，Y 代表上下，Z 代表缩放)，当鼠标箭头旁边出现 z 标记时，将其拖动到查看器上方顶部附近。

(8) 拖动放大右视图原来小的图片左上角控点，使得图片充满右视图白色区域，如图 8-83 所示。左视图顶部下方的横线代表的就是图片的位置和大小。说明：这里放大图片的目的是当摄像机移动时背景一直存在，而不会出现空白。

(9) 同时选中 4 个人物图片，将其拖动到“摄像机 1”和“背景.jpg”图层中间，全部打开 3D 图层开关。在“时间轴”面板空白位置单击，取消同时选中人物图片。

(10) 选中“人物 1.png”图层，将鼠标指针指向左视图坐标标记区域，微微移动，当鼠标指针箭头旁边出现 z 标记时，往下拖动，可以发现右视图人物 1 逐渐放大，这是因为逐渐向摄像镜头靠拢。当鼠标指针箭头旁边出现 x 标记时，向左拖动，观察右视图人物移动位置，将人物移向左下角，如图 8-84 所示。移动的同时可以观察该图层“时间轴”面板中的位置变化。

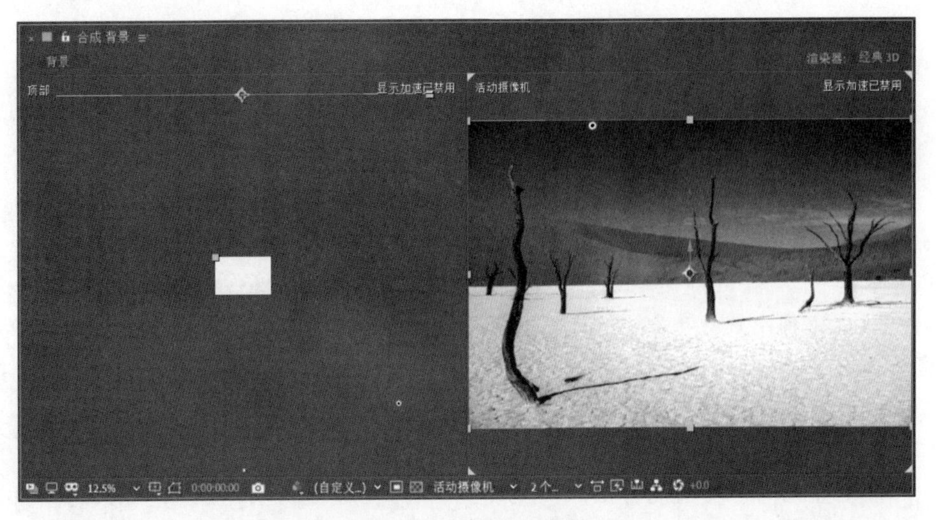

图 8-83　移动放大背景

图 8-84　人物 1 的位置调整

(11) 选中“人物 2. png”图层，左视图中左边坐标轴出现 z 标记时往下拖动，位置大概在白色区域与人物 1 中间附近。当鼠标指针箭头旁边出现 x 标记时往左拖动，拖动该人物右视图左上角控点，适当放大该人物，使得人物 2 排在人物 1 后面。

(12) 选中“人物 3. png”图层，左视图中左边坐标轴出现 x 标记时往左拖动，拖动该人物右视图左上角控点，适当放大该人物，使得人物 3 排在人物 2 后面。

(13) 选中“人物 4. png”图层，左视图中左边坐标轴出现 z 标记时往上拖动，位置大概在白色区域与顶部横线中间附近。当鼠标指针箭头旁边出现 x 标记时往左拖动，拖动该人物右视图左上角控点，适当放大该人物，使得人物 4 排在人物 3 后面。

(14) 此时查看器如图 8-85 所示。左视图中的短横线从下到上分别代表人物 1～人物 4，三角形代表摄像机。

(15) 展开“摄像机 1”的“位置”属性，当前时间指示器设置为 0，选中“位置”属性前面的时间变化秒表，记录下关键帧，移动“当前时间指示器”到最后一帧。

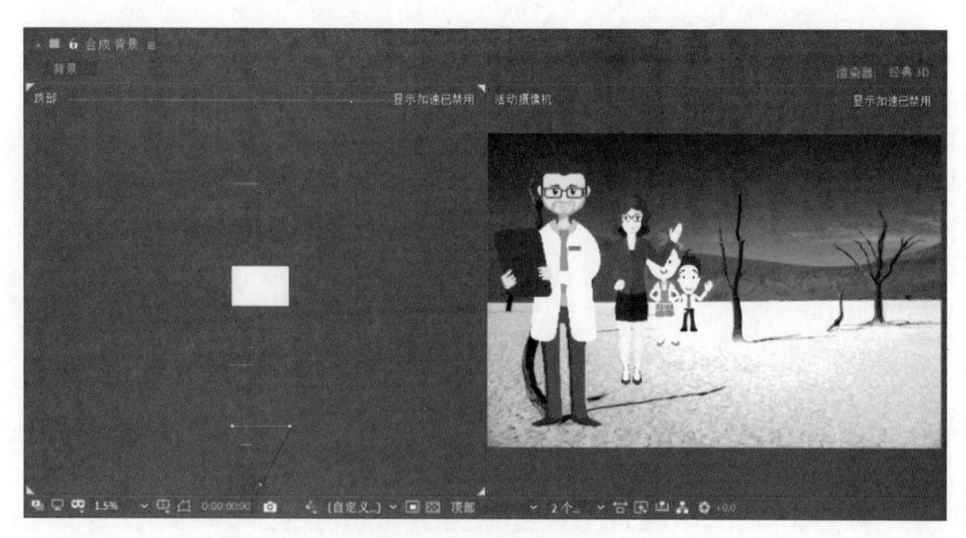

图 8-85　人物添加完毕

（16）选择左视图，选中“摄像机 1”图层，用键盘上向上箭头键移动摄像机到最上方附近，如图 8-86 所示。

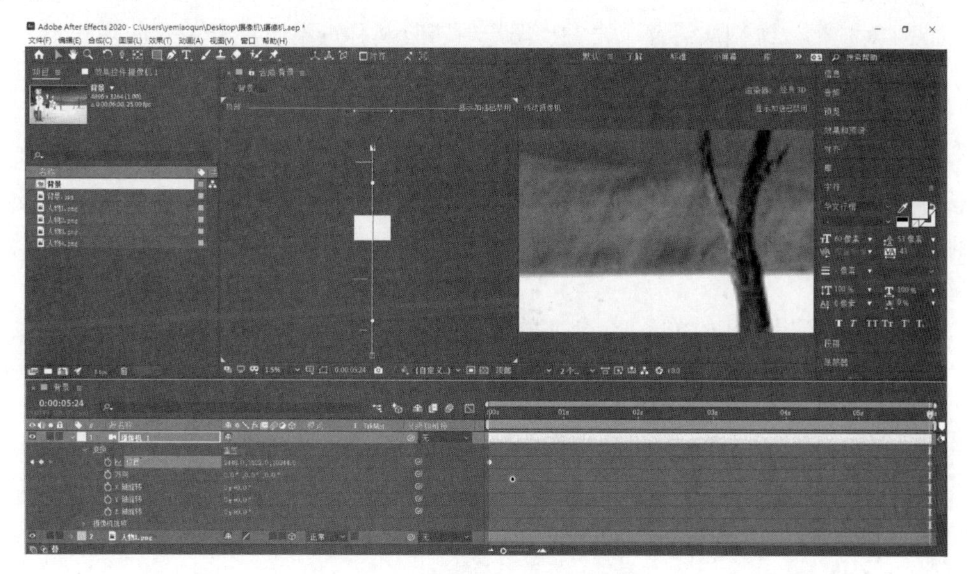

图 8-86　摄像机位置动画设计

（17）视图布局恢复至 1 个视图，预览结果，当每个人物放大至屏幕完整显示时，可以微调其中“位置”属性中的 y 值，将其往前或者往后显示一点儿。调整满意后保存项目文件，将视频效果文件导出为“特写一家人.mp4”。

8.3.8.3　知识点

1. 三维图层

After Effects 不仅可以帮助用户高效且精准地创建二维动态影片和精彩的平面视觉效果，而且在三维效果的应用上也有多样化的表现。在 After Effects 的三维图层效果中，灯光的应用和摄影机的架设可以使画面的光线和最终呈现的效果更加直观和显著，对动画的三维效果起着不可忽视的作用。

通常意义上的三维是指在平面(二维)中增添一个方向向量后所构成的空间系。人们所看到的画面,不论是静态的或是动态的,都是在二维空间中形成的,但画面呈现的效果可以是立体的,这是三维给人的视觉造成的立体感、深度感、空间感。三维即是三个坐标轴: X轴、Y轴、Z轴。其中,X表示左右空间,Y表示上下空间,Z表示前后空间。Z轴的坐标是体现三维空间的关键要素。三维空间具有立体性,但三个坐标轴所代表的空间方向都是相对的,没有绝对的左右、上下、前后。

在After Effects中,将图层转换为三维图层,使图层之间相互投影、遮挡,从而体现透视关系。架设摄像机后,可以为摄像机位置设定关键帧,从而产生各种远近、推拉、移动的动态效果。将图层由二维转换为三维后,可以观察到在图层原有属性的基础上又增添了许多三维图层特有的属性,在X轴(水平方向)、Y轴(垂直方向)的基础上,又增加了Z轴(深度)坐标。

在"合成"面板中直接拖动相应的坐标轴,即可调整图层在某个方向上的位置,也可以在"时间轴"面板中选中某个坐标轴,通过改变属性值来调整图层位置。在旋转三维图层时,可以在合成面板中通过控制旋转工具直观地调整图层的旋转变换。当移动鼠标靠近"合成"面板中图层的坐标时,面板中会显示相应的坐标名称。

开启三维图层,将合成中的二维图层转换为三维图层有两种方法。

(1) 在对应的二维图层后面单击"3D图层"按钮(又称三维图层开关),如果找不到该按钮,单击"时间轴"面板左下角的"切换开关/模式"按钮就可以找到"3D图层"按钮。

(2) 选中当前二维图层,选择菜单"图层"|"3D图层"命令开启三维图层。

三维图层的属性如果已经设置了关键帧动画,在关闭图层的三维开关后,所设置的属性及三维属性的关键帧动画都将被自动删除。即使重新打开三维开关,对应属性数值及关键帧动画也不会恢复,所以将三维图层转换为二维图层时要谨慎。

2. 摄像机

在观察三维图层之间的关系时,合成的窗口默认使用"活动摄像机"观察。其实,除了系统自动创建的摄像机外,还可以自行创建摄像机窗口,这样除了方便观察和调整图层间的位置关系外,还可以为摄像机设置关键帧,以丰富合成影片的效果。就像拍摄电影时所架设的不同机位可以表达不同的叙事内容,不同的摄像机位置也可以创造不同的精彩的视觉效果。

创建的摄像机图层,可以更好地模拟三维空间效果,增加三维空间的真实性,也使用户可以非常方便地从任意角度去观察场景中的三维效果。摄像机对二维图层没有作用,只对三维图层起作用。

After Effects为用户提供了两种摄像机类型:单节点摄像机和双节点摄像机。两者最大的区别在于控制动画的属性数量。单节点摄像机由一个属性控制,而双节点摄像机由两个属性控制。单节点摄像机一般只控制摄像机的位置,而双节点摄像机可以控制摄像机位置和被拍摄目标点的位置。

选择菜单"图层"|"新建"|"摄像机"即可创建摄像机图层,或在合成面板中右击,在弹出的快捷菜单中选择"新建"|"摄像机",在打开的对话框中对摄像机的基本设置做调整。在新建摄像机时,"预设"选项中有多种镜头设置,包括从15毫米广角镜头到200毫米长焦镜头,不同的镜头设置会产生不同的动画效果。

3. 灯光的运用

在影片合成中,合理使用灯光图层,可以通过影片画面光线的变化表现多样的内容。使用灯光可以营造场景中的气氛,不同的灯光颜色也可以使三维场景中的素材层渲染出不同的效果。

在 After Effects 中创建灯光图层,对三维效果的实现有着不可替代的作用。光线和阴影的效果在各种场景中都影响视觉化的表达,在三维场景中,对图层的三维效果也有很好的渲染表现。灯光图层在 After Effects 中除了常规的图层属性外,还具备一些特有的属性,方便人们更好地控制影片的画面视觉效果。

选择菜单“图层”|“新建”|“灯光”,可以创建灯光图层,创建的同时会打开“灯光设置”对话框。

8.3.9 插件和模板

1. After Effects 插件

After Effects 插件又被称作外挂插件或者第三方软件。在进行特效制作的过程中,为了能更好地解决制作时产生的问题、提高工作效率和做出更加完美炫酷的特效,特效插件应运而生。

After Effects 插件数量众多而庞杂,按照 After Effects 插件的属性和风格来分,可以把 After Effects 插件分为粒子、调色、光效、文字、绑定、水彩水墨、表达式、关键帧、三维共九大类。在众多的特效合成软件中,After Effects 能够脱颖而出,广受欢迎,众多第三方插件的存在功不可没。

After Effects 特效插件虽然不是由软件官方统一发布,但因为遵循一定的规范程序来编写,所以安装后,就能和内置特效一样正常使用。

After Effects 插件简单来说相当于内置特效,安装也比较简单,有两种安装方法。

(1) 一部分插件的安装需要运行安装程序,在这类插件中,都有以.exe 为扩展名的安装文件,只需单击安装即可。

(2) 另外一种类型的插件只需要存放到 After Effects 对应的插件文件夹下,在这类插件中,一般都以.aex 为扩展名,默认情况下,效果文件存放在 After Effects 安装盘 adobe\Adobe After Effects 2020\Support Files\Plug-ins 文件夹中。

作为插件的方式引入效果后或者在 Plug-ins 文件夹中添加各种效果后(前提是效果必须与当前软件版本兼容),在重启 After Effects 时,系统会自动将效果下载到“效果和预设”面板中。

2. After Effects 模板

一般来说 After Effects 模板就是一种备用的项目文件,是其他 After Effects 使用者将自己所做的文件分享出来的,可以直接拿来使用,或者经过简单的修改替换后使用。After Effects 模板的存在为大量的初学者提供了一个很好的学习和研究平台,通过对模板的研究、拆分学习,可以使初学者全面系统地了解 After Effects 系统设计的方法和结构,提高初学者的制作水平。

After Effects 模板使用的技巧如下。

(1) 使用 After Effects 打开低版本模板项目文件,会有版本不同的提示,这对项目没有影响,将打开的项目保存为新的项目文件即可。

(2) 打开项目时有时会出现效果丢失提示,通常为第三方的插件效果,需要记下所提示的效果名称，待打开项目后，查看缺少的效果对制作结果有没有影响，若没有影响，可以忽然，若有影响，则安装提示效果名称的插件。

(3) 打开项目时有时会有缺少字体的提示，不同用户的计算机系统安装的字体库也可能不同，出现这种情况时应重新选择合适的字体，如果需要原字体效果则根据提示在系统上安装相应的字体。

(4) 打开项目时有时会出现文件丢失提示，通常是由于路径名称改变造成的，需要在打开的“项目”面板中选中丢失的素材，按Ctrl+H组合键(或者选择菜单“文件”|“替换素材”|“文件”)，然后在打开的对话框中指定文件所在路径，选中文件导入即可。如果有多个在同一路径中的文件丢失，手动替换更新其中的一个文件，其余文件也会随着链接新路径自动更新。

习　题　8

一、判断题

1. 视频一般由绘制的画面组成，动画一般由摄像机摄制的画面组成。(　　)

2. 视频是一组连续画面信息的集合，根据视觉暂留原理，达到看上去是平滑连续的视觉效果。(　　)

3. 按照信号组成和存储方式的不同，视频分为模拟视频和数字视频。(　　)

4. 在After Effects的“时间轴”面板中，按鼠标左键拖动图层的左侧边缘位置，或直接将“时间指示器”调整到相对应的位置，使用Alt+[组合键调整图层的入点。(　　)

5. Premiere中的每个效果控件中都有绘制蒙版的三个工具：椭圆工具、矩形工具与钢笔工具。(　　)

二、选择题

1. 下列________制式的电视信号是数字视频信号。

A. NTSC　　B. HDTV　　C. PAL　　D. SECAM

2. 视频是由一系列________按一定顺序排列组成的。

A. 静态图像　　B. 动画

C. 动态图像　　D. 数字或模拟信号

3. Premiere中抠像可以使用键控来实现，下列不属于Premiere中键控的是________。

A. 超级键　　B. Keylight(1.2)　　C. 轨道遮罩键　　D. 图像遮罩键

4. 视频编辑中，最小的单位是________。

A. 小时　　B. 分　　C. 秒　　D. 帧

5. Adobe Premiere是Adobe公司推出的一种专业化________处理软件。

A. 模拟视频　　B. 数字视频　　C. 模拟音频　　D. 数字音频

6. 下列不属于视频文件的扩展名为________。

A. .mp4　　B. .avi　　C. .wav　　D. .mov

7. 我国大陆的电视制式为________制式。

A. SECAM　　B. NTSC　　C. PAL　　D. MPEG

8. After Effects中轨道遮罩类型不包含下列________。

A. Alpha遮罩　　B. 亮度遮罩　　C. 亮度反转遮罩　　D. 图像遮罩键

参 考 文 献

[1] 叶苗群.办公软件与多媒体高级应用[M]. 北京：清华大学出版社，2022.

[2] 叶苗群.办公软件高级应用与多媒体实用案例[M]. 北京：电子工业出版社，2018.

[3] 吴卿.办公软件高级应用[M].3版.杭州：浙江大学出版社，2018.

[4] 黄林国.大学计算机二级考试应试指导(办公软件高级应用)[M].2版.北京：清华大学出版社，2013.

[5] 李政，梁海英.VBA应用基础与实例教程[M].2版.北京：国防工业出版社，2009.

[6] 龚沛曾，李湘梅.多媒体技术应用[M].2版.北京：高等教育出版社，2013.

[7] 杨彦明.多媒体设计任务驱动教程[M].北京：清华大学出版社，2013.

[8] 关文涛.选择的艺术Photoshop图像处理深度剖析[M].3版.北京：人民邮电出版社，2015.

[9] 韩雪，朱琦.Premiere Pro 2020视频编辑基础教程[M].北京：清华大学出版社，2020.

[10] 马克西姆·亚戈.Adobe Premiere Pro 2020经典教程[M].武传海，译.北京：人民邮电出版社，2020.

[11] 刘晓宇.Premiere Pro CC影视编辑剪辑制作案例教程[M].北京：清华大学出版社，2020.

[12] 张书艳，张亚利.Premiere Pro CC 2015影视编辑从新手到高手[M].北京：清华大学出版社，2016.

[13] 马建党.新编After Effects CC影视后期制作实用教程[M].西安：西北工业大学出版社，2016.

[14] 吉家进.中文版After Effects CC影视特效制作208例[M].2版.北京：人民邮电出版社，2017.

[15] 张凡. After Effects CC 2015中文版基础与实例教程[M].5版.北京：机械工业出版社，2018.

[16] 史创明，张棒棒，王威晗，等.Adobe After Effects CC视频特效编辑案例教学经典教程[M].北京：清华大学出版社，2021.

[17] 岳媛，王战红.中文版After Effects CC 2018影视特效实用教程[M].北京：清华大学出版社，2019.

[18] 潘登，刘晓宇.After Effects CC影视后期制作技术教程[M].2版.北京：清华大学出版社，2016.

[19] 何平，王同杰.After Effects梦幻特效设计150例[M].北京：中国青年出版社，2009.

图书资源支持

感谢您一直以来对清华版图书的支持和爱护。为了配合本书的使用，本书提供配套的资源，有需求的读者请扫描下方的“书圈”微信公众号二维码，在图书专区下载，也可以拨打电话或发送电子邮件咨询。

如果您在使用本书的过程中遇到了什么问题，或者有相关图书出版计划，也请您发邮件告诉我们，以便我们更好地为您服务。

我们的联系方式：

地　　址：北京市海淀区双清路学研大厦 A 座 714

邮　　编：100084

电　　话：010-83470236　010-83470237

客服邮箱：2301891038@qq.com

QQ：2301891038（请写明您的单位和姓名）

资源下载：关注公众号“书圈”下载配套资源。

资源下载、样书申请

书圈

图书案例

清华计算机学堂

观看课程直播